Lionel Tiger · Warum die Männer wirklich herrschen

Lionel Tiger
Warum die Männer wirklich herrschen

BLV
MÜNCHEN
BERN
WIEN

Titel der englischen Originalausgabe: Men in Groups,
erschienen bei Thomas Nelson and Sons Ltd., London

Deutsche Ausgabe:

Deutsch von Sybille Laufer-Heydenreich, München

Umschlagentwurf: Franz Wöllzenmüller, München

Satz und Druck: Brönner & Daentler KG, Eichstätt
Bindung: Klotz, Augsburg
Printed in Germany · ISBN 3-405-10978-7

Inhalt

Vorwort

Mit Freude und Beunruhigung zugleich nehme ich die Gelegenheit wahr, all den Menschen und Organisationen für Hilfe, Ermutigung und Anleitung zu danken, die sich dieses Projekts angenommen haben. Die Beunruhigung ist allerdings nur flüchtig. Jedes Buch, das den Bereich zwischen Sozialwissenschaft und Biologie zu sondieren versucht, bedarf der Arbeit, Beurteilung und Zeit vieler Menschen. Verschiedenen Organisationen, lieben Freunden und Kollegen bin ich zu großem Dank verpflichtet. Einige Namen möchte ich nennen, nicht um sie für das, was ich geschrieben habe, mit verantwortlich zu machen — das ist von mir, sei es gut oder schlecht —, sondern um ihre Rolle bei der Verbesserung der wissenschaftlichen Verständigung zu zeigen.

Zunächst muß ich den Organisationen danken, die das Geld und die damit verbundene Unterstützung bereitstellten. Den größten Dank schulde ich dem Canada Council, dessen Direktor Herrn Jean Boucher sowie den Herren Milligan und Cournoyer. Bei drei Gelegenheiten hat das Council schlechthin die Fortsetzung des Projekts ermöglicht. Bei einer dieser Gelegenheiten überging man erfinderisch die eigenen Vorschriften, um die entscheidende Hilfe gewährleisten zu können, die zum ersten Entwurf dieses Buches führte. Vor kurzem machte ein Bewilligungsbescheid im Rahmen seines neuen Killam-Programms ein längerfristiges interdisziplinäres Forschungsvorhaben möglich. Das National Research Council of Canada gewährte Unterstützung durch sein Subcommittee on Experimental Psychology für Reisen in den frühen Stadien dieses Forschungsprojekts. Der President's Research Fund der University of British Columbia war freigebig und hilfreich; desgleichen die Universität bei der Interpretation ihrer Urlaubsregelungen. Die Rutgers University erleichterte 1968—1969 meine Urlaubsvorbereitungen, und die John Simon Guggenheim Memorial Foundation endlich gewährte mir während des gleichen Jahres ein Stipendium.

Viel von meiner Arbeit geschah in Bibliotheken. Insbesondere möchte ich den Angestellten der Bibliothek der University of British Columbia danken, der Bibliothek der London School of Economics and Political Science, der Goldsmith's Library an der University of London, und des British Museum Reading Room. Den letzteren, außergewöhnlich hilfreichen und bewanderten Leuten möchte ich ein Geständnis machen. Am Heiligen Abend 1966 war, ehe der Reading Room schloß, mein einziger und dankbarer Impuls, allen Angestellten eine Kiste Whisky zu stiften. Aber ich wagte es nicht; und — ungeachtet seines Ideenreichtums — hätte das Canada Council es wohl kaum gern gesehen, wenn dafür öffentliche Gelder ausgegeben worden wären.

Jemandes Schuld anderen gegenüber kann nicht in Gold oder Silber aufgewogen werden. Es ist die beste Art von Außenständen — sie müssen nicht wirklich zurückgezahlt werden. Walter Pople führte mich in die Ethologie ein und zu den Materialien, aus denen die Vorstellung der männlichen Bindung zwischen Männern der Spezies Mensch sich entwickelte. Seiner anspruchsvollen und harten Kritik an dem Manuskript entsprach sein Beitrag zu dem Forschungsprojekt durch selbstlose Unterstützung und viel Verständnis. Bei dem exzentrischen Beginnen, das sonderbare Tier, das der Mensch ist, als Tier zu verstehen zu suchen, hat Robin Fox immer mein beunruhigtes Staunen geteilt, und das Beste von all dem angefordert, was er auftreiben konnte, um bei dieser Arbeit zu helfen. Robert Bierstedt hat mich kurz und entschlossen wieder mit den Soziologen vereint, die meinesgleichen sind, nachdem ich auf dem Universitätsgelände in anderen Bereichen umhergestreunt war.

Es gibt noch andere, deren Hilfe ich voll und ganz dokumentieren möchte, sei es auch nur zu meiner eigenen Erinnerung. Da dies ein weiteres Kapitel in Anspruch nehmen würde, will ich mich — etwas hilflos — damit begnügen, lediglich ihre Namen aufzuführen: Anthony Ambrose, Steven Aronson, Cyril Belshaw, Nicholas Blurton-Jones, Elizabeth Bott, Michael Chance, Mel Charney, Werner Cohn, Alex Comfort, John Eisenberg, Peter Ford, Peter Fryer, Geoffrey Gorer, Anthony Grey, Antony Isaacs, Devra Kleiman, Jean Laponce, Ray Larsen, Caroline Loizos, Robin Lyley, Stanford Lyman, Ernest Lynton, Roger B. Masters, Henri Methorst, James Mitchell, Desmond Morris, Lynn Nesbit, Ilya Neustadt, Gordon Orians, John Pfeiffer, Vernon Reynolds, Jonathan Rubenstein, John Simon, Kenneth Stoddart, Richard Tees, Niko Tinbergen, J. S. Weiner.

Während meiner Abwesenheit hielt Pat Allen freundlicherweise mit mir den Kontakt bezüglich aller Fragen meiner Dienststelle aufrecht. Gale Le Pitre wirkte Wunder bei dem Unterfangen, Ordnung in den ersten Entwurf zu bringen. Beverley Weynton brachte es fertig, die Spannung zwischen dem Drucktermin und den Wahnvorstellungen des Autors aus der Welt zu schaffen.

Elisabeth Fox danke ich für die Erstellung des Index zu diesem vielschichtigen und manchmal sprunghaften Buch, was viel Zeit kostete. Thelma Pressman bin ich für ihre zur Verfügung gestellte elegante Londoner Dachwohnung und ihren freundlichen Tee um 10 Uhr 15 zu Dank verpflichtet. Virginia Tiger, dieser überaus exakten Dame, danke ich für eine schonungslose, ausgedehnte Lehrstunde über die Gefahren unzulänglichen Stils, für ihre erfrischenden, scharfsichtigen und tiefgehenden kritischen Stellungnahmen zu dem Buch in seinen verschiedenen Entstehungsphasen und für ein lächelndes Willkommen bei der Rückkehr von vielen herrlich aufregenden geistigen Ausflügen.
Das Buch widme ich meinem früheren Dekan an der University of British Columbia, Harry Hawthorn, dem scharfsinnigsten und konstruktivsten Menschen, was Rat, Vorsorge und Unterstützung betrifft. Er muß endlich wissen, welche Bedeutung seine umfangreichen Forschungen für mich und andere haben. *L. T.*

Einführung

Dieses Buch hat zwei Anliegen. Einmal möchte ich das Verhältnis zwischen Biologie und Soziologie als Wissenschaften untersuchen, ebenso zwischen biologischen und sozialen Prozessen als Realitäten. Zum anderen will ich folgende Fragen beantworten: Warum bilden Männer der Gattung *Homo* rein männliche Gruppen? Was tun sie in ihren Gruppen? Wozu dienen die Gruppen? Beide Themen werden durch eine Hypothese miteinander verbunden, die zwar diskutiert und bewertet, jedoch nicht eingehend untersucht werden soll. Dennoch hoffe ich, daß die Ergebnisse in den beiden Hauptgebieten unabhängig von der Hypothese und voneinander bestehen können.

Die Hypothese lautet: Das Verhalten von Männern in Gruppen beruht teilweise auf einer zugrunde liegenden, biologisch verankerten »Neigung«, deren Wurzeln in der Entwicklungsgeschichte (oder Phylogenie = Stammesgeschichte) des Menschen liegen. Diese Neigung oder Tendenz drückt sich in einer großen Mannigfaltigkeit kultureller Formen aus, die alle einen gemeinsamen, ursprünglichen, vorherbestimmten Faktor enthalten. Die mögliche Existenz dieses biologischen Faktors, einige Ursachen seiner Entwicklung, seine mögliche Wirkung auf das Leben der Menschen in jeder Gesellschaft und auf deren Struktur soll hier diskutiert werden.

Ich weiß, daß diese Fragen ehrgeizig sind. Bevor man ihre Beantwortung in Angriff nimmt, kann eine große Auswahl an Fakten und Theorien nur von Nutzen sein. Diese sollen aus einer Reihe wissenschaftlicher Disziplinen herangezogen werden – vor allem Soziologie, Anthropologie, Sozialpsychologie und Psychiatrie, Ethologie (Verhaltenslehre), Politologie und Humanbiologie. Lücken sind in einer solchen relativ umfassenden Studie unvermeidbar, die Ergebnisse verschiedenster Forschungsrichtungen berücksichtigt. Ich hoffe jedoch, solche Versäumnisse weitgehend dadurch aufzuwiegen, daß ich charakteristische neue Wechselbeziehungen zwischen sonst isolierten Tatsachen und Theorien aufzeige. Auf jeden Fall kann diese Arbeit zum besseren Verständnis eines besonderen Aspekts menschlichen Verhaltens beitragen. Vielleicht trägt sie auch dazu bei, eine umfassendere Sozialwissenschaft

zu entwickeln. Denn hierfür ist es nicht nur wünschenswert, sondern notwendig, mehr Theorien und Fakten zu berücksichtigen, als es heute üblich ist. Mit anderen Worten: Menschliches Verhalten muß als das vielfach zusammengesetzte Ergebnis von weit mehr inneren und äußeren Faktoren gesehen werden, als bisher von vielen Forschern in den Humanwissenschaften in Betracht gezogen wurden.
Für unser Vorhaben gibt es zwei gewichtige Rechtfertigungsgründe. Der erste ist einfach. Er zeigt, welche offensichtliche Bedeutung eine bessere Klassifizierung und ein genaueres Verständnis der von Männern gebildeten Gruppen hat. Dasselbe gilt für eine klare Abgrenzung zwischen rein männlichen und heterosexuellen Aktivitäten. Der zweite und weitaus anregendere Grund ist, daß heute mehr denn je zuvor Fakten aus Biologie, Archäologie, Neurophysiologie, Genetik und verwandten biologischen Wissenschaften zur Verfügung stehen, die für die Untersuchung einer so weit verbreiteten Erscheinung wie der Assoziation von Männern von unmittelbarer Bedeutung sind. Im jeweiligen Fall richtig abzuschätzen, wann, wie und warum solche Fakten für die Sozialwissenschaft bedeutsam sein können, ist sehr wichtig.
Der ebengenannte Rechtfertigungsgrund ist traditioneller Art. Aus vielen Untersuchungen wissen wir, wie wichtig in allen uns bekannten Gesellschaften männliche Gruppen sind. Die Arbeitsteilung nach Geschlechtern ist eine hervorstechende, bei allen Kulturen vertretene Gesetzmäßigkeit[1]. Diese Arbeitsteilung bringt ganz selbstverständlich die Existenz rein männlicher und rein weiblicher Gruppen mit sich. Ich werde beweisen, daß der Ausschluß von Frauen aus gewissen rein männlichen Gruppen nicht nur eine formalisierte Feindseligkeit gegenüber dem anderen Geschlecht darstellt, sondern eine positive Bindung oder »Attraktion« zwischen Männern zum Ausdruck bringt[2]. Politische Macht zum Beispiel ist typischerweise immer mit Männern assoziiert, und Politik ist eine Gruppenerscheinung. Daher wird ein besseres Verständnis der männlichen Bindung und der sexuellen (nicht erotischen) Grundlagen der Politik auch ein besseres Verständnis des politischen Prozesses und der entsprechenden Verhaltensmodelle – Dominanz, Unterwerfung und Herrschaftsteilung – ergeben.
Ein weiteres, in allen Kulturen anzutreffendes Phänomen ist die Vielzahl ziemlich strenger männlicher Gruppen vom Typ des Geheimbundes oder der Bruderschaft und deren Verhältnis zum religiösen und außerberuflichen Verhalten von Männern. Über solche Männergruppen gibt es eine erstaunlich reichhaltige anekdotische Literatur (manche Buchhandlungen spezialisieren sich geradezu auf Veröffentlichungen über Freimaurer und ähnliche Männergruppen, ebenso wie andere

Buchhandlungen hauptsächlich theologische Literatur verkaufen). Andererseits gibt es auf diesem Gebiet überraschend wenige analytische Untersuchungen, und es wäre zweifellos ein Gewinn, wenn solche Organisationen bei allen Kulturen untersucht würden. Welchen Nutzen die Berücksichtigung aller Kulturen bei der Erforschung von Einweihungsriten hatte — einem nahe verwandten Phänomen —, zeigt eine Reihe wichtiger Untersuchungen jüngsten Datums[3].

Über das Verhältnis zwischen Mann und Frau gibt es eine Unzahl von Forschungsarbeiten und Anekdoten. Sehr viel weniger gibt es über das Verhältnis von Mann zu Mann — ein ganz spezielles Verhältnis. Gewöhnlich werden männliche Verbindungen im Zusammenhang mit einigen formellen Verhaltensmodellen wie Politik, Arbeit oder Spiel gesehen. Das Verhältnis zwischen Mann und Frau wurde als konkrete Bindung betrachtet, die genauso gut *für sich selbst* wie auch im Zusammenhang mit Fortpflanzung, Verwandtschaft, Wirtschaft und anderen Verhaltensmodellen untersucht werden kann. Seltsamerweise galt dasselbe nicht für die männliche Bindung. Die Erforschung der männlichen Bindung beim Menschen beschränkte sich hauptsächlich auf die psychoanalytische Methode; diese befaßte sich primär mit dem homosexuellen (homoerotischen) Verhalten als Konsequenz unbewußter oder situationsbedingter Aberration. Selbst auf diesem Gebiet gibt es »überraschend wenig seriöse Arbeiten«[4]. Was hier an Untersuchungen durchgeführt wurde, neigt zu der Vorstellung, daß homoerotischer Verkehr abwegig ist. In vielen Gesellschaften ist er zweifellos im Sinne der Statistik abwegig. Doch könnte es ein Gewinn sein, gerade die Homosexualität als speziellen Zug des *allgemeinen* Phänomens der männlichen Bindung zu sehen.

Wir hingegen wollen das Gewicht auf die Tatsache der Männlichkeit als solcher legen — wenn auch vielleicht anders als üblich —, um die Beziehungen zwischen Männern — als Politiker, Unternehmer, Fabrikarbeiter, Fußballspieler usw. — zu überprüfen. Es sollen also mehr die Beziehungen zwischen Männern als die zwischen Menschen im allgemeinen behandelt werden. Natürlich ist der Mann zugleich auch allgemeinmenschliche Person — wir müssen hier aber Schwerpunkte setzen. Es sollen beispielsweise in der Politik gerade diejenigen Beziehungen zwischen Männern genauer betrachtet werden, die zum Teil eine sexuelle (nicht unbedingt erotische) Basis enthalten. Schließlich werden ja auch sonst in Untersuchungen männlich-weiblicher politischer Beziehungen geschlechtliche Unterschiede mit in Betracht gezogen. In der Politik, wie in vielen anderen Bereichen des Lebens, werden Frauen geradezu als »Minderheitengruppe« behandelt, und die Beziehungen zwischen Männern und Frauen werden in diesen Bereichen unter mehr oder weniger sexuellem, wenn nicht erotischem Aspekt gesehen. Zum Beispiel wird in dem einflußreichen Buch von Seymour M. Lipset »*Political Man*« tatsächlich nur der Politiker, nicht aber die Politikerin behandelt. Frauen sind — wie Neger, Juden und Einwanderer — im analytischen Bereich eine Minderheit; daß sie die numerische Mehrheit der Wähler stellen, ist zwar interessant, ändert jedoch nichts an der grundlegenden Anschauung, daß Politik ein primär männliches Betätigungsfeld sei[5]. Es genügt hier festzustellen, daß offenbar ein höchst wichtiger Faktor der rein männlichen Beziehungen in der Politik und anderswo von den Sozialwissenschaftlern vernachlässigt wurde. Demgegenüber wird eine vollständigere Erkenntnis der Rolle biologisch geschlechtlicher Eigenart und ihrer sozialen Äußerungen die Genauigkeit soziologischer Analysen entscheidend verbessern. Es wird sich herausstellen, daß es um brauchbarer Analysen willen nicht nur wünschenswert, sondern wesentlich ist, den Wechselbeziehungen zwischen Männern eben die Aufmerksamkeit zu zollen, wie das hier geschieht.

Eine weitere Rechtfertigung unserer Untersuchung liegt darin, daß sie sich bemüht, ein soziales Phänomen — wie die männliche Bindung — im Rahmen einer Rekonstruktion der menschlichen Entwicklungsgeschichte zu sehen. Dieses Buch stellt also einen Test für die Nützlichkeit eines *biologisch* orientierten Zuganges zum menschlichen Verhalten dar; es zeigt einen Weg, der zwar von vielen gegenwärtigen Autoren und Lesern, jedoch nur von wenigen Sozialwissenschaftlern wirklich begangen wird.

Konrad Lorenz hat festgestellt, daß man gut daran tut, den kleinsten variablen Teil eines Systems immer als ersten zu untersuchen; in der komplexen Wechselwirkung aller Teile muß er am häufigsten als Ursache und am seltensten als Wirkung in Erscheinung treten[6]. Wir werden im folgenden sehen, daß in menschlichen Gemeinschaften die männliche Gruppe in ihren verschiedenen Formen einer der »kleinsten variablen Teile« ist. Üblicherweise wird die männliche Gruppe als Ergebnis gewisser Traditionen und Bedürfnisse (oder »funktionaler Prärequisiten«, um den *terminus technicus* zu verwenden) gesehen. Die Tatsache der männlichen Gruppe wird — wenn überhaupt als solche klar erkannt — mit dem Fortdauern historischer und kultureller Verhaltensmodelle und dem Bedürfnis der Gesellschaft nach handelnden, arbeitenden oder aggressiven männlichen Gruppen erklärt. Genau das Umgekehrte ist jedoch beweisbar. Die männliche Bindung als biologische Neigung ist nicht nur ein Phänomen an sich, sondern zum Teil gerade die *Ursache* für die Bildung jener verschiedenen, um uns herum beobachtbaren männlichen Gruppen. Mit »Ursache« meine ich nun nicht, daß zwischen einem Instinkt für männliche Bindung und zum Beispiel der Armee, den Freimaurern, dem King's College, Cambridge oder irgendeiner anderen männlichen Gruppe eine direkte ursächliche Beziehung bestünde. Es kann aber durchaus eine Prädisposition zur Bindung vorliegen, die zeitlich der Gruppe vorausgeht.

Beim gegenwärtigen Wissensstand können wir nur folgendes sagen: Das sich stets wiederholende, wenn auch immer wieder veränderte Verhaltensmodell der männlichen Bindung ist abhängig von einer biologisch übertragenen *und* sozial erlernten Komponente des männlichen Lebenszyklus.

Wir wollen uns vorläufig weder mit der lästigen Frage nach der Existenz oder dem Charakter von »Instinkten«, noch mit der Kontroverse »Natur und Erziehung« befassen. Es gibt heute jedoch genügend Beweise sowohl für die hohe Entwicklung der genetischen Kontrolle von komplexen biologischen Prozessen – der dramatischste ist wohl der relativ wenig verstandene Lebenszyklus – als auch für die Bedeutung des Lernens bei der Erhaltung sozialer Systeme vieler Tiere, besonders der Primaten. Folglich erscheint es berechtigt, die Hypothese aufzustellen: Bei vielen Tieren einschließlich dem Menschen gibt es einen *biologischen* Nährboden für komplexes soziales Verhalten – ähnlich wie psychiatrische Untersuchungen zeigen, daß soziale Nährböden für viele physische Krankheiten entscheidend wichtig sind.

Eine Arbeitsregel anthropologischer Forschung lautet: »Das Wichtigste, was man über eine Gesellschaft wissen muß, ist, was sie als selbstverständlich voraussetzt.« Wenden wir die gleiche Regel auf eine *Art* an: Das Wichtigste, was man über eine Art wissen muß, ist, was sie als selbstverständlich voraussetzt. Damit meine ich natürlich, daß eine »selbstverständliche« menschliche Meinung die Unterschiedlichkeit von Mann und Frau betrifft. Man nimmt es als gegeben an, daß sie in vielen Verhältnissen unterschiedliches Verhalten zeigen, daß sie verschiedene Verantwortlichkeiten und Privilegien haben und daß Männer Frauen anders behandeln als Männer. Wir wollen nun wissen, warum diese Voraussetzung so allgemein ist, was hier die Regel und die Ausnahme ist, und in welchem Ausmaß, wenn überhaupt, Mann und Frau die gleichen »natürlichen« Prinzipien widerspiegeln, von denen die Unterschiede im Verhalten männlicher und weiblicher Paviane, Schildkröten und Gänse, sowie junger und ausgewachsener Hunde geprägt sind.

Sei es auch nur im Interesse einer vergleichenden, alle Kulturen berücksichtigenden Wissenschaft von den sozialen Systemen und damit im Interesse eines besseren Verständnisses unserer eigenen Gesellschaft — es müssen einige jener allgemeinen Fragen gestellt werden, wie sie gewöhnlich von Biologen hinsichtlich des artspezifischen Verhaltens gestellt werden. Wir werden sehen, ob und inwieweit die Antworten auf solche bewußt naiven Fragen die Wissenschaft zu neuen und anderen Wegen des Sehens und Erkennens anregen können. In Analogie dazu stellte Newton die Frage: »Was ist oben und unten?« Darwin dagegen wollte wissen: »Warum ist ein Elefant?« Vielleicht ist es von Nutzen, ähnliche einfache Fragen auch über den Menschen zu stellen. Da die biologische Männlichkeit ein so genau bestimmbares Charakteristikum ist und männliche Gruppen in der menschlichen Gesellschaft so häufig sind, scheint eine Untersuchung der Wechselbeziehungen zwischen beiden Faktoren der richtige Ausgangspunkt zu sein. Fragen wir also folgendes: »Warum gibt es überhaupt Männer und Frauen? Was tun sie? Und welche Unterschiede (außer denen in der Fortpflanzung) gibt es im sozialen Verhalten von Mann und Frau?«

Vielleicht wird nicht mehr dabei herauskommen als die »Wiederentdeckung des sowieso schon Klaren«[7]. Aber sogar das kann in dem Programm, mit dem eine Reihe von Wissenschaftlern sich gegenwärtig befaßt, von Nutzen sein — dem Bemühen, über ein neues Paradigma, d. h. Musterbeispiel, zum sozial-wissenschaftlichen Studium zu spekulieren. Hier wurde ich durch ein interessantes Buch von Thomas Kuhn[8] und durch Kuhns Ethnographie über die Entwicklung wissenschaftlicher Positionen angeregt. Obwohl über den uneinheitlichen Gebrauch des Begriffes »Paradigma« bei Kuhn gelegentlich Besorgnis geäußert worden ist, bezieht er sich doch weitgehend auf das Weltbild, die begrifflichen Werkzeuge und deren gegenseitige Beziehungen, wie man sie bei Wissenschaftlern einer Disziplin zu jeder Zeit findet. Ich beschäftige mich, was die Sozialwissenschaft betrifft, mit demjenigen Teil des Paradigmas, das einige Jahre lang die Behauptung enthielt, daß das menschliche Verhalten weit weniger von natürlichen als von gesellschaftlichen Faktoren bestimmt werde. Natürlich waren viele Wissenschaftler nicht dieser Ansicht, außerdem wurde sie hier notgedrungen übermäßig vereinfacht. Mit diesem Gegenstand befaßt sich das erste Kapitel etwas ausführlicher.

Ich sehe dieses Buch als bescheidenen Beitrag zu der möglicherweise wichtig werdenden Streitfrage einer Analyse von Gesellschaft und Natur. Zitieren wir Kuhn: »Die frühen Entwicklungsstufen der meisten Naturwissenschaften waren durch einen ständigen Wettkampf zwischen einer Reihe unterschiedlicher Naturauffassungen charakterisiert, die alle in etwa mit den Vorschriften wissenschaftlicher Beobachtung und

Methoden vereinbar waren oder sich von ihnen ableiteten[9].« Und weiter: »Die präparadigmatische Periode ... ist regelmäßig von häufigen und gründlichen Debatten über einwandfreie Methoden, Problemstellungen und Lösungsmaßstäbe gekennzeichnet, obwohl diese eher der Abgrenzung von Schulen als dem Ziel, Übereinstimmung zu erreichen, dienen[10].«

Hoffentlich entsteht aus diesem Bemühen mehr als nur ein heftiger Meinungsstreit. Dieses Buch würde sein Ziel nicht erreichen, wenn es ihm nur gelänge, Grenzen zu ziehen, anstatt auf neue Wege des Wissensaustauschs hinzuweisen. Wenn Kuhn durchaus korrekt sagt, daß »jede Gruppe ihr eigenes Paradigma verwendet, um eben dieses Paradigma zu verteidigen«[11], so hat er dabei die Absicht zu zeigen, wie unglücklich und wissenschaftlich unnötig die Verschiedenheit von Paradigmata ist, und wie wissenschaftlich unbrauchbar, ja schädlich die zumindest in der Praxis getroffenen Unterscheidungen zwischen den — oft recht seltsam definierten — Natur- und Sozialwissenschaften sind.

Dies ist keine empirische Untersuchung, weil sie nicht ausschließlich auf Feldforschung beruht. Sie referiert und analysiert eine umfangreiche Literatur und einschlägige Diskussionen, die während fünf Jahren bei zahlreichen Besuchen verschiedener Länder Europas und Amerikas geführt wurden. Im ganzen ist meine Arbeit sowohl Grundlage als auch Ergebnis des Versuchs, eine theoretische Position zu entwikkeln. Allgemein, wie auch in diesem speziellen Fall, besteht nicht der geringste Anlaß, sich zu entschuldigen, weil man sich keines Feldforschungsprojektes rühmen kann. Es ist destruktiv, wenn nicht albern, zu behaupten, nur eine auf Feldforschung oder Experimenten beruhende Forschung gelte etwas. Für wen werden denn Forschungsergebnisse aufgeschrieben und veröffentlicht, wenn nicht für jene, die Publikationen als notwendige Argumente bei jedem Versuch schätzen, sich einen Überblick über laufende wissenschaftliche Voraussetzungen und Schlüsse zu verschaffen?

Es gibt eine noch bessere Rechtfertigung für den hier unternommenen Versuch. Bis heute war und ist nicht ganz klar, was Feldforschung für ein besseres Verständnis dessen hätte beitragen können und sollen, was Männer miteinander verbindet und was dies für ihre Gemeinschaften bedeutet. Obwohl der Begriff »Ethologie« erstmals von Stuart Mill im sechsten Band seines *»System of Logic«* verwendet wurde[12], erschien das Hauptwerk über Ethologie erst in den 1950er Jahren; bis heute gibt es für Studenten der Soziologie und der Ethologie noch keinen eindeutigen Führer für wissenschaftliche Untersuchungen. Anstatt nun etwa den Irrtum unangebrachter Konkretheit zu begehen und Probleme zur Lösung aufzugeben, die nicht die besten waren, habe ich ein gemischtes Auswahlprinzip gewählt, das als Orientierung passender und daher vorzuziehen war. Dieses Prinzip wurde aber nicht rücksichtslos angewandt. Wo mich das Studium der Natur lockte, gab ich dieser Neigung gern nach, obgleich ich im ganzen gewissenhaft, wenn auch flexibel, maßgebende Veröffentlichungen aus verschiedenen Fachgebieten zu Rate zog. Ich bin mir sehr wohl der beachtlichen Zahl zusätzlicher Werke, die herangezogen hätten werden sollen, bewußt, vor allem im Bereich der Psychoanalyse und Ethnographie. Aber zeitliche Grenzen und die Vermutung, daß eine Reihe beeinträchtigender Einwände nahe lagen oder möglich waren, führten zu einem erzwungenen Abschluß. Ich war darüber keineswegs glücklich, denn dies bedeutete das Ende meiner intensiven Suche nach Information über diesen Gegenstand, obwohl sicher noch manche Frage offenbleibt.

1. Kapitel

Die Biologie und das Studium des menschlichen Verhaltens

Der Gedanke, biologische Begriffe zur Analyse menschlichen Verhaltens zu verwenden, ist nicht neu — ein historisches Studium der Vorstellungen über menschliche Animalität wäre eine Untersuchung eines der zentralen Themen laienhaften und professionellen Denkens. Eine Klassifizierung der Arten oder Systeme von Lebewesen — in der frühen westlichen geistigen Tradition höchst folgenreich von Aristoteles[1] dargelegt — hat dem Menschen in bezug auf die Tiere eine besondere Stellung eingeräumt. Sein überragender Platz in der Schöpfungsordnung hat in verschiedenen Zeiten bedeutet, daß er sich von anderen Tieren entweder graduell oder wesentlich unterscheidet. Zu gewissen Zeiten, zum Beispiel im Viktorianischen Zeitalter, war das Denken weit verbreitet, daß die soziale Evolution vom rein Tierischen zum rein Menschlichen hin verlaufe. Von noch vorhandenen »primitiven« Völkergemeinschaften wurde vermutet, daß sie die modernen Repräsentanten der Entwicklungsstadien seien, durch die die Vorfahren in Europa hindurchgegangen sein mußten[2].

Lange Zeit wurden Rassenunterschiede in Redewendungen einer allgemein gearteten Vorstellung über größere oder geringere Animalität erklärt. Zum Beispiel glaubte Thomas Jefferson an einen allgemeinen Prozeß, in dessen Verlauf die Lebewesen versuchten, »weniger animalisch« zu sein. Die Affen wünschten sich mit Negern fortzupflanzen, und letztere strebten danach, sich mit Weißen zu paaren[3]. Im 16. Jahrhundert glaubte man, daß in der Schöpfungsordnung der Mann zwischen Gott und der Frau stehe und die Frau den Menschen mit Pygmäen und Affen verbinde[4]. Es gibt eine lange, fesselnde und kuriose Geschichte der Vorstellungen, die die Menschen über ihre verschiedenen physischen und psychischen Verwandtschaften zum Tierreich gehabt haben[5]. Der Unberechenbarkeit wissenschaftlicher und moralischer Sitten zum Trotz dauert die Beschäftigung mit der menschlichen Animalität an. Während der ersten Hälfte des 20. Jahrhunderts wurde die Instinkt-Theorie als verrufen und weit weniger passend als die behaviouristische Lern-Theorie betrachtet. Demnach vermutet Fletcher, daß es »eine ... grundsätzliche Übereinstimmung über die Elemente menschlicher Erfahrung und menschlichen Verhaltens gab und ... daß diese Übereinstimmung durch die polemische Verteidigung von Extremen verdeckt oder beeinträchtigt worden war«[6]. Während der ganzen Geschichte der Darlegung, Verfeinerung und Exegese der Freudschen Theorie war die Vorstellung von der Primatennatur des Menschen notwendigerweise ständiger Prüfung unterworfen.

Aber trotz allem, was tatsächlich den gemeinsamen Ansichten über die menschliche Animalität zugrunde liegen mag, gab und gibt es offensichtliche Meinungsunterschiede, die wissenschaftlich und praktisch sehr bedeutsame Konsequenzen haben. Der Begriff »menschliche Animalität« entspricht hier einfach der Ansicht, daß menschliches Verhalten in einer bezeichnenden Art und Weise zum Teil den gleichen Prinzipien unterliegt wie tierisches Verhalten. Das heißt nicht, daß menschliches Verhalten dem tierischen Verhalten gleich sei, daß man ohne weiteres kreuz-spezifische Vergleiche, die auf den ersten Blick annehmbar sind, anstellen könnte, und daß es in der Bedeutung von Kultur und Tradition zwischen Menschen und Tieren keinen Unterschied gäbe. Es wird aber zu zeigen sein, daß zwischen menschlicher und tierischer Gemeinschaft in struktureller und prozessueller Hinsicht mehr Ähnlichkeit vorhanden ist, als die Soziologen in diesem Jahrhundert haben einräumen wollen. Le Gros Clark stellt fest: »In seiner körperlichen Struktur zeigt der Mensch so bemerkenswerte Ähnlichkeiten mit den niedrigeren Tieren, daß es uns heute erstaunlich scheint, wie seine Verwandtschaft mit ihnen jemals hat ernstlich bestritten werden können[7].« Obwohl dies nicht unbedingt logisch folgen muß, könnte es für künftige Geschichtsschreiber der gegenwärtigen Epoche ebenso erstaunlich sein, daß man zwar die wichtigen physischen Ähnlichkeiten zwischen dem Menschen und anderen Primaten anerkannte, aber die Ähnlichkeiten im Verhalten bezweifelte. Akzeptiert man die Existenz physischer Ähnlichkeiten, leugnet dagegen prinzipiell Ähnlichkeiten im Verhalten, so hat dies eine ungerechtfertigte Trennung von physischer Struktur und verhaltensmäßiger Funktion zur Folge.

Gegen die Vorstellung, der Mensch sei nur eine unter vielen tierischen Arten, wurde lange Zeit von einigen religiösen Gruppen stark opponiert, die in der einen oder anderen Form die Behauptung aufstellten, daß der Mensch das Ergebnis eines speziellen göttlichen Schöpfungsaktes sei und somit weder den gleichen Regeln des Verhaltens und der Moral wie die Tiere unterstehe noch einer Untersuchung durch ähnliche Methoden und Vorstellungen zugänglich sei. Es mag wahr sein, daß das Aufsehen, das Darwins Veröffentlichung über »den Ursprung der Arten« (»*The Origin of Species*«) folgte, vielleicht besonders heftig und wahrscheinlich sehr wichtig war, doch ist heute die soziale Relevanz der Evolutionstheorie für viele nicht weniger bedeutsam als im Jahre 1860. Viele, die intellektuell die Theorie von der Entwicklung des Menschen annehmen, können oder wollen nicht deren volle emotionale und auch moralische Folgerungen akzeptieren. Es bleibt eine weit verbreitete Vorstellung, daß der Mensch – in die natürliche Ordnung gestellt – eine Herabsetzung und Beeinträchtigung erfahre, und dies trotz seiner außerordentlichen Intelligenz und Erfindungsgabe eben im Zusammenhang mit der natürlichen Ordnung.

Es gibt keinen Zweifel: Stellungnahmen zur Evolution reflektieren psychologisch tiefreichende Einstellungen zum Ich, zum Körper, zu seiner sinnlichen Aktivität und Sterblichkeit. Die jüdisch-christliche Kultur (innerhalb derer sich ironischerweise die Evolutionstheorie wesentlich entwickelte) ist eine Kultur, in der es immer beleidigend war, einen Menschen als Tier oder als Bestie zu bezeichnen, in der in vielen Kreisen die »Abtötung des Fleisches« hoch bewertet und die Animalität angestrengt und kostspielig verleugnet worden ist[8]. Diese kulturelle Tradition verlangt ausdrücklich die Kontrolle erotischer Handlungen – ein Großteil kirchlicher Autorität scheint sich von der Fähigkeit der Kirchenmänner herzuleiten, ihren Anspruch auf moralische Priorität bezüglich der Entscheidung, welchen Sexualstandards die Allgemeinheit Folge zu leisten hat, durchzusetzen. Ebenso gehört dazu die hartnäckige Vorstellung bestimmter Kreise in vielen Gesellschaften, daß vor allem junge Leute besser zuviel als zuwenig Kleidung tragen sollten. Ich schreibe dies in Rufweite der King's Road im Londoner Stadtteil Chelsea, gegenwärtig berühmt oder berüchtigt wegen der jedes Wochenende stattfindenden Versammlung heiratsfähiger junger Mädchen, die den aufmerksamen Männern und zusammenlaufenden Zuschauern sehr kurze Röcke und entsprechend lange Beine zur Schau stellen. Die Kritik an dieser Mode und der Ausdruck des Schreckens über den moralischen Verfall der Welt ähneln sehr der Bestürzung von Moralisten und Priestern im Frankreich des 14. Jahrhunderts über die aufkommende Mode, hautenge Gewänder lieber als weite Kittel zu tragen[9]. Diese moralische Besorgnis verkörpert einen fundamental bedeutsamen Aspekt der kulturellen Kontrolle sexualbiologischer Reize, der in dieser Studie nicht behandelt werden kann.

Natürlich messen alle Kulturen den Erscheinungen des sexuellen Verhaltens eine besondere Bedeutung bei – so wie es bei einer Reihe anderer Verhaltensweisen wie Geburt, Tod, der Durchsetzung sozialer Rangordnungen usw. auch geschieht. Bei der Untersuchung der sozialen Konsequenzen der Evolutionstheorie ist von besonderem Interesse, daß sie sich gerade in jenem kulturellen Milieu zu ihrer höchsten Blüte entfaltete, das auch energische Gruppen puritanischer und religiöser Gegner hervorbrachte. Vielleicht verhalf gerade die Schärfe der Opposition bei dem häufig gegebenen dialektischen Charakter von wissenschaftlichen und moralischen Diskussionen zu überprüften und verbesserten Darstellungen der neuen Evolutionstheorie. Ferner verblieb Darwins Arbeit – wie Burrow bemerkt – in einer früheren wissenschaftlichen Tradition:

»Die Evolution als soziale Theorie entstand nicht nur aus dem Wunsch, im Studium der Gesellschaft den Leistungen der Biologie, Geologie und Philosophie nachzueifern, sondern auch als Reaktion auf den Verfall des systematischen Utilitarismus und die schwächer werdenden traditionellen Glaubensvorstellungen.... Das Menschengeschlecht war nicht deshalb ein einziges, weil es allenthalben das gleiche war, sondern weil die Unterschiede verschiedene Stadien des gleichen Prozesses darstellten. Und als man übereinkam, den Prozeß als Prozeß zu bezeichnen, konnte man die soziale Theorie in eine moralische und politische umwandeln[10].«

Es ist tatsächlich so, wie Donald MacRae gesagt hat: »Der Darwinismus ist einer der wenigen Fälle, in denen eine naturwissenschaftliche Theorie sehr weitgehend von früherer Forschung in den Sozialwissenschaften abgeleitet wurde.« Insbesondere das Werk von Malthus beeinflußte im Hintergrund die Arbeit von Darwin und anderen[11]. Burrow beschreibt, wie der Darwinismus im Zusammenhang mit einer Reihe intellektueller und moralischer Krisen entstand und wie die begeisterte Aufnahme der Theorie – nachdem sich die Hauptkontroversen einigermaßen gelegt hatten – nicht nur die Billigung ihrer offensichtlichen wissenschaftlichen Verdienste, sondern auch ihre Nützlichkeit als politische und moralische Betrachtungsweise der sozialen Wirklichkeit widerspiegelte. »Der Darwinismus und der imperiale Drang mußten geradezu miteinander verschmolzen werden[12].«

Es ist bedeutsam, daß Darwins Theorie als solche nicht notwendigerweise zum Sozial-Darwinismus hätte führen müssen: »Im Darwinismus gab es nichts, was ihn unvermeidlich zu einer Apologie für Konkurrenz oder Stärke hätte werden lassen. Kropotkins Interpretation des Darwinismus war so logisch wie die von Sumner[13].« »Die Geschichte des Darwinschen Individualismus ist ein klares Beispiel für die Regel, daß erst allgemeine Veränderungen im wirtschaftlichen und politischen Leben zu Strukturveränderungen sozialer Vorstellungen führen[14].« Obwohl Autoren wie Kropotkin und Lester Ward versuchten, die Sozial-Darwinisten mit reaktionärer Politik zu identifizieren, und sie unhaltbarer Extrapolationen von der Darwinschen Theorie beschuldigten, setzten sich zunächst die Ansichten der Sozial-Darwinisten doch mehr oder weniger durch. Mit ihrem Interesse für Evolution und »Fortschritt« brachten sie einen Forschungsstil in Gang, der bis heute auf manchen Gebieten einflußreich geblieben ist. Zur gleichen Zeit benutzten vor allem in England einige Autoren, die sich mit sozialen Problemen befaßten, Darwinsche Begriffe und entsprechende biologische Informationen, obwohl sie keine Sozial-Darwinisten waren. Hobhouse, Trotter, Carveth Read und Graham Wallas gehörten zu einer Gruppe, die sich damit befaßte, Darwinsche Vorstellungen sowohl über sozialkommunales als auch individuelles Handeln auszuarbeiten. Morris Ginsburg und Fletcher sind zwei neuere Vertreter dieser Tradition, obwohl sich Fletcher stärker als Ginsburg mit biologischer und ethologischer Forschung befaßt hat[15]. (Die Geschichte der London School of Economics spiegelt einige der herrschenden Richtungen und Forschungsergebnisse auf diesem Gebiet wider. Während einer Planungsperiode sollte die Sozial-Biologie, bestehend aus Genetik, Demographie, Eugenik, Verhaltensforschung usw. eines der drei Hauptarbeitsgebiete bilden. Die beiden anderen waren Volkswirtschaft und Soziologie-Politologie. Die Abteilung für Sozial-Biologie ging teilweise wegen des Widerstandes gegen die als latent rassizistisch gefürchtete Eugenik wieder ein. So wurde ein Lehrstuhl der Sozial-Biologie nicht mehr besetzt, als sein letzter Inhaber, Lancelot Hogben, ihn vor dem Zweiten Weltkrieg verließ.) Es wäre interessant und lohnend, mehr darüber zu erfahren, wann, wie und aus welchen Gründen innerhalb der akademischen Welt die Sozialwissenschaften von den Naturwissenschaften isoliert wurden. In dieser Geschichte muß zum Teil die Ursache für die Entwicklung des vorhandenen Pragmatismus in den Sozialwissenschaften liegen. Das alles ist um so interessanter, als einige namhafte Persönlichkeiten ausdrücklich der Meinung sind, daß die Sozialwissenschaften biologische Fakten in Betracht ziehen müssen. Weiteres hierüber folgt später in diesem Kapitel.

Voraussagbare Konsequenzen aus der Anwendung Darwinscher Theorien traten ein: »Es ist eine Eigenheit des Darwinismus, sowohl in der Biologie als auch auf anderen Gebieten zu viel erklären zu können[16].« MacRae sei noch einmal zitiert: »Der Hang der Sozialwissenschaftler, Theorien aus der Naturwissenschaft – sei es der Physik oder Biologie – zu mißbrauchen, hat eine lange Geschichte ... der Preis dafür mag sehr wohl zu hoch gewesen sein[17].« Eine Reaktion gegen den Gebrauch biologischer Analogien in den Sozialwissenschaften setzte ein. Vor allem in der Psychologie tötete die Begeisterung für den Behaviorismus und die Lerntheorie jegliche Anstrengung, überhaupt einmal festzustellen, welche angeborenen Verhaltensmuster bei einem Tier vorliegen oder nicht. Frank Beach hat die klare und verheerende Behauptung aufgestellt, daß die amerikanische Psychologie übermäßig behavioristisch orientiert gewesen sei und sich mit wenigen Tierarten – hauptsächlich der norwegischen Ratte – und wenigen Verhaltensformen – hauptsächlich Anpassung an Umweltsbedingungen und Lernprozeß – befaßt habe und somit zu fundierten, vergleichend psychologischen Aussagen allgemeiner Art unfähig sei[18]. (Außerdem waren, wie Michael Chance bemerkte, diese Untersuchungen nicht nur von vornherein eng begrenzt, sondern sie wurden – bei Tag – an schläfrigen Ratten durchgeführt. Ratten sind aber Nachttiere. Eine ganze Generation von Pädagogen, angehenden Theoretikern und anderen, die sich mit Verhaltensforschung beschäftigten, entwickelte ihr Wissen aus Grundsätzen, die aus dem eng begrenzten Verhalten einer höchst ausgesuchten Gruppe dahindämmernder Tiere gewonnen worden waren. Seit kurzem werden die Lichtzyklen bei Laborratten umgestellt. Es ist sehr seltsam, daß viele Wissenschaftler die zum Verständnis menschlichen Verhaltens bedeutsame Untersuchung der Primaten ablehnen und zur gleichen Zeit die Übertragbarkeit von Beobachtungen annehmen, die sie von den Tätigkeiten eines, zoologisch gesehen, viel weiter vom Menschen entfernten Tieres ableiten.) Zweifelsohne war die Begeisterung über die Präzision und Quantität, die in Laboruntersuchungen und formalen Fragebogen-Tests erreicht werden konnten, mit für das abnehmende Studium menschlichen und tierischen Verhaltens *in situ* verantwortlich. Entsprechend gaben die entstehenden Verhaltenstheorien den relativ begrenzten Umfang an Tatsachen wieder, auf denen sie beruhten. Unter den Zoologen selbst wurden und werden – offensichtlich gerade heute – die durch die Darwinsche Theorie gestellten Fragen selten direkt angesprochen[19].

In der Soziologie und Anthropologie nahm das Interesse an der Evolution in dem Augenblick rasch ab, als die ersten ungünstigen Urteile über den dauerhaften Wert des Sozial-Darwinismus und die Argumente seiner Verfechter auftauchten. Andererseits erwiesen sich die sich entwickelnden Methoden des Feld-Studiums und der Feld-Analyse als offensichtlich und direkt anwendbar. Die Basis für die Konstruktion einer neuen Theorie war der fruchtbare Gewinn aus zweifellos zuverlässigen und interessanten Monographien und empirischen Untersuchungen, die alle bohrenden Fragen über angeborene Verhaltensweisen und deren soziale Konsequenzen besiegten. Die naturwissenschaftliche Anthropologie wurde mehr und mehr von der sozialen und kulturellen Anthropologie isoliert; denn selbst unter den naturwissenschaftlichen Anthropologen gab es nur sehr wenige, die sich mit Problemen der menschlichen und tierischen Evolution stärker befaßten als mit der Archäologie der Artefakten, mit Rassenverbreitung, Blutarten usw. Abgesehen von der Freudschen und Jungschen Psychoanalyse bzw. Tiefenpsychologie gab es keine umfangreichere Tradition, die sich in engem Kontakt mit Soziologie und Anthropologie mit dem »angeborenen Verhalten« befaßte, weder formell noch materiell. Selbst die Historiker wurden kürzlich gerügt, weil sie sich nicht mit der menschlichen Vorgeschichte befaßt haben und unklugerweise nur die sprachlichen Aufzeichnungen alter Gesellschaften in der Geschichtsschreibung berücksichtigten[20] – obwohl das Studium der Evolution schließlich auch eine Art historisches Studium ist. Diese Art von Reaktion war vielleicht so lange unvermeidlich, wie die Zweiteilung Natur–Erziehung als realistisch betrachtet wurde, so lange, wie sich die Vorstellung halten konnte, daß es einen »kritischen Punkt« gebe, unterhalb dessen das Tier und oberhalb dessen der kultur-schaffende Mensch lebe, und ferner so lange, wie die neuen Forschungsmethoden über Kultur und Verhalten euro-amerikanischer und anderer Völker weiterhin eindrucksvolle Tatsachen und vertretbare Theorien hervorbrachten.

Es ist heute ziemlich klar, daß die Zweiteilung Natur–Erziehung, Instinkt–Lernen, Angeboren–Erworben eine tiefgehende falsche Auffassung über Motivierung, Zyklus und Kontrolle verhaltensmäßiger Prozesse darstellt. Nach Fuller und Thompson »definiert, logisch zu Ende gedacht, die Zweiteilung angeborenes Verhalten als dasjenige Verhalten, das bei fehlender Umwelt in Erscheinung tritt, und erlerntes Verhalten als das Verhalten, das keinen Organismus braucht«[21]. Die Diskussion um diese Angelegenheit war die Antwort auf ein Scheinproblem[22], wenigstens in jener scharf polarisierten Darstellung des Problems, die das meiste Aufsehen erregte (vielleicht gerade wegen ihrer formellen Einfachheit). Nicht nur, daß das Problem starr und sinnlos formuliert wurde, es wurde auch als ein Problem bezeichnet, das die Philosophen weniger aus wissenschaftlichen als vielmehr politischen Gründen entzweit: »... es wäre genausogut möglich, die Kontroverse Natur–Erziehung soziologisch wie naturwissenschaftlich zu sehen«[23]. Sozialisten und andere Reformer behaupteten, menschliches und tierisches Verhalten unterscheide sich darin, daß Veränderungen der Umwelt beim Menschen im Grunde jegliche Veränderung im persönlichen und sozialen Verhalten hervorrufen könnten; die verkehrte Anwendung Lyssenkoscher Forschungsergebnisse in der UdSSR kann als extremer Fall dieser Einstellung angesehen werden. Konservative behaupteten, daß rassische und soziale Unterschiede genetische Veranlagung widerspiegelten; jeder Versuch größerer sozialer Reformen bedeute eine Einmischung in die grundlegenden bio-genetischen Mechanismen, die das Überleben und die Verbesserung der Art sicherten. Reform, so behaupteten die Konservativen, sei unnatürlich. Die Dinge seien, wie sie sind, weil ihr So-Sein determiniert und notwendig sei, das sei die harte, aber reale Wahrheit. Obwohl Darwins Vorstellung über die Selektion hauptsächlich mit dem Überlebenserfolg der Nachkommenschaft zu tun hatte, interpretierten ihn die Anhänger der Anti-Umweltseinflußlehre dahingehend, daß er zeitgenössische Ungerechtigkeiten und andere soziale Hierarchien für unvermeidbar und sogar wünschenswert gehalten habe.

Eine zwangsläufige Reaktion setzte ein. Den Verfall der Forschungen über angeborene Verhaltensneigungen kann man mit der wachsenden Ausgestaltung der Wohlfahrtsökonomie erklären, der Demokratisierung der Politik, dem Abbau ungerechter Privilegien und einer weltweiten Antipathie gegen Auswirkungen des Rassebewußtseins und Imperialismus auf nicht-europäische Völker. Aggression wurde jetzt als Antwort auf verschiedene Arten von Frustration definiert. Sie sei nicht angeboren; die sorgfältige Schaffung sozialer Bedingungen, die die Frustration der Menschen vermindern würden, könne auch den Ausdruck von Feindseligkeit auf ein Mindestmaß reduzieren. Für nichtkonservative Philosophen war die soziale Hierarchie das Ergebnis der Ausbeutung durch einige wenige und der Gleichgültigkeit oder Machtlosigkeit der Massen. Sozialistische Phantasten schufen auf dem Papier oder in Wirklichkeit Gemeinschaften, in denen es keine sozial-hierarchischen Unterschiede mehr gab; manche Regierungen erließen Maßnahmen, die der Gleichheit der Menschen dienen sollten. Ausgehend von einem gruppenbezogenen Schema der sozialen Selektion, nach dem angeblich Klassen oder Rassen wünschenswerte Eigenschaften der Führerschaft, Intelligenz, künstlerische Fähigkeiten usw. haben oder nicht haben, gelangte man schließlich zu einer auf dem Individuum aufbauenden Theorie, nach der alle Menschen die gleichen Rechte zur Entfaltung ihrer Fähigkeiten haben sollen[24].

Im Prinzip erreicht dies seinen Höhepunkt im Krieg Nordamerikas gegen die Armut und in den Plänen Plowdens bezüglich der Primärerziehung in Großbritannien[25]. Diese Pläne für die Allgemeinheit unterstützen vor allem die Benachteiligten. Es ist nicht mehr länger eine Analyse möglich, die »... sowohl eine Erklärung für die soziale Ordnung als auch eine Rechtfertigung derselben ist«[26]. Erklärung wird

heute häufig mit Umgestaltung verbunden, aber sicherlich nicht mit Rechtfertigung. Die Verlegenheit der Soziologen, von denen erwartet wird, daß sie für die von ihnen untersuchten sozialen Krankheiten Abhilfe schaffen, ist beispielhaft. (Umgekehrt werden die Soziologen auch kritisiert, wenn man von ihnen den Eindruck hat, daß sie übertriebene Mühe auf angeblich »verbessernde« Schriftstellerei verwenden. Den englischen Soziologen wirft man das für gewöhnlich vor, wenn sie sich mit den sozialen Klassen beschäftigen.) Die therapeutische Grundlage der Psychoanalyse und ihre Betonung der ausschlaggebenden Bedeutung des frühen Lernens schürte das schwindende Interesse für angeborenes Verhalten wieder an, trotz der fortgesetzten theoretischen Beschäftigung mit dem »Es« oder irgendeiner ähnlichen Kraft und trotz Freuds eigener Ansicht bezüglich dieser Angelegenheit:
»Wir müssen uns bewußt sein, daß eines Tages unsere ganzen vorläufigen Formulierungen im Bereich der Psychologie auf eine organische Grundlage gestellt werden müssen. Man wird dann wahrscheinlich sehen, daß es spezielle chemische Substanzen und Prozesse sind, die die Wirkungen der Sexualität und die Fortdauer individuellen Lebens im Leben der Arten vollbringen[27].«
Fassen wir zusammen: Die Behauptung, daß das menschliche soziale Leben nach Begriffen der Moraltheorien lenkbar und wandelbar sei und daß auch die private psychische Erfahrung manipulierbar sei, brachte die Vorstellung von einer definierbaren und unveränderlichen menschlichen Natur in Mißkredit. Demgemäß wurde diese Natur kaum untersucht.
»Die Psychologen haben keine Lust mehr, die angeborene psychische Natur des Menschen zu diskutieren. Das wird einfach als unzeitgemäß angesehen. Wenn das Problem überhaupt angegangen wird, so pflegt man die menschliche Natur so schnell wie möglich wegzuerklären und alsdann auf weniger unbehagliche und speziellere Themen überzugehen[28].«
Tatsächlich kam dabei eine gewisse Rachsucht zum Vorschein, welche Anstrengungen auch immer gemacht wurden; Talcott Parsons legt denjenigen Gelehrten eine besondere Beweislast auf, die »behaupten, daß das, was als Problem der Handlungs-Theorie betrachtet worden ist, nur dann adäquat gelöst werden könne, wenn die Bedeutung der Teilhandlungs-Determinanten des Verhaltens beschworen wird. Dies wird oft der Fall sein, aber die Zuflucht zu Ad-hoc-Hypothesen auf diesem Niveau, die keiner Kritik und keiner genaueren Untersuchung standhielten, ist in der Geschichte der Sozialwissenschaft so verbreitet, daß wir auf dem Grundsatz dieser Beweislast bestehen müssen[29].«

Ich will damit nicht sagen, daß die Antipathie gegenüber biologisch verketteten Erklärungen nur in Mode und Zeitgeist ihren Ursprung hat und nicht in solidem wissenschaftlichen Denken. Die Antipathie rührte nicht nur daher, daß viele die Human-Biologie mit rassistischen, eugenischen oder ähnlichen Theorien verbunden sahen[30]. Häufig wurden bei großen Streitfragen unhaltbare Folgerungen aufgrund unzureichender Unterlagen gezogen, sehr zur Verzweiflung und zum Zorn von Wissenschaftlern, die weniger ehrgeizige Fragen mit größerer Genauigkeit und Sicherheit zu beantworten suchten. Hinzu kam aufgrund technischer, methodologischer und empirischer Verbesserungen in den Sozialwissenschaften die Überzeugung, daß die Reihe brauchbaren wissenschaftlichen Vokabulars groß genug sei. Deshalb schien es nicht lohnend, sich biologische Vorstellungen anzueignen, die bereits ihre offensichtliche Unzuverlässigkeit gezeigt hatten. Verständlicherweise streben Wissenschaftler in ihrem Wetteifer erfolgreiche Forschungsarbeiten an, und obendrein lieferten Physiker und Volkswirtschaftler den Sozialwissenschaften Modelle, so daß letztere sich mehr und mehr von einem biologischen System entfernten[31]. Trotz des Bemühens, die Streitfrage offen zu halten, hatte man allgemein das Gefühl, daß mangels besserer biologischer Unterlagen wenig von den Human-Biologen erwartet werden konnte. Keine Gefahr schien zu bestehen, daß biologische Entdeckungen den Vormarsch der unbiologischen Sozialwissenschaft stören könnten. Mit beinahe unübertrefflicher Vorsicht konnte Sorokin sagen: »Je größer und genauer die Entdekkungen der Biologie sind, desto genauer werden die biologischen Interpretationen sozialer Phänomene werden, und um so größeren Einfluß werden sie wohl zukünftig auf die Soziologie ausüben[32].«

1

Haben wir nun heute die »größeren und genaueren« Entdeckungen der Biologie als Grundlage für eine biologische oder zoologische Beurteilung des Menschen? Wir haben sie. Hauptthema und Gegenstand dieses Buches ist die ausführliche Schilderung von Umfang und Qualität brauchbarer Fakten und Konzeptionen. Man sollte jedoch beachten, daß unser Problem nicht nur die Mitteilung angehäufter Materialien ist, sondern das Nachdenken über ein Modell oder einen analytischen Zugang, die dem Wissensstoff und der Theorie Zusammenhalt und erklärende Kraft verleihen. Das mag mehr mit der Ausweitung der Grenzen der betroffenen wissenschaftlichen Disziplinen zu tun haben

— oder sogar mit deren zweckdienlicher Ausschaltung —, als mit einer gründlichen Zerstörung der vorhandenen Struktur, um sie durch eine völlig neue zu ersetzen.

An anderer Stelle schrieben Fox und ich: »Die Bedeutung neuer Daten für eine Wissenschaft ist ihren Praktikern nicht immer sofort klar. Das ist besonders dann der Fall, wenn die Daten hauptsächlich von anderen wissenschaftlichen Disziplinen stammen und wenn ihre für die Wissenschaft angenommene Relevanz eine grundlegende Überprüfung der Arbeitshypothesen erfordert[33].« Bisher haben die neuen Fakten und Theorien der Zoologen, Genetiker, Paläoanthropologen usw. nur in relativ wenigen Fällen in die methodologische Ordnung und die Schulkatechismen der vorherrschenden Traditionen von Soziologie und Anthropologie eindringen können. In der klassischen Tradition der Soziologie wird die Unterscheidung zwischen »menschlichem Handeln« und »sozialem Handeln« als entscheidend für das Studium der Verhaltensweisen angesehen. In Wirklichkeit setzt diese Unterscheidung eine grundlegende Verschiedenheit zwischen »biologischem« und sozial »gelerntem« Verhalten voraus. Folglich enthält sie eine systematische Ablehnung der Hypothese der Ethologen, daß die strenge Instinkt-Lernen-Dichotomie mißverstanden worden und wissenschaftlich nicht brauchbar sei. Sogar einige Zoologen behaupten (in einem begrenzten Sinne ganz richtig), daß das menschliche Verhalten zu komplex und zu kulturabhängig sei, als daß die biologischen Begriffe ohne weiteres angewendet werden könnten. In einer »Richtig-oder-Falsch-Frage«, die in einem Handbuch für Lehrer gestellt wird, das als Begleittext für ein gängiges Einführungsbuch über Soziologie dient, wird als wahr folgendes hingestellt: »Ein ganz sicherer Grundsatz der Soziologie ist, daß nur sehr wenig — wenn überhaupt — menschliches Verhalten angeboren ist[34].« Michael Banton bemerkt, daß »soziologische Probleme unabhängig von biologischen Problemen sind«[35]. Eine relativ zwanglose Untersuchung der amerikanischen Soziologie ergab, daß von dreißig hervorragenden Soziologen, die man über ihre Vorstellungen bezüglich ihrer Disziplin befragte, keiner das Studium der biologischen Faktoren im sozialen Leben als bedeutungsvoll bezeichnete[36]. 1966 war das erste Jahr, in dem während der Tagung der American Sociological Association eine Untersektion für Bio-Soziologie zusammentraf. Es ist noch immer außergewöhnlich, wenn Bücher, die von Forschungen über soziale Systeme bei anderen Tieren berichten, in soziologischen Zeitschriften rezensiert werden (obwohl sich dies in den allernächsten Jahren sehr schnell ändern wird). Nordamerikanische Studenten der Soziologie belegen normalerweise eher Kurse in

Mathematik, Psychologie, Volkswirtschaft usw., als in Biologie. Das alles muß unvermeidlich die »Bilder in unseren Köpfen« über unser eigenes Verhalten und die Gesellschaft beeinflussen. Sind die Bilder altmodisch?

Die Situation in der Anthropologie ist völlig anders. Der Erfolg einiger naturwissenschaftlicher Anthropologen bei dem Bemühen, Beweismaterial über die Humanphylogenie und frühes menschliches soziales Leben zu gewinnen, führte zu weitgehender Anerkennung der Ansicht, daß das Studium der historischen Entwicklung des Menschen und seines Verhaltens wichtig und möglich ist[37]. Die Studien an Primaten im natürlichen und experimentellen Rahmen haben sich in einem Jahrzehnt explosionsartig vervielfältigt[38]; die Verwendung hochentwickelter anthropologischer Techniken zum Studium der sozialen Ordnungen bei den Primaten hat die Komplexität dieser Ordnungen gezeigt. Wir wissen heute viel mehr über die Bedeutung von Lernen und Kultur bei der Entstehung von Unterschieden im Verhalten und in der sozialen Struktur bei Primaten der gleichen Art. Das volle Verständnis dafür, daß Tiere genauso »Kultur« wie die Menschen »Instinkt« haben, hat die begrifflichen Schemata sowohl der Anthropologen als auch der Biologen erweitert. Klar wurde, daß letztere in ihrem Studium der sozialen Ordnungen von Tieren von denjenigen unterstützt werden müssen, die im Studium des Menschen, des kompliziertesten aller sozialen Tiere, geübt sind[39].

Immerhin gibt es nicht einmal in der Soziologie unverblümten formalen Widerstand gegen den Gebrauch biologischer Theorien und Fakten. Die Antipathie richtete sich hauptsächlich gegen die von den biologisch orientierten Autoren behaupteten *Resultate* — gegen die ungerechtfertigte Anmaßung früherer Autoren auf diesem Gebiet und gegen die politischen und sozialen Auswirkungen des Sozial-Darwinismus. Parsons zum Beispiel prophezeit, daß »es ... möglich ist, daß mit neueren Entwicklungen in der Biologie dem Instinkt wohl wieder wesentlich mehr Aufmerksamkeit geschenkt werden wird als in jüngster Vergangenheit«[40]. Andererseits mußten sich »die Verhaltenswissenschaften ... vor 50 Jahren von den biologischen Wissenschaften befreien ... Es scheint durchaus möglich, daß in dem Maße, wie beide ein höheres Niveau erreichen, zunehmend klar wird, daß der Theorie von beiden ein gemeinsames begriffliches Schema zugrunde liegt. Es ist nur logisch, wenn wir annehmen — wie wir es meines Erachtens müssen —, daß die menschliche Individualität und Gesellschaft am besten und im weitesten Sinne ›der Natur nach‹ und nicht ›entgegen der Natur‹ erfaßt wird. Die Biologie ist in der Gemeinschaft der Wissen-

schaften der uns am nächsten stehende Nachbar, und solche wesentlichen Beziehungen müssen eigentlich erwartet werden[41].«
Lévi-Strauss betont, wie bedeutsam es sei, die Diskussion in der sozialen Anthropologie auf die biologische Realität der Lebewesen zu gründen; dies beinhaltet die notwendige Verbindung von naturwissenschaftlicher und sozialer Anthropologie[42]. Ernest Gellner bemerkt, daß »die Sozialwissenschaften und vor allem die soziale Anthropologie sich notwendigerweise mit der physischen Umwelt der erforschten Lebensgemeinschaften befassen müssen (was die biologische Natur ihrer Mitglieder einschließt), und nicht nur mit der sozialen Realität, die im Mittelpunkt ihres Interesses steht«[43]. Die Ähnlichkeit der von den Sozialwissenschaftlern und Naturwissenschaftlern verwendeten Methoden ist häufig bemerkt worden[44]. Obwohl Marion Levy jr. den Unterschied zwischen menschlichem und sozialem Handeln gelten läßt, erkennt er die Abhängigkeit soziologischer Untersuchungen von dem, was wir über die Grenzen menschlicher Formbarkeit wissen, an – und darüber können Biologen Aussagen machen (obwohl Levy erst vor kurzem feststellte, daß das verfügbare Material nicht überzeugend und weitere interdisziplinäre Forschung erforderlich sei)[45]. In seinen Bemerkungen über die Vollversammlung des Internationalen Soziologen-Kongresses 1966 betonte Jean Piaget die Bedeutung der biologischen Perspektive, die den Sozialwissenschaftlern bei der Bestimmung helfen könnte, innerhalb welcher Möglichkeiten der menschliche Organismus funktioniert[46]. Bestimmte Wege für eine gewinnbringende Aufnahme biologischer Materialien in die Sozialwissenschaften zeigen Derek Freeman[47], Vernon Reynolds[48] und Alexander Alland[49] auf, während Crook und Gartlan über die sozialen Strukturen bei verschiedenen Arten Verallgemeinerungen anstellen, und zwar mit Begriffen aus der Ökologie, die sie zu isolieren versuchen[50]. Ambrose bietet eine exzellente Übersicht über die allgemeine Literatur für diesen Bereich, sowie die Literatur, die sich vor allem mit dem Verhalten von Kindern befaßt[51].
Eine umfassende Untersuchung des Verhältnisses zwischen der Biologie und den verschiedenen Sozialwissenschaften würde letztlich ein großes Buch erforderlich machen. Ich wollte hier lediglich die Fülle, Verflochtenheit und den relativ offenen theoretischen Hintergrund aufzeigen, in denen diese Studie sowohl zeitlich als auch lehrmäßig steht. Vor allem Anthropologen und Psychologen waren es, die sich – wenn auch zeitweise nur nebenbei – mit Studien über die biologische Natur des Menschen befaßt haben. Das bedeutet natürlich für Soziologen, Politologen, Historiker und Volkswirtschaftler keinen Dispens, dieses Gebiet

weiterhin meiden zu können. Der Mensch muß Grundlage und Ziel jeglicher Sozialwissenschaft sein.

Wahrscheinlich kann die traditionelle Ansicht, daß der Mensch ein relativ unprogrammiertes und »untierisches« Geschöpf sei, angesichts der verschiedenartigen Beweise aus anderen Wissenschaften nicht aufrecht erhalten werden. Es wäre doch, so scheint es, zum Beispiel eine dringende Angelegenheit der Politologen, festzustellen, ob der Mensch im wesentlichen hierarchisch ist oder nicht, oder was sonst. Aristoteles sagte: »Der Mensch ist von Natur aus ein politisches Wesen«, aber in der Politologie wurden Bedeutung und Formen des »Politischen« am meisten betont; der überaus wichtige Satzteil »von Natur aus« ist lange Zeit nicht beachtet worden. Wenn mit dem Anspruch auf Logik gesagt wird, »die Menschen ordnen ihre Umweltseindrücke so, daß ihr Überlegenheitsgefühl gegenüber anderen am größten wird«, so ist das nur bedingt annehmbar[52]. Natürlich erscheint es »logisch« hinsichtlich der aufrechtzuerhaltenden sozialen Stabilität, genauso wie es bei den Vögeln logisch erscheint, wenn sie territorial begründete Hierarchien bilden oder wenn einige Primaten Rangordnungen unter den Männchen entwickeln[53]. Andererseits braucht man zum Verständnis und zum Vorhersagen tierischen Verhaltens weitgehende Kenntnisse über die Parameter ihres sozialen Verhaltens, den Prozeß des Lebenszyklus und die Wechselwirkungen zwischen diesen beiden, offensichtlich programmierten, Phänomenen. Es gibt genau genommen für Studenten der politischen Wissenschaft keinen Grund, die »Staatskunst« anderer Tiere nicht zu studieren; Vergleichswerte und die Erweiterung des Gesichtskreises lohnen diese Mühe. Der Gewinn vergleichender und vergleichbarer Daten über andere Arten könnte zum Ausgangspunkt allgemeiner, für alle Kulturen gültiger Aussagen über politisches Verhalten werden. Das würde vor allem den Politikwissenschaftlern, die nicht kulturgebundene und möglichst aussagefähige politische analytische Methoden entwickeln möchten, helfen. Rein vom Standpunkt meines Vorhabens wäre es zum Beispiel nützlich, zu wissen, ob die biologisch geschlechtliche Eigenart einen konstanten Einfluß auf menschliche politische Systeme hat, so wie es bei vielen anderen Primatenarten der Fall ist. Vermutlich wegen des mangelnden Interesses der Politikwissenschaftler an wesentlichen biologischen Fragen gibt es nur sehr wenige nützliche kulturvergleichende Studien über männlich-weibliche Unterschiede im politischen Verhalten, mit Ausnahme von Unterschieden im Wahlverhalten; das Wahlverhalten ist jedoch auf der ganzen Welt ein relativ geringfügiger Faktor im allgemeinen politischen Gebaren.

Für Soziologen ist die ganze Angelegenheit überaus verwirrend. Wie ich andeutete, kann wirklich die Frage gestellt werden: Wenn wir schon so erfolgreich in unseren Erkenntnissen über das menschliche soziale Verhalten waren, warum sollten wir nun erneut mit der Wiederverwendung einer analytischen Tradition zu experimentieren beginnen, deren Verwerfung zum Teil Antrieb für unseren Erfolg war? Die kurze Antwort lautet: Es liegen neue Materialien vor. Die Entdeckung, daß Primaten neue kulturelle Formen in Ergänzung zum artspezifischen »programmierten« Verhalten entwickeln, mag für Soziologen so wichtig sein, wie die Erkenntnisse von Hawthorn für die Wirtschaftswissenschaftler waren[54]. Die Hawthorn-Experimente wiesen darauf hin, daß Industriearbeiter nicht nur auf materielle Anreize, wie Regelungen der Akkordarbeit, reagierten, sondern ebenso auf Stil und Inhalt des Verhaltens von Führungskräften. Der »rationale Mensch« der Wirtschaftswissenschaftler war eine Übervereinfachung; die Entstehung wirtschaftlicher Entscheidungen zeigte sich als viel komplexer, als zeitgemäße gängige theoretische Modelle es erlauben wollten.

Sollten kulturvergleichende Studien darauf hinweisen, daß Männer und Frauen sich konkret nicht nur in fortpflanzungsmäßiger, sondern auch in anderer Hinsicht ihres mündigen Verhaltens unterscheiden, würden daraus sofort für solche Theorien über soziale Aktivität Konsequenzen entstehen, die sich in sozialen Begriffen hauptsächlich mit der Erklärung von Struktur und Prozeß sozialer Systeme befassen. Wie ich oben bemerkte, ist die »hohe« soziologische Theorie bzw. die allgemeine Theorie strukturell für die Einverleibung biologischer Daten aufnahmefähig. Doch eine solche Assimilation ist weder eifrig noch häufig genug betrieben worden, um innerhalb dieses Gebietes eine große Bedeutung zu haben. Obwohl es eine der (biologisch programmierten) menschlichen Charaktereigenschaften ist, sehr formbar zu sein, genügt es nicht, dies einfach festzustellen. Nach Geertz ist es wichtig, zu wissen, in welchem Ausmaß wir formbar sind, warum, wann usw.[55]. Da dies ohne Zweifel schwer ist, gibt es Gründe genug, diese Arbeit so bald wie möglich zu beginnen — und sei es auch nur im Interesse der Entwicklung einer reiferen Soziologie, die mit anderen Disziplinen fruchtbaren Austausch treibt. Die Notwendigkeit für die Soziologen, die wichtigen Entdeckungen ihrer Kollegen auch selbst zu verwenden, liegt auf der Hand. Denn wenn die Biologen behaupten, daß soziales Leben von einem infra-sozialen Prozeß begleitet wird, sollten die Soziologen eine solche Behauptung bewerten und untersuchen können.

Da schließlich das Studium des zeitgenössischen menschlichen Verhaltens möglicherweise mit der Entwicklung von Hypothesen über die menschliche Evolution in Verbindung steht, müssen die Soziologen – die sich besonderer Übung im Verstehen menschlichen Verhaltens rühmen – einige ihrer Entdeckungen mit denen ihrer anthropologischen, paläontologischen und zoologischen Kollegen zur Orientierung vergleichen. Wenn in anderen Disziplinen ein fest gegründetes Modell für das Verhaltensstudium zur Verfügung steht, sollten die Soziologen sich damit vertraut, oder es sich gar zu eigen machen, schon um sich nicht von den Annehmlichkeiten arbeitsteiliger Wissenschaft auszuschließen und ihre Kollegen nicht um den Beitrag der Soziologie zu dieser Arbeit zu bringen. August Comte, häufig als Vater der Soziologie bezeichnet, sagte voraus, daß die Soziologie erst dann eine wirklich erfolgreiche Disziplin sein werde, wenn sie sich mit tierischen Lebensgemeinschaften befassen könne[56]. Es wäre ein gerechter, ja fast ironischer Ausgleich, wenn diese Prophezeiung erfüllt würde. Denn die Soziologen haben erkannt, daß die Biologen – wie Monsieur Jourdain aus Molières »Bürger als Edelmann« entdeckte, daß er selbst »Prosa« sprach – eigentlich Soziologie trieben, wenigstens für eine kurze Zeit.

2. Kapitel

Die männliche Bindung in tierischen Lebensgemeinschaften

Im folgenden soll versucht werden, die Bedeutung männlicher Bindung bei einigen tierischen Lebensgemeinschaften aufzuzeigen. Ich werde einige Daten aus der Feldforschung vorlegen, die als Diskussionsgrundlage für die mögliche Evolution der männlichen Bindung unter den Menschen (diese wird im nächsten Kapitel behandelt) und für die Analyse sozialer Schlüsselprozesse wie Regierung, Krieg und Arbeitsteilung dienen. Für die Einbeziehung der Materialien über tierische Bindung sprechen zwei Gründe. Der erste ist die Gelegenheit, Fakten und Analysen jüngster biologischer Forschung zu beschreiben; das ist deshalb wichtig, weil sich die Biologen zunehmend mit den komplexen Systemen des Verhaltens befassen und so allen, die sich mit der menschlichen Gesellschaft beschäftigen, neue Perspektiven eröffnen. Der zweite Grund ist die Möglichkeit, in Betracht zu ziehen, daß die menschliche männliche Bindung teilweise von der genetischen Vererbung abhängig ist; nämlich dann, wenn gezeigt werden kann, daß sich die männliche Bindung in verschiedenen Primatengruppen findet und dort zum Teil in der genetischen Vererbung begründet ist. Das heißt nicht, daß die genetische Vererbung *notwendigerweise* in der menschlichen Bindung eine Rolle spielt. Aber wenn sie unter den Tieren vorkommt – besonders unter den dem Menschen nahe stehenden –, ist es vernünftig, wenn nicht sogar unumgänglich, mögliche menschliche Entsprechungen zu überprüfen.

Über die Modelle männlicher Bindung bei den Primaten gibt es weder eine Teilstudie noch eine umfassende Untersuchung. Bis 1967 gab es nicht einmal eine umfassende Untersuchung über den Sexualdimorphismus bei den Primaten[1]. Das wichtigste Werk über männliche Bindung stammt von Chance und Mead[2] und von Chance[3]; beide Autoren behandeln die Bindung mit Begriffen, die ursprünglich aus anderen Prozessen stammen, an denen sie interessiert sind. Die Gründe für die Lückenhaftigkeit der Forschung auf diesem Gebiet sind einigermaßen klar. Zuckermans Untersuchung der Sexualmodelle bei den Primaten[4] war die wichtigste frühe Anregung für einen Zweig der Primatenforschung, der sich hauptsächlich mit Fortpflanzungs- und Familiensystemen befaßte. Primatenforschung dieser Art wurde sehr früh in zoologischen Gärten und Laboratorien durchgeführt. Dort wird jedoch die mit der Bindung zusammenhängende »politische« und defensive Aktivität weit weniger deutlich als in der Wildnis, wo sie bei einigen Primaten recht charakteristisch ist. Bindung ist Teil eines subtilen politischen Prozesses und nicht ein relativ einfaches, klares und spezifisches Ereignis, wie etwa die Fortpflanzung, und dies mag den frühen Feldforschern das »Sehen« ziemlich erschwert haben. Schließlich ist es schwieriger, einen systematischen Prozeß, als ein konkretes Ereignis zu verstehen. Überdies standen andere wissenschaftliche Fragen im Vordergrund; die ausgedehnte Beschäftigung mit allgemeinen Fragen der Sexualität und des mütterlichen Verhaltens stellte die obengenannten Gesichtspunkte in den Schatten. Vergleichende Anatomie und Physiologie führten ganz selbstverständlich zu dem Bestreben, menschliche Fortpflanzung und familiäre Aktivität in einem biologisch kreuz-spezifischen Zusammenhang zu verstehen. Hingegen wurde zwischen tierischer und menschlicher politisch-defensiver Aktivität keine so eindeutige Verbindung hergestellt. Die wichtigsten Beispiele für solche Studien sind die von C. S. Ford und Frank Beach, sowie von Kinsey und seinen Mitarbeitern[5]. Die mangelnde Aufmerksamkeit für das politische Verhalten von Tieren überrascht nicht angesichts der Tatsache, daß selbst bei den Menschen das Studium der Politik (bis nach dem Zweiten Weltkrieg) mehr auf formale Strukturen, Wahlmodelle und Verfassungsgeschichte als auf politisches Verhalten und den politischen Prozeß selbst gerichtet war. Nach den frühen Arbeiten von Yerkes, Nissen, Bingham, Carpenter und Zuckerman erschienen im ganzen nur wenig bedeutende Arbeiten über das soziale Verhalten von Primaten in Freiheit, bis in die späten fünfziger Jahre, d. h. bis zur Renaissance der Primatenforschung in den sechziger Jahren. Erst jetzt arbeiteten und berichteten Forscher vieler Länder über Primaten in ihren natürlichen Lebensräumen und begannen diese Arbeit mit den inzwischen angesammelten Laboruntersuchungen zu koordinieren[6].

Unter der männlichen Bindung bei den Primaten versteht man das besondere Verhältnis zwischen zwei oder mehreren Männchen in der Art, daß sie den Mitgliedern ihres Verbandes gegenüber anders reagieren als gegenüber Individuen, die außerhalb dieses Verbandes stehen. Von wenigen Ausnahmefällen abgesehen, ist man der Ansicht, daß Männchen und Weibchen bei der Entstehung und Aufrechterhaltung von Bindungen – bei den Arten, bei denen männliche Bindung vorkommt – nicht austauschbar sind. Normalerweise ist dies das Ergebnis eines Prozesses, der sich über den Zeitraum erstreckt, in dem die ent-

sprechenden Individuen sich am Verhalten des jeweils anderen orientieren; aus mehreren Gründen betonen sie zunächst die Verbindung mit den Gliedern der Gruppe mehr als die mit den Nicht-Mitgliedern.
Das ist eine recht einfache und vorläufige Definition; sie wird klarer werden, wenn wir zeigen, daß die Bindung in Lebensgemeinschaften von Primaten und Menschen verschiedenen, genau beschreibbaren Funktionen dient. Bindung ist kein Verhältnis im luftleeren Raum, sondern ein wesentliches und voraussagbares Charakteristikum derjenigen Organisationen, die Lebensgemeinschaften entwickeln, um das Überleben zu sichern und Interessen zu schützen und zu fördern. Mit menschlichen Augen gesehen, ist die männliche Bindung ein »persönliches« Verhältnis — in dem Sinne, wie mütterliche oder eheliche Bindungen »persönlich« sind.
Die Bindung kann von der männlichen Vergesellschaftung unterschieden werden, einem Modell, das gewöhnlich mit der Vorherrschaft des Männchens[7] verbunden ist und z. B. bei einer Anzahl von Huftier-Arten vorkommt, die während verschiedener Perioden ihres Fortpflanzungszyklus durch die Bildung eingeschlechtiger Gruppen gekennzeichnet sind[8]. Darling vermutet, daß Elefanten und Pferde ähnliche Formen sozialer Organisationen zeigen[9]. Slijper bemerkt das gleiche Phänomen bei den Walen[10]. Vergesellschaftung bedeutet schlicht die Vereinigung *aller* Männchen passenden Alters; dies beinhaltet keine Selektion, keine sichtbare bezeichnende Rangordnung unter den Individuen. Die Unterscheidung zwischen männlicher Bindung und männlicher Vergesellschaftung bei Primaten kann vielleicht auch bei vergleichbaren menschlichen Verhältnissen getroffen werden. Man kann das hier Gemeinte durch die Verwendung eines üblichen soziologischen Kriteriums verdeutlichen, indem nämlich die Bindung in bezug auf den »gewonnenen Status« gesehen wird. Mit anderen Worten: Ein Mann wird sich nicht mit jedem Mitglied seiner ethnischen, religiösen, familiären oder sozialen Schicht verbinden; er wird es mit einzelnen Individuen tun, weil er bestimmte Vorurteile und begriffliche Normen hat, gemäß denen er sich zu binden bereit ist. Andererseits kann er sich, ohne unbedingt auf solche Vorurteile und Normen Rücksicht zu nehmen, einer Gruppe zugesellen. Natürlich ist dies keine ganz eindeutige Unterscheidung. Männer scheinen sich bereitwilliger mit Personen in angemessener Stellung zu verbünden — so wie sie dahin tendieren, Frauen zu heiraten, die gewisse charakteristische Eigenschaften haben. Allgemein gesprochen, bleibt die Vergesellschaftung ohne Auswahlprozeß. Alle gleichaltrigen Männchen einer Lebensgemeinschaft, seien es Schüler oder Bisons, schließen sich unvermeidlich innerhalb einfacher

räumlicher Grenzen und möglicherweise auf mehr oder weniger kompliziertе Art und Weise zusammen[11].

Ferner unterscheidet sich die Vergesellschaftung vom *»mobbing behaviour«*[12], das keine eingeschlechtige Grundlage zu haben scheint, andererseits aber deutlich soziale Prozesse in sich birgt, die der Vergesellschaftung ähnlich sind. Lorenz sagt darüber: »Besonders sind es gesellschaftlich lebende Tiere, die zu vielt das sie gefährdende Raubtier angreifen, wo immer sie ihm begegnen. Deshalb nennt die englische Sprache den in Rede stehenden Vorgang ›mobbing‹, der deutschen Umgangssprache fehlt ein entsprechendes Wort, nur die alte Jägersprache hat eins, die sagt: Krähen oder andere Vögel ›hassen auf‹ den Uhu, die Katze oder sonst einen nächtlich jagenden Freßfeind, wenn sie seiner bei Tageslicht ansichtig werden[13].«

Nach Ansicht von Lorenz pflegen sehr enge Herdenbildung und intraspezifische Aggressivität nicht bei den gleichen Arten vorzukommen. Seine Ansicht über das Verhältnis zwischen gruppenbildendem Verhalten und Aggression wird noch diskutiert werden.

Jedenfalls ist die Gruppenbildung ein Prozeß, der mit dem Ergebnis abschließt, daß Individuen einer Art einander als direkt und eindeutig zu sich gehörig erkennen. In einem Paviantrupp aus acht erwachsenen Männchen werden vielleicht drei eine Gruppe bilden. Jedes der drei wird den zwei anderen gegenüber besonders empfänglich sein, Unterschiede zwischen den der Gruppe angehörenden und den ihr nicht angehörenden Männchen sofort wahrnehmen und dieser Gruppe anzugehören sich verpflichtet fühlen, insofern das zu sozial-sexuellen Vorteilen und Verantwortlichkeiten führt. Für das Gruppenmodell ist bezeichnend, daß Einzeltiere sehr komplizierte soziale Verbindungen mit anderen Tieren haben und derartige Verbindungen nicht etwa aufs Geratewohl eingehen. Bei verschiedenen Arten sind solche spezialisierten sozialen Bande zwischen Mutter und Kind, Vater und Mutter, Männchen und Weibchen bekannt; in diesen Fällen ist es möglich, die sozialen Bande als Ergebnis sowohl genetischer als auch sozialer Prozesse zu verstehen. Wir wollen jedoch die Prozesse untersuchen, die fördernd auf die männliche Bindung bei Primaten wirken, um festzustellen, in welchem Ausmaß – wenn überhaupt – genetische Vererbung mitspielt; außerdem wollen wir wissen, welche allgemeinen Folgerungen sich daraus für Primaten, einschließlich des Menschen, ergeben.

Warum aber überhaupt die Diskussion über Tiere? Wäre es nicht anregend genug, die Art und Weise, in der artspezifische männliche Bindungsmodelle in menschlichen Gesellschaften vorkommen, aufzuzeigen, statt eine quer durch alle Arten gehende Analyse durchzuführen? Wie können überhaupt einwandfreie Analysen dieser Art gemacht werden?

Aus der Anerkennung der historischen Grundlage der Evolutionsforschung folgt logischerweise, daß die Evolution des Menschen und die der Primaten in der Diskussion verbunden werden können. Wie Popper darlegt, war Darwins Theorie nicht nur ein Gesetz über die Evolution, sondern »eine besondere – oder genauer: einzigartige – historische Aufstellung über die Abstammung einer Anzahl irdischer Pflanzen und Tiere«, begleitet von Kommentaren über Einzelereignisse sowie allgemeine Prozesse dieser identifizierbaren und einzigartigen historischen Stufenordnung[14]. Die Diskussion einer Anzahl von Unterabschnitten des gleichen historischen Evolutionsprozesses wird daher grundsätzlich eine stichhaltigere Basis für allgemeine Aussagen über die ganze Stufenordnung liefern, als wenn man die Aufmerksamkeit nur auf ein Beispiel richtet – zumal der Evolutionsprozeß Hunderttausende spezifischer Formen mit sich gebracht hat[15]. Tinbergen bemerkt, daß die Bestimmung divergierender und konvergierender Prozesse bei Verhaltensformen und physischen Strukturen verschiedener Arten ein grundlegendes Verfahren ethnologischer Analyse ist[16]. Die Warnung Leachs vor Tautologie und glattem Nominalismus muß man gelten lassen; die sogenannte kreuzspezifische Analyse kann unter Umständen zu nichts anderem führen, als daß sozialwissenschaftliche Begriffe durch Begriffe der Verhaltensforschung ersetzt werden[17]. Auch Devons und Gluckmans Mißtrauen gegenüber Sozialwissenschaftlern, die sich außerhalb ihres Fachbereichs zu äußern wagen, sollte beachtet werden[18]. Aber schon allein das Gebot der rationellen Arbeitsweise sollte die Forscher veranlassen, die mögliche Gemeinsamkeit der *sozialen Systeme* von Primaten und Menschen genauso zu untersuchen, wie *physische* Gleichartigkeiten und Unterschiede umfassend und ergiebig untersucht worden sind.

Simons[19] und Reynolds[20] haben kürzlich beschrieben, wie sich die Prähominiden vor rund 20 Millionen Jahren von den anderen Primaten abzweigten; mindestens eine Million Generationen liegen zwischen heute und damals. Deshalb gab es genug Gelegenheit zur Abweichung – wenn auch nur aufgrund des Zufalls. Interessant jedoch ist, daß physische Merkmale und physiologische Prozesse sich so ähnlich bleiben, wie es tatsächlich der Fall ist. Wenn »soziales Verhalten sich relativ einfach mit biologischen Mechanismen, die dieses Verhalten ermöglichen, auf eine Stufe stellen läßt«[21], wie Washburn und seine Mitarbeiter feststellten, dann ist es schlicht eine Frage des Geschicks, herauszubekommen, worin der allgemeine Nutzen, ein Primat zu sein, besteht; und dies, während wir gleichzeitig die jeweilige Geschichte und die kulturellen Entwicklungen einzelner Primaten-Arten kennenlernen. Wir kennen heute die beachtliche *Variation* im sozialen Verhalten und in der Struktur der Lebensgemeinschaft von Primaten selbst der gleichen Art[22]. Es ist deshalb entscheidend, die *Grenzen* der Formbarkeit zu finden, innerhalb derer ökologische Drucke, kulturelle Traditionen oder vielleicht schlicht der Zufall wirkten, um die heute feststellbaren Systeme hervorzubringen[23]. Das Wissen über das für menschliches Verhalten »Gegebene« und Mögliche erlaubt ein größeres Verständnis für die Dynamik und die Formen der Kultur[24]. Washburn und Hamburg weisen z. B. darauf hin, daß »wahrscheinlich kennzeichnende menschliche geistige Fähigkeiten (Sprache, Wissen, Intelligenz) sich erst in den letzten vier- bis sechshunderttausend Jahren entwickelten«. Daß die Kultur im Vergleich zu den möglichen 20 bis 26 Millionen Jahren körperlicher Geschichte des Menschen als so neu eingeschätzt wird, weist darauf hin, wie wichtig es ist, herauszubekommen, welchen Einfluß der längere Zeitraum auf den kürzeren hat.

Ich begann mein Vorhaben in der Meinung, daß die männliche Bindung zwischen Nicht-Primaten allgemeiner wäre, als ich sie dann in Wirklichkeit fand (mag sein, daß das zu geringe Interesse der Feldforscher und Experimentierer an diesem Gegenstand das Sammeln entsprechender Unterlagen verzögert hat). Da ich kein Zoologe bin und meine Studie in dieser Hinsicht ihre Grenzen hat, möchte ich darauf nicht weiter eingehen. Wenn andere darin ein lohnendes zoologisches Problem sehen, könnte das Sammeln von Fakten und Analysen wertvoll sein.

Bei den Primaten jedoch kommt die männliche Bindung häufig vor und ist ein deutlich sichtbares und analysierbares Phänomen. Einige Arten haben sie, andere nicht. Unser Ziel wird sein, herauszufinden, unter welchen Bedingungen sie vorkommt und wann sie fehlt; außerdem möchte ich einige deutlichere Kennzeichen für das Verhältnis zwischen männlicher Bindung und anderen Verhaltensweisen liefern.

1

Zunächst einige allgemeine Überlegungen. John Crook liefert eine kurze, aber umfassende Darstellung der in Frage kommenden ökologischen und evolutionären Faktoren:

»Während *Ramapithecus* und *Paranthropus* ein Gebiß haben, das vorherrschend vegetarische Nahrung anzeigt, verrät das Gebiß der *Australopithecinae* gemischte Nahrung, einschließlich Fleischnahrung. Die Entwicklung gemeinschaftlicher Jagd und all dessen, was sie einschließt, ist daher wahrscheinlich der Entwicklung des *Australopithecus* vorausgegangen. Crook und Gartlan haben kürzlich die ›Stufen‹ sozialer Organisationen bei den Primaten analysiert, und zwar unter dem Aspekt ihrer funktionalen Bedeutung in gegensätzlichen Umgebungen. Die Entwicklung von zwei Verbandstypen bei den auf dem Boden lebenden Affen ist mit der zunehmenden Trockenheit Afrikas im Post-Pliozän und mit der Ausbreitung von Savanne und Halbwüste verknüpft. In beiden Verbandstypen findet sich der Beweis einer gewissen Neigung zur Fleischnahrung. Die *Pongidae* und später die Prähominiden entwickelten sich unter den gleichen Bedingungen wie die untersuchten *Cercopithecidae* und zeigten in ihrer Entwicklung wahrscheinlich einige Parallelen. In der offenen Savanne Afrikas war im Pleistozän die Menge grasfressender Säugetiere (Huftiere usw.) so groß, daß geeignete Räuber zum Beutemachen geradezu ermutigt wurden. Werkzeug verwendende Prähominiden, die sich hinsichtlich ihrer sozialen Organisation auf einer Schimpansen-Stufe befanden und in einer rauheren Umwelt, als es die Früchte tragenden Wälder eines offenen Waldlandes sind, zu leben gezwungen waren, sind wohl schnell auf den Geschmack des Fleisches und zu den Waffen, durch die es beschafft werden kann, gekommen. *Der Wandel mag durchaus mit der Entwicklung von ›rein männlichen Gruppen‹ (z. B. bei Schimpansen und Gelada-Pavianen bekannt) zu Jagdgemeinschaften verbunden gewesen sein, außerdem mit der Einführung von festen, schützenden Schlafstellen, die früher von den Gruppen während des Umherstreifens am Tage verlassen wurden*[25].« (Kursiv vom Verfasser)

Diese Darstellung legt nahe, daß zwischen Bindung und scharbildendem Verhalten bei menschlichen und nichtmenschlichen Primatenmännchen ein Zusammenhang besteht. Das Savannenleben und das sich daraus zwingend ergebende kooperative Verhalten weisen auf eine eindeutige Ursache für die Gruppenbildung und deren Fehlen in verschiedenen Primatenfamilien hin. Was wir aus jüngeren Beobachtungen über das Einkreisen, die Jagd und das Töten kleinerer Säugetiere durch Paviane[26] gelernt haben, wird durch eine Bemerkung Ronald Halls bekräftigt:

»Wenn die von Dart (1963) und Oakley (1951) zitierten Darstellungen über das räuberische Verhalten von Pavianen in Südafrika in langfristigen Feldforschungen systematisch bekräftigt werden können, haben wir ein Beweisstück mehr für die Behauptung Carveth Reads aus dem

Jahr 1917, daß nämlich die Prähominiden die Charakteristika ›wolfsähnlicher‹ Primaten hatten, deren nächste zeitliche Parallele der Pavian ist[27].«

Allerdings ist es wichtig, daran zu erinnern, daß Fleisch in der Nahrung der Paviane nur einen verschwindenden Anteil ausmacht; frisches Aas wird von Pavianen in Nairobi nicht beachtet, und De Vore und Hall vermuten, daß das Essen von Fleisch erlerntes Verhalten ist[28].

Betrachten wir kurz die Ökologie und soziale Struktur bei den Pavianen; der Abriß beruht auf den Forschungsberichten von De Vore und Hall und gibt ihre Feststellungen vereinfacht wieder (Seiten 20-110).

Über eine Million Jahre lang hat eine Vielzahl von Paviangruppen in Afrika gelebt. Fossile Überreste eines frühen Pavians und *Australopithecus* sind über die Böden südafrikanischer Höhlen verstreut. Die Gattung *Papio* spaltete sich in eine Anzahl von Rassen auf. Mindestens vier Arten gibt es; eine Savannenart (mit mehreren Rassen), zwei Waldarten und eine Wüstenart (Seite 21). Erfolgreich, wie die Gattung war, besiedelte sie weite Teile Afrikas, wo es offensichtlich mehr Paviane als Menschen gibt.

Die Gruppen umfassen zwischen neun und 185 Mitgliedern, durchschnittlich zwischen 30 und 50. Die Größe der Gruppe scheint sich mehr nach sozialen Verhaltensweisen als lokalen Umweltsunterschieden zu richten. Eine wichtige Variante, vielleicht ökologisch bedingt, findet sich in Äthiopien, wo Hamadryas-Paviane in Gruppen aus einem erwachsenen Männchen, gewöhnlich drei bis vier Weibchen und ihren Jungen bestehen. Doch nur selten suchen diese Gruppen auf eigene Faust Futter. Bei der Futtersuche liegt, wie bei anderen Pavianen, der Gruppendurchschnitt zwischen 30 und 50.

Die Gruppen leben in bestimmbaren Arealen, die als »Wohngebiete« bezeichnet werden können. Zentrale Kernzonen werden häufig zum Schlafen, Trinken und zur Futtersuche benützt. Die Gebiete verschiedener Gruppen können sich überschneiden, jedoch die Kernzonen nur sehr gering. Die Gruppen sind sozial geschlossene Gruppen; die einzelne Gruppe ist die kleinste und sozial wichtigste Einheit bei diesen Pavianen. Gruppen, die aus ledigen Männchen bestehen, sind bei den Hamadryas ganz verschiedenartig — sie werden später behandelt (Seiten 38—39). Man nimmt an, daß große Gruppen sich zweiteilen, wobei die entstehenden Gruppen die normale Aufteilung an Männchen, Weibchen und Jungtieren haben. Auch ein lediges Männchen kann sich zusammen mit assoziierten Weibchen selbständig machen.

Mit dreieinhalb Jahren werden die Weibchen geschlechtsreif. Die Männchen brauchen bis zu ihrer vollen Entwicklung sieben bis zehn Jahre, obwohl sie schon mit fünfeinhalb Jahren fortpflanzungsfähig sein können. Wahrscheinlich gibt es bei den Pavian-Populationen der Savanne annähernd so viel Männchen wie Weibchen. Die Nahrung der Paviane ist in Kenia zu 98 % vegetarisch – eine Anpassung an die große Mannigfaltigkeit der Nahrungsquellen. In der Kap-Provinz sind sie zu 90 % Vegetarier und fressen auch Nahrung marinen Ursprungs. Beide verzehren Wirbellose und gelegentlich kleine Säugetiere. Paviane kommen mit vielen Arten friedlich aus (vor allem Huftieren), es gibt auch keinen sicheren Beweis dafür, daß Paviane von Löwen, Leoparden, Hyänen, Schakalen, Wildhunden und Raubvögeln angefallen werden. (Doch ist es möglich, daß Paviane nachts von Leoparden und vielleicht auch anderen Raubtieren gejagt werden.) Kranke und verletzte Tiere, die der umherstreifenden Gruppe nicht mehr folgen können, werden zurückgelassen.

Der Sexualdimorphismus – die normalen Unterschiede zwischen den Geschlechtern – ist bei den Pavianen sehr auffallend, vor allem hinsichtlich der Merkmale, mit denen die Männchen für die Verteidigung ausgerüstet sind. Im Vergleich zu anderen Primaten sind sowohl Pavian- als auch Makaken-Männchen sehr aggressiv und intensiv mit der Vorherrschaft beschäftigt. Wahrscheinlich steht das in Beziehung zu ihrer speziellen Funktion in der Gruppenverteidigung. Für das soziale Verhalten und die soziale Organisation ergeben sich daraus natürlich wichtige Konsequenzen.

Das Wesentliche an der Organisation der Paviangruppe ist die Rangordnungshierarchie der erwachsenen Männchen[29]. Diese Tatsache ist für meine allgemeine These über die Rolle der männlichen Bindung außerordentlich wichtig. Der Begriff der »Hackordnung« ist auf wilde Paviane nicht gut anwendbar, da diese normalerweise im Gelände verstreut sind, so daß es kaum zu einer Gegenüberstellung oder gar einem Konflikt wegen des Futters kommen wird. In einer relativ einfachen Gruppe mit drei erwachsenen Männchen hatte ein Pavian deutlich die Vorrangstellung über die anderen; der Anführer verhielt sich folgendermaßen: Als die Weibchen in ihre Periode der maximalen Fruchtbarkeit kamen, paarte er sich ausschließlich nur mit einigen von ihnen. Er trieb die hierarchisch zweit- und drittrangigen Männchen, die sich mit diesen Weibchen paaren wollten, fort. Die rangniederen Männchen »präsentierten« sich dem Ranghöchsten viel demütiger und weit häufiger als anderen Männchen gegenüber. (Unter »Präsentieren« versteht man eine Gebärde, zu der gewöhnlich gehört, daß ein rangniederes Männchen dem ranghöheren sein Hinterteil zuwendet; gelegentlich präsentiert sich auch ein Ranghoher einem Unterworfenen. Diese Gebärde ist für viele Primaten wichtig, weil sie soziale Bindungen »ritualisiert«, insbesondere die der Rangordnung.) Der Anführer schien sich viel mehr als jedes andere Männchen auf aggressive Handlungen einzulassen. Trat eine Störung ein – griff z. B. eine Elenantilope die Gruppe an –, so stand das ranghöchste Männchen seinen Mann, während der Rest der Gruppe sich zurückzog. Mütter mit Neugeborenen strebten danach, sich hinter ihm zusammenzuscharen und in seiner Nähe zu bleiben, was der Ranghöchste prompt damit vergalt, daß er keinen Angriff auf die Mütter duldete (Seite 56).

Bei einer anderen Gruppe fanden De Vore und Hall eine Art von Bindung, die für die Analyse der Rangordnung bei den Pavianen von Belang sein könnte:

»Bestimmte erwachsene Männchen verbündeten sich immer miteinander und waren bestrebt, bei aggressiven Handlungen gegen andere Männchen sich gegenseitig zu unterstützen. Einige Männchen schlossen sich so eng zusammen, daß bei solcher Gelegenheit fast niemals ein voneinander unabhängiges Handeln beobachtet werden konnte. Auf dieser Basis wurden drei von ihnen zu einer ›zentralen Hierarchie‹.« (Seiten 59-60)

Diese drei Männchen kannten keinen ernstlichen Konkurrenzneid um Nahrung und vereinigten sich gegen andere Männchen in der Gruppe. Sie hielten sich im Mittelpunkt der Gruppe auf, handelten gemeinsam, bestimmten die Bewegung der Gruppe, den Weg zu den Zielorten usw. »Die Rangordnungsstufe eines Männchens war so die Kombination seiner individuellen Kampffähigkeit (›lineare Dominanz‹) mit seiner Fähigkeit, in der ›zentralen Hierarchie‹ die Unterstützung anderer Männchen zu gewinnen.« (Seiten 61–62). Bei vier intensiv untersuchten Gruppen variierten die Rangordnungsverhältnisse erheblich. Häufig kam eine ›umorientierte Aggression‹ vor; d. h. ein Ranghoher drohte einem Rangniederen, der selbst einen Dritten verfolgte oder ihm drohte, usw. Man glaubt, daß dieses Verhalten dazu dient, die Rangordnungsverhältnisse der Gruppe zu bekräftigen.

Eine Rangordnung unter den Weibchen eindeutig festzustellen, war viel schwieriger. Die weibliche Vorherrschaft scheint variabler und feiner gekennzeichnet zu sein als die Dominanz bei den Männchen. Einerseits ist sie stark vom Brunstzyklus beeinflußt; andererseits scheint sie mehr auf individuellen Wechselbeziehungen als auf Koalitionen zu beruhen, von denen die relative Stabilität männlicher Hierarchien zum Teil bestimmt wird. Die weibliche Dominanz scheint letztlich in ständigen unbedeutenden Streitereien und Zänkereien zum Ausdruck

zu kommen; es gibt wenig direktes Beißen und Angreifen (Seiten 66-67). De Vore und Hall kamen zu der Überzeugung:
»Die wichtigste allgemeine Entdeckung war das Ausmaß, in dem die weibliche Aggressivität gegen andere Weibchen in Beziehung stand zu der Häufigkeit, mit der das ranghöchste Männchen A mit dem in Brunst befindlichen Weibchen sich paarte. Offenbar wurde das soziale Verhalten aller erwachsenen Weibchen stark von der gespannten Aufmerksamkeit des ranghöchsten Männchens A auf eine von ihnen beeinflußt.« (Seite 69).
Gewöhnlich »rotteten« sich zwei oder mehr Weibchen zusammen, um andere Weibchen zu bedrohen oder sie anzugreifen.
Ist die Gruppe unterwegs, so streben die Mütter mit Kindern zum Zentrum der Gruppe in die Nähe der ranghöchsten Männchen, während die rangniederen Tiere die Vor- und Nachhut bilden oder an den Seiten zu finden sind. Tritt eine Krisensituation auf, kommen die ranghöchsten Männchen gemeinsam aus der Mitte heraus und gehen an die Spitze der Gruppe, um sich mit der Lage zu befassen. Die Männchen am Rande der Gruppe sind sowohl unterwegs als auch bei der Rast die Wachtposten. Die ganze Gruppe achtet auf die Zeichen und den Standort der ranghöchsten Männchen, auch die Wachtposten an der Peripherie richten ihre Bewegungen nach diesen Männchen (Seite 71). Das gesamte soziale Verhalten der von De Vore und Hall untersuchten Paviangruppen läßt vermuten, daß das sehr komplexe Rangordnungsverhalten der Männchen für die kinderführenden Mütter den besten Schutz garantiert, der relativen Befriedigung innerhalb der Gruppe dient und die höchste Wahrscheinlichkeit bietet, daß die Weibchen von den ranghöchsten Männchen befruchtet werden. Die genetische Bedeutung dieses Systems ist offenbar.
Eine detaillierte Darstellung der Sozialisierung und des mütterlichen Verhaltens ist vorhanden (Seiten 81–85). Mit fünf Jahren ist ein halberwachsenes Männchen größer als die erwachsenen Weibchen und steht höher im Rang. Es ist mutig, streitsüchtig und hält sich mehr abseits von anderen Gruppenmitgliedern als beide Geschlechter in irgendeiner anderen Periode des Lebenszyklus (Seite 85). Erwachsene Männchen, vor allem ranghohe, halten und berühren recht häufig die Jungen.
»Bisher wurde aus den Feldforschungen die Assoziation von Jugendlichen und Halberwachsenen mit den erwachsenen Männchen noch nicht restlos klar. Während einige Halberwachsene ziemlich abgesondert oder einer Gruppe zugesellt sind, scheinen andere in ein enges Verhältnis mit ranghohen Tieren aufgenommen zu sein.« (Seite 87)
Dem entspricht eine geradezu provozierend ähnliche Entdeckung von

Imanishi, daß nämlich die Nachkommen ranghoher japanischer Makaken-Weibchen enger und länger im Zentrum der Gruppe verbleiben als die Nachkommen rangniederer Weibchen. So werden sie mit den ranghohen Männchen vertrauter und scheinen auf diese Weise einen wirkungsvollen Vorteil zu gewinnen, durch den sie eine Vorrangstellung als Erwachsene erreichen[30]. Imanishi vermutet, daß die männlichen Sprößlinge ranghoher Weibchen sich selbst mit ranghohen Männchen »gleichsetzen«. Vielleicht ist deshalb die Wahrscheinlichkeit größer, daß ihnen dann tatsächlich ein hoher Rang zugestanden wird. Den niederrangigen Abkömmlingen mag der vitale Impuls oder Antrieb fehlen, der mit der Identifizierung mit übergeordneten Männchen verbunden ist. (Wir haben hier übrigens einen wichtigen Hinweis auf die Rolle der Sozialisierung unter den Primaten. Es könnte in diesem Zusammenhang nützlich sein, die Anwendbarkeit von Begriffen wie Rollenmodell und Identifizierung auf die Primaten zu untersuchen)[31].

Ein relativ kompliziertes Kommunikationssystem, das Stellungen, lautliche Verständigung und Bewegungen einschließt, kennzeichnet den Rang einzelner Tiere genauso wie jene sozialen Situationen, die Handeln oder Gleichgültigkeit erfordern. Das »Lausen« trägt wesentlich zur Festigung sozialer Bindungen bei. Am häufigsten geschieht es, daß Weibchen andere Weibchen lausen. Erwachsene Männchen lausen in Brunst befindliche Weibchen länger als andere. Aber auch Weibchen mit Kindern ziehen die besondere Aufmerksamkeit und Tätigkeit anderer Tiere auf sich. Wie oft das Einzeltier gelaust wird, hängt von seiner Stellung in der Hierarchie ab, und die Rangordnung selbst äußert sich zum Teil durch das Gelaustwerden. Ein Männchen aus der Führungsgruppe wird zum Beispiel häufiger gelaust als ein rangniederes. Aber alle Tiere erhalten und geben diese Körperpflege. Darin äußert sich allgemein soziale Bindung, ebenso wird sie dadurch verstärkt. Ein Untergeordneter kann seine Genitalregion einem Übergeordneten präsentieren und von diesem bestiegen werden. Ein solches Verhalten zeigt deutlich den relativen Status an. Brünstige Weibchen können sich einem Weibchen mit kleinem Kind darbieten. In Gruppen, bei denen es unter den erwachsenen Männchen gespannte Verhältnisse und Unruhe gibt, präsentieren sich sogar ranghohe Männchen Niederrangigen, obwohl ein Besteigen selten ist; normalerweise wird die Gebärde durch Berühren des Gesäßes vervollständigt.

Die Unterschiede zwischen den Kenia- und den Kap-Pavianen sollen durch die vorhandenen Ähnlichkeiten nicht in den Schatten gestellt werden. Trotzdem erscheinen in der sozialen Struktur gewisse grundlegende Ähnlichkeiten, selbst wenn wir die äthiopischen Hamadryas mit einbeziehen. Die Anpassungsfähigkeit der Paviane, mit der sie die beträchtliche Andersartigkeit der Umwelt bewältigen, ist eine wichtige Funktion der sozialen Organisation. Beispielsweise eröffnen Crooks Forschungen über die Gelada-Paviane in Äthiopien eine neue Reihe von Möglichkeiten. Der Gelada lebt in einer felsigen Umgebung und zwar oft in Gruppen mit nur einem Männchen. Wenn günstige Bedingungen es erlauben, können viele dieser Gruppen sich zu einer Herde zusammenschließen. Die einzigen Gruppen mit mehreren Männchen bestehen nur aus vielen Halberwachsenen, die zwischen Harem und potentiellen Räubern eine schützende Pufferzone bilden. Diese abseits stehenden Männchen verschmelzen zu »reinen Männergruppen«, wenn sich eine Herde aufteilt; die Mitglieder dieser Gruppen können dann untereinander eine beachtliche Loyalität entfalten. Einige Wochen lang bleibt die Mitgliederzahl konstant[32]. Crook glaubt, daß die Ein-Mann-Familienstruktur der Gelada die beste Lebensweise ist, um in dem trockenen Hochland Äthiopiens existieren zu können. Das Vorhandensein von Nahrung ist entscheidend dafür, ob Gruppen mit vielen Männchen entstehen oder nicht. Es scheint, daß bei den Hamadryas und bei gewöhnlichen Pavian-Gruppen psychologisch kontrastierende Männchen bei der Fortpflanzung im Vorteil sind[33]. In diesem Stadium vermutet Crook die Entstehung einer Wechselwirkung zwischen kulturellen Traditionen besonderer Gruppen und der genetischen Selektion. Wie auch immer es sich damit verhält, die Beziehung zwischen dem Gedeihen der Geladas und der männlichen Gruppenbildung ist sehr interessant. Vielleicht liegt hier ein Schlüssel für die mögliche Bedeutung der Bindung in der Evolution des Menschen und für den Umschwung von kleinen zu großen Gemeinwesen.

2

Betrachten wir nun eine Primatengemeinschaft, in der die männliche Bindung eine sehr untergeordnete soziale Rolle spielt. Bei *Presbytis entellus*, dem gewöhnlichen Langur-Affen Nordindiens, ist die männliche Bindung ein ganz belangloses Merkmal der sozialen Organisation. Die folgende Skizze dieser Organisation stützt sich auf den Bericht von Phyllis Jay[34]. Ihr Bericht beschreibt Affen, die in Wäldern, und solche, die in der Nähe des Menschen leben. Die in Waldgebieten Lebenden waren nicht an den Menschen gewöhnt, und es war schwierig, sie über lange Perioden genau zu beobachten; die in Dörfern Lebenden verschwanden oft über Gartenmauern und Weidenzäune.

Diese Dorftiere waren ängstlicher und aggressiver, wahrscheinlich aufgrund der engen Verhältnisse der menschlichen Siedlungen, in deren Nähe sie lebten.

Die Gruppengröße lag zwischen fünf und 120 Tieren, mit einem Durchschnitt von 18 bis 25 bei den im Wald lebenden Tieren und 25 bis 30 bei denen in den trockenen Dorfgebieten. Die Gruppen waren geschlossen, Zugänge waren selten – obwohl gelegentlich ein Männchen abwanderte, um als Einzelgänger zu leben. Für dieses Phänomen gibt es keine Erklärung. Als drei in der Nähe einer Gruppe lebende einzelne Männchen sich dieser anschließen wollten, wurden sie weggetrieben.

Die Gruppen legen täglich drei bis fünf Kilometer innerhalb eines Gruppengebietes von zwei bis acht Quadratkilometern zurück. Die Kerngebiete liegen in der Nähe von Schlafbäumen und manchmal von Wasserquellen. Gelegentlich treffen sich Gruppen auf ihren Streifzügen; doch konnte Jay zwischen den Gruppen keine kämpferischen Auseinandersetzungen beobachten. Gewöhnlich haben größere Gruppen den Vortritt, während die kleineren deren Abzug abwarten. Die normale Rangordnung und die entwickelten Marschrouten trennen die Gruppen sehr wirkungsvoll voneinander (Seite 212). Wenn eine Gruppe aufbricht, stoßen die erwachsenen Männchen bestimmte Rufe aus. Die in den Wäldern und im Dorfgestrüpp lebenden Gemeinschaften werden selten von Raubtieren bedroht.

Die sozialen Gruppen sind stabil und friedlich. Die Struktur der Rangordnung wird in der täglichen Routine nicht allzu deutlich, die Tiere haben freie Beziehungen untereinander und beschäftigen sich mit dem Status offensichtlich wenig (Seite 216). Das Gruppenleben vermittelt den heranwachsenden Languren Modelle von den Aufgaben der Erwachsenen. Es gewährt auch Schutz – jedes Tier warnt bei drohender Gefahr, was bei jedem Tier die Chance, auf Gefahren aufmerksam zu werden, sehr erhöht. Besteht Gefahr, »vereinigen sich – das ist Teil der sozialen Tradition – alle Mitglieder der Gruppe in einer Rangordnungsstruktur, die ein System voraussagbaren Verhaltens unter einander vertrauten Tieren liefert«. (Seite 217)

Selten geben sich erwachsene Männchen mit kleinen Kindern ab. Die erwachsenen Weibchen scheinen die zentralen Figuren innerhalb der Gruppe zu sein, zumindest werden die erwachsenen Männchen seltener gelaust. Trotzdem dominieren die erwachsenen Männchen über die erwachsenen Weibchen, wenn auch weniger ausgeprägt als gegenüber den halberwachsenen Männchen. Auch letztere stehen über den erwachsenen Weibchen. Die Geburt eines Langur-Kindes ist für die Gruppe sehr bedeutungsvoll, andere Weibchen versammeln sich um die Mutter und das Neugeborene. Die Geschicklichkeit der Mütter im Umgang mit ihren Sprößlingen ist recht unterschiedlich. Ältere und erfahrene Mütter versorgen ihre Jungen besser. Im täglichen Leben der Weibchen scheint die Dominanz keine Rolle zu spielen – die Rangordnung tritt in den sozialen Beziehungen zu anderen Gruppenmitgliedern nur selten in Erscheinung. Daher ist es unwahrscheinlich, daß der Status eines Weibchens die Entwicklung ihres Sprößlings wesentlich beeinflußt. Vielmehr scheint das Temperament der Mutter und nicht die Rangordnung auf die Entwicklung einzuwirken (Seite 222).

Junge Männchen haben mit erwachsenen Männchen wenig oder gar keinen Kontakt, bis sie etwa zehn Monate alt sind. Erst dann nähert sich das Kind – laut quietschend – einem erwachsenen Männchen, läuft aber, kurz bevor es dieses brührt, davon. Mit der Zeit faßt das Junge Vertrauen, und schließlich berührt es das Hinterteil des Männchens. Ungefähr eine Woche später wagt das Kleine, sich dem Erwachsenen zu nähern und auf sein Hinterteil zu steigen. Das kindliche Besteigen ähnelt dem männlich-weiblichen oder dem Dominanz-Besteigen von zwei Erwachsenen, hat aber natürlich weder mit sexuellem noch mit Dominanzverhalten etwas zu tun. Einige Wochen später sieht das Kind dem Erwachsenen ins Gesicht und umarmt ihn. Nicht weniger als vier Kinder und Jugendliche können in rascher Folge ein erwachsenes Männchen besteigen und umarmen. Junge Männchen können bis zum Alter von vier Jahren diese Art von Verhalten zeigen (Seiten 226 bis 227).

Die sexuellen Unterschiede erscheinen früh. Weibliche Kinder haben mit erwachsenen Männchen keinen Kontakt, werden aber häufiger gelaust. Männliche Kinder werden mehr als doppelt so oft wie weibliche Kinder von Erwachsenen bedroht und gehetzt. Das Spiel der Männchen ist aktiver und lauter. Spielen ist die fesselndste und wichtigste Tätigkeit der Langur-Jungen. In diesem Stadium mögen frühe Rangordnungen entstehen; die Dominanz ist weitgehend eine Funktion der Größe. Jugendliche Weibchen befassen sich mit Auseinandersetzungen über die Rangordnung weniger häufig als Männchen. Große Jugendliche spielen fast immer in eingeschlechtlichen Gruppen – große jugendliche Weibchen spielen kaum mehr als einige Minuten lang mit großen jugendlichen Männchen (Seite 230). Männliche Jugendliche besteigen viel öfter erwachsene Männchen als männliche Kinder, etwa viermal so oft, und gelegentlich stören sie erwachsene Männchen, die mit Weibchen verkehren.

Die Halberwachsenen unterwerfen sich häufig Erwachsenen und richten sich nach ihnen. Halberwachsene Männchen sind jedoch nicht allen erwachsenen Weibchen untergeordnet und suchen über so viel von ihnen wie möglich zu dominieren. Im Alter zwischen vier und sechs Jahren haben halberwachsene Männchen weniger soziale Bindungen in der Gruppe als zu jedem anderen Zeitpunkt ihres Lebens. Während dieser Periode stehen sie dem Gruppenleben am fernsten (Seite 231). Rangordnungsstreitigkeiten zwischen halberwachsenen Männchen sind aggressiv und körperlich; Streitigkeiten mit erwachsenen Männchen sind ernster Natur. Vor dem Eintritt in die Dominanz-Hierarchie der Männchen kämpft sich das halberwachsene Männchen die Weibchenhierarchie hinauf (Seite 232).

Die erwachsenen Weibchen beschäftigen sich hauptsächlich mit mütterlichen Pflichten. Ihre Rangordnung ist nicht klar zu definieren. Sie ist relativ labil — eigentlich drehen sich die meisten Streitereien zwischen erwachsenen Weibchen nicht um die Dominanz. Die weiblichen Rangordnungskämpfe sind kurz — ungefähr fünf bis dreißig Sekunden lang — und werden im Unterschied zu den Kämpfen der Männchen vorher nicht durch ein zunehmend gespanntes Verhältnis angezeigt (Seite 234). Ranghohe Weibchen können allerdings anderen die Nahrung wegnehmen. Die Weibchen pflegen die männliche Dominanz zu akzeptieren, es sei denn, ein Männchen scheucht ein Kind oder ein Weibchen mit Kind. Brünstige Weibchen, auf der Höhe ihrer Empfänglichkeit, neigen dazu, sich um die ranghohen Männchen der Gruppe zu bemühen, wenn auch immer einige den anderen vorgezogen werden. Das Gattenverhältnis dauert nur wenige Stunden.

Wie bei den Pavianen führen und koordinieren die männlichen Languren die Gruppenaktivität, halten die Einheit und Stabilität der Gruppe aufrecht, bestimmen die Nutzung der Umwelt und stellen die Beziehungen zu anderen Langur-Gruppen her. Die Grundstruktur der Gruppe ist die feste Hierarchie der Männchen.

Ranghohe Männchen scheinen allgemein weniger aktiv zu sein als rangniedere und ziehen sich mehr zurück, wenn sie geärgert werden. Wenn zwei Tiere aneinander vorbeigehen, zeigt nur ein geringes Zögern die Unterwerfung an.

»Ein weiteres genaues Anzeichen für die Rangordnung ist die Größe des ›persönlichen Gebietes‹ eines Männchens, d. h. sein ihn umgebender unantastbarer Raum, den kein anderer Affe ohne Gefahr ... betreten kann. Je höher die Vorrangstellung des Männchens, desto größer das Gebiet, das er für seinen ausschließlichen Gebrauch behaupten darf. Wenn ein Männchen schwächer wird, hört es auf, ein persönliches Gebiet zu behaupten.« (Seite 243) Auch Weibchen können einen Bereich haben, in den Untergeordnete nicht eindringen dürfen.

Beim Lausen präsentieren sich rangniedre Männchen den ranghohen: das rangniedere nähert sich dem übergeordneten Männchen, präsentiert sich und wird dann für einige Sekunden gelaust. Der ranghohe Mann legt seine Hand auf den rangniederen. Das gespannte Verhältnis nimmt ab, beide Männchen scheinen sich zu entspannen (Seite 245 bis 246).
Da diese Languren in erster Linie auf Bäumen leben, ist die soziale Gruppierung für ihr Überleben nicht so lebensnotwendig wie für die in der Savanne lebenden Paviane: Makaken und Paviane schützen sich, indem sie sich auf große erwachsene Männchen mit gut entwickeltem Kampfgeist verlassen. Die Languren dagegen schützen sich durch Flucht in den nächsten Baum. Vielleicht ist aus diesem Grund bei den nordindischen Languren der Geschlechtsdimorphismus nicht ausgeprägt (Seite 248). Die am Boden lebenden Rhesusaffen haben, obwohl sie weitgehend in der gleichen Umwelt leben wie die Languren, ähnlich den Pavianen in ihrer sozialen Struktur kräftige, aggressive Männchen entwickelt, die sehr wachsam sind und bei Gefahr schnell mobilisiert werden können. In solchen Lebensgemeinschaften ist das ranghöchste Männchen unverkennbar die zentrale Gestalt für das Überleben und den Bestand der Gruppe.
In ihren Schlußfolgerungen bemerkt Jay, daß die hauptsächlichen strukturellen Unterschiede zwischen Languren und Pavianen genau mit den Techniken und Mitteln der gemeinsamen Verteidigung und dem Schutz des Einzelnen zusammenhängen. Vielleicht sind der kennzeichnende Sexualdimorphismus und die, wie ich meine, auf der männlichen Bindung beruhenden politischen Systeme zum Teil die Konsequenz aus dem Leben in der Savanne im Gegensatz zum Leben in den Bäumen. Die Bedeutung dieser Annahme für die Diskussion der näheren Umstände und der Richtung der menschlichen Entwicklung liegt auf der Hand. Wie John Napier bemerkt[35], sind gerade während derjenigen Periode, in der die Wälder zurückwichen und die Savanne zu der Umwelt wurde, in der sich der Lebensstil der Hominiden und deren Anatomie herausbildete, die Umweltverhältnisse entscheidend für die menschliche Entwicklung. Napiers Ansicht über die Rolle des Sexualdimorphismus betont den Einfluß, den das Zurückweichen der Wälder auf die Evolution der Primaten hatte; der *Australopithecus* zeigt einen Sexualdimorphismus, der dem des *Homo Sapiens* relativ ähnlich ist. Napier schließt daraus, daß besondere soziale Verhaltensweisen sich entwickelten, um die Verminderung des körperlichen Sexualdimorphismus zu kompensieren, die der Abspaltung des *Homo* von den anderen Primaten folgte. Diese Trennung mag vor 20 oder 26 Millionen Jahren

stattgefunden haben; die Vorzeit der *Australopithicinae* wird auf zwei Millionen bis 750 000 Jahre geschätzt. Es ist also durchaus möglich, daß sich soziale Formen entwickelten, die ein Überleben dieses »Vormenschen« erlaubten. Diese sozialen Formen können teilweise die Grundlage für die Infrastruktur menschlichen Verhaltens sein.

3

Gibt es noch weitere Beweise – im Sinne von Tinbergens Vorschlag, verhaltensmäßige Unterschiede und Übereinstimmungen als Prüfstein für unterschiedliche stammesgeschichtliche Zusammenhänge zu behandeln?[36]

Eine meiner ursprünglichen Auffassungen war, daß die komplizierte männliche Bindung eine einmalige menschliche Entwicklung und eine direkte Folge der Umwelt-Anpassung von Prähominiden gewesen sei. Zwei Dinge waren entscheidend: die Entwicklung von Methoden – einschließlich der Werkzeuge – zum Jagen großer Tiere und, was noch wichtiger ist, die Neigung zur Bildung von kooperativen Gruppen, die – wie ich später zeigen werde – rein männlich waren. Die Bedeutung des Jagdverhaltens für die menschliche Evolution ist weitgehend anerkannt. Washburn und Howell zum Beispiel bemerken: »Die Benutzung von Werkzeugen, das Leben am Boden und das Jagen waren weit eher dazu geeignet, das große menschliche Gehirn entstehen zu lassen, als daß – umgekehrt – ein Mensch mit großem Gehirn gewisse neue Lebensarten ausfindig machen würde. Der Glaube der Autoren an diesen Schluß hat für die Interpretation des menschlichen Verhaltens und seiner Herkunft weitreichende Folgen[37].« Michael Chance hat die Bedeutung der Hirnrinden-Entwicklung als eine Funktion des Dominanzverhaltens und als Grundlage für die Kontrolle der Aggression innerhalb der Gruppe hervorgehoben; dies sei wiederum für kooperatives Jagdverhalten wesentlich[38].

Nach der Erwägung vieler Theorien und Fakten (sie werden im folgenden Kapitel beschrieben), habe ich in einer Arbeit aus dem Jahr 1965 vorgeschlagen, die männliche Bindung als speziell menschliche Anpassung zu sehen, die in direkter Verbindung mit kooperativer Räuberei und Verteidigung steht[39].

Als Ergebnis neuer und verbesserter Beweise aus der Primatenforschung mußte diese Hypothese nun neu dargelegt werden, nämlich in Verbindung mit der Konzeption von Lorenz über die Rolle der Aggression bei der Entfaltung und Aufrechterhaltung sozialer Bindungen.

Heute muß die Hypothese lauten, daß die Neigung zur männlichen Bindung beim Menschen ein von den Primaten stammendes hominides Erbe sein kann. Einige Primaten, einschließlich des Menschen, haben diese frühe Anpassung weiter entwickelt. Andere taten es nicht, weil der ökologische Druck fehlte, oder sie zeigen es in ihren gegenwärtigen Situationen nicht.

Dies scheint sich einwandfrei aus den Argumenten von Hall[40], Crook und Gartlan[41], Reynolds[42], Butzer[43] und anderen zu ergeben. Für die Lebensgemeinschaften der Primaten ist die allgemeine Unterscheidung zwischen männlichem und weiblichem wechselseitigen Verhalten kennzeichnend. Das ist eindeutig; aber eine solche Unterscheidung muß sowohl für das Verhalten und die soziale Struktur jeder einzelnen Primatengesellschaft als auch für die langfristige Evolution selektierter männlicher und weiblicher Genotypen von Bedeutung sein. Letzten Endes ist es der Brunstzyklus, der die intersexuellen Verhältnisse bestimmt, denn es gibt deutliche Regelungen und Verschiebungen in der Art und Weise, wie erwachsene Männchen die Weibchen in den verschiedenen Phasen des Fortpflanzungszyklus behandeln. Das erlaubt nun die Frage, ob biologisch verkettete Mechanismen auch das Verhalten der Männchen untereinander beherrschen, wie männlich-weibliche Beziehungen teilweise von solchen Mechanismen abhängig sind. Es ist bekannt, daß die das Sexualverhalten beherrschenden biologischen Mechanismen bei den Primaten wahrscheinlich mit dem sozialen Lernen eng verbunden sind, besonders in entsprechenden Wachstums- und Entwicklungsphasen. Die Arbeiten von Harlow[44] haben deutlich gemacht, daß sich im Lebenszyklus der Primaten sowohl körperliche als auch soziale Bedingungen treffen müssen, damit ein »normales« sexuelles Verhalten vorkommen kann. Eine erhöhte Hirnrinden-Aktivität wirkt zwar weniger auf Primaten ein als auf den *Homo sapiens*. Andererseits hat Richard P. Michael auf die dem Sexualverhalten von Primaten und Menschen zugrundeliegende Gemeinsamkeit hingewiesen und gleichzeitig betont, daß echtes Wissen über die Formen und das Ausmaß von einzubeziehenden Ursachen und Wirkungen noch weitgehend fehle[45]. Von beiläufigem Interesse ist auch, daß die sexuelle Aktivität des menschlichen Mannes umfassendere, höhere Hirnrinden-Kontrolle zu enthalten scheint, als es bei der Frau der Fall ist. Vielleicht ist dies ein Grund für die unverhältnismäßige Menge an Belegen für die männliche pornographische Phantasie. Einige allgemeine Überlegungen über die männlich-weiblichen Unterschiede bei der entsprechenden Phantasietätigkeit finden sich in der vorläufigen Übersicht von Gillian Freeman[46].

Natürlich bedeutet meine These nicht, daß spezifisch feststellbare physiologische Ereignisse – etwa in der Verdauung – eine Rolle spielen, wenn ein männlicher Pavian von einer männlichen Bindung in Anspruch genommen wird. Vielleicht kann man das ganze Problem im Rahmen dessen sehen, was Count das »Biogramm« eines Tieres nennt – d. h. innerhalb der allgemeinen, für sein Überleben notwendigen Prozesse: »Die organisatorische Morphologie eines Tieres muß nicht nur seine Anatomie und Physiologie umfassen, sondern auch seine charakteristische Lebensweise ... dieser Lebensmodus wird sein ›Biogramm‹ genannt[47].« Auf unsere Frage angewandt: Wie ein männlicher Pavian offensichtlich die Veranlagung, über andere Paviane zu dominieren, durch Vererbung besitzt und in der Ausübung dieser Dominanz »Befriedigung« erreicht, genauso ist ein männlicher Pavian auch dazu vorherbestimmt, männliche Bindungen einzugehen, die für ein besonderes Bedürfnis im Biogramm »Befriedigung« schaffen. Wahrscheinlich werden nicht alle Tiere das gleiche Maß an Bedürfnis zeigen. Einige Paviane sind intelligenter als andere, einige sind dominanter; wieder andere werden stärkere Bindungsneigungen haben. Wahrscheinlich sind es die Tiere mit stärkerer Bindungsneigung, die sich zu den kleinen Führungsgruppen zusammenschließen, von denen einige Autoren berichtet haben (Gesellschaft der Oligarchie)[48]. Vermutlich begannen einzelne Tiere mit starken Bindungsfähigkeiten durch ihren Einfluß auf die Zuchtwahl die Evolution des politischen Verhaltensmusters zu bestimmen. Vielleicht sind auf diese Weise männliche Bindung und Dominanz miteinander verknüpft.
Die natürliche Auslese hat mit dem Hinterlassen von Nachkommenschaft und durchaus nicht mit dem Überleben des am besten Geeigneten oder Dominantesten zu tun. In diesem Zusammenhang mögen die mobilen Junggesellenverbände – von denen Reynolds[49] berichtet –, die innerhalb von Gruppen Gene weitertrugen, ein weiterer selektiver Kunstgriff gewesen sein. Er begünstigte Einzeltiere, deren uni-sexuelle gesellige Aktivitäten offensichtlich zur Stärkung dieser Tendenz in der Population führen konnten. Gleichzeitig ist klar, daß unter anderen Umständen diese Funktion der Genübertragung, wenn sie überhaupt stattfand, eher das Ergebnis von Bewegungen *einzelner* Männchen als von männlichen Gruppen zwischen den gemischten Gruppen gewesen sein kann[50]. Diese Art von Genübertragung steht nicht fest, und die Beweise dafür sind nicht überzeugend. Bei einigen Primaten ist die Erhaltung und Stärkung der Bindung teilweise eine Funktion der inneren politischen Struktur. Aber vielleicht gab es auch eine äußere, sichtbare Verbündung von Individuen, die ein abweichendes, spezielles Ver-

hältnis zum gesamten Genbestand hatten. Michael Chance hat vermutet, daß Junggesellenverbände bei »kulturellen« Neuerungen eine bedeutende Rolle gespielt haben können, besonders im Hinblick auf gelegentliches Jagen und Veränderungen im vorsorgenden Verhalten[51].

Diese Interpretation von Fakten der Intergruppenforschung über verbündete Männchen und deren Verhältnis zum Genbestand ist natürlich ziemlich befangen. Aber sie könnte eine brauchbare Grundlage sein, um stärkere Argumente zu entwickeln. Der gesamte Sachverhalt der Junggesellenverbände wirft einige Fragen auf, die die Bedeutung von Gebiets- oder Rangordnungsverhältnissen für die Fortpflanzungsfähigkeit betreffen. Die australischen Elstern zum Beispiel brüten nur in beständigen Gruppen, wie Carrick feststellen konnte. Gebietslose Männchen sind unfruchtbar. Es gibt zwar keinen Grund, das gleiche Prinzip auf die Primaten anzuwenden, doch trotzdem legt Carricks Untersuchung eine Perspektive nahe, innerhalb derer die Diskussion über die Junggesellenverbände der Primaten und einzelne Männchen weitergehen kann[52]. Ganz allgemein könnte das bekannte Verhältnis zwischen Territorium und Fortpflanzung dazu führen, daß die Wirksamkeit der Inter-Gruppen-Genübertragung durch Junggesellenverbände in Abrede gestellt wird. Hier liegt ein Problem, das anhand von Beobachtungen untersucht werden muß, und zwar von Forschern, die wissen, auf was sie achten müssen, und sei es auch nur, um feststellen zu können, daß das Erwartete nicht zutrifft. Von besonderem Interesse ist hier die Feststellung von Rowell – nach fünfjähriger Forschung –, daß Pavian-Männchen häufig von Gruppe zu Gruppe überwechseln:

»Bei drei über fünf Jahre lang untersuchten Paviangruppen in Uganda wechselten alle Männchen wenigstens einmal die Gruppen. Die Vorstellung, daß diese relativ (oder sogar absolut) ›geschlossene‹ Aufzuchtsysteme seien, ist damit widerlegt[53].«

Es ist zwar durchaus angebracht, eine Verbindung zwischen biologischen und soziologischen Gesichtspunkten anzustreben. Aber für unsere Diskussion ist es unnötig, auf einer direkten Verbindung zwischen menschlichen und anderen Primatengesellschaften zu bestehen – oder aber zumindest auf einer Verbindung, die für heutiges soziales Verhalten wichtig bleibt. Das kürzlich von Louis Leakey ausgegrabene und vorläufig auf ungefähr 20 Millionen Jahre datierte fossile Material weist darauf hin, daß die menschliche Evolution über eine so lange Zeit unabhängig von der anderer Primaten vor sich gegangen sein muß, daß jede Ähnlichkeit zwischen den beiden Linien eher das Ergebnis paralleler Evolution als das gewöhnlicher Vererbung ist. Dies bedeutet, daß die Evolution kooperativer Neigungen menschlicher Männer – verbunden mit der Tendenz zum Fleischgenuß – sich einer viel älteren Geschichte rühmen kann, als man jemals angenommen hat, und daß die bei einigen Primaten gefundenen vergleichbaren sozialen Formen das Ergebnis getrennter Entwicklung sind. Verschiedene Ähnlichkeiten im Körperbau, in der Reifeentwicklung und in den Bluttypen zwischen den Menschen und anderen Primaten blieben erhalten. Da physische Struktur und verhaltensmäßige Funktion in Beziehung zueinander stehen, ist es wohl wissenschaftlich sinnvoll, wenn nicht unmittelbar einleuchtend, zu untersuchen, ob es ursprünglich verhaltensmäßige Ähnlichkeiten gab, auf die der Selektionsdruck einwirkte und die das sehr ähnlich gebliebene soziale Verhalten hervorgebracht haben.

Diese Entwicklungsmöglichkeit betrifft mehr die Primaten, die sich in ähnlichem Terrain und ähnlichen Umständen behaupten mußten wie der sich entwickelnde Mensch. Wenn andererseits die Entwicklung parallel lief und verwandt blieb, ist es sehr interessant, daß man die politische und defensive männliche Bindung sowohl beim Menschen als auch bei anderen Primaten finden kann. Hier ist natürlich das »Warum« wichtig, denn vielleicht steckt hier der Kern der meisten grundlegenden Fragen über die Evolution des Menschen. Wie wurde der Mensch wirklich das »*zoon politikon*«? Hat es etwas damit zu tun, daß kleine Verbände männlicher Primaten ihre Heimatgebiete durchstreifen und daß bei zunehmender Größe von Primatengesellschaften die Männchen die Tendenz zeigen, sich zu besonderen Führungsgruppen zusammenzuschließen?

Die Frage muß zunächst offenbleiben. Im folgenden Kapitel werden einige Tatsachen zusammengestellt, die für die Vorbereitung einer Antwort geeignet sind. Leser, die sich nicht für Rekonstruktionen der Evolution und für die Anwendung paläo-anthropologischer Daten auf das gegenwärtige soziale Leben interessieren, können die entsprechenden Seiten überschlagen und sich den folgenden Kapiteln zuwenden, die sich direkt mit dem menschlichen sozialen Verhalten in seinen gegenwärtigen Formen und Variationen befassen. Ich hoffe, daß diejenigen, die das Kapitel lesen, aber seine Vermutungen nicht akzeptieren können, dennoch das Weitere auf seine Stichhaltigkeit hin prüfen werden.

Ich betrachte das menschliche Verhalten eindeutig als entwickelt und halte den Prozeß der genetischen Übertragung von Informationen, die den menschlichen Lebenszyklus betreffen, für fundamental, wenn es darum geht, die Formen und Rhythmen dieses Zyklus zu erklären.

Vielleicht meinen einige, es sei zu viel behauptet, daß nicht nur individuelle Teilkomponenten des Verhaltens genetisch programmiert und festgelegt sind, sondern auch die Strukturen der Gesellschaft und soziale Handlungen. In diesem Kapitel über Primatensysteme versuchte ich darzulegen, wie die bei einigen Tieren auftretenden komplizierten Strukturen sozialer Handlungen das klare Ergebnis einer Wechselwirkung von genetischen und kulturellen Faktoren sind. Obwohl wir die Eigentümlichkeit der menschlichen Kultur nicht vergessen wollen, sind wir nun doch in der Lage, herauszufinden, wie es sich mit den obengenannten Fragen beim Menschen verhält. Wenden wir uns also der Diskussion darüber zu, wie wir so wurden, wie wir heute sind. Fragen wir danach, was wir tun – wo, wann, wie lange, mit wem – und vielleicht auch, *warum* wir es tun.

3. Kapitel

Die männliche Bindung und die Evolution des Menschen

Als nächstes soll in großen Zügen die Wirkung der männlichen Bindung beschrieben und gezeigt werden, warum sie als artspezifisch betrachtet werden kann. Zuerst jedoch möchte ich erklären, wie diese Verhaltensneigung Bestandteil der biologischen Infrastruktur des Menschen geworden sein könnte. Ich bin mir durchaus darüber im klaren, wie gefährlich eine prähistorische Analyse durch jemanden ist, der in Geologie, Biologie und Medizin nicht ausgebildet ist, was ja für eine Untersuchung der Evolution notwendig wäre. Ich muß daher den hypothetischen Charakter der folgenden Ausführungen unterstreichen. Selbst für Spezialisten ist es sehr schwer, anhand von Knochen und fossilen Überresten Urteile über die ferne Vergangenheit zu fällen. Aber dessen ungeachtet und weil das Studium der Stammesgeschichte viel zu wichtig ist, als daß man es nur den »Phylogenetikern« überlassen dürfte, kann es nützlich sein, Probleme der Evolution einmal vom sozialen Standpunkt aus anzugehen. Wenn es — wie ich in der Einleitung dieses Buches bemerkte — zwischen den Naturwissenschaften und Sozialwissenschaften zu einer Interessengemeinschaft und fruchtbaren Zusammenarbeit kommen soll, müssen sich einige Praktiker in jeder dieser Wissenschaften darum bemühen, in ihren Forschungen auch auf die Interessen ihrer ergänzenden Partner Bezug zu nehmen. Ohne weitere Ambitionen bin ich daran interessiert, die Mikrogeschichte der Sozialwissenschaften mit der Makrogeschichte der Biologie der Arten zu verbinden.

Es ist sehr schwer, wenn nicht unmöglich, meine Ansicht über die Evolution zu beweisen. Meine Argumente für die Bedeutung und Verbreitung der männlichen Bindung in den gegenwärtigen menschlichen Gesellschaften sind jedoch für Beweis oder Gegenbeweis durchaus offen. Es mag Leser geben, die beim derzeitigen Stand des Wissens allen Versuchen, Geschichte und Vorgeschichte zu verbinden, zweifelnd gegenüberstehen. Ich hoffe, diese Leser können ihre Zweifel auf die prähistorische Spekulation beschränken und unabhängig davon die Beweisführung über Funktion und Umfang der männlichen Bindung in der gegenwärtigen Gesellschaft nachvollziehen.

In diesem Kapitel möchte ich kurz unsere Kenntnisse über prä- und früh-hominide soziale Verhaltensmodelle erörtern und dann vor allem auf die Funktion der männlichen Bindung in der Entwicklung der jagdgesellschaftlichen Nutzung der Umwelt hinweisen. Dabei sollen die allgemeinen genetischen Konsequenzen des Jagdverhaltens und seine Beziehung zum Verhalten seßhaft gewordener Lebensgemeinschaften betrachtet werden. Auch möchte ich eine meiner Hypothesen herausarbeiten — daß nämlich die Bindung zwischen den Männern von derselben biologischen Bedeutung für die Zwecke der Verteidigung, Nahrungssuche und Aufrechterhaltung der sozialen Ordnung ist, wie die Bindung zwischen Mann und Frau den Zwecken der Fortpflanzung dient. Männlich-weibliche körperliche und verhaltensmäßige Unterschiede sollen — unter der Voraussetzung, daß sie genauso gut von der verhaltensmäßigen wie der körperlichen Evolution ableitbar sind — sehr allgemein besprochen werden; dann folgen einige Thesen über die der Bindung zugrundeliegenden spezifischen Mechanismen und deren Beziehung zu kulturellen Unterschieden.
Campbell bemerkt: »Im mittleren Pleistozän finden wir den Beweis für eine größere Änderung in der Anpassung des frühen Menschen an das Leben in der Steppe. Diese Änderung brachte das *kooperative Jagen* (kursiv von Campbell) mit sich — ein neues Verhalten beim Nahrungserwerb, das von zentraler Bedeutung für die Geschichte der menschlichen Evolution ist. Es scheint klar, daß der Mensch die Klimaschwankungen des Mittleren Pleistozän durch eine neue Anpassung seines Verhaltens überlebte, die grundlegend und unwiderruflich seinen psycho-sozialen Charakter beeinflußte; dieser Wandel im Nahrungserwerb war es, der letztlich den Menschen ausmachte.«[1]
Im fünften Kapitel, bei der Untersuchung der menschlichen Arbeit, wird die Bedeutung der Jagd in der Evolutionsgeschichte des Menschen genauer herausgestellt. Es ist unnötig, hier die jüngeren Forschungsergebnisse über den möglichen Gang der menschlichen Entwicklung ausführlich zu dokumentieren; für den interessierten Leser gibt es eine Reihe guter Zusammenfassungen, von denen die neueste von Campbell stammt. Schon 1921 vermutete Karl Pearson, daß »irgendwann einem Vorfahren des Menschen die Idee gekommen sein muß, aus der Anwendung von Gewalt Nutzen zu ziehen«; aufgrund verschiedener anderer Beweisquellen schloß Pearson, daß der Mensch von Natur aus gewalttätig sei[2]. Wie wir wissen, stimmt Carveth Read dieser Ansicht zu, doch er betont, Gewaltanwendung gebe es nur innerhalb einer kooperativ jagenden Horde. Seit Read und Pearson unterstützen zahlreiche Entdeckungen der Archäologen die Behauptung, daß strategische

Gewaltanwendung in Verbindung mit der Jagd und dem Verzehr von Fleisch eine wichtige verhaltensmäßige Spezialisierung und Überlegenheit des frühen Menschen begründete. Nach Pilbeam muß diese Entwicklung vor 14 Millionen Jahren begonnen haben[3]. Eingehende Untersuchungen über die relative zeitliche Einordnung der Gehirnentwicklung und anderer körperlicher Änderungen haben übereinstimmend zu der Ansicht geführt, daß das spezifisch menschliche Gehirn sich nach – und zum Teil vielleicht als Folge von – Veränderungen in der Nahrungssuche entwickelte, die mit der räuberischen kooperativen Jagd verbunden waren[4]. Die kürzliche Entdeckung des *Homo habilis* scheint die Behauptung nicht entkräften zu können, daß die Veränderung der Ernährung beim *Australopithecus* mit der Verwendung von Werkzeugen verbunden war[5]; wahrscheinlich gilt dies auch für den *Homo habilis*[6]. Als anatomische Begleiterscheinungen des wachsenden Vertrauens auf Werkzeuge bei Jagd und Verteidigung finden sich Veränderungen von Gebiß (Verkleinerung der Zähne) und Körperbau. Die Tierfossilien zeigen, daß jagdbare Tiere vorhanden waren, die genügend passende Nahrung lieferten, um diese Umstellung zu rechtfertigen[7].
Wir können nicht auf geschriebene Chroniken der Sozialstruktur oder andere direkte Einblicke in die soziale Organisation des Vor- und Frühmenschen zurückgreifen, weil es sie nicht gibt. Um soziale Modelle rekonstruieren zu können, muß man aus ausgegrabenen Werkzeugen, geologischen Tatsachen und aus Erkenntnissen über die damaligen Ernährungsmöglichkeiten usw. Schlußfolgerungen ziehen. Die erste und einfachste Folgerung ist die, daß Änderungen in der Nahrung und in den Methoden, Nahrung zu beschaffen, Wandlungen in der sozialen Organisation mit sich brachten. Die Wirkung veränderter ökonomischer Modelle des jeweiligen Menschen – z. B. vom Jagdverband zur Landwirtschaft und später zur Industrialisierung – auf ein soziales Verhalten ist evident. Ebenso naheliegend ist, daß prähistorische Veränderungen der Ernährungsweise, wie sie oben beschrieben wurden, mit Änderungen in der Sozialstruktur verbunden waren. Obwohl diese nur schwer exakt nachgewiesen werden können, muß es versucht werden[8].

1

Ich behaupte, daß die Spezialisierung auf die Jagd die Kluft zwischen männlichem und weiblichem Verhalten vertiefte. Diejenigen »genetischen Veranlagungen« wurden auf die Dauer »begünstigt«, die bewirkten, daß die Männer in Gruppen der Jagd nachgingen, während die

Frauen mit den Kindern und der Hauswirtschaft beschäftigt waren. Nicht nur organische Veränderungen — Wahrnehmungsvermögen, Größe des Gehirns, körperliche Haltung, Bau der Hand, Gang usw. — traten auf, es kam auch zu Strukturwandlungen im sozialen Gefüge. Die Verbindung von Mann und Frau aus Gründen der Fortpflanzung und die Verbindung von Mutter und Kind aus Gründen der Ernährung und Sozialisation wurden im Lebenszyklus »programmiert«. Ich glaube, daß die Verbindung von Männern zum Zwecke der Jagd auch deshalb »programmiert« wurde, um auf diesem sozialen Gebiet den Zufall auszuschließen, wie es ja auch auf dem Gebiet der Fortpflanzung geschah.
Die veränderte Ernährungsweise spiegelte sich ebenfalls in anatomischen Veränderungen wider. Außerdem erforderte die Jagd, je nach Art der Beute, höher entwickelte Methoden der Zusammenarbeit als bei Lebensgemeinschaften, in denen alle — außer den Kindern — ihre Nahrung selbst beschafften und in denen eine komplizierte Verteilung der entsprechenden Aufgaben unnötig war[9]. Die mit der Jagd beschäftigten Gruppen waren wohl rein männlich[10]; in dieser Richtung dürfte ein starker selektiver Druck gewirkt haben. Da das Fortpflanzungssystem einmal gegeben war, mußte der auf Erziehung von Kindern, Fürsorge, Verteidigung und Hierarchie beruhende Sexualdimorphismus die neu entdeckte Arbeit des Jagens mit einbeziehen[11].
Zwei Konsequenzen ergaben sich aus der Tatsache, daß die Frauen fast immer in anderen Umständen oder mit dem Stillen ihrer Kinder beschäftigt waren: 1. Die meisten erwachsenen Frauen konnten nur unter starker Behinderung an der Jagd teilnehmen. 2. Jede, die teilnahm, riskierte den Verlust ihrer Sprößlinge, Fehlgeburten oder einen frühen Unfalltod. Der Beitrag des nicht-mütterlichen weiblichen Verhaltens zum Genbestand war also wohl geringer als der jener Frauen, die einen eindeutigen Sexualdimorphismus auf sich nahmen und durch ganzzeitig mütterliches und vorsorgendes Verhalten die Überlebenschancen der Gruppe vergrößerten. Eine interessante zeitgemäße Version dieses Prozesses finden wir bei den sogenannten Karriere-Frauen. Je höher die berufliche Stellung einer nordamerikanischen Frau, desto unwahrscheinlicher ist es, daß sie verheiratet ist und Kinder hat. Mag sein, daß durch die Verwendung empfängnisverhütender Mittel dieser Trend noch verstärkt wird. Allerdings ist auch klar, daß das Überleben an sich unter heutigen Bedingungen nicht die gleichen genetischen Vorteile mit sich bringt, wie dies einst in gerade noch lebensfähigen Gemeinschaften der Fall war. Unter den gegenwärtigen Bedingungen ist die Dynamik demographischer Systeme so geartet, daß sie jegliche Vorher-

sage über die zukünftige Zusammensetzung des Genbestandes völlig unrealistisch und phantastisch macht. Wie Campbell bemerkt[12], werden die allgemeine Verschiebung vom ökonomisch orientierten zum sexuell orientierten Familienleben und der weltweite Trend zum ehelichen Familienleben anstelle der Großfamilie weitreichende und noch unbekannte Auswirkungen auf die biologische Zusammensetzung der menschlichen Bevölkerung haben[13].

Ebenso, wie die mit den Männern gemeinsam jagenden Frauen ständig genetisch benachteiligt gewesen wären, hätte dies auch für Männer gegolten, die Frauen den Anschluß an die jagende Gruppe erlaubt hätten. Selbst unbelastet durch Schwangerschaft oder Kinder wäre ein weiblicher Jäger weniger schnell und im allgemeinen schwächer gewesen, möglicherweise emotionellen Veränderungen mehr ausgeliefert (Menstruationszyklus), und weniger fähig, sich Temperaturveränderungen anzupassen, als ein Mann. Auch hätten Frauen die kooperative Natur der Gruppe durch sexuelle Ablenkung beeinträchtigt. Männer, die Frauen in ihren Jagdgruppen duldeten, konnten wahrscheinlich — ebenso wie jene Frauen selbst — weniger zum Genbestand beitragen als erfolgreichere Jäger, die während der Jagd an der ausschließlich männlichen Zusammensetzung festhielten. Eine Reihe noch vorhandener körperlicher Unterschiede zwischen Mann und Frau scheint die Richtigkeit dieser Rekonstruktion der Entwicklungsgeschichte, die eben jene Unterschiede hervorbrachte, zu bestätigen. Zum Beispiel unterscheiden sich Mann und Frau in der Art der Fortbewegung[14], in der Geschicklichkeit, Speere, Felsbrocken usw. zu werfen[15], in der Anpassungsfähigkeit an — bei der Jagd mögliche — Temperaturveränderungen[16]; Männer zeigen einen besseren Orientierungssinn[17], sind aggressiver[18] usw. — alles Unterschiede, die zur Jagd oder Verteidigung eindeutiger in Beziehung stehen als zum Gebären und Aufziehen von Kindern. Andere Hauptunterschiede zwischen Mann und Frau hängen natürlich mit der Fortpflanzung zusammen. Die von mir genannten Unterschiede können jedoch eher mit Jagd und Verteidigung als mit der Fortpflanzung in Verbindung gebracht werden. Ich halte diese Unterschiede für ein Anzeichen und Ergebnis des menschlichen Evolutionsprozesses[19]: daraus folgt, daß die genannten Unterschiede wichtig für das Überleben waren[20].

Wenn also Geschlechtsunterschiede zwingend mit der männlichen Bindung zusammenhängen, und wenn die männliche Bindung der Fortpflanzung nützt (was meine These fordert) — welche soziologischen Prozesse sind dann für jene Männer vorteilhaft bei der Fortpflanzung, die männliche Bindungen eingingen, und für jene Frauen, die solche

Männer vorzogen und dazu neigten, nichtgebundene Männer abzuweisen? Eine der zündendsten Ideen hierzu ergab sich aus den Fakten der Primatenforschung. Sie bestätigen, daß die männliche Bindung bei allen Arten, außer den Lemuren und den Hamadryas, zwischen den dominanten Mitgliedern einer Gruppe vorkommt und daß es die Mitglieder der dominanten Bündnisse sind, für die empfängnisbereite Weibchen sexuell zugänglich sind. Was auch immer gebundene Männchen von nichtgebundenen unterscheidet – weder Größe noch Kraft sind ein Merkmal: unter den meisten Primaten hat Bindung einen deutlichen Bezug zur Fortpflanzung. Damit haben wir eine logische Basis für die Annahme, daß es bei den Menschen genauso sein könnte, wenn man der Tatsache Rechnung trägt, daß die Trennung des Menschen von den Primaten vor vielen Millionen Jahren begann. Wenn die männliche Bindung zu Beginn der speziellen Evolution des *Homo sapiens* ein so weitverbreitetes Charakteristikum der Primaten war, wie es heute der Fall ist, dann wurde die Bindung durch die Entwicklung der kooperativen Jagd noch nützlicher für das Überleben als zuvor. Michael Chance[21] schlägt noch eine Beweisführung vor – diskutiert und ausgearbeitet von Robin Fox[22] –, die meine eigene vervollständigt. Ihr Hauptargument besagt, daß stufenweise Unterordnung ein entscheidender Grundzug sozialen Zusammenhalts und sozialer Organisation ist. Um sich überhaupt fortpflanzen zu können, müssen rangniedere Männchen lernen, ihre aggressive Feindseligkeit gegen Mitglieder der ranghohen Schar ins Gleichgewicht zu bringen. Ebenso müssen sie *fähig* sein, Gruppen zu bilden, um ihr Fortpflanzungspotential so lange zu erhalten, bis sie selbst Senioren der Lebensgemeinschaft werden. Chance behauptet, daß die Entwicklung von aggressionshemmenden Verhaltensmechanismen für die Vergrößerung des sich entwickelnden menschlichen Gehirns entscheidend war. Ranghohe Männchen waren bei der Fortpflanzung im Vorteil; um den Zusammenhalt der Lebensgemeinschaft aufrecht zu erhalten, war es wichtig, die gegen die ranghohen Männchen gerichtete Aggression zu hemmen. Gefährliche Waffen, die ebensogut innerhalb wie außerhalb der Gemeinschaft zum Mord verwendet werden konnten, mögen ein ergänzender, bedeutsamer Faktor bei der Entwicklung von Mechanismen zur Hemmung männlicher Rivalität innerhalb der Gruppe gewesen sein. Dieses komplexe Gleichgewicht trieb die Vergrößerung des Gehirns als Teil der Frühanpassung voran, die der *Homo sapiens* später nutzte[23]. Fox dehnt diese Vorstellung auf anthropologische und psychoanalytische Theorien über Verwandtschaft und Inzest aus und betont, daß die schnelle Entwicklung des menschlichen Gehirns wahrscheinlich mit einer äußerst selektiven Fortpflanzung zusammenhing[24]. Subdominante Männchen, die ihre aggressiven Reaktionen unterdrücken können und später doch ihre Dominanz – wenn sie diese erreichen – zu behaupten wissen, sind im Bereich der Fortpflanzung rangniederen Männchen überlegen, die nur zu nicht empfängnisbereiten Weibchen Zugang haben. Nur eine solche genetische Ungerechtigkeit, behauptet Fox, konnte zu so überaus schnellem Wachstum der Gehirnstubstanz führen. Nur dieses soziale System konnte eine so tiefe Wirkung auf die fundamentalen Prozesse des Gehirns und die von ihm gesteuerten Verhaltensweisen und Neigungen ausüben. So spiegelt das Gehirn den veränderten ökologischen Rang des Menschen, seine Entwicklung und Anpassung wider.

Daraus folgen seltsame Dinge. Am interessantesten vielleicht ist die Möglichkeit, daß »Schuldbewußtsein« eine der ersten und ausgeprägten Erfahrungen des menschlichen Seins war. Campbell jedenfalls behauptet kühn: »Der Schlüssel zur sozialen Natur des Menschen liegt in seiner Entwicklung der geselligen Jagd; wie der Hund war der Mensch ein gesellig lebender Fleischfresser.«[25] Aus der Wechselwirkung zwischen Gruppe und Individuum und aus der Erkenntnis, daß Loyalitäten und Handlungen *gewählt* werden konnten, leite sich die besondere Form des Selbstbewußtseins ab, aus dem das Schuldbewußtsein entstand. Vielleicht liegt hier eine notwendige Komponente des sozialen Zusammenhalts und zugleich das »Rückgrat« der männlichen Bindungen, das den menschlichen Lebensgemeinschaften Struktur gibt. Das soll nicht heißen, daß sich das Phänomen der Schuld auf die Beziehungen zwischen Männern beschränkt; häufiger sogar ist es mit sexuellen und blutschänderischen Verhaltensweisen verbunden – obwohl das bei den einzelnen Kulturen verschieden ist. Aber die erstaunliche Folgerung aus dem Beitrag von Chance und Fox besteht darin, daß die Entwicklung eines aus der männlichen Bindung hervorgehenden Schuldgefühls früher stattfindet als die Entwicklung von Schuldbewußtsein aus sexuellem oder familienbezogenem Fehlverhalten. Vielleicht war »Schuld« ein brauchbarer psychischer Faktor, um diejenigen Gesellschaftsmodelle zu regulieren und zu verbessern, bei denen die Jagd im Mittelpunkt stand und die hierarchisch strukturiert waren. Das stimmt mit meiner eigenen unabhängigen Meinung über den sozialstrukturellen Vorrang der männlichen Bindung überein. Ebenso liefert es einen Anhaltspunkt für einen schwer faßbaren Aspekt unseres Problems – nämlich einen identifizierbaren physiologischen Mechanismus, der männlicher Bindung zugrundeliegt.

2

Befassen wir uns also mit der Frage der physiologischen Mechanismen. Wenn Dominanzverhalten als biologisch begründet angesehen werden kann, wenn Chance recht hat, daß dieses Verhaltensmuster mit der Expansion der Hirnrinde verbunden ist, und wenn das Dominanzverhalten selbst direkt mit »Bindung« in Beziehung steht – als Voraussetzung für erfolgreiche Fortpflanzung –, dann können wir auch vermuten, wie die männliche Bindung in den Gehirnen der Nachkommen, d. h. der Erben des Bindung-Dominanz-Prozesses programmiert worden sein könnte. Der Übergang zu einer auf Jagd beruhenden Gesellschaftsorganisation wird bei erfolgreich sich fortpflanzenden Männchen die Tendenz mehren und stärken, Mitglieder geschlossener, kooperierender und aggressiver Gruppen zu sein. Gleichzeitig wird sich die Arbeitsteilung aufgrund sozialer und sexueller Gegebenheiten schärfer abzeichnen. Von den Paläoanthropologen Lewis R. Binford und Sally R. Binford[26] stammt eine der klarsten Andeutungen hinsichtlich der Arbeitsteilung nach Geschlechtern beim Neandertaler des Moustérien:

»Sind wir hier einer primären Verschiedenheit zwischen Mann und Frau auf der Spur, im Sinne einer Arbeitsteilung nach Geschlechtern? Wir stellen uns vor, daß die Frauen in der Nähe des Wohnplatzes begrenzte Aufgaben erfüllen, z. B. in der Nähe liegende Steine suchen und daraus Werkzeuge herstellen mit Techniken, die sich kaum von denen der Männer unterscheiden. Die Männer ... sind mit weiterreichenden Aufgaben wie der Jagd beschäftigt. Außerdem bearbeiten sie Steine mit Techniken, die sich zur Herstellung von Spitzen, Schabern und Messern besser eignen.« (Seite 283)

Die Binfords unterscheiden zwischen Hauptlagern und Arbeitslagern; letztere dienen der Jagd und dem Schlachten, während die Hauptlager gesichert waren und vermutlich Frauen, Kinder und einige nicht jagende Männer beherbergten (Seite 269). In den Hauptlagern herrschte eine vielseitigere Geschäftigkeit als in den Arbeitslagern (Seite 289). Die Binfords glauben, daß Veränderungen in der Zusammensetzung und im Typ der Werkzeuge mehr mit dem wechselnden Gebrauch eines jeweiligen Standortes als mit Veränderungen im sozialen System zu tun haben (Seite 284). Außerdem stellen die Binfords die methodische Voraussetzung auf, daß *»die von heutigen menschlichen Gruppen an den Tag gelegten kleinsten sozialen Prozesse und organisatorischen Prinzipien auch in der Vergangenheit wirksam waren«* (kursiv von den Verfassern). Heutige soziale Einheiten seien »Grundlinien, mit denen sich soziale Einheiten der Vergangenheit vergleichen lassen« (Seiten 291–294). Desmond Clark beobachtete bei Plätzen aus dem Acheuléen eine verschiedenartige Entwicklung von Platztypen.

Daran zeige sich »eine zeitweilige Absonderung oder Verteilung einzelner Gruppen – zum Beispiel von Erwachsenen und Jugendlichen, Männern und Frauen –, die sich so getrennt mit verschiedenen Tätigkeiten befassen konnten, was vorher nicht möglich gewesen war, es sei denn im Rahmen der Gesamtgruppe«. Wie Clark vermutet, war es wahrscheinlich der regelmäßige Gebrauch des Feuers, der dazu beitrug. Vergleichbare Werkzeugtypen gibt es in Südwest-Asien, Afrika und Europa, aber Clark lehnt die Theorie einer »Verbreitung« ab. Er folgert, daß »Typ und Niveau der Bearbeitung« damals wahrscheinlich überall mehr oder weniger ähnlich waren[27] (Seite 226).

Eine entsprechende Theorie über die mögliche Entwicklung von Mechanismen in der männlichen Bindung würde mit dem folgenden Bericht von Count übereinstimmen. Er sagt:

»Das Hervortreten einer humanisierten Primatengesellschaft während des Pleistozäns war die eigentliche echte Evolution des menschlichen Lebens. Die darauffolgenden Vervollkommnungen im sozial-kulturellen Bereich beim *Homo sapiens* waren demgegenüber eine ›nachgemachte‹, ›unechte‹ Evolution. In der echten Evolution war es das Gehirn, das sich zu menschlicher Beschaffenheit entwickelte und unausweichbar seine Arbeitsleistung entfaltete; Gehirn und Verhalten waren Veränderliche gegenüber der Zeit – das Gehirn eine unabhängige Variable, das Verhalten eine abhängige Variable[28].«

Wichtig ist vor allem die mögliche Beziehung zwischen dem Wachstum des Gehirns und dem Verhaltensmodell der männlichen Bindung. Diese diente eben nicht nur politischen Zwecken, sondern war für die Nahrungssuche wesentlich. Historisch gesehen war das entscheidende Merkmal des *Homo sapiens* die Jagd. Wenn meine bisherigen Annahmen stimmen, könnte man erwarten, daß zeitgenössische *nicht* jagende Gesellschaften die Neigung zur männlichen Bindung anders als Jäger widerspiegeln, aber dennoch zum Gesamtvorgang der männlichen Bindung die hier beschriebene, feststellbare Beziehung haben. Natürlich kennen wir heute noch nicht die kortikal-amygdaloiden Prozesse, die bei der Bindung unter Männern eine Rolle spielen, ebensowenig die entsprechenden neurologischen Unterschiede zwischen Mann und Frau. Für meine Zwecke ist es jedoch naheliegend, anzunehmen, daß bei Mann und Frau Unterschiede in der Arbeitsweise des Gehirns existieren und daß sich diese wahrscheinlich in der sexuellen Aktivität und möglicherweise in Politik und Wirtschaft widerspiegeln.

Immerhin ist es möglich, oder wissenschaftlich sinnvoll, anzunehmen, daß die neurologische Verschiedenheit im Bereich von Geschlecht und Fortpflanzung auch in sozialen Bereichen eine Rolle spielt, die mit Geschlecht und Fortpflanzung nichts zu tun haben[29].

Wenn die weitverbreitete Meinung, daß Frauen emotional labiler als Männer sind, eine wahre Volksweisheit und nicht nur Ausdruck einer frauenfeindlichen Tradition ist, so wäre dies ein höchst wichtiger Unterschied. Denn die Fähigkeit, emotionale Reaktionen zu hemmen, ist, wie Chance nachwies, wesentlich für die Rolle des Mannes in der menschlichen Evolution.

Da während der längsten Zeit der menschlichen Geschichte die weiblichen Hauptfunktionen mütterlicher Art waren, kann man wohl annehmen, daß es für Frauen vorteilhafter war, fest und ungehindert auf ihre Kinder eingestellt zu sein. Für Männer wäre eine solche Einstellung unter Umständen von Nachteil gewesen, wenn sie mit politischen und wirtschaftlichen Tätigkeiten in Konflikt geraten wären. Es ist denkbar, daß das gegenwärtige euro-amerikanische Familiensystem, in dem zwischen Vater und Kindern relativ enger Kontakt herrscht, einen Versuch zur Lösung derjenigen Probleme darstellt, die entstehen, wenn durch ein Selektionssystem ausgewählte Männer viele tausend Jahre später gezwungen sind, in einem völlig anderen System zu leben. Robin Fox hat darauf hingewiesen, daß selbst heute noch in sexuellen und familiären Angelegenheiten das Thema Dominanz seine Bedeutung behalten hat[30]. Zum Beispiel gab Margaret Mead 1963 in einem öffentlichen Vortrag in Seattle/Washington zu verstehen, daß die amerikanischen Männer durch ihre Frauen so stark an das häusliche Leben gewöhnt worden seien, daß sie zu wenig Zeit und Energie hätten, um sich mit nationalen und kommunalen Aufgaben zu befassen[31].

Ich habe bereits darauf hingewiesen, daß die Beziehung zwischen männlicher Bindung, politischer Organisation und Geschlechtsunterschied möglicherweise von der Entwicklung des menschlichen Gehirns abhängt, die auf einer besonderen Selektion und einem ökologischen System beruhte und im *Homo sapiens* ihren Höhepunkt erreichte. Dieses System war charakterisiert durch den genetischen Vorteil jener Männer, die zu dominieren vermochten, die fähig waren, Gruppen zu bilden, zu herrschen und zu jagen und nichtsdestoweniger »zärtliche«, wenn auch undemokratische Beziehungen zu Frauen und Kindern zu unterhalten. Wenn dem so ist, haben wir eine teilweise Erklärung für die starke Emotion, die gruppenbildendes, politisches, der Jagd und der Jägerei zugeordnetes Verhalten begleitet und die starken geschlechtlichen Verschiedenheiten bei der Teilnahme an diesen Tätigkeiten begründet. Diese Erklärung ist bescheiden — obwohl einige sie lediglich für nüchtern halten mögen. Immerhin ist sie eine annehmbare Erklärung, die auch helfen wird, den weiteren Bereich von Phänomenen, mit denen wir es hier zu tun haben, zu verstehen. Sie wirft auch ein Licht auf die jugendliche Vernarrtheit, mit der Knaben Sport-, Militär- und andere Helden bewundern. Natürlich gibt es auch bei Mädchen solche Vernarrtheit, aber diese zielt auf weibliche »Rollenmodelle«. Das deutet darauf hin, daß der Identifizierungsprozeß abhängig sein kann von neurologisch begründeten Empfänglichkeiten oder Neigungen gleicher Art wie jene, die wohl für die männliche Gruppenbildung und andere sozio-sexuelle Verschiedenheiten im sozialen Verhalten grundlegend sind.

Eine solche Erklärung mag für zwei Bereiche der Untersuchung zutreffen. Erstens gibt es viele offensichtliche Unterschiede zwischen Mann und Frau, die mit Begriffen der natürlichen Auslese erklärt werden können. Gebraucht man die Kriterien von Count, entsprechen sie mehr der *echten* als der *unechten Evolution*[32]. Solche Unterschiede sind beispielsweise jene, die die Fortpflanzung mit sich bringt — Stoffwechsel, Größe, das Verhältnis der Reifeentwicklung, die Verteilung der Körperbehaarung, die Körperhaltung, Bewegungsweise usw. Diese Unterschiede müssen zu entsprechenden Verschiedenheiten in dem führen, was wir vielleicht »Mikroverhalten« nennen können.

Der zweite Teil der Untersuchung zeigt das »Makroverhalten«. Es sind aufeinander bezogene, aber deutliche Verschiedenheiten im sozialen System — wirtschaftliche Tätigkeit, politische Führerschaft, Erziehung von Kindern, Teilnahme an der Öffentlichkeit (Zugang zu einem »öffentlichen Forum«), Forschung usw. Schon die innere Ökonomie des Evolutionsprozesses legt nahe, daß körperliche Geschlechtsunterschiede zu sozio-sexuellen Verschiedenheiten in Beziehung stehen. Diese habe ich nun hier um die Unterschiede des Verhaltens im sozialen *System* erweitert. Theoretikern wie Talcott Parsons, Walter Goldschmidt und Marion Levy folgend, die die Verwendung biologischer Fakten bei der Untersuchung sozialer Systeme vorwegnehmen[33], verwende ich die Existenz körperlicher Geschlechtsunterschiede dazu, den Weg zu Unterschieden im sozialen System aufzuzeigen. Es ging mir weitgehend darum, letztere Unterschiede zu beschreiben und sie mit körperlichen Unterschieden in Beziehung zu setzen.

Zwei hauptsächliche und wesentliche Merkmale des Prozesses, der körperliche, sexuelle Verschiedenheiten mit Verhaltensunterschieden im System verbindet, habe ich hier nicht genügend behandelt. Das erste ist die genetische Variable — die spezifische Art und Weise, in der eine im Code enthaltene Information einer Generation in der Generationenfolge fruchtbar oder unfruchtbar bleibt. Immerhin sind männliche und weibliche Körperzellen verschieden, und gerade die DNA-Moleküle von Mann und Frau sehen unter dem Elektronenmikroskop verschieden aus. Es gibt auch die Andeutung, daß Geschlechtsunterschiede bei Säugetieren von Hormonwirkungen auf die Gehirne Neugeborener abhängen können[34]. Ein genaueres Wissen über die Rolle dieser und ähnlicher Phänomene in der Evolution — insbesondere in bezug auf das Modell der männlichen Bindung — hängt von den Forschungsergebnissen entsprechender Spezialisten ab.

Ich möchte hier mein Argument aus Kapitel 2 wiederholen: Wenn Modelle männlicher Bindung bei anderen Tieren, insbesondere Primaten, vorhanden sind und diese Modelle allgemein »programmiert« zu sein scheinen, so kann man auch annehmen, daß jede menschliche Entsprechung zu diesem Bindungsphänomen durchaus von gleichem oder vergleichbarem biologischem Einfluß und Druck abhängig ist. Zweitens scheint ein Beweismaterial wie das von mir beigebrachte durchaus nahezulegen, daß männliche Bindung beim Menschen vorhanden ist. Es wäre auch nicht ganz ehrlich, meine Überzeugung zu verschweigen, daß die Beweise tatsächlich ausreichen — aber die Leser werden genügend Gelegenheit haben, zu ihren eigenen Überzeugungen zu gelangen.

Der zweite wichtige Gegenstand, den ich nicht im erforderlichen Umfang behandelte, ist der, wie das Lernen und die Vererbung solch artspezifischer Modelle wie der männlichen Bindung vor sich geht. Zur Methodik der Verhaltensforschung bemerkt jedoch Chance:

»Wissenschaft beginnt damit, daß wir vor allem unsere Aufmerksamkeit beschränken und dann die Grenzen des Bereichs abstecken, innerhalb dessen wir die Wirkungen der wesentlichen Elemente aufzuklären suchen. Dieser Vorgang der Isolierung hat zwei Aspekte: einmal die praktische Seite, daß eben die Aufmerksamkeit konzentriert ist, zum anderen theoretische Isolate, d. h. isolierte Begriffe, die zur Beschreibung eines isolierten Sachverhalts oder seiner Teile verwendet werden.«[35]

Auch mir ging es darum, den Forschungsbereich abzugrenzen und einen isolierten Sachverhalt zu beschreiben, um ein besseres Verständnis menschlichen Verhaltens und sozialer Strukturen zu erreichen.

Dennoch bekräftige ich stillschweigend die Bedeutung verwandter Faktoren — mit anderen Worten, die unverkennbar *kulturellen* Merkmale jeder Gemeinschaft, innerhalb derer männliche Bindung mitwirkt. Es ist wichtig zu wissen, wie der Faktor »männliche Bindung« mit den Gesellschaften zusammenwirkt – deren Wirtschaft, Traditionen, politischen Systemen, Sexualethiken, Familien- und Erziehungsmodellen usw. Fakten aus folgenden Bereichen werden wichtig: Nachahmung, Lernen, Beziehungen zwischen Persönlichkeitsunterschieden, Sozialisierung von Kindern, Vater-Sohn-Beziehungen und religiöse Sexualsymbolik. Primatengruppen der gleichen Art organisieren sich anders unter verschiedenen ökonomischen und Umweltsbedingungen, aber immer innerhalb der von ihrer Evolution gesetzten Grenzen. Die Untersuchung der *menschlichen* kulturellen Besonderheiten in Form und Stil der männlichen Bindung – ebenso in bezug auf Familie, Politik oder andere soziale Prozesse – wird eine Überprüfung der Evolutionshypothesen erlauben. Eine solche Untersuchung wird auch die *Grenzen* menschlicher Besonderheiten darstellen. So kann sie umgekehrt zur Verbesserung der Entwicklungstheorien beitragen. Ein solches Unternehmen muß natürlich die Vielfalt und Bedeutung von kulturellen Unterschieden in und zwischen menschlichen Gesellschaften aufzeigen, d. h. Vergleichsmaterial von einiger Beweiskraft, Genauigkeit und Vielfalt beibringen.

4. Kapitel

Die männliche Bindung in menschlichen Gemeinwesen: Politik und Krieg

Bisher habe ich die männliche Bindung bei einigen Tiergesellschaften, vor allem bei verschiedenen Primatengruppen behandelt und eine Skizze der menschlichen Evolution gezeichnet, die den Faktor der männlichen Bindung betont. Ich habe mich also hauptsächlich mit biologischen Prozessen allgemeiner Art befaßt, auch war es erforderlich, über Lebenssysteme und deren Auslegungen nachzudenken, die weitreichende und kompliziert konstruierte Vorstellungen über Ursache und Wirkung mit sich bringen. Tatsächlich steht man da einer ungeheuren Vielfalt von Erklärungen gegenüber. Nun jedoch wollen wir uns den jederzeit beobachtbaren Tatsachen zuwenden und die Beziehungen zwischen Männern der Spezies Mensch sowie die Bedeutung dieser Beziehungen für menschliche Gemeinwesen beschreiben.

Die Aufgabe ist ganz einfach: Es geht darum, einige soziale Institutionen zu betrachten, die für gewöhnlich als reich an zwischenmenschlichen Beziehungen gelten; ich will versuchen, diese Beziehungen als Begegnungen *zwischen Männern* zu sehen. Ich werde Fakten über Kriegsheere, Politik, Wirtschaftsmacht, religiöse Strukturen, Sportvereine, Geheimbünde, Familiensysteme und Erziehungsmodelle verwenden. Diese Daten sollen uns nicht nur helfen, die betreffenden Gruppen und Prozesse zu verstehen, sondern auch zu einer Diskussion über menschliche Sexualunterschiede und das Gruppenverhalten von Männern führen. Danach werden einige allgemeine Fragen über »Verhalten an sich« gestellt und einige Antworten vorgeschlagen. Das vorliegende Kapitel wird sich mit Politik und Krieg befassen, das nächste mit der Arbeit. Beide Kapitel können als das genommen werden, was sie über menschliche Gesellschaft *an sich* enthalten, zugleich aber auch hinsichtlich der biologisch begründeten Hypothesen gelesen werden, die geprüft werden sollen.

Der Rahmen der Betrachtung wird hauptsächlich makrosoziologischer Art sein – mit anderen Worten: ich bevorzuge ganze Systeme und nicht Teilsysteme. Wir werden uns weniger mit den Meinungen und dem Glauben der Leute über ihr soziales Leben befassen, als vielmehr mit ihrem wirklichen Verhalten und mit jenen Organisationsformen ihres Verhaltens, die wir »soziale Institutionen« nennen. Die symbolischen Aspekte des sozial-geschlechtlichen Verhaltens sollen nur kurz gestreift werden. Hoffentlich hält man es nicht für ein einfaches Vorurteil meinerseits, wenn ich überrascht feststellen muß, daß die Bedeutung des Sexualdimorphismus bei der Erforschung sozialen Verhaltens völlig vernachlässigt worden ist. (Allerdings haben sich der »gesunde Menschenverstand« oder die Volkssoziologie der Leute, die sich tatsächlich »verhalten«, immer mit diesen Fragen befaßt.) Betrachten wir also quer durch die Kulturen einige wichtige soziale Institutionen. Wie sehen sie aus, wenn man sie nicht nur als menschliche Gruppen, sondern als männliche Gruppen untersucht?

1

Für einen Mann der Spezies Mensch ist es offensichtlich viel charakteristischer, Mensch zu sein als Mann. Gesellschaftliche Existenz und Bildung vieler Bindungsarten sind die ereignisreichsten und interessantesten Charakteristika des *Homo:* »Der Mensch kommt nicht aus ›Verabredung‹, durch verstandesmäßigen Entschluß zur Geselligkeit, sondern aus der natürlichen, primären Anlage, die er mit allen höheren Tieren teilt.«[1] Die Existenz dieser Veranlagung ist unbestritten; warum sie bei Tier und Mensch besteht, ist keineswegs gewiß. Vielleicht ist es nützlich, einen Aspekt menschlicher Beziehungen zu betrachten, bevor die Grundlagen des Prozesses gesucht werden[2].

In einer Kritik des Buches *Femmes d'Afrique Noire*[3] (Frauen im Schwarzen Afrika), herausgegeben von Denise Paulme, schreibt Murphy:

»Gewisse sich wiederholende Ideen in allen Beiträgen liefern einen schlagenden Beweis für die These, daß Geschlechtsrollen und die Wechselbeziehungen zwischen den Geschlechtern keineswegs so dehnbar und kulturell relativ sind, wie sie manchmal dargestellt wurden. Intersexuelle Beziehungen sind mit Distanz und Gegensätzlichkeit belastet, einer Art struktureller Opposition, die man auch bei jeder ähnlich tiefgehenden Form von Identifikation erwartet. Diese soziale Distanz ist oft als Verhältnis der Unterordnung mißverstanden worden, trotz genügender Beweise dafür, daß in den meisten Gesellschaften der Status der Frau sich während des Lebenszyklus immens verändert. Noch wichtiger ist, daß persönliche Macht oft mit dem Zugang zu einem öffentlichen Amt gleichgesetzt wurde.«

Ich akzeptiere Murphys Urteil über die Bedeutung dieser Erkenntnis. Es ist wahr, daß in einigen Familientypen Frauen viel Macht haben können und über den Vorgang der Sozialisierung maßgebenden Einfluß auf die Jugend ausüben. Frauen können auch voll an wirtschaftlicher Aktivität teilnehmen (obwohl hier wieder bezeichnend ist, daß der niederigere Status meist an die weibliche Arbeit gebunden ist). In manchen Gemeinwesen können Frauen politisch, religiös, intellektuell usw. sicherlich wichtige Rollen spielen. Falsch jedoch dürfte es sein, den »Zugang zu einem öffentlichen Amt« zu gering einzuschätzen; denn er symbolisiert die tatsächlichen Machtverhältnisse zwischen den Geschlechtern in einem Gemeinwesen. Immer dann, wenn eine Gesellschaft sich mit ihren lebenswichtigen Problemen befaßt, wenn innen- und außenpolitisch bedeutsame Erklärungen abgegeben werden, wenn — vor allem in Kriegszeiten — entscheidende Maßnahmen getroffen werden müssen, immer dann nehmen Frauen nicht teil. Das öffentliche Amt ist ein Männeramt.

Um bei diesen Problemen weiterzukommen, setze ich voraus, daß die Unterschiede im sozialen Verhalten von sogenannten »primitiven« und »modernen« Gesellschaften im institutionellen Bereich liegen. Dort sind eine große Anzahl sozialer Vorgänge aus einer begrenzten Anzahl grundlegender Verhaltensmuster und wechselseitiger Handlungsweisen zusammengesetzt. Daher können die Formen der männlichen Dominanz gegenüber den Frauen in verschiedenen Gesellschaften sehr unterschiedlich sein. Aber diese Formen sind auf verhältnismäßig einfache Komponenten zurückzuführen; eine von ihnen ist der Zugang zu einem öffentlichen Amt.

Männer sind es, die in den öffentlichen und privaten Beratungsgremien der Welt vorherrschen; Männer sind auch die Botschafter, die Sprachkundigen (z. B. in Westafrika); es gibt wenig »Sprecherinnen«. Chances Vorstellungen über die »Achtungsstruktur« sind hier besonders anwendbar; Frauen können offenbar einfach kein »Gefolgschaftsverhalten« auslösen. Ihre Erscheinung wirkt wohl bei Begegnungen von hohem Rang und hoher Würde »unpassend«.

Im Moment befassen wir uns weniger mit der Gesellschaftsstruktur als vielmehr mit den entsprechenden Prozessen und weniger mit den Formen als der Dynamik, die die Dominanz bei Männern annimmt. Die jeweiligen Strukturen sind bei »komplexen« und »einfachen« Gesellschaften verschieden — wenn auch nicht in den grundlegenden Mustern. Aber die Prozesse der geschlechtlichen Differenzierung sind bei zahlreichen Gesellschaften mit verschiedenartigen sozialökonomischen Systemen fast gleichartig. Deshalb betrachte ich die äußeren Formen lieber als Funktionen des Prozesses, statt umgekehrt. Im Grunde behaupte ich, daß in jeder Gemeinschaft kulturelle Formen aus der Wechselwirkung zwischen verhaltensmäßigen Neigungen – oder angeborenen biologischen Programmen – und existierenden sozialen Modellen und Erwartungen entstehen. Eine Analogie finden wir bei der Intelligenz. Alle Individuen sind in irgendeiner Hinsicht begabt, Probleme zu lösen und Aufgaben zu erledigen. Jedes Gemeinwesen hat eine Reihe passender Tests und Regeln, entsprechend denen die individuelle Fähigkeit angewandt werden kann. In einer Gemeinschaft kann man durch Aufspüren von Giraffen Intelligenz an den Tag legen, in einer anderen durch Aufspüren von Raketen. Eine Kultur kann intelligenter Kriegsführung huldigen, eine andere transzendentaler Meditation. Der springende Punkt ist schlicht, daß ein einzelner Zug menschlicher Begabung sich bei verschiedenen Kulturen verschieden widerspiegelt. Uns jedoch interessiert, *wie* er sich widerspiegelt und, zentraler, *was* widergespiegelt wird.

Es geht hier darum, daß das Verhalten eines Individuums nicht von der Einwirkung der Kultur auf eine *tabula rasa* bestimmt ist, sondern durch das Zusammenwirken eines genetisch festgelegten Lebenszyklus mit den mehr oder weniger passenden Antworten, die eine einzelne Gemeinschaft fordert oder hervorruft[4]. Zum Beispiel haben Frauen sowohl im US Federal Civil Service[5] als auch beim Marri-Baluch-Stamm in West-Pakistan[6] keinen Zugang zu öffentlicher Wirksamkeit bzw. zu hohen Ämtern. Wenn das ein regelmäßig bei allen Kulturen vorkommendes Verhaltensmodell ist, können wir daraus schließen, daß die Ursache hierfür nicht nur die aufgezwungene Bescheidenheit der Frauen ist oder die weite Verbreitung dieses Modells von einer Kultur zur anderen. Der Grund muß in der schlichten und dennoch verwirrenden Tatsache liegen, daß alle betroffenen Individuen in irgendeiner fundamentalen Hinsicht die gleichen sind[7].

Gibt es dieses Modell? Das ist natürlich der Kernpunkt unseres Vorurteils. Um die Antwort zu finden, hätte man – getrennt oder gleichzeitig – mehrere Wege einschlagen können. Ich hätte eine Auswahl von Kulturen darstellen können, für die es gute Monographien gibt, und hätte die Beziehungen zwischen den Geschlechtern und der Verteilung von Macht und Einfluß analysieren können. Ich hätte Quellen zweiten Grades zu Rate ziehen können, die, wenn sie sich auch nicht direkt mit unserem Problem befaßt hätten, auf diesem Gebiet wichtige Hinweise hätten liefern können. Ich hätte eine Serie von Felduntersuchungen verschiedener Kulturen planen können – und ich hätte das Verhalten in meiner eigenen Gesellschaft studieren können.

Aber hier ging es ja um ein erstes, informatorisches Eindringen in »Neuland«. Es schien mir verfrüht, mich mit formellen Studien über meine eigene oder andere Kulturen zu befassen. Hätte ich zum Beispiel eine Auswahl von vorliegenden Kulturanalysen benutzt, so hätte ich zwar eine Fülle von Fakten gehabt, aber nach analytischen Kategorien gesammelt und vorgelegt, die für ganz andere Zwecke entwickelt worden waren[8]. Besser wäre vielleicht eine gründliche Durchsicht ethnographischer Monographien gewesen. Schließlich entschloß ich mich zu einer Mischung verschiedener obengenannter Methoden, vor allem deswegen, weil ich sie im Moment einleuchtender und brauchbarer fand.
Im folgenden werden — aufgrund verschiedenster Fakten — institutionelle Bereiche des sozialen Lebens wie Politik, Religion und Wirtschaft erörtert. Die Ergebnisse können immerhin anregend, aber nur vorläufig sein. Verallgemeinerungen auf Quellen zweiten Grades zu gründen, ist für die Bestätigung oder Entkräftung jeder Hypothese gefährlich. Aber im Interesse des theoretischen Fortschritts und um aus der wissenschaftlichen Arbeitsteilung Nutzen zu ziehen, habe ich das Material anderer verwendet. Die ganze Fülle verwendeter Unterlagen kann nicht beschrieben und zitiert werden, aber ich habe, um Irrtümer möglichst auszuschließen, auf einige Quellen ausführlich Bezug genommen. Immer, wenn ein vollständiges Zitat unmöglich ist, weise ich darauf hin, wenn ich Erläuterungen und eigene Schlüsse statt einer bloßen Zusammenfassung biete.

Politik

Betrachten wir zuerst die Politik und verwenden wir eine Analogie aus der Welt des Organischen. Ich sehe die männliche Bindung als Rückgrat eines Gemeinwesens, und zwar in folgender Weise: Gemeinwesen verdanken der hierarchischen Verbindung von bedeutenden Männern ihre Struktur, ihren sozialen Zusammenhalt und zu einem guten Teil ihre zeitliche Kontinuität. Ich teile Schaperas Anschauung, daß Politik das Ergebnis territorialer Besitznahme ist, verbunden mit der Aufrechterhaltung von Recht[9], und nicht so sehr auf dem Wachstumsprozeß und der Ausbreitung verwandtschaftlicher Systeme beruht. Das Territorium ist die Arena für das wirkende Recht. Das Recht repräsentiert in seiner Gesamtheit die Entscheidungen und Traditionen der dominanten Männer. Deshalb wird hier zwischen »Recht« als Prozeß und »Politik« als Prozeß begriffsmäßig keine Unterscheidung eingeführt. Rechtsprechung und Politik zu trennen ist ein ziemlich seltsames Vorhaben, das in der Praxis kaum möglich ist. Das beruht nicht nur auf

Irrtum oder Korruption, sondern u. a. darauf, daß legale Systeme den Schutz und die Bestätigung durch politische Systeme brauchen und daß Justizbeamte häufig durch den politischen Prozeß eingesetzt werden. Selbst wenn Vertreter des Rechts von Politikern formell unabhängig sein sollten, sind sie in ihrer Amtsführung dennoch von der Gesetzgebung der Politiker abhängig. Wo Gesetzgebung durch das Recht außer Kraft gesetzt werden kann, wie in den Entscheidungen des U. S. Supreme Court über die Rassentrennung, kann man allenfalls feststellen, daß das Recht einen Teil der allgemeinen Verantwortung übernimmt, und zwar nicht nur für die Aufrechterhaltung der sozialen Ordnung, sondern auch für die Entscheidung darüber, wie diese Ordnung auszusehen hat.

Was die Frage der Territorialität betrifft, wird es am besten sein, die vorsichtige Formulierung von Lowie zu übernehmen, daß Territorialität und männliche Gruppen die Grundlage politischer Aktivität sind[10]. Über die Wechselbeziehungen zwischen Männlichkeit, Territorialität und Politik gäbe es allerdings noch mehr zu sagen, als hier möglich ist. Die Angelegenheit ist heikel. Es ist und bleibt schwierig, über die Territorialität oder Nicht-Territorialität des Menschen Tatsachen zu sammeln, die möglichst vielen Kriterien der Beweisführung gerecht werden. Dennoch wäre es unklug, zu übersehen, daß eine Neigung zum Territorium existiert und zum Teil die Grundlage vieler menschlicher Verhaltensweisen und Institutionen bildet. Vermutlich werden künftige Forschungen zeigen, daß im Leben der Primaten das Territorium ein bedeutenderer Faktor ist, als die bisherigen Ergebnisse nahelegen[11]; ähnliches mag durchaus auch für den Menschen gelten. Ein neuerer umfassender Versuch, die verfügbaren Materialien über Territorialität zusammenzustellen, stammt von Robert Ardrey[12]. Die Arbeiten von Hall[13], Carpenter[14], Calhoun[15] und Wynne-Edwards[16] u. a. weisen darauf hin, wie territoriumbezogene Mechanismen bei Menschen und Tieren wirksam sind. Immer mehr werden die Auswirkungen räumlicher Enge auf die sozialen Verhältnisse und die persönliche Gesundheit beachtet. Architekten und Planer beginnen anzuerkennen, daß das Verhältnis zwischen Mensch und umgebendem Raum nicht beliebig elastisch ist[17].

2

Im alltäglichen Bereich besteht eindeutig eine enge Beziehung zwischen Männlichkeit, Politik und Territorium. Diese Beziehung kann kausal,

rein zufällig oder die Wiedergabe eines Syndroms sein. Ich selbst glaube letzteres und darüber hinaus, daß sich vorhersagbare Konsequenzen ergeben — die zu betrachten wir später Gelegenheit haben werden —, wenn dieses Syndrom genauer untersucht wird. In welchem Ausmaß ist Politik ein männliches Geschäft? Ardrey sagt darüber:
»Biologisch gesehen, ist ein Volk ... eine soziale Gruppe mit wenigstens zwei erwachsenen Männern, die als exklusiven dauernden Besitz ein Gebiet behaupten, das sie von anderen ihrer Art rein äußerlich trennt. Durch gemeinsame Verteidigung ihres sozialen Territoriums erreichen sie Führerschaft, Kooperation und Handlungsfreiheit. Es ist nicht von allzugroßer Bedeutung, ob ein solches Volk aus 25 oder 250 Millionen Individuen besteht[18].«
Für uns ist an dieser Definition interessant, daß wenigstens zwei erwachsene Männer den Kern der Gruppe bilden müssen; diese Auffassung entspricht der oben erwähnten Analogie vom Rückgrat. Alles vorhandene Beweismaterial legt die Annahme nahe, daß politische Gruppen, die ein Gebiet besitzen, auf Hierarchien erwachsener — gewöhnlich älterer — Männer beruhen und von ihnen beherrscht werden. (Altersgrenzen für Amtsinhaber, beim Präsidenten der USA z. B. mindestens 35 Jahre, spiegeln die allgemeine Einschätzung des Alters und der ihm entsprechenden Erfahrung wider.) In der Einleitung seines Buches *Die politische Rolle der Frauen* berichtet Maurice Duverger von der in Europa vorhandenen Feindseligkeit gegenüber politischer Aktivität von Frauen und spricht von den »... Anzeichen jener primitiven Mentalität, die Krieg für einen ›männlichen Sport‹ hält; es besteht eine ähnliche Tendenz, die Politik als Angelegenheit des Mannes zu sehen. Der Club, das Forum, Debatten, Parlament und politisches Leben werden allgemein noch als typisch männliche Wirkungskreise gesehen ... Diese mehr oder weniger frauenfeindliche Haltung, die trotz eines unleugbaren Entwicklungsprozesses noch sehr stark ist, scheint — soweit ein Überblick zeigt — eine direkt zu beobachtende Tatsache zu sein.«[19]
Duverger hat vier Länder genau untersucht — Frankreich, die Bundesrepublik Deutschland, Norwegen und Jugoslawien. Von fünfzehn anderen Ländern sammelte er außerdem weniger detaillierte vergleichende Angaben. Das wohlvertraute, aber dennoch beeindruckende allgemeine Ergebnis seiner Untersuchung ist, daß die Frauen überall in der Politik nur eine kleine Rolle spielen. Duverger verneint ausdrücklich, daß dies das Ergebnis biologischer Differenzen sei: »Es gibt nichts, was auf eine wesentliche Eigenart der weiblichen Natur oder einen grundlegenden Unterschied im Verhalten von Mann und Frau hinweist.«[20] Das ist

eine sehr merkwürdige Feststellung, denn es ist ja gerade Aufgabe von Duvergers Buch, zu zeigen, daß es im politischen Verhalten von Mann und Frau Unterschiede gibt. Vermutlich ist die selbstverständliche Folgerung Duvergers, daß die vorhandenen Unterschiede – eine diesbezügliche Beweisführung wird an verschiedenen Stellen des Buches unternommen – hauptsächlich die Folgen kultureller Tradition, wirtschaftlicher Lage und gezielter Regierungsentscheidungen sind.

Trotzdem befassen wir uns mit verhaltensmäßigen Unterschieden. Diese werden durch die Beweise Duvergers bekräftigt. Für unsere Beschäftigung mit Herrschaftspositionen und mit dem Zugang zu einem öffentlichen Amt ist folgendes von besonderer Bedeutung: Je höher in der Hierarchie irgendeiner beliebigen Organisation eine Auszählung vorgenommen wird, um so weniger Frauen sind zu finden:

»Diese fortschreitende Abnahme des Einflusses der Frauen, je stärker die Führungsspitze sich zuspitzt, kann man nicht nur in der Zusammensetzung der Staats- und politischen Organe finden, sondern ebenso in der Verwaltung, bei den politischen Parteien und den Gewerkschaften, im Geschäftsleben usw. Noch gibt es in dieser Hinsicht kein sichtbares Zeichen für eine Besserung. Obwohl sich in gewissen Ländern der Unterschied im Verhältnis von männlichen und weiblichen Nichtwählern gelegentlich zu vermindern scheint, kann im Bereich von Parlament und Regierung nichts Entsprechendes beobachtet werden. Der Prozentsatz weiblicher Parlamentsmitglieder ist zum Beispiel kaum gestiegen. Im Gegenteil: Nach den ersten Wahlen, in denen Frauen das Stimmrecht erlangt haben, neigt er dazu, zu fallen und sich auf einem sehr niedrigen Stand zu stabilisieren.«[21]

Als zum Beispiel in Japan das Frauenstimmrecht eingeführt worden war, wurden im Wahlkampf 35 Frauen gewählt; heute ist die Zahl auf 11 gefallen. Die Erfahrung in den USA zeigt, daß Frauen weniger gern für Frauen stimmen, als Männer für Männer[22]. Kanadische Untersuchungen bestätigen dies[23]. Obwohl in Australien die Frauen früher als in den Vereinigten Staaten oder Großbritannien wählen konnten und nicht einmal darum zu kämpfen brauchten, kommt die relative Bedeutungslosigkeit ihrer Wahl darin zum Ausdruck, daß »während der ganzen Zeit, in der Frauen für das australische Parlament wählbar waren, nur 1 % der Abgeordneten Frauen gewesen sind«[24].

Duverger bemerkt eine bedeutende Verschiedenheit zwischen dem Wahlverhalten und dem politischen Verhalten der Frauen. Im *Wahl*verhalten von Männern und Frauen gibt es eine beachtliche Ähnlichkeit, aber das *politische* Verhalten ist extrem verschieden. Der Unter-

schied in der Beteiligung an der Politik ist sowohl quantitativer als auch qualitativer Natur:
»In der Parteiführung, in obersten Verwaltungsämtern, in Parlamenten und Regierungen konzentrieren sich die wenigen einbezogenen Frauen auf spezialisierte Bereiche wie Gesundheit, Erziehung, Mutterschaft, Familienfürsorge, Hauswirtschaft usw. — das heißt all jene Probleme, die nach allgemeiner Auffassung als besonders interessant für die Frau betrachtet werden ... Es gibt Anzeichen ... für eine sehr deutliche Verschärfung dieser Tendenz zur Spezialisierung.«[25]
Während es, wie Duverger bemerkt, nicht schwer ist, die verschiedenen Argumente aufzuzählen, die von Männern angeführt werden, um Frauen von der Politik auszuschließen, ist dennoch »der geringe Einfluß der Frau in der Staatsführung weitgehend die eigene Schuld der Frauen ... Nicht nur, daß Frauen kaum den Wunsch zeigen, einen Platz in der politischen Führung zu erringen, die große Mehrheit akzeptiert sogar das von den Männern erdachte System der Rechtfertigung, mit dem ihr Abseitsstehen vernunftmäßig zu erklären versucht wird. Seltsamerweise scheinen sie in dieser Beziehung manchmal weniger kompromißbereit und noch frauenfeindlicher als Männer zu sein.«[26]
Duverger stellt Daten über die politische Mitwirkung von Frauen in verschiedenen Staaten zur Verfügung, die es wert sind, einigermaßen ausführlich vorgeführt zu werden. Mit Ausnahme der UdSSR, wo 17 % des Obersten Sowjet (der sehr wenig Macht hat) Frauen sind, scheinen bei den meisten Parlamenten 5 % das Maximum an weiblicher Beteiligung zu sein. Es ist ein selten erreichtes Maximum: Niederlande 5 bis 6 %, Französische Nationalversammlung 3,6 %, Norwegen 4 %, Großbritannien 3 %, Kongreß der Vereinigten Staaten 2 %.
»In den städtischen und kommunalen Körperschaften ist das Verhältnis selten höher und oft niedriger ... Im Regierungsbereich spielen die Frauen eine noch geringere Rolle.«[27]
»Im Jahre 1949 hatten von 59 Ländern mit Frauenwahlrecht in nur 11 Ländern Frauen ein Ministeramt; keines dieser Länder war eine führende Macht; kein Land hatte mehr als einen weiblichen Minister, und Rumänien war das einzige Land, in dem das von einer Frau besetzte Ministeramt von einiger politischer Bedeutung war (Außenministerium) ... Nicht nur ist es einer extrem kleinen Zahl von Frauen erlaubt, an der Regierung teilzunehmen, die Zahl scheint auch nicht zu wachsen. Im Gegenteil! In Ländern, in denen das Wahlrecht der Frauen vor über 30 Jahren anerkannt wurde, kann man deutlich die Tendenz zu einer Stabilisierung der Anzahl weiblicher Parlamentsmit-

glieder feststellen – und das nach einer anfänglich hochgehenden Woge, die unmittelbar der Wahlreform folgte.«[28]

Es gibt keinen Beweis dafür, daß sich diese Verhältnisse bei Gesellschaften ändern, die besonders liberale Ansichten über frauenrechtlerische Prinzipien und die politische Gleichheit der Geschlechter haben. Die USA z. B. hält man gewöhnlich für »frauenrechtlerisch«, und man nimmt allgemein an, daß die Frauen beachtlichen Einfluß haben. Sie sind relativ gebildet und werden wirtschaftlich gefördert. Aber mit ca. 2 % haben die USA einen der kleinsten Anteile weiblicher Mitglieder in der Regierung.

Besonders interessant ist folgende Tatsache: In Gesellschaften, in denen die politische Beteiligung der Frauen in letzter Zeit angestiegen ist, geht dies auf Bemühungen von linken Parteien zurück:

»Die Parteien des linken Flügels, vor allem die sozialistischen und kommunistischen, haben am meisten getan, um die Zahl der Frauen im Parlament oder in der Regierung zu vermehren – eine insofern paradoxe Erscheinung, als weibliche Wähler ... in der Mehrheit konservativ sind. Man könnte fast sagen, daß die Parteien, die am meisten für die Frauen tun, die Parteien sind, für die die Frauen am wenigsten tun.«[29]

Die Kommunistische Partei Frankreichs zum Beispiel hat die meisten Frauen für ein Amt gewählt. Aber unter den Hauptparteien hat sie die kleinste Zahl weiblicher Wähler[30]. Im Hinblick auf die traditionelle Theorie des demokratischen Systems, die die Behauptung enthält, daß politische Parteien im allgemeinen die Gruppen vertreten, von denen sie gewählt worden sind, ist das in der Tat paradox und für die Vorstellung von der repräsentativen Demokratie von erheblicher Bedeutung. Es gibt noch eine Entstellung der Theorie der repräsentativen Demokratie: daß nämlich die Frauenrechtlerinnen nur selten Erfolg in dem Bemühen hatten, den Frauen das Wahlrecht zu beschaffen: »Diese Erweiterung des Wahlrechts scheint mehr den beiden Weltkriegen als der Arbeit von Frauenorganisationen zuzuschreiben zu sein.«[31] Vor dieser Zeit wurde das Frauenwahlrecht, zum Beispiel in Amerika, in Staaten eingeführt, in denen es keine starke Frauenbewegung gab, vielmehr wurde das Frauenwahlrecht von Männern um deren eigener, besonderer politischer Ziele willen gewünscht[32].

Die Veränderungen in den Rechten der Frauen wurden weitgehend von Männern bewirkt. Es konnte gar nicht anders sein, weil es – wie zum Beispiel in der Schweiz – meist die Männer waren, die über den betreffenden verfassungsändernden Antrag abstimmen mußten[33]. Bezeichnenderweise erhielten in vielen Ländern die Frauen das Wahlrecht durch Exekutivmaßnahmen revolutionärer Zwischenregierungen, die später Verordnungen dieser Art im Rahmen ihrer gewaltsam gewonnenen Legitimität bestätigten[34].

All dies weist auf die Kompliziertheit der Beziehung zwischen politischer Ordnung und männlicher Dominanz hin; ich werde später ausführlich darauf zurückkommen. In einer Untersuchung der Ansichten und Verhaltensweisen auf diesem Gebiet demonstrieren Young und Bacdayan eine provozierende, ja groteske Wechselbeziehung zwischen Menstruationstabus, der Stellung der Frau in verschiedenen Gesellschaften und dem Ausmaß politischer, religiöser und sozialer Starrheit in eben diesen Gesellschaften[35]. Sie schildern in großen Zügen die auf diesem Gebiet vorkommenden Spielarten und zeigen, wie die Vorstellung einer Gesellschaft von »der Frau« — wobei die Einstellungen zur Menstruation bezeichnend sind — nicht unberechenbar ist, sondern eine Funktion des politischen Systems darstellt.

Wo den Frauen das Wahlrecht zugestanden wurde, war dies jedenfalls weitgehend das Ergebnis männlicher Bemühungen zugunsten der Frauen. Dabei muß man noch bedenken, daß das bloße Wählen, als individuelle Anteilnahme an der Politik, eine relativ unwichtige Handlung ist. Häufig war die Einführung des Frauenwahlrechts mit anderen Reformen oder mit revolutionären Veränderungen der politischen Struktur verbunden.

Die politische Rolle der Frau in neuerdings unabhängig gewordenen Ländern sollte einmal genau untersucht werden. Es ist z. B. bekannt, daß in Indien Frauen mit beachtlicher Energie und Wirkung eine politische Rolle spielen. In der UdSSR, die man zwar kaum als jungen unabhängigen Staat sehen kann, hatten die Frauen einen großen Anteil am sozialen Wandel, was sich in einer Verbesserung ihres Status niederschlug. Allerdings kann diese neue Teilnahme der Frauen an der Politik insofern »unecht« sein, als sie das Ergebnis einer bewußten Auseinandersetzung ist (die gesamte Frage des Bewußtseins muß noch diskutiert werden). Überhaupt wird es interessant sein, die langfristigen Auswirkungen überstürzt eingeführter Reformen zu beobachten. In Ghana zum Beispiel ernannte Präsident Nkrumah durch Exekutivgewalt zehn weibliche Parlamentsmitglieder, die ganz allgemein »Regionen« repräsentierten und eindeutig einen anderen repräsentativen Status in der Nationalversammlung hatten als die gewählten männlichen Mitglieder. Wahrscheinlich tat er es auf Vorschlag verschiedener Personen, unter anderem einer Kanadierin, die ihn anläßlich einer Veranstaltung des Commonwealth in London mit der Frage »Und was tun Sie für die Frauen?« herausforderte.

Aufgrund der besonderen Art ihrer Berufung in ein hohes Amt wurden zumindest einige der weiblichen ghanaischen Parlamentsmitglieder — mit unerwiesenen Behauptungen und versteckten Anspielungen — verdächtigt, das Wohlwollen der älteren Politiker hauptsächlich durch sexuelle Aktivität zu erwerben. Ihre häufige und übertriebene Teilnahme an Delegationen und diplomatischen Missionen Ghanas im Ausland wurde von manchen Leuten aufmerksam beobachtet. Entweder aus Sensationslust oder aus Sorge um die »Moral« des Staates maß man der Angelegenheit eine unmoralische Bedeutung bei, die nur dazu angetan sei, das wachsende Prestige der Frauen zu untergraben, statt es zu heben, wie beabsichtigt. Der springende Punkt ist hier nicht, ob sich die weiblichen Parlamentsmitglieder Ghanas irgendwie auffallend benahmen oder nicht. Dafür interessiert sich die Öffentlichkeit nicht besonders. Auch ist es nichts Neues, daß Bettgeschichten ihre politischen Auswirkungen haben können. Es genügte schon die Tatsache, daß es Frauen waren, um zu einer Sonderbeurteilung ihrer politischen Rolle zu führen. Daß einige dieser Frauen sehr attraktiv waren, ist ein weiterer Faktor, den wir noch diskutieren werden. Wie die Profumo-Affäre zeigt, sind die Beziehungen zwischen geschlechtlichem und politischem Verhalten nicht nur von allgemeinem Interesse; es könnte hier vielmehr ein ursächlicher Prozeß von beachtlichem wissenschaftlichem Interesse zugrundeliegen. So existiert zum Beispiel ein Bericht über die Schwierigkeiten weißer weiblicher Bürgerrechtskämpfer bei ihrem Kampf um die Rechte der Neger im Süden der Vereinigten Staaten. Diese Schwierigkeiten beruhten auf der seit je gespannten und komplexen sexuellen Beziehung zwischen der weißen Frau und dem Neger[36].

Wo Frauen das Wahlrecht erhalten haben, zeigen sich keine Veränderungen, die der Verdopplung der Wahlberechtigten entsprächen; Duverger weist darauf hin, daß in Amerika eine der hauptsächlichen Folgen des Frauenwahlrechts das Alkoholverbot war und in Frankreich die Schließung der Bordelle[37]. Zweifellos gibt es viele indirekte Auswirkungen des Frauenwahlrechts, z. B. verstärkte Sorge um die Gesundheit der Kinder, die schulischen Verhältnisse, Belange der öffentlichen Moral. Dennoch kann man mit einigem Recht behaupten, daß — relativ gesehen — das Frauenstimmrecht weniger direkte politische Folgen hatte als zum Beispiel die Registrierung der wahlberechtigten Neger im Süden der USA, die Abschaffung des Vermögensnachweises bei den britischen Unterhauswahlen oder die Rassenpolitik West-Indiens um 1960.

Ohne die Bedeutung der Wahl als einer politischen Handlung — wenn sie *en masse* vorgenommen wird – oder den Wert und die Genauigkeit von Wahluntersuchungen schmälern zu wollen, muß doch gesagt werden, daß die Wahl in ihrer Bedeutung leicht überschätzt werden kann, besonders als Faktor im politischen Verhalten. Das Verhältnis zwischen Wahl und weiblicher Beteiligung in der Politik ist ein ausgezeichnetes Beispiel dafür. Mancherorts umgibt eine fast geheiligte Atmosphäre die Wahl, speziell dort, wo man eifrigst mit dem »Export von Demokratie« in gerade unabhängig gewordene Länder beschäftigt ist. Am auffallendsten in kommunistischen Ländern, doch auch in vielen anderen, ist die Wahl oft nur Teil eines »Rituals der Bestärkung«, das recht nützlich erscheint, um die formale Rechtmäßigkeit der herrschenden Regierung zu bestätigen. Mit Ausnahme weniger Länder, in denen eine Wahl das entscheidende Mittel ist, um eine Regierung einzusetzen, bedeutet die Wahl in den meisten Gesellschaften nicht viel für das tatsächliche Entstehen einer Herrschaftsschicht und deren Rangordnung. Obwohl man vor allem in euro-amerikanischen Gesellschaften glaubt, daß Wahlen der beste Weg seien, Regierungen zu bilden, ist dies ein Werturteil, das Wissenschaftler nicht daran hindern sollte zu untersuchen, was im politischen Leben von Gesellschaften am bezeichnendsten ist.

Auf keinen Fall möchte ich die Auswirkung der Wahlsbeteiligung der Frauen herabsetzen. Es ist jedoch bedeutsam, daß einem direkten Appell an den weiblichen »Wählerblock« von seiten der politischen Parteien fast nie eine besondere, den weiblichen Interessen angemessene Gesetzgebung folgt. Die Frauen werden fast wie eine ethnische Minderheitengruppe behandelt. Politische Rücksichten, die man ihnen gegenüber nimmt, haben allerdings nicht die erhoffte Wirkung bei der Wahl; denn gerade die Parteien, die sich am meisten mit weiblichen Fragen und Rechten befassen, sind es schließlich, die kurioserweise den kleineren Teil der weiblichen Wählerstimmen erhalten.

Das überrascht aus einem noch anderen Grund. Gewöhnlich neigen Frauen dazu, so wie ihre Männer zu wählen. Wenn nun reformfreudige Parteien mit frauenrechtlerischer Tendenz verhältnismäßig viel zu wenig Wählerstimmen erhalten, ist die selbstverständliche Folgerung die, daß die Frauen absichtlich das statistisch Unwahrscheinliche gewählt haben, nämlich anders als ihre Männer. Es gibt allerdings eine westeuropäische Ausnahme. Ausdrücklich »christliche« Parteien neigen dazu, etwas mehr als anteilgemäß weibliche Wählerstimmen zu erhalten; außerdem scheinen sie eher geneigt zu sein, Frauen in hohe Ämter zu berufen als nicht-christliche, nicht-linke Parteien. Trotzdem sind die christlichen Parteien weniger »fortschrittlich« als die Linksparteien, die von den weiblichen Wählern nicht begünstigt werden. Man sollte nicht vergessen, daß die christlichen Kirchen Europas weitgehend von Männern beherrscht werden. Jeder Entschluß weiblicher Wähler, die christlichen Parteien zu unterstützen, muß wohl mit dem günstigen Eindruck zusammenhängen, den die Frauen von der Bedeutung und dem Einfluß dieser von Männern beherrschten religiösen Organisationen haben.

3

Hinsichtlich der Beteiligung von Frauen an der Politik bleibt die Haltung von Männern *und* Frauen fast unveränderlich gleich. Offenbar haben selbst größere politische und ideologische Umstürze nur eine geringe Wirkung auf die Rolle der Frauen. Auch während der Nazizeit in Deutschland ging es im Leben der Frau nur um »Kinder, Kirche und Küche«. Goebbels sagte es überdeutlich:

»Die nationalsozialistische Bewegung ist ihrer Natur nach eine männliche Bewegung ... Während der Mann dem Leben die großen Linien und Formen geben muß, ist es Aufgabe der Frau, aus ihrer inneren Fülle und ihrem inneren Verlangen heraus diese Linien und Formen mit Farbe zu füllen. Die Bereiche der Führung und Gestaltung ... der Politik ... müssen ohne Einschränkung dem Mann vorbehalten bleiben. Wenn wir die Frauen aus dem öffentlichen Leben ausschließen, ist das nicht deshalb, weil wir auf sie verzichten wollen, sondern eher deshalb, weil wir ihnen ihren durch und durch notwendigen hohen Rang zurückgeben wollen ... Der hervorragende und höchste Beruf der Frau ist immer der der Frau und Mutter, und es wäre ein nicht ausdenkbares Unglück, wenn wir uns selbst erlauben würden, von diesem Standpunkt abzuweichen.«[38]

Erst als Hitler besondere weibliche Gruppen organisierte – die als solche definiert waren –, betrug die weibliche Mitgliedschaft in der Nazipartei mehr als 3 %. Deutsche Frauen wurden nie zum Kriegsdienst verpflichtet, selbst nicht im Zweiten Weltkrieg (nur zum Nachrichtendienst)[39]. Heute, nach dem Krieg, ist die politische Struktur – wenigstens oberflächlich – eine völlig andere. Aber die Frauen sind immer noch weitgehend von Führungspositionen in Parteien ausgeschlossen oder bemühen sich nicht um Führungsaufgaben[40]; es sieht so aus, als ob hier zwischen der gegenwärtigen Haltung der Gesellschaft und der damaligen – vor dem Trauma des Krieges – nur ein geringer Unterschied besteht.

Es wurde schon darauf hingewiesen, daß in den USA die Frauen nicht so erfolgreich und zahlreich in höhere politische Positionen vorgedrungen sind, wie es ihrem potentiellen politischen Einfluß (51 % der Stimmen) entsprechen würde. Nur eine verschwindend kleine Zahl bekleidet hohe Ämter im Justiz- und Verwaltungsbereich; unter den letzten drei Regierungen waren die Frauen mit einem gleichbleibenden Prozentanteil von 2,4 bei steigender Personalzahl vertreten: 79 von 3273 im Jahre 1951–52; 84 von 3491 im Jahre 1958–59; 93 von 3807 im Jahre 1961–62[41]. Regierungswechsel scheinen nicht durch merkliche Veränderungen bei der Ernennung von Frauen im Verwaltungsdienst gekennzeichnet zu sein. Dennoch glauben manche, daß sich die Verhältnisse, was den Aufstieg von Frauen in hohe Ämter betrifft, gebessert haben. Die Ursache ist der schwindende Widerstand der Männer (»obgleich nur wenige politische Kreise davon frei sind«). Auch werden sich die Frauen in Zukunft vielleicht bewußter auf eine Karriere vorbereiten – auch in der Politik – und psychologisch und von der Erfahrung her besser ausgerüstet sein, um den Kampf um ein hohes Amt zu bestehen[42].

Wesentlich jedoch bleibt, daß die politische Führungsschicht der Vereinigten Staaten und anderer Staaten nach wie vor aus Männern besteht. Noch gibt es die legendären »Männer im Hintergrund«. Bis heute haben sie die Frauen nicht akzeptiert, weder allgemein noch zahlenmäßig. In einer Untersuchung über die Führungsschicht Nordamerikas[43] erwähnt C. Wright Mills die Frauen nicht einmal, und John Porter hält es in seiner hervorragenden Analyse der Schichtungsmodelle keineswegs für nötig, sich eingehender mit den Frauen zu befassen[44]. Für Lipsets bekannte Untersuchung gilt dasselbe[45].

Der Ausschluß der Frauen ist nicht etwa ein Sonderphänomen der wohlhabenden euro-amerikanischen Gesellschaften. Häufig wird auch der Fehler gemacht, zu glauben, daß in matriarchalischen Gesellschaften im sozialen und politischen Bereich die Frauen dominieren. In Wirklichkeit ist das Matriarchat ein Prinzip der Erbnachfolge und nicht ein politisches Modell. Es wäre daher genauer, von »Erbnachfolge in mütterlicher Linie« zu sprechen. Lowie stellte in seiner Untersuchung »primitiver« Gesellschaften ausdrücklich fest, daß Abstammungsmodelle nach der mütterlichen Linie nichts mit weiblichen Regierungen zu tun haben. Es gibt sehr wenig Beispiele, »... sie können an den Fingern einer Hand abgezählt werden, ... daß Frauen entweder außergewöhnliche Eigentumsrechte besitzen oder im öffentlichen Leben eine bemerkenswerte Rolle spielen ... Selbst bei den Irokesen (wo die Frauen bei der Wahl der Häuptlinge eine Rolle spielten) hatte keine Frau einen Sitz im Obersten Rat ... Ein echtes Matriarchat ist nirgendwo zu finden.«[46]

Allens umfassende Untersuchung der Geheimbünde und Altersgruppenbünde Melanesiens zeigt, daß die meisten von ihnen männliche Gesellschaften sind. Für bisexuelle Bünde gibt es in Melanesien keine echten Beispiele. Bünde, in denen Frauen eine Rolle spielen mögen, beschränken deren Rechte, indem sie ihnen keine volle Mitgliedschaft einräumen[47].

Allen stellte fest (ohne zu sagen, worauf sich die Worte »aller Wahrscheinlichkeit nach« gründen): »Aller Wahrscheinlichkeit nach gibt es eine beachtliche Anzahl nicht entdeckter, d. h. erforschter weiblicher Bünde, in denen man durch Einweihungsriten Mitglied werden kann. Die einzigen mir bekannten Beispiele sind die weiblichen Geheimbünde in den Seniang- und Lambumbi-Distrikten der Malekula-Insel in den nördlichen Neuen Hebriden.«[48]

Wie mir Allen persönlich mitteilte, ist der Hauptgrund für seine Annahme, daß »wahrscheinlich« viele solche weibliche Gruppen bestehen, der, daß die Mehrheit der Feldforscher Männer sind und deshalb weniger geeignet, weibliche Gruppen zu entdecken. Außerdem würden sie weniger über solche Gruppen hören, und zwar wegen der starken zwischengeschlechtlichen Feindseligkeit, die für viele Lebensgemeinschaften Melanesiens charakteristisch ist. Allens Argument wird von Denise Paulme wiederholt, die darauf hinweist, daß die Sozialwissenschaft den Mann in den Mittelpunkt stellt, schon allein deshalb, weil die meisten Soziologen Männer sind. Sie seien abgeneigt und vielleicht auch unfähig, ein weibliches Verhalten richtig zu beurteilen, das sich so wesentlich vom konventionellen »abendländischen« Verhalten unterscheidet[49]. Eine weitere Beweisführung dafür, daß die Sozialwissenschaft den Mann in den Mittelpunkt stellt, liefert Betty Friedan[50]. Sie ist besonders darum bemüht, die sexuelle Voreingenommenheit der Freudschen Theorie nachzuweisen (siehe das fünfte Kapitel ihres Buches). Dabei veranschaulicht sie die möglichen Konsequenzen einer Theorie, die sich auf unzulängliche Fakten gründete und ohne Objektivität weibliches soziales und sexuelles Verhalten interpretierte. Ein zusätzliches – und vielleicht noch entscheidenderes – Hindernis für die Verwendung Freudscher Theorien zur Erklärung von Verhaltensweisen ist, daß die Freudsche Psychoanalyse aufgrund ihres großen Einflusses eben jene Kulturen mitformte, die sie zu erklären versucht. Genauer: In jenen Gesellschaften, in denen freudianische und neo-freudianische Analytiker zahlenmäßig und intellektuell einflußreich sind – zum Beispiel in den Vereinigten Staaten –, erwarten sowohl Laien als auch Wissenschaftler, daß das von Freud nachgewiesene Verhalten in Erscheinung tritt. (Während dies einerseits für die Glaubwürdigkeit und Richtigkeit der Psychoanalyse spricht, stellt es andererseits ein Hindernis für ihre Beweisbarkeit dar. Dies bedeutet nicht, daß Freudsche Hypothesen nicht verwendet werden sollten, jedoch nur mit besonderer Sorgfalt und Sachkunde.)

Geht man von meiner Beweisführung aus, so wäre vorhersagbar, daß es weit weniger weibliche als männliche Organisationen gibt. Wo es sie wirklich gibt, ist ihre relative Verborgenheit und offenkundige Bedeutungslosigkeit für das Leben der Gesellschaft im ganzen ebenso auffallend wie herausfordernd. Ich sage nicht, daß Frauen sich nicht aus irgendwelchen Gründen – in Melanesien oder anderswo – zu verschiedensten Zwecken zusammenschließen können (Sorge für die Kinder, Vorratswirtschaft, Landwirtschaft), und sei es nur um der Geselligkeit willen. Aber diese weiblichen Organisationen haben zur politischen Struktur ihrer Gesellschaften und zur Errichtung einer Herrschaftsordnung viel weniger direkte Beziehung als männliche Organisationen. Sie scheinen auch nicht von gleicher Dauer zu sein. Selbst dort, wo weibliche Organisationen sich relativ gut durchgesetzt haben wie beim Stamm der Mende (Sierra Leone), ist es der männliche Poro-Geheimbund, der »auf politischem Gebiet ... einen starken direkten und indirekten Einfluß ausübt; nur Mitglieder des Poro können in der Stammesführung ein Amt erhalten«[51]. Der weibliche Sande-Bund, der sich mit Angelegenheiten der Frauen befaßt, und der weibliche Humoi-Bund, der das geschlechtliche Verhalten der Gemeinschaft kontrolliert, kommen mit dem politischen Prozeß im Mende-Stamm nicht in Konflikt. Das Haupt des Humoi-Bundes – eine Frau – kann Versammlungen hoher Poro-Würdenträger zwar besuchen, ist aber nicht zur aktiven Teilnahme berechtigt. Ihre Rolle ist bezeichnenderweise auf das Symbolhafte beschränkt, weil man glaubt, daß sie während der Versammlungen für alle Mitglieder mit Ausnahme des Grand Tasso unsichtbar ist[52].

Interessanterweise erlangen Frauen normalerweise ein hohes Amt, wenn sie politisch aktive nahe Verwandte hoher Politiker sind, die sterben. Das ist vielleicht der verständlichste und gewiß leichteste Weg für Frauen, hohe Ämter zu erreichen. Es fallen einem verschiedene Fälle ein: Frau S. R. D. Bandaranaike (Ceylon), Frau Ghandi, die Tochter Nehrus, Frau Maurine Neuberger, Eleanor Roosevelt, Jennie Lee (die Frau von Aneurin Bevan), Madame Sun Yat-sen, Lady Gaitskill, Lady Nancy Astor, Lady Iveagh, Lena Jaeger. »Es ist eine seltsame Tatsache im politischen Leben Kanadas, daß eine Witwe, die für den

Sitz ihres verstorbenen Mannes bei einer Bundesnachwahl kandidiert, fast sicher sein kann zu gewinnen.«[53] Eine gefühlsmäßige, populäre Erklärung hierfür ist naheliegend. Aber auf höherer Ebene kann die Angelegenheit etwas schwieriger werden. Zweifellos ist das Gefühl der Dankbarkeit der Kollegen für die Mühen des Verstorbenen zu dessen Lebzeiten mit ein Grund für die Berufung von Witwen in ein hohes Amt. Ferner mag durch die Ehrung des Gedächtnisses einer Person, deren einflußreiche und ehrgeizige Gönner zurückbleiben, das innerparteiliche Gleichgewicht erhalten bleiben. Vielleicht handelt es sich auch um eine Art »Pensionierung« der Witwe, die durch den Tod ihres Mannes in finanzielle Schwierigkeiten kam, bis ein Amt für sie gefunden wurde. Einfacher jedoch erscheint folgende Erklärung: Die Kenntnisse, die die Witwe während der Karriere ihres Mannes erworben hat, und ihre Kontakte zu dessen Berufskollegen könnten die Aufmerksamkeit für ihre möglichen politischen Talente auf sie gelenkt haben.
Ein noch interessanterer, wenn auch kurzlebigerer Vorgang mag eine Rolle spielen, wenn Berufspolitiker oder Wähler oder beide an weibliche Verwandte verstorbener Männer hohen Ranges politische Ämter vergeben. In vielen Lebensgemeinschaften von Wirbeltieren nehmen die Weibchen den Rang ihrer Gatten an; bei den Primaten hat das Phänomen so viele Beziehungen zu menschlichen Rangstrukturen im Kleinen, daß ein Ethologe durchaus behaupten kann, sowohl beim Menschen als auch bei Primaten wirkten vergleichbare Mechanismen[54]. In den Gemeinschaften der Hutteriten in Alberta zum Beispiel wird das Amt des Chefkochs – das höchste weibliche Amt – normalerweise von der Frau des Predigers oder des »Vorgesetzten«, der beiden ranghöchsten Männer, wahrgenommen[55]. Eine Prinzessin der Maratha in Indien hatte traditionsgemäß die Verantwortung für die »persönliche Führung der Truppen, wenn weder Ehemann noch Sohn vorhanden waren, die dies übernehmen konnten«[56].

Vielleicht besitzen die Frauen den »Auslöser«, der das Volk anregt, ihnen zu folgen, vor allem dann, wenn sie das »Charisma« der Dominanz eines eng verwandten Mannes verkörpern oder teilen. Falls nicht, gewinnen sie weder das Zutrauen noch die tatkräftige Hilfe potentieller Gönner.

Daß Frauen nur selten Führungspositionen einnehmen, mag an ihrer Unfähigkeit liegen – im Sinne des »musterauslösenden« Verhaltens –, Untergebene zu beeinflussen. Diese allgemeine Schwierigkeit kann offenbar von jenen Frauen überwunden werden, die durch die enge Verbindung mit ihren Männern an der Ausübung von Macht beteiligt waren. Mehr als alles andere scheint dies den sonst so erfolglosen poli-

tischen Bemühungen der Frauen Erfolg zu sichern. Natürlich erinnert dies an den bekannten Vorgang der Übertragung des Charismas[57], wie er bei der Entwicklung dynastischer Traditionen zu finden ist. Die Unterstützung eines sich bewerbenden Kandidaten durch einen im Ruhestand befindlichen Amtsinhaber ist eine Abwandlung desselben Vorgangs. Die weibliche Nachfolge ist nur *ein* Faktor im komplexen Prozeß der Aufrechterhaltung sozialer Ordnung. Zum Verständnis dieses Prozesses aber ist es wohl von entscheidender Bedeutung, anzuerkennen, daß die Arbeitsteilung nach Geschlechtszugehörigkeit in jeder Gesellschaft stattfindet und daß die hohen politischen Funktionen überwiegend den Männern zufallen.
Natürlich ergibt sich die mangelnde Teilnahme der Frauen an der hohen Politik auch einfach aus verschiedenen sozialen Situationen. Da sind einmal die vielseitigen Aufgaben der Kindererziehung; ferner wäre zu nennen die gesetzliche Eigentumslosigkeit von Frauen in einigen Gesellschaften, wodurch ihre politische Handlungsfreiheit eingeschränkt wird. Auch wird ihnen oft der Zugang zur juristischen Laufbahn schwer gemacht[58], die doch als typische Ausgangsposition für eine politische Karriere gilt. Schließlich erhalten Frauen im Vergleich zu den Männern meist eine weniger gute Ausbildung und haben auch weniger Gelegenheit, umfangreiche politische Erfahrungen zu sammeln. Ich betone jedoch die Existenz noch anderer grundlegender Gesetzmäßigkeiten. Erstens: Weibliche Führer können vor allem deshalb keine »Gefolgschaft« erwecken, weil sie eben Frauen sind und nicht nur aus den oben genannten Gründen. Zweitens: Selbst wenn sie wollten, können Frauen keine politischen Führer werden, weil Männer von vornherein dazu neigen, rein männliche Gruppen zu bilden und diese auch so zu erhalten, vor allem dann, wenn es sich um gesellschaftlich bedeutsame Angelegenheiten handelt. Ich glaube, daß diese beiden Tatsachen Grundlage all der Feindseligkeiten und Schwierigkeiten waren, denen Frauen begegneten, wenn sie nach politischer Führung strebten. Sie waren der Grund, Frauen nicht in die hohe Politik mit einzubeziehen, und nicht die Tradition. Ursprünglich beruhen kulturelle Formen auf den zugrundeliegenden »genetisch programmierten verhaltensmäßigen Neigungen«. Umgekehrt liefern solche kulturellen Formen – als Tradition – eine dauernde Lösung für das immer wiederkehrende Problem der Zuweisung von Führungs- und Gefolgschaftsrollen. In diesem Zusammenhang schreibt Margaret Mead über den »zoomorphisierenden Menschen«: »Kultur im Sinne einer für den Menschen art-charakteristischen Methode, den Problemen der Aufrechterhaltung, Umgestaltung und Überwindung der Vergangenheit zu

begegnen, ist eine Abstraktion aus unseren Beobachtungen an einzelnen Kulturen.«[59] Das ist also ein weiterer Weg, um zu erkennen, wie umfangreiche politische Modelle aus einzelnen programmierten Verhaltensmodellen von Mann und Frau entstehen.

Einige wenige Frauen können tatsächlich in hohe politische Gremien vordringen. Sie werden Minister, Botschafter usw. Einige können Arbeitsgebiete erhalten, die ihrem Inhalt nach nicht »feminin« sind, z. B. Golda Meir, Israels derzeitige Ministerpräsidentin, und Barbara Castle, ehemals Arbeitsminister in Großbritannien. Was unter solchen Umständen mit den »Männern im Hintergrund« geschieht, wäre wichtig zu wissen. Ziehen sie sich in noch geheimere Beratungszimmer zurück? Oder wird die Dame eine der ihren?

Die Erledigung der laufenden Geschäfte ist nur ein Teil der Tätigkeit. Die verfassungsmäßigen und anderen gesetzlichen Zwänge mögen es erfolgreichen Frauen durchaus erlauben, wirkungsvoll zu arbeiten. Niemand aber kann die außerdienstliche Tätigkeit kontrollieren. Kartenspiel, Jagd, Fischerei, Männerclubs usw. können weiterhin die Hintergrundszene darstellen, wo die Hauptzüge der Politik und der Machtverteilung festgelegt werden. Welche Bedeutung kommt z. B. den Jagd- und Fischfanggelegenheiten zu, die in den USA, in Großbritannien, Deutschland usw. von reichen Unternehmern für Geschäftskollegen zur Verfügung gestellt werden? Und wie steht es mit der Beachtung, die viele Wirtschaftsunternehmen den Frauen zukünftiger Führungskräfte zollen? Paradoxerweise zeigt sich darin nur die Abhängigkeit der Frauen von der männlichen Hierarchie und der ihnen auferlegte Zwang, sich um Angelegenheiten des Unternehmens zu kümmern, statt um ihre eigenen. Solche Frauen müssen — übrigens nicht nur, wenn es sich um Großunternehmen handelt — bereit sein, ihre eigenen Interessen denen ihrer Ehemänner bzw. deren Vorgesetzten unterzuordnen. Sie müssen auch dazu bereit sein, sich von Unterhaltungen oder Veranstaltungen, die »die Herren« oder »das Unternehmen« betreffen, zurückzuziehen. Ganz eindeutig wirken sich hier soziale Pressionen und Konventionen aus, die jedoch nicht bei allen Gruppen so offensichtlich sind. In bestimmten Hochschulbereichen z. B. ordnen sich die Frauen weit weniger der männlichen Gruppe unter. Außerdem ist klar, daß dieses Modell nicht nur eine Funktion der Männlichkeit, sondern auch der Macht an sich darstellt; man kann argumentieren, daß hier in erster Linie *mächtigen Leuten* nachgegeben wird, die eben zufällig Männer sind.

Andererseits geht es hier darum, daß dieser Zusammenhang kein Zufall ist. Es gibt extreme Fälle, die die gesamte Situation erhellen können. Nehmen wir an, theoretisch könnten eine oder auch mehrere Frauen Mitglieder mächtiger Gruppen werden. Was aber würde mit diesen Gruppen und ihrer Macht geschehen, wenn Frauen in ihnen zu überwiegen anfingen[60]? In einem Kabinett von 15 Personen können eine, zwei oder auch vier Frauen den verbleibenden Männern und den Wählern akzeptabel erscheinen. Aber wenn es neun oder zehn Frauen wären? Bezeichnenderweise war selbst in der Sowjetunion, wo bis zu 17 Prozent Frauen in den Obersten Sowjet gewählt wurden, im ZK-Präsidium — das die eigentliche Macht hat — nur gelegentlich eine Frau vertreten, häufiger jedoch keine.

Ein von Frauen beherrschtes Kabinett würde in seiner Funktion wahrscheinlich beeinträchtigt werden. Es wäre vorhersagbar, daß andere — männliche — Machtzentren entstehen und dem von Frauen beherrschten Gremium die entscheidende Macht entziehen würden. Vielleicht können wir eine Analogie zu den Rassenkonflikten in den Vereinigten Staaten herstellen, zu dem, was geschieht, wenn Schwarze in die Wohnviertel der Weißen ziehen. Was zunächst ein Gebiet der Weißen war, wird nun überwiegend zu einem Gebiet der Schwarzen. Und zwar nicht deshalb, weil der Wert der Häuser sinkt (das Gegenteil ist oft der Fall), sondern wegen einer Art Kasten-Reaktion der Weißen, die nicht in unmittelbarer Nähe von Schwarzen leben wollen. Zweifelsohne gibt es beim Zuzug einer neuen sozialen Gruppe in *jeder* Nachbarschaft soziale und ökonomische Veränderungen. Der Hauptgrund für den Auszug der weißen Bevölkerung scheinen aber Statusfaktoren zu sein. George De Vos hat eine überzeugende Untersuchung über zwei Arten der Ausbeutung von sozialen Gruppen durch andere soziale Gruppen gemacht; er unterscheidet die instrumentale und die expressive Ausbeutung. Erstere ist durchaus zu verstehen — sie betrifft Geld, Beruf, Verbrauchsgüter und ähnliches. Letztere ist, wie De Vos deutlich macht, weniger gut untersucht[61].

»Expressive Ausbeutung steht in direkter Beziehung zu den irrationalen, unbewußten psychischen Vorgängen und Motiven, die für die komplizierte geistige Struktur des Menschen charakteristisch sind. Die hinter einer solchen Ausbeutung stehenden Motive sind schwerer wahrzunehmen als jene, die zu einer instrumentalen Ausbeutung führen ... Die expressive Ausbeutung wird, obgleich sie in der einen oder anderen Form überall vorkommt, vor allem in Gesellschaften sichtbar, die durch Geburt oder berufliche Gruppierungen streng unterteilt sind. Zugrunde liegt eine biologische und/oder religiöse Vorstellung von einer nicht veränderbaren Unterlegenheit, die angeblich eine Gruppe von Menschen von einer anderen unterscheidet. In Gruppen- oder kulturellen Beziehungen wird dieses Glaubensschema nach außen hin in der Rechtfertigung von Kriegen sichtbar. Innerhalb einer Gesellschaft aber rechtfertigt es die Aufrechterhaltung einer bestehenden sozialen Ordnung von Herrschaft und Unterordnung von der Geburt bis zum Tode.«

Ein auffallendes Kennzeichen ist die expressive Ausbeutung, laut De Vos, nur bei einigen Gesellschaften; weniger ausgeprägt findet sie sich jedoch bei den meisten, wenn nicht allen Gesellschaften. Die Rassen- oder Kastenanalogie kann hier durchaus anwendbar und lehrreich sein[62]. Wenn Weiße unter Schwarzen leben, nehmen sie, so glaubt man, Eigenschaften der niederrangigen »Unreinheit« an, die die voreingenommene Gesellschaft den Schwarzen zuschreibt. Ebenso häufig wird angenommen oder behauptet, daß Männer, wenn sie in überwiegend weiblichen Berufen arbeiten, wie Innendekoration, Friseurhandwerk, Schauspielkunst oder Ballett, verweichlicht oder feminin seien.

Man kann die Frage stellen, ob sich ein ähnlicher Vorgang abspielt, wenn machtausübende Gruppen von Frauen beherrscht werden. Ist weibliche Macht eine Macht niedrigen Ranges? Wenn dem so ist, kann eine Gemeinschaft dann zulassen, daß ihre einflußreichen Organe von Frauen beherrscht werden? Gestützt auf die Fakten und auf experimentelle und beiläufige Versuche, das politische Gleichgewicht der Geschlechter zu verändern, ist die Antwort ein klares oder etwas unsicheres Nein; die von Männern beherrschte Gruppe gelangt wieder an die Macht. Um auf meine eigene Analogie zurückzukommen: Es kann ein artspezifisches Charakteristikum des *Homo sapiens* sein, daß das »Rückgrat« der *Homo-sapiens*-Gesellschaft überwiegend männlich sein muß. Was die Beziehungen zwischen den Schwarzen und Weißen Amerikas betrifft, so wurde das interessante Argument geltend gemacht, daß die steigende Wirksamkeit und Bedeutung der schwarzen Protestbewegung mit der »Vermännlichung« dieser Bewegung zusammenhängt[63]. Charakteristisch sind die Bemühungen vergleichsweise junger schwarzer Männer, Modelle einer Gesellschaftsorganisation und politischer Aktion durchzusetzen, die diejenigen der »traditionellen« schwarzen Gesellschaft überwinden. Diese war eine Nach-Sklaverei-Gesellschaft, in der nicht wahlberechtigte und wirtschaftlich ohnmächtige Männer kein kommunalpolitisches »Rückgrat« schaffen konnten, so daß die Frauen unumgänglich die soziale und wirtschaftliche Führungsrolle in der Familie übernahmen. Das hat zahlreiche, wohlbekannte Auswirkungen auf das Familienleben der Schwarzen gehabt. Die Vermännlichung des korporativen Lebens der Schwarzen ist ein relativ unerforschter, aber wesentlicher Gegenstand.

Das Ergebnis all dessen ist die Behauptung, daß die männliche Dominanz, verbunden mit dem Sexualdimorphismus, quer durch alle Kulturen geht; wahrscheinlich ist sie in der Natur des *Homo sapiens* verwurzelt. Die erste Hälfte der Behauptung anzunehmen erfordert nicht, auch die zweite zu akzeptieren. Ein Blick auf die enge Verknüpfung von Politik und sozial-sexueller Rollenverteilung zeigt schon, wie wichtig in der Politik der Faktor der Männlichkeit ist, wenn es darum geht, wer in welcher Form an der Politik teilnimmt. Harold Lasswell bemerkt kurz, daß »das politische Leben viele homosexuelle Neigungen zu sublimieren scheint. Politiker arbeiten meist in kleinen Cliquen und Clubs zusammen, und viele von ihnen haben deutlich Schwierigkeiten, einen stabilen heterosexuellen Ausgleich zu erreichen.« Außerdem weist er darauf hin, daß homosexuelle Beziehungen beim Militär ein wichtiger Faktor sind, der untersucht werden sollte[64].

Wahrscheinlich überbewertet Lasswell die Wichtigkeit des erotischen Aspekts der Homo- und Heterosexualität und unterbewertet die sozialorganisatorischen Gesichtspunkte. Wenn meine These richtig ist, daß Männer charakteristischerweise rein männliche Gruppen bilden, die meist politische oder quasi-politische Funktionen erfüllen — wobei Frauen von diesen Gruppen ausgeschlossen werden —, dann erklärt dies weitgehend das männliche Monopol für hohe politische Ämter. Diese Erklärung ergänzt jene andere, daß männliche Vorherrschaft in der Politik ein Spiegelbild sowohl der menschlichen Evolution als auch zeitgebundener Traditionen und sozial-ökonomischer Konstanten ist. Für das Studium der Politik bedeutet dies, daß es möglich — ja notwendig — wird, die eingeschlechtigen Gruppen so zu sehen, daß sie sexuelle (nicht erotische) Grundlagen haben.

Bei dem Versuch zum Beispiel, die Nazis zu ergründen, sind außer den Fragen: »Was für *Menschen* waren das?« und »Wie lebten sie mit anderen zusammen?« noch weitere nötig, da durch sie das Sammeln einschlägiger Fakten gefördert wird: Was für *Männer* waren das, wie brachten sie ihre Männlichkeit zum Ausdruck, wie verhielten sie sich zu anderen Männern? Hatten sie als Männer besondere Unsicherheiten, die sie dazu trieben, sich so folgenschwer mit Hitler und seiner Theorie zu identifizieren? Warum heiratete Hitler Eva Braun noch kurz vor seinem Selbstmord? Was ging in dem höchst ungewöhnlichen Männerbund der obersten Naziführer vor? Noch einmal betone ich, daß solche Anmerkungen nicht etwa die bisherigen politischen Untersuchungen wertlos machen. Ich weise nur darauf hin, daß eine Würdigung der besonderen Natur eingeschlechtiger politischer Vorgänge zusätzliche Einsichten erschließt. Eine Studie wie die von Eisenstadt[65], die von viel

Geschick und enormer Gelehrsamkeit zeugt, könnte noch ergänzt werden. Ich denke da an die Bedeutung der Sexualität beim Zusammenhalt so verschiedener Gruppen wie William Whytes Bostoner »Corner Boys« und den Dorfbewohnern von Nyakusa. Vielleicht wird aufgrund meiner These über Gruppenbildung und Evolution klarer, warum ich das Geschlecht der Politiker für so wichtig halte. Meine These beantwortet wohl auch folgende Fragen: Warum sind die meisten ranghohen Politiker männlichen Geschlechts? Warum hat die Einführung der politischen Gleichberechtigung der Frauen keine handgreiflichen strukturellen und verhaltensmäßigen Auswirkungen gehabt? Warum ist eine ethologische Beurteilung sexuell begründeten Gruppenverhaltens in der Politik so wichtig für ein Verständnis politischen Verhaltens in allen Kulturen?

Man kann gegen meine Thesen natürlich noch manchen berechtigten Einwand vorbringen. Vielleicht ist hier eine kurze persönliche Bemerkung angebracht: Die von mir vorgebrachten wissenschaftlichen Argumente und die vorgelegten Fakten führen zu Schlußfolgerungen — was die Erweiterung des politischen Einflusses der Frauen betrifft —, die mir — als Bürger — durchaus nicht naheliegen. Mit anderen Worten: Ich bin sehr dafür, daß die Frauen stärker und wirkungsvoller an der Politik teilnehmen. Meine soziologische Untersuchung aber weist auf die Schwierigkeit hin, dieses Ziel zu erreichen. Es ist eben mehr erforderlich als nur Routineerziehung und Emanzipation. Vielleicht sind große gesellschaftspolitische Umstrukturierungen nötig, bevor eine so tiefverwurzelte Neigung oder Veranlagung im Namen der Gerechtigkeit überwunden werden kann. Es handelt sich ja nicht darum, zu beweisen, daß diese Gerechtigkeit wünschenswert ist. Auch ist das eben Gesagte keine Garantie für die Richtigkeit meiner Schlüsse, da meine persönlichen politischen Meinungen und meine wissenschaftlichen Schlüsse nicht zusammenfallen. Aber vielleicht ist es für einige Leser doch von Interesse, direkt über das (letztlich methodologische) Problem informiert zu werden, das einen Sozialwissenschaftler persönlich zu einer wissenschaftlichen Untersuchung veranlaßt.

Krieg und Gewaltanwendung

Fast auf der ganzen Welt ist Krieg reine Männersache. In einigen Gesellschaften sind Frauen zwar im Polizeidienst tätig, meist jedoch im Rahmen klar definierter und sehr spezialisierter Sachverhalte. Allgemein wird nicht angenommen, daß Frauen dadurch irgendwelcher Freiheiten oder Rechte beraubt werden (obwohl es schon immer Frauen gab

— oft Transvestiten —, die Soldaten werden wollten). Im ersten Weltkrieg wollten einige Engländerinnen kämpfen, stellten auch wirklich ein Regiment auf und wurden ausgebildet, doch war »die Teilnahme der englischen Frauen ... auf technische Dienste beschränkt«[66]. Als Emily Pankhurst ein 400 Frauen starkes russisches Regiment sah, bezeichnete sie dies als »das größte Ereignis der Weltgeschichte«. Ähnliches gilt auch für andere Länder. Selbst die israelischen Frauen, die wie die Männer zum Militärdienst einberufen werden, haben z. B. beim Sinai-Feldzug oder im jüngsten »Sechs-Tage-Krieg« nicht an der vordersten Front gekämpft. Die besondere militärische Situation Israels sowie die Einzigartigkeit seiner territorialen Ansprüche sind die Ursache der außergewöhnlichen Praxis Israels, die Frauen in den Militärdienst einzubeziehen. Vor allem in den grenznahen Kibbutzim sind die schrecklichen Folgen feindlicher Angriffe Grund genug, Frauen an der Verteidigung zu beteiligen. Bis heute nehmen sie jedoch nicht an Angriffsaktionen teil. Eine interessante Ausnahme habe ich allerdings aus zweiter Hand erfahren. Ein in der UN-Waffenstillstandskommission tätiger kanadischer Soldat stellte fest, daß israelische Frauen zu Guerillaangriffen in bestimmte Gebiete geschickt werden. Wenn die arabischen Gegner merken, daß Frauen im Spiel sind, ergeben sie sich oder weichen zurück, ohne sich in einen Kampf einzulassen. Man glaubt, daß dabei religiöse Gründe mitspielen: ein von einer Frau getöteter Mann kann kein angenehmes Leben nach dem Tode haben.
In Kapitel 7 — über die Beziehung zwischen Männlichkeit und Aggression — werden aggressive Handlungen zwischen Männern und deren Anlässe näher behandelt. Um unsere Untersuchung über die Rolle der männlichen Bindung in menschlichen Gemeinschaften fortzusetzen, möchte ich zunächst nur darauf aufmerksam machen, daß Gewaltanwendung im Grunde genommen ein Monopol der Männer ist. Auch das mag nur wie »eine Wiederentdeckung des Augenfälligen« erscheinen. Aber vielleicht können wir uns nun besser über die sozial-organisatorischen Rollen von Mann und Frau unterrichten. Außerdem werden die Grenzen deutlicher sichtbar, innerhalb derer sowohl Gemeinschaften als auch Individuen tätig sein müssen.
Natürlich besteht hier die echte Gefahr tautologischer Argumentation: Soldaten und Polizisten werden von Männern gestellt, denn Soldaten und Polizisten müssen stark sein, weil Gesetzesbrecher und Feinde nur auf Stärke reagieren. Folglich müssen Soldaten und Polizisten Männer sein. Daher *sind* Soldaten und Polizisten Männer.
Aber die Beziehung zwischen Gewalt und Männlichkeit ist nun einmal, wie alle Kulturen zeigen, außerordentlich stark. Unterschiede im Ver-

halten von Mann und Frau, die die Gewaltanwendung betreffen, können zwar sehr täuschen. Andererseits liegt oft ein Verhalten vor, das Gewalt nicht ausdrücklich erfordert, aber doch Haltungen und Gefühle enthält, die mit deren Anwendung verbunden sind. (Wie in Israel, haben auch in anderen Ländern – Rußland, Jugoslawien, Vietnam, Tibet – Frauen an Verteidigungsaktionen gegen Angriffe von außen teilgenommen. Man muß aber wohl zugeben, daß ein wesentlicher Unterschied besteht zwischen einer der Verteidigung von Haus, Stadt oder Land dienenden kriegerischen Handlung – besonders dann, wenn die Männer abwesend oder nicht aktionsfähig sind – und der sorgfältigen Ausbildung und Organisation von Regimentern zum Zweck aggressiver Kampfhandlungen – womöglich außerhalb des eigenen Staatsgebiets.)

Für uns ist wesentlich, daß in zwei entscheidenden sozialen Bereichen – Verteidigung/Aggression und Aufrechterhaltung der internen Ordnung durch die Polizei – die dominanten und unmittelbar wirksamen Rollen dem Mann zugewiesen werden. Im Polizeidienst zum Beispiel »spezialisieren sich die Frauen meist ... auf Arbeiten, die ihnen als Frauen am ehesten entsprechen, wie die Arbeit mit Frauen und besonders Kindern und Jugendlichen«[67]. Diese Situation ist fast überall dieselbe. Hier eine kleine Auswahl von Ländern:

Mauritius: Frauen verrichten nur Büroarbeiten[68].

Malta: Frauen befassen sich mit Geldeintreibung, Untersuchungen, Verhören und der Eskortierung von Frauen[69].

Österreich: Frauen arbeiten nicht im Streifendienst, sondern hauptsächlich in Arrestanstalten[70].

Tschechoslowakei: Frauen erfüllen in erster Linie Verwaltungsaufgaben[71].

Uruguay: Frauen sind bei der Eskortierung und beim Verhör von Frauen und Kindern tätig.

Wie gesagt, werden weibliche Soldaten meist den Hilfsdiensten der verschiedenen Waffengattungen zugeteilt. Bei der weiblichen Royal Air Force zum Beispiel arbeiten die Frauen unter anderem in den Schreibstuben, in den Abteilungen für Verpflegung, Ausrüstung, Technik oder Unterricht. Bei diesen Hilfsdiensten mag es eine weitgehende Gleichberechtigung zwischen den Geschlechtern geben, aber von den gefährlichen Funktionen der Royal Air Force – Fliegen und Kämpfen – sind die Frauen ausgeschlossen.

In der Politik verhält es sich nicht viel anders: Viele Frauen übernehmen Hilfsfunktionen – Unterhaltung, Diskussion und Sammeln von Spenden –, aber es ist sehr unwahrscheinlich, daß sie von den Wahlkomitees der Parteien als Kandidaten aufgestellt werden. Wie wir bereits sahen, ist es noch unwahrscheinlicher, daß sie ein hohes Amt erlangen.

»Bei der Wahl 1966 in Großbritannien war die sinkende Zahl gewählter Frauen von einer Abnahme der Zahl weiblicher Kandidaten begleitet (80 von insgesamt 1707) ... Der Grund ist brutal einfach. Die Wahlkomitees der Parteien (einschließlich der in ihnen vertretenen Frauen) bevorzugen Männer[72].«

Im zivilen Luftverkehr wird die Funktion der Stewardeß eindeutig vom technischen Vorgang des Fliegens getrennt. Sie übt eher expressive als instrumentale Funktionen aus. Das Hausmagazin einer größeren amerikanischen Fluggesellschaft gibt deutlich zu verstehen, daß die Stewardeß ja nicht den Eindruck vermitteln soll, daß sie an den technischen Einzelheiten des Fliegens beteiligt ist:

»Der bedeutsame Nutzen einer Stewardeß an Bord eines Flugzeuges ist ›anwesend‹ zu sein – anwesend vor allem in einer stillen, entspannten und beruhigenden Einstellung gegenüber dem Fliegen ... Die Stewardeß ... sollte ihre Bekanntmachungen weniger in Richtung Zuständigkeit und Fähigkeit (!) nuancieren, dafür aber mehr in Richtung Freundlichkeit und gelockerter Haltung.«

All dies sind Selbstverständlichkeiten. Jeder Einzelne »weiß« es, und auch Gesellschaften scheinen es zu »wissen«. Theoretisch jedoch wäre es unter den heutigen Bedingungen möglich, Männer und Frauen auszuwechseln. Eine allgemeine Voraussetzung nordamerikanischer Erziehung ist zum Beispiel die gleiche Behandlung von Knaben und Mädchen. In einigen Teilen Nordamerikas gibt es gegenüber Arbeitgebern, die die Frauen benachteiligen, gesetzliche Handhaben. Frauen könnten wahrscheinlich so ausgebildet werden, daß sie zur Übernahme hoher Dienststellen bei Militär und Polizei geeignet wären – und nicht nur innerhalb einer speziell weiblichen Abteilung in einer sonst vorherrschend männlichen Organisation. Sie brauchten sich auch nicht nur mit Aufgaben zu befassen, die als »weiblich« gelten. Schließlich gibt es kaum Berufe, die nicht auch von Männern ausgeübt werden, mit Ausnahme jener, die direkt mit der weiblichen Physiologie zu tun haben. Murdock stellt aufgrund seiner Analyse über die Arbeitsteilung in 224 verschiedenen Gesellschaften fest: »Während eine Reihe von Berufen rein männlich sind, gibt es keinen, der ausschließlich weiblich ist[73].« Männer üben alle Berufe aus. Warum können nicht auch Frauen Kampfflieger, Panzerkommandanten oder Polizeichefs werden? Wenn Männer zum Militär gehen, können sie Tellerwäscher oder Krankenpfleger werden oder in der Wäscherei arbeiten. Wenn jedoch Frauen ins

Heer eintreten, übernehmen sie meist keine Tätigkeiten, die als typisch männlich gelten. Die Männer können ohne weiteres, d. h. ohne Prestigeverlust Arbeiten ausführen, die bei anderen Gelegenheiten als weiblich betrachtet würden. Welche Beziehung hat dies alles zu der hervorstechenden Verschiedenheit männlicher und weiblicher Teilnahme an der Politik?

Nach meiner Auffassung ist organisierte Aggression ein rein männliches Phänomen, zum Teil aufgrund der menschlichen Evolutionsgeschichte. Von ihr leitet sich auch ab, daß die politische Ordnung weitgehend Angelegenheit der Männer ist. Das ist ebensosehr ein Evolutionsergebnis wie die Tatsache, daß Mann und Frau von unterschiedlicher Gestalt sind. Dasselbe gilt für physiologische Prozesse, die Lebenserwartung, die Stoffwechselverhältnisse, die Temperaturkontrolle, sexuelle Reaktionen, die Wachstumsraten, psychologische Reaktionen auf verschiedene Tests, die Wahrnehmung der Umgebung — und die Schwärmereien. Was ich meine, könnte man auch so ausdrücken: »Sexuell aktive Männer reagieren auf sexuell aktive Frauen in gewissen Situationen in einer leicht vorhersagbaren Folge physiologischer und psychologischer Reaktionen, die *Entsprechungen im Sozialverhalten haben.* Ebenso reagieren erwachsene Männer und Frauen, wenn sie Schutz nach außen oder Friede und Ordnung im Innern suchen, positiv auf geeignete Männer und negativ auf fast alle Frauen.«

Letzteres ist im gleichen Sinne und Ausmaß begrenzt, wie sexuelle Reaktion von der Kultur bestimmt wird. Es heißt z. B., der weiße Mann bevorzuge blonde Frauen. Bei den Pygmäen aber ist Blondheit gleichbedeutend mit schlechter Gesundheit. In Europa und Amerika fände das pygmäische Frauenideal wenig Anklang und wäre kaum gefragt. Zu jeder Zeit und in jeder Gesellschaft gibt es bestimmte physische Eigenschaften, sinnliche Reize, Arten von Gestik und Statur und gewisse Schmuckmoden, die als wünschenswerte Attribute der totalen erotischen Anziehungskraft gelten. Die Variationsbreite ist enorm und fast beliebig. Zwei Dinge sind jedoch wichtig: es gibt einen Spielraum, der Grenzen hat, und die Variation innerhalb der Gesellschaft (oder Subgesellschaft, z. B. der Teenager) bewegt sich immer in einer Ordnungsskala, so daß einige Personen erfolgreicher als andere sich dem Ideal annähern. Abgesehen von allem anderen, wird der modisch Gekleidete attraktiver für jene sein, die modisch up-to-date sind, und auch für jene, die weder fähig noch willens sind, eine Mode mitzumachen, aber trotzdem das gesamte System der Mode nicht ablehnen.

Sexuelle Selektion spielt sich im Rahmen kulturell bestimmter Status- und Wunschwerte ab. Diese Wertsetzungen beruhen auf einer biologisch begründeten Neigung, auf das andere Geschlecht in den Grenzen bestimmter Möglichkeiten zu reagieren. Geht nun eine politische Reaktion auf gleiche oder ähnliche Weise vor sich? Bei der sexuellen Reaktion werden normalerweise erotische und auf die Fortpflanzung bezogene Triebe durch den Kontakt mit dem anderen Geschlecht befriedigt. Die Hypothese ist hier nun, daß es sich im Politischen ähnlich verhält: Das Bedürfnis nach Verteidigung und sozialer Ordnung wird sehr wirksam befriedigt, indem man mit erwachsenen Männern kooperiert oder sich ihnen unterordnet. Frauen jeden Alters und noch nicht erwachsene Männer werden danach streben, sich erwachsenen Männern unterzuordnen, die sie beschützen, wenn die Gruppe angegriffen wird, und die bei internem Aufruhr wieder die soziale Ordnung erzwingen. Die erwachsenen Männer werden entweder selbst die Leitung bei der Reaktion auf ein besonderes Problem übernehmen oder sich als Mitarbeiter jenen Einzelpersonen anschließen, die offenbar einen Aktionsplan und die Berechtigung haben, den Plan durchzuführen.

In meiner Hypothese ist die Behauptung enthalten, daß die Verteidiger und Polizisten Männer sein müssen. Frauen reichen nicht aus, außer bei Neben- und Hilfsfunktionen. Und zwar deshalb, weil Frauen nicht die Verhaltensweisen »auslösen« können, die die Störungen der sozialen Ordnung beseitigen. Das ist vermutlich die Ursache für die Erfolglosigkeit der Frauen in der Politik, für die Unterordnung der Frau beim Militär, in der Polizei, und — unter normalen Verhältnissen — bei der Verteidigung der unmittelbaren Umgebung. Der untergeordnete Rang der Frauen rührt also von Erscheinungen her, die für die Verhaltensforschung ebenso zugänglich sind wie für die Kulturhistorie. Was bei einer ethologischen Stellungnahme zum politischen Rang der Frau herauskommen kann, ist eine etwas weitgefaßte Bedeutung der »... nicht-kulturellen Aspekte der menschlichen Sozialsysteme und infolgedessen ... eine genauere Würdigung der Rolle der Kultur bei der menschlichen Anpassung«[74].

4

In der obengenannten Hypothese ist auch die Vorstellung enthalten, daß nicht nur Männer und Frauen andere Frauen als mögliche Führer und Verteidiger ablehnen, sondern daß Frauen von Männern auch als Kollegen abgelehnt werden. Wenn dem so ist, kann auf zwei Aspekte dieser Behauptung hingewiesen werden. Der erste wurde bereits diskutiert: Männer neigen dazu, eine rein männliche Gruppenaktivität zu suchen. Diese Aktivität kann viele Formen annehmen; sie reicht vom Kardinalskollegium bis zu den um Geld spielenden Cliquen in Oxford oder fachsimpelnden Gruppen auf Parties. Der zweite Aspekt hängt damit zusammen: Es ist eine Funktion des ethologischen Prinzips, daß Verhaltensweisen, die von starken »Emotionen« begleitet sind, wahrscheinlich Situationen widerspiegeln, die für das Überleben eines Tieres sehr wichtig sind und während der langen Zeit seiner Entwicklungsgeschichte wichtig waren. Der Zusammenhang zwischen eingeschlechtiger Gruppenbildung und der Beziehung emotionaler Entfaltung zur »biologischen Bedeutsamkeit« eines Verhaltensmusters ist folgender: Erstens ist die Verteidigung und Aufrechterhaltung der sozialen Ordnung für den Fortbestand menschlicher Sozialsysteme überaus entscheidend. Zweitens werden diese Aufgaben fast immer von Männern übernommen, meist ohne weibliche Vollkollegen. Drittens: Es ist deshalb voraussagbar, daß bei allen von einer Gesellschaft für lebenswichtig gehaltenen Angelegenheiten — die bei allen, die die Gesamtsituation erkennen, starke Emotionen wachrufen — die wichtigsten Funktionen von einem Mann oder mehreren Männern übernommen werden.

Die Hypothese versucht zu erklären, warum gewisse soziale Funktionen von Männern und nicht von Frauen wahrgenommen werden. Wie bereits gesagt: Die größere physische Stärke des Mannes, seine stärkere Gewöhnung an den Gebrauch und das Hinnehmen von Gewalt und die von ihm überall geschaffenen Strukturen von Verteidigung und Polizei spiegeln eine »genetisch programmierte verhaltensmäßige Disposition« wider. Dieses durch alle Kulturen verbreitete Modell ist das Ergebnis von *mehr* als nur einer interkulturellen Verbreitung von Praktiken und bewahrter Tradition.

Die Bereitwilligkeit, in Situationen von Aufruhr und Gewalt Männern »Gefolgschaft« zu leisten, hängt wohl direkt mit der offenbar weit verbreiteten Abneigung zusammen, Frauen in Ämter von hoher Verantwortung zu berufen oder zu wählen. Analog dazu zeigt sich, daß bei den Hamadryas-Paviangruppen die Struktur der Führungsschicht von Männchen bestimmt wird. Krisen zu meistern, ist normalerweise eine männliche Funktion[75]. Ich behaupte nicht, daß zwischen den angeborenen Verhaltensweisen von Pavianen und Menschen eine notwendige Verbindung besteht (obwohl der Übergang zum Leben auf dem Boden für die Entwicklung der männlichen Vorherrschaft bei den Primaten, wie gesagt, von zentraler Bedeutung war). Ich meine jedoch, daß es aufgrund der »menschlichen Natur« für Frauen »unnatürlich«

ist, bei der Verteidigung, bei der Polizei und auch in der hohen Politik tätig zu sein. Wenn Frauen es trotzdem tun, erfordert dies von Seiten der betroffenen und dazu bereiten Gesellschaft Verlegenheitsmaßnahmen, d. h. spezielle Vorkehrungen.
Diese Hypothese ist zweifellos sehr alt. Aber ist sie nicht leichter zu vertreten als die gegenteilige – die besagt, daß der menschliche Geschlechtsdimorphismus nach Herkunft und Dauer ausschließlich kulturell bedingt sei?
Natürlich kann man darüber diskutieren, ob der Dimorphismus primär aus dem männlichen Widerwillen gegen das Aufgeben eigener Privilegien und Vorrangstellungen hervorgeht. Ich meine aber, man sollte das männliche Bestehen auf dem eigenen sexuellen Vorteil mit dem bedeutsamen und beständigen Modell rein männlicher Gruppenbildung in Verbindung setzen. Mit anderen Worten, was das Modell heterosexueller Beziehungen nicht bewirken kann, wird von Kräften erreicht, die das Modell rein männlicher Gruppen entwickelt.
Frauen mögen mit Männern »gleichberechtigt« nach hoher Verantwortung im Krieg, in der Politik oder im Polizeidienst streben. Auch mögen Männer und Frauen gleichermaßen bereit sein, weibliche Führerschaft gelten zu lassen. Trotzdem wird es das antiweibliche Modell der männlichen Bindung jeder ehrgeizigen Frau schwer oder unmöglich machen, das erwünschte Amt zu erreichen. Es hängt von der Bedeutung der jeweiligen Organisation für die Gsellschaft ab, vom Zeitpunkt und vom emotionalen Klima in der jeweiligen Situation. In Friedenszeiten wäre es für eine Frau leichter als in Kriegszeiten, Chef des Generalstabs zu werden. Die Leitung von Sozialbehörden und kleineren Geschäften steht Frauen leichter offen als die von Stahlwerken, Börsenmakler-Firmen und Flugzeugfabriken. Direktorin einer Höheren Schule für Mädchen zu werden ist leichter, als Direktorin einer Höheren Schule für Knaben. Überall, wo es um große Loyalität, Patriotismus, Pflichtbewußtsein, würdevolle oder aggressive Beziehungen zu anderen Gruppen geht, werden für die entsprechenden Ämter vorzugsweise Männer bestimmt. Zur Männlichkeit gehört der Sinn für den Augenblick, der Sinn für Angelegenheiten, die Härte erfordern, jene Härte, die unbeirrt ein Ziel verfolgt. Und das Volk hat natürlich eine kritische Meinung über »weibliche Logik«. Vielleicht ist das nur Bosheit, aber es kann doch (genau oder ungenau) bezeichnen, was Männer und vielleicht auch Frauen in ihrer »Volksweisheit« von weiblicher Logik und Beständigkeit halten[76]. Oder ist, entgegen Verdis Operntext *(la donna e mobile)*, doch der Mann und nicht die Frau »launisch«? Immerhin, man hält die Männer meist nicht für so lau-

nisch wie die Frauen, und in der Praxis gilt noch immer das soziale Gesetz: Wenn Menschen eine Situation als real erklären, wird sie real in ihren Konsequenzen.

Ich zögere, mich in einen Streit über männliche und weibliche Fähigkeiten einzulassen. Auch will ich mich hier nicht zu den glücklichen oder unglücklichen Folgen einer größeren Beteiligung der Frauen an wichtigen Fragen des kommunalen Lebens äußern. Ohnehin ist dies ein Streitpunkt, der sich einer theoretischen Lösung entzieht und empirisch beigelegt werden muß. Nachdem ich einige Daten zur Verfügung gestellt habe, die als Grundlage für die Diskussion dienen können, wird hier nur erörtert, ob die Aufteilung politischer und aggressiver Tätigkeit nach Geschlechtern – wie sie in fast allen Gesellschaften zu beobachten ist – unmittelbare biologische Wurzeln hat. Ich kann der vielbeachteten Formulierung der Soziologen Parsons und Bales nicht zustimmen, daß die sozial-sexuelle Differenzierung ein »Beispiel für die grundlegende Differenzierung ist, die in allen Systemen sozialer Wechselwirkung aufzutreten pflegt, ohne Rücksicht auf deren Zusammensetzung ...«[77] – nämlich eine Differenzierung zwischen »instrumental« und »expressiv«. Vielleicht neigen tatsächlich die meisten Frauen dazu, »expressive« Verantwortlichkeit zu übernehmen, die Männer dagegen »instrumentale«. Aber es ist zweckmäßig, die grundlegendere Theorie zu prüfen, daß die Unterschiede in Wirklichkeit biologisch begründet sind. Der Parsons-Balessche Lehrsatz beruht hauptsächlich auf den Auswirkungen der Familienstruktur und frühkindlicher Erfahrungen bei der Ausbildung sexuell-verhaltensmäßiger Unterschiede. Die an Primaten beobachteten Fakten machen uns zumindest darauf aufmerksam, daß Unterschiede in der geschlechtlichen Eigenart sehr stark von der Biologie bestimmt sein können. In diesem Rahmen spielen sich die umfassenden und komplexen Lernvorgänge ab.

Die mit den Begriffen »instrumental« und »expressiv« festgestellten Unterschiede sind notwendigerweise recht willkürlich. Zum Beispiel erfordert es in Nordamerika und Europa eine große instrumentale Aktivität, einen mittelständischen Haushalt zu führen. Die Tatsache, daß die mittelständische Arbeit des Mannes und die mittelständische Hausarbeit so verschieden erscheinen, heißt nicht unbedingt, daß männliche Arbeit instrumental und weibliche Arbeit expressiv ist. Man könnte durchaus behaupten, daß die Arbeit eines Werbefachmannes expressiv, die Hausarbeit seiner Frau hingegen instrumental ist. Wenn Männer lange Zeit den Haushalt führen müßten, *ohne dies als Ausnahme oder zeitlich begrenzte Aufgabe zu betrachten*, würde es ihnen wahrscheinlich nicht einfallen, daß sie sich nur mit »expressiven« Aufgaben beschäftigten. Es mag zwar expressiv erscheinen, sich mit Kindern zu befassen, aber das schwer erlernte psychologische Geschick, das man für eine annehmbare Behandlung von Kindern braucht, gibt selbst dieser Aufgabe eine Art instrumentalen Charakter. In anderen Kulturen können Frauen viel von der instrumentalen Arbeit erledigen. Zum Beispiel beschäftigen sich bei den afrikanischen Bauern der Sub-Sahara die Frauen mit dem Anbau von Gemüse, während die Männer spielen, trinken oder ganz einfach debattierend herumstehen. Es erfordert schon einen besonderen Glauben an die Kernfamilie, um auf ihr eine so wichtige theoretische Konzeption wie die der instrumental-expressiven Dichotomie aufzubauen. Zum Beispiel verrät eine derartige Überbetonung der Kernfamilie eine begrenzte Vorstellung über die Fortdauer des Lernprozesses bei Erwachsenen, ebenso über die Bedeutung der Größe und der physiologisch geschlechtlichen Eigenart bei der Bestimmung des Verhaltens – und über die Funktion des »emotionalen« Zustands bei Krisen einer Gemeinschaft. All dies ist aber von großer Tragweite, wenn es darum geht, Aufgaben als für Männer oder Frauen geeignet zu erklären.

Vielleicht ist es eben doch möglich, über Parsons hinauszugehen und Aufgaben nicht als instrumental oder expressiv, sondern als männlich oder weiblich zu bezeichnen. Schließlich sind Mann und Frau die tatsächlichen Bezugspunkte für die Begriffe männlich und weiblich, ein empirischer Vorteil, den schon von der Definition her die Vorstellungen von Parsons und Bales nicht bieten, da sie aus Sozialsystemen stammende Abstraktionen sind. Es hätte eher einen Sinn – wenn man schon eine solche Zweiteilung vornehmen will –, von *kommunal bedeutsamen* und *privat bedeutsamen* Tätigkeiten zu sprechen. Die Annahme wäre dann, daß Männer meist die ersteren Tätigkeiten und Frauen die letzteren ausüben, obwohl Aufgaben und Vollzieher immer wieder von allen vorgeschlagenen Normen abweichen werden[78]. Aber es ist einfach unannehmbar, wenn Parsons behauptet, die instrumental-expressive Dichotomie beruhe einzig und allein auf der Tatsache, daß Mütter für ihre Kinder zu sorgen haben und die Männer, die »von diesen biologischen Funktionen frei sind«, »sich in der anderen, instrumentalen Richtung spezialisieren sollten«[79]. Diese Forderung spiegelt eine allgemeine Überbetonung der Bedeutung früher familiärer Erfahrungen im besonderen und des Familienlebens im allgemeinen sowie eine sehr begrenzte Sicht der Beziehung zwischen biologischer Ursache, Lernprozeß und Familie wider. Parsons geht so weit zu sagen: »Wenn, wie einige Psychologen anzunehmen scheinen, die wesentlichen Eigenschaften der menschlichen Persönlichkeitsstruktur biologisch bestimmt sind, unabhängig vom Einbezogensein in soziale Systeme, bestünde keine Notwendigkeit für Familien, da die Fortpflanzung als solche keine familiäre Organisation erfordert[80].« Die Daten aus der Primatenfeldforschung und experimentelle Daten, wie die von Harlow[81], untergraben dieses ungewöhnliche Argument hinreichend.

Margaret Mead skizziert mehrere Arten sozial-sexueller Verschiedenheit, die in der Biologie ihre Wurzeln haben:

»Es besteht ausreichender Grund zu der Annahme, daß weibliches Verhalten, oder möglicherweise weibliches art-charakteristisches Verhalten, sich vorzugsweise auf alle Arten von Handarbeit bezieht, was einer einfachen Ergänzung körperlicher Fähigkeiten durch hergestellte Objekte gleichkommt, z. B. durch Gefäße und Kleidung und durch die Zubereitung und Verteilung von Nahrung. Ebenso berechtigt ist die Annahme, daß männliches Verhalten die Zusammenarbeit mit äußeren Objekten beinhaltet, z. B. mit anderen Menschen, Tieren (zum Beispiel Jagdhunden und Zugtieren) und mit toten Gegenständen aus Holz, Stein oder Metall, die in Verbindung zum Menschen gebracht und von ihm verwendet werden können. Die Wahrnehmung der in der Umwelt vorhandenen Möglichkeiten der Veränderung, um die Grenzen des menschlichen Körpers zu überwinden, entsteht wahrscheinlich eher aus männlichen Verhaltensmustern. Das steht zu all dem in Beziehung, was wir gegenwärtig über die Tätigkeitsfelder von Mann und Frau wissen, über die größere Kraft des Mannes, seine größere Aktivität, seine Überlegenheit in der räumlichen Gestaltung usw. — und über die Gewohnheit der Frau, ihren eigenen Körper als Schauplatz von Handlungen zu sehen[82].«

Diese Ansicht ist eine sehr ausgeklügelte Weiterentwicklung der frühen Behauptung Robert Briffaults von einer »psychischen Entwicklung der Gattung Mensch, die sich auf zwei Linien bewegt ... der männlichen und der weiblichen«[83]. Doch Mead selbst ist sich bewußt, wie wenig Faktenmaterial vorliegt, das als Grundlage solcher Verallgemeinerungen dienen kann. Sie kommentiert zum Beispiel: »... Man kann bei den Männern der Gattung *Homo* ein bisher kaum beachtetes instinktives Eingehen auf ganz kleine Kinder beobachten, das ursprünglich nur dem Schutz, heute der Sicherung aktiver Anteilnahme dient[84].« Obwohl fast überall die Sorge für die Kinder eher Aufgabe der Frau ist, kann es zwischen dem erwachsenen Mann und dem Kind tatsächlich eine Bindung geben, wenigstens zu bestimmten Zeiten und für bestimmte Zwecke. Man wird an die Begeisterung erinnert, mit der

Politiker kleine Kinder küssen, und daran, daß bei den japanischen Makaken »... väterliche Fürsorge eine typische Verhaltensform von Führern und Unterführern ist ... Es ist leicht zu verstehen, daß väterliche Sorge ein Zeichen für das vorhandene Interesse am zentralen Bereich der Gruppe ist. Die dieses Interesse bekundenden Männchen versuchen, ihre soziale Stellung indirekt mit Hilfe dieser Tätigkeit im zentralen Bereich zu errichten ... Für gewöhnlich wird ein erwachsenes Männchen, das ein Kind beschützt, viel freundlicher und verhält sich so, als ob in ihm weibliche Züge erschienen. Es gibt aber auch Männchen, deren Aggressivität noch wächst. Wir haben Berichte über den Versuch eines Unterführers, in den zentralen Bereich der Gruppe vorzustoßen. Die Tatsache, daß es ihm durch die Liebkosung eines Kindes gelang, von den Weibchen und Führern geduldet zu werden, ist — zusammen mit seinem Aufstieg in der Rangordnung — eine sehr interessante Erscheinung«[85].

In der Tat, wenn man sieht, welche Bedeutung maßgebende Politiker dem Vorteil beizumessen scheinen, ein »Familienvater« und nicht geschieden oder unverheiratet zu sein, beginnt man durchaus wohlwollend über die Meadsche Hypothese von den Verbindungen zwischen dem Erwachsenen und dem Kind sowie über die allgemeine Beziehung zwischen politischem und familiärem Verhalten nachzudenken.

Ich habe versucht, den Eindruck zu vermeiden, daß zwischen dem familiären und dem politisch-defensiv-aggressiven Verhalten irgendein notwendiger Gegensatz bestünde. In einigen Kulturen wird relativ scharf zwischen familiären und politischen Beziehungen unterschieden. Das trifft vor allem auf Nordamerika und Teile Europas zu, wo die Frauen oft von ihren Männern erwarten, daß sie ganz für die Familie da sind, während gleichzeitig zwischen öffentlichem und Privatleben streng unterschieden wird. Solange die männliche Bindung nicht aktiv von den Einmischungen und Forderungen des Familienlebens bedroht ist, kann man noch den Anschein erwecken, daß es nur Harmonie und keinen Konflikt »der beiden Sphären« gebe. In Amerika, England und einigen mohammedanischen Ländern kommt darin eine allgemeine kulturelle Voreingenommenheit für die öffentlich demonstrierte Männlichkeit zum Ausdruck. Dies schließt verschiedene Arten öffentlich gezeigter Zärtlichkeiten aus. Kriegshelden, Politikern und Sportlern, die sich als mannhaft erwiesen haben, verzeiht man jedoch in der Öffentlichkeit gezeigte Zärtlichkeit eher, als Personen mit offensichtlich weniger männlichen Berufen wie Dichtern, Lehrern, Friseuren usw.

Ich habe die männliche Dominanz in Organisationen der Politik, Verteidigung und des Angriffs diskutiert und behauptet, daß auf diesen

Gebieten die Vorherrschaft des Mannes artspezifisch ist. Eng verbunden mit der männlichen Dominanz im Gefüge von Herrschaft und Aggression ist ein Modell der männlichen Bindung, das eine Co-Determinante bzw. Bekräftigung der männlichen Vorherrschaft darstellt. Es mag den Anschein haben, daß ich von meiner ursprünglichen Absicht, die männliche Bindung zu diskutieren, dadurch abgewichen bin, daß ich aufzeigte, wie Männer Strukturen beherrschen, die Gewalt und Macht umfassen. Betrachtet man aber Organisationen, die die Dominanz selbst zum Gegenstand haben, muß unvermeidlich und logischerweise der Prozeß der Dominanz in ihnen betont werden. Man kann natürlich behaupten, die Dominanz der Männer bei Organisationen rühre hauptsächlich von ihrer Stärke und Größe her und der Begriff der männlichen Bindung sei unnötig und irreführend. Ich kann aber einfach nicht gelten lassen, daß die beiden Begriffe »Bindung« und »Vorherrschaft« auf diese Weise voneinander getrennt werden. Politik ist laut Definition ein intensiv sozialer Prozeß, der als Gruppen- und nicht als Einzelphänomen gesehen werden muß[86]; deshalb ist in ihm die Bedeutung der Bindung außerordentlich wichtig. Männer sind es, die in der Politik dominieren, und deshalb ist die männliche Bindung ausschlaggebend. Doch lassen wir Politik, Macht, Gewalt und ähnliche Dinge, die nur zu häufig Ursache der Erniedrigung des menschlichen Geistes sind, und wenden wir uns statt dessen der männlichen Bindung in Arbeit und Spiel zu.

5. Kapitel

Arbeit und Spiel

Bertolt Brecht sagt: »Ein Mensch ist, was er ißt«. Zu allen Zeiten war es von größtem Interesse, zu erfahren, auf welche Weise die Menschen ihre Nahrung fanden, sich kleideten, ihre Kunsterzeugnisse, Unterhaltungen und Leidenschaften finanzierten, wie sie ihren relativ hinfälligen Körper vor Hunger, Kälte, Regen schützten und der Langeweile und Angst Herr wurden. Da die meisten Sozialwissenschaftler an Universitäten oder anderen Instituten arbeiten, die ihnen ein regelmäßiges Einkommen gewährleisten, vergessen die meisten von ihnen, wie sehr das Problem, Nahrung, Wärme, Werkzeuge oder Geld zu bekommen, sich ständig wiederholt, so dringlich und dumpf wie der Hunger – Symbol und zugleich grausame Wirklichkeit. Wie die alten Jäger in der Dordogne in Frankreich Tiere und Jagdszenen an Höhlenwände malten, wie Willy Loman im »Tod eines Handlungsreisenden« auf seinen Verkaufsreisen sich ganze Glücksserien in der Phantasie erschafft, ebenso haben sich die Menschen immer um Geld und Gut bemüht, um die Zukunft und um die Verbindung all dieser Realitäten.

An manchem Tag wurden mir bei der Arbeit an diesem Buch solche Zusammenhänge deutlich – wenn auch nicht unmittelbar. Hier waren Sätze, die ich formulieren, Ideen, die ich sammeln, Fakten, die ich berichten mußte – und auf der anderen Seite stand die Notwendigkeit, zu essen und Eigentum zu erwerben.

Sehr schnell vergißt man, wenn es einem gut geht, wie die Welt für die Armen aussieht, für jene, die – obgleich sie möchten – keine Arbeit finden können, die ihnen wenigstens etwas Lohn bringt. Es ist z. B. sehr merkwürdig, daß mit wenig Ausnahmen (und diese werden für weitgehend »politisch motiviert« gehalten) die Sozialwissenschaftler in den USA weder die Revolte der amerikanischen Neger gegen ihre reale und relative Ausbeutung vorhersagten, noch sich darüber im klaren waren, daß Amerika mehrere Zehnmillionen Personen beherbergt, die – bezogen auf den Standard dieser stolzen und reichen Gesellschaft – besorgniserregend benachteiligt sind. Die Bedeutung der Arbeit für die Menschen zu verstehen – sowohl dort, wo

Arbeit Überleben bedeutet, als auch da, wo Arbeit Befriedigung und Freude ist –, dazu bedarf es offenbar einiger Vorstellungskraft. Jede Diskussion über Weltwirtschaft muß von der Tatsache ausgehen, daß wahrscheinlich mehr als die Hälfte aller Menschen immer oder sehr oft Hunger leiden. Wenn wir also sozial-strukturelle Gleichartigkeiten zwischen solchen unglücklichen Personen und jenen herausfinden, die relativ wohlhabend sind – und dabei berücksichtigen, daß Wohlhabenheit sicher wichtig für Lebensstil und Tradition ist –, so bestätigt dies jede unserer Schlußfolgerungen, die wir aus dem artspezifischen Verhalten im allgemeinen und den Modellen der männlichen Bindung im besonderen ziehen können.

1

Ich habe schon auf Murdocks Aufsatz[1] hingewiesen, der die Verbreitung und Bedeutung der Arbeitsteilung auf geschlechtlicher Basis andeutet. Alle Metallarbeiten, die Herstellung von Waffen, die Jagd auf Säugetiere des Meeres, ja die Jagd überhaupt, die Herstellung von Musikinstrumenten, das Fangen kleiner Tiere, auch mit Fallen, die Verarbeitung von Knochen, Horn und Perlmutt sind fast ausschließlich Aufgaben des Mannes. Wassertragen, Getreide mahlen, Kochen, Sammeln von Kräutern, Nähen und Ausbessern von Kleidungsstücken sind u. a. überwiegend weibliche Tätigkeiten. Diese Aufgabenverteilung ist schon an sich interessant, ebenso jedoch der Hinweis, daß überall recht deutlich zwischen der Arbeit des Mannes und der Arbeit der Frau unterschieden wird. Dem entspricht wiederum die Beobachtung, daß »eine Reihe von Berufen zwar überall männlich, keiner jedoch überall rein weiblich ist«. Zweifellos spielt bei dieser Aufteilung die physische Kraft der beiden Geschlechter eine Rolle. Unverständlich aber bleibt, daß z. B. das Wassertragen der Frauen leichter als der von Männern ausgeführte Bootsbau sein soll oder daß die Herstellung von Musikinstrumenten eine männliche, die Töpferei dagegen eine weibliche Domäne ist. Die Frauen werden tatsächlich von der Ausführung einiger männlicher Aufgaben ausgeschlossen, aber keine Gesellschaft dringt darauf, Männer von Arbeiten auszuschließen, die normalerweise von Frauen erledigt werden.
Eine Reihe von Autoren haben sich über die allgemeine Verbreitung der nach Geschlecht vollzogenen Arbeitsteilung bei vielen Gesellschaften geäußert[2]; Oswald Hall weist darauf hin, daß – selbst wenn die dem Mann und der Frau jeweils zugeteilten Aufgaben von Gesellschaft

zu Gesellschaft variieren – »... die Variationsmöglichkeiten zwischen den Gesellschaften keine irgendwie korrespondierenden Variationsmöglichkeiten innerhalb einer Gesellschaft bedeuten. In einer spezifischen Gesellschaft ist die Verteilung fast immer spezifisch und streng. Oberflächlich gesehen, scheinen solche Systeme enorm widerstandsfähig gegen Veränderungen zu sein ... Die Gesellschaften entwickeln sorgfältig ausgearbeitete Systeme von Tabus und Glaubensvorstellungen, die die Aufgabenverteilung kontrollieren ... Die Tabus, die eine Gesellschaft im Hinblick auf männliche und weibliche Aufgaben beherrschen, werden gewöhnlich durch eine Reihe tief wurzelnder Anschauungen über angeborene Eigenschaften von Mann und Frau verstärkt«[3].

Das Beweismaterial ist nach seinem theoretischen, fachlichen und nationalen Ursprung umfassend und verschiedenartig genug, um nahezulegen, daß die durch das Geschlecht bestimmte Arbeitsteilung eine durch alle Kulturen verfolgbare Konstante ist. Wir wagen den Schluß, daß es sich um ein Phänomen handelt, das tief in der Natur des menschlichen Soziallebens verwurzelt ist. Warum es diese Konstante gibt und was über die Stabilität und Formbarkeit sozialer Strukturen durch die obengenannte Auslegung zutage gefördert wird, muß nun durchdacht werden. Noch einmal sei betont, daß wir uns hier mit mehr als nur einer beiläufigen Angelegenheit befassen. Es handelt sich um einen Grundzug sozialen Lebens, eine Grundbedingung menschlichen Überlebens. Wenn man diese versteht, nähert man sich den Fundamenten des Verhaltensprozesses.

Die Schwierigkeit meines Arguments besteht darin, daß das Modell der männlichen Bindung sich aus der Geschichte des Menschen als Jäger ergab und diese widerspiegelt. Für die Behauptung, daß in der Entwicklung des Menschen die Fähigkeit, Tiere kooperativ zu jagen, die wesentliche Spezialisierung war und daß von dieser vielfältige andere Verhaltenssysteme und kulturelle Formen abstammen, habe ich schon den grundlegenden Beweis erbracht. Wie gesagt, kann darüber hinaus diskutiert werden, ob die männliche Bindung präadaptiv, d. h. möglicherweise Bestandteil der Primatenausstattung des Menschen war und ob das Jagdverhalten eine Entwicklung eben dieser gegebenen Neigung darstellt. Die Gültigkeit dieser Behauptungen ist hier unwesentlich: wichtig allein ist, daß »Jagd das beherrschende Verhaltensmodell der menschlichen Art ist. Sie ist die organisierende Aktivität, die die morphologischen, physiologischen, genetischen und intellektuellen Aspekte der einzelnen menschlichen Lebewesen und der Bevölkerungen integrierte, aus denen unsere Art besteht. Jagd ist eine Art zu leben, nicht einfach eine *›subsistence technique‹* (›Technik des Lebensunterhalts‹); sie ist voll wichtiger Bindungen, Beziehungen und Konsequenzen, die die gesamte bio-verhaltensmäßige Substanz des Individuums und der Art, der es angehört, überspannen. Der Mensch entwickelte sich zum Jäger, verbrachte über neunundneunzig Prozent seiner Artgeschichte als Jäger, und als Jäger verbreitete er sich über den ganzen bewohnbaren Bereich der Welt[4].«

Laughlin sagt nicht — und ich füge es hinzu —, daß das Jagen notwendigerweise eine männliche Tätigkeit gewesen ist. Deshalb ist männliches kooperatives Jagen ein Verhaltens-›Organ‹, dessen Beitrag zum menschlichen Überleben genauso für eine Untersuchung zugänglich ist, wie die Funktion jedes physischen Organs (siehe Tinbergen[5] zur Diskussion über die Gültigkeit einer solchen Spekulation).

Über Ursprung und Zielrichtungen des menschlichen Geschlechtsdimorphismus ist wenig bekannt. Man muß jedoch annehmen, daß physische Verschiedenheiten bei Mann und Frau eine unterschiedliche Geschichte und Beschaffenheit der geschlechtlichen Auslese widerspiegeln. Einiges davon soll kurz besprochen werden. Abgesehen davon, daß schwangere oder Kinder versorgende Frauen weniger erfolgreich jagen können, mögen während der ganzen Geschichte des Menschen auch andere anatomische und physiologische Faktoren sich vereinigt haben, um Frauen von der Jagd auszuschließen. Zum Beispiel wurde darauf hingewiesen, daß Frauen weniger als Männer Hitze ertragen können und daß bei der Frau »mit zunehmender Außentemperatur relativ größere Anstrengung notwendig wird als beim Mann«[6]. Vermutlich war das für die Teilnahme von Frauen an der Jagd ein Nachteil in den tropischen Ländern Südafrikas, in denen die grundlegenden physischen und wohl auch verhaltensmäßigen Modelle des *Homo sapiens* sich entwickelten. Die unterschiedlichen Wachstumsraten bei Mann und Frau sind inzwischen ausführlich nachgewiesen[7]. Unterschiedliches Verhalten resultiert auch aus dem Hormonhaushalt — besonders Verhaltensweisen, die in Verbindung mit dem Energiehaushalt und vielleicht auch territorialer Besitzergreifung und Verteidigung stehen[8]. Masters und Johnson schildern Unterschiede in den geschlechtlichen Reaktionszyklen von Mann und Frau[9]. Die Bedeutung der psychosexuellen Entwicklung weist darauf hin, daß es in der Entwicklung geschlechtlicher Identifizierung bei den Menschen »kritische Perioden« geben kann[10], was mit einem ähnlichen, bei den Primaten[11] vorkommenden Prozeß vergleichbar sein könnte.

Die Kontroversen über die genauen Unterschiede zwischen Mann und Frau dauern an, auch darüber, in welchem Maße sie physiologisch und

biochemisch bedingt und psycho-sozial und kulturell bestimmt sind. Eine Bemerkung John Moneys können wir als Arbeitsprinzip und als passende, vorsichtige Formulierung gelten lassen: »Es gibt zwischen der Psychodynamik oder Sozialdynamik einerseits und der Physiodynamik andererseits keinen unüberbrückbaren Gegensatz. Es ist durchaus möglich, daß die zukünftigen Entwicklungen in der Geschlechtsforschung den Weg zu ihrer wachsenden Synthese zeigen werden ...[12].« Für unsere Zwecke jedoch bleiben die sozial-organisatorischen Folgen der Geschlechtszugehörigkeit von primärem Interesse; in diesem Zusammenhang sind die Arbeitsteilung und die Geschichte der Jagd beim Menschen von unmittelbarer Wichtigkeit.
Wie Steward bemerkt, zeigen die meisten ethnographischen Berichte, daß die Männer jagen, die Frauen dagegen dem Sammeln von Nahrung nachgehen. Großwild zu jagen erfordert wiederholten Aufwand von viel Zeit und Energie. Eine längere, voraussagbare Zeit bei ihren Familien zu verbringen, ist den Jägern nicht erlaubt, und Steward weist nach, daß die Evolution sozial-sexueller Funktionen diejenige physischer Funktionen widerspiegelt[13]. Diese Unterschiede im Verhalten steigerten das ältere terrestrische Modell, in dem die Gruppe von Männern verteidigt wurde. Als ökonomische Erscheinungsform geht beim Menschen das Jagen anderen Formen wirtschaftlicher Organisation voraus, z. B. dem Hirtentum, dem Ackerbau oder der städtischen Industrie. Wir können annehmen, daß der selektive Druck auf die in der Jagdzeit der Menschheitsgeschichte lebenden Bevölkerungsgruppen — während einer Zeit, die etwa 99 Prozent der Geschichte ausmacht — bei der Feststellung des menschlichen Genotyps von besonderer und entscheidender Bedeutung war. »Zu der Geselligkeit, Intelligenz und den manipulativen Fähigkeiten unserer Primaten-Vorfahren gesellte sich die kooperative Jagdtätigkeit des sozialen Fleischfressers, was einen einzigartigen und potentiell schrecklichen neuen Tiertyp hervorbrachte — den jagenden Hominiden. Die Evolution dieser neuen Art kam vor etwa 14 Millionen Jahren in Gang[14].«
Obwohl es keine völlig zufriedenstellenden Schlußfolgerungen ergibt — sei es auch nur, weil gegenwärtige Jägergesellschaften in relativ schwierigen Umwelten leben und ein härteres Leben führen als ihre frühen Vorfahren[15] —, können wir einiges über die soziale Organisation des frühen Jagens lernen, wenn wir gegenwärtige Jäger- und Sammlergesellschaften betrachten. In Übereinstimmung mit Steward können wir annehmen, daß nur Männer Jäger waren, und daß je nachdem, wie sehr kooperatives Jagen vor dem Jagen im Alleingang überwog, sowohl die *Gruppe* der Jäger als auch die individuelle Zusammensetzung der

Gruppe in der Selektion ein wichtiger genetischer Faktor war. Bei der Fortpflanzung bestand das genetische »Paket« aus den männlichen-plus-weiblichen Erbanlagen, einer Einheit, die das Überleben der Art sicherte. In der Jagdsituation war es die jagende Gruppe – Mann-plus-Mann-plus-Mann –, die *als Gruppe* das Überleben der gesamten Fortpflanzungsgemeinschaft sicherte. Die Bindung zwischen Männern war also für die Jagd genauso wichtig wie die Bindung zwischen Mann und Frau für die Fortpflanzung; das ist die Grundlage für die Arbeitsteilung der Geschlechter. Einige der Gründe dafür wurden von mir schon angegeben. Einzeln Jagende haben weniger Chancen, große Tiere zu erlegen, und entsprechend weniger Chancen, sich fortzupflanzen. Zweitens: Männer, die Frauen mit auf die Jagd nehmen, könnten durch sexuelle Betätigung vom Jagen abgelenkt werden. Außerdem könnten sie bei einer Verfolgungsjagd behindert werden, weil Frauen langsamer als Männer sind und nicht wie die Männer auf plötzliche Energieleistungen spezialisiert sind[16]. Schließlich würden sie durch das wechselhafte Verhalten und die in verschiedenen Phasen des Menstruationszyklus wechselnden Gefühlslagen der Frauen behindert, sowie durch die weibliche Neigung, in Krisensituationen besondere, womöglich schlecht angepaßte Emotionen zu zeigen. Auch sind Frauen nicht so fähig und bereit, sich in einen physischen Kampf mit Beutetieren einzulassen, und sie können die Gruppe weniger vor Raubtieren und möglichen Gegnern schützen.

Mit anderen Worten: Männer, die darauf bestünden, in rein männlichen Gruppen zu jagen, wären genetisch deutlich im Vorteil. Gemeinschaften, die den Frauen die Teilnahme an der Jagd erlauben würden, wären eindeutig im Nachteil. Dies könnte eine Grundlage der männlichen Bindung sein – wir werden gleich darauf zurückkommen. Vom Standpunkt der Gesamtgesellschaft können weibliche Jäger keine Vorteile anbieten. Wie schon gesagt, besteht die Gefahr, daß sie im schwangeren Zustand fehlgebären, verletzt oder getötet werden könnten. Die Nachkommen stillender, mit auf die Jagd gehender Frauen würden durch dieses Verhalten der Mutter eindeutig benachteiligt. Sie müßten entweder mitgenommen oder könnten nicht genährt werden, oder andere stillende Mütter müßten diese Aufgabe übernehmen. Dieser Bruch in der Mutter-Kind-Beziehung könnte Überleben und Wachstum des Kindes verderblich beeinflussen – Untersuchungen der Harlows an Primaten unter experimentellen Bedingungen deuten an, wie so etwas geschehen kann. Also sind eindeutig diejenigen Frauen fortpflanzungsmäßig im Vorteil, die sich auf die Pflege der Kinder, lokal begrenztes Sammeln und arterhaltende Tätigkeiten beschränken. Die mit den

Männern jagenden Frauen konnten nicht so häufig wie andere Frauen Kinder bekommen; die weibliche Jagd-»Neigung« wurde im Genbestand durchaus nicht behauptet oder gar vermehrt. Wenn dem so ist und die betreffende Neigung abstirbt, kann hierin eine Erklärung liegen für den in manchen Ländern fast einmütigen Widerstand gegen Mütter mit kleinen Kindern, die außer Haus arbeiten[17]; hierher gehört auch das offensichtliche allgemeine Mißtrauen von Frauen gegenüber kinderlosen Artgenossinnen, sei es in Gestalt der vertrockneten alten Jungfer im euro-amerikanischen Kulturkreis oder der unfruchtbaren Frau Afrikas und Asiens[18]. Die »genetische Impotenz« der »jagenden Frau« hat eine moderne Entsprechung — ich denke an Frauen in relativ einflußreichen Stellungen von hohem Rang. In Nordamerika zum Beispiel ist bei den weiblichen leitenden Angestellten ein ungewöhnlich hoher Anteil unverheiratet (fast ein Drittel); die verheirateten haben meist keine Kinder oder weniger als der Durchschnitt. Umgekehrt kann man daraus auf den historischen Prozeß schließen, der die verhaltensmäßigen Begleiterscheinungen physisch-sexueller Unterschiede aufrechterhielt oder noch verstärkte.

2

Bisher wurde von mir betont, was es für die Frauen bedeutete, von den Jagdgruppen ausgeschlossen zu sein: Aber welche Bedeutung hat dieses Phänomen für die Männer? Kann man einen Beweis erbringen, der dessen Verbreitung und mögliche biologische Grundlage zeigt?
In gewissem Sinne muß unsere Beweisführung »impressionistisch« sein: Aus der Wirkung der Selektion im Gemeinschaftsleben leiten wir ab, daß die Darwinschen Prinzipien der geschlechtlichen Selektion sich bis zu einem gewissen Grad auf den Menschen anwenden lassen. Vor diesem Hintergrund sollen folgende Behauptungen behandelt werden: Erstens: Wenn möglich, suchen sich Männer ihre Arbeitskollegen nach einem Verfahren analog zur Geschlechtsauswahl aus. Zweitens: Die eingegangene Bindung bringt sehr viel Gemütsbewegung mit sich. Drittens: Männer gewinnen aus männlichen Bindungen und männlichen Wechselbeziehungen eine bedeutsame Befriedigung, die sie nicht aus den Bindungen und Wechselbeziehungen zwischen Mann und Frau erhalten. Viertens: Die Arbeitsteilung nach Geschlecht ist eine *Konsequenz* des männlichen Wunsches, die eingeschlechtigen Bindungen zu bewahren und nicht das einfache Ergebnis physischer und temperamentsmäßiger Unterschiede zu den Frauen in der jeweiligen Kultur.

Robert Lowie verweist auf die Bedeutung der Arbeiten von Schurtz, der auf die Wichtigkeit männlicher Bündnisse aufmerksam machte (allerdings kommt Lowie letztlich zu dem Schluß, Schurtz liefere keinen genügenden Beweis für seine Hypothese, daß diese Bündnisse psychologisch bedingt seien). Nach Schurtz »... ist die Frau ein eminent ungeselliges Wesen und unterläßt es, auf der Grundlage gleicher Interessen Vereinigungen zu bilden. Vielmehr bleibt sie auf der Grundlage geschlechtlicher Beziehungen und der Fortpflanzungsfunktion auf die Verwandtschaft konzentriert. Vereinigungen, die von Frauen gegründet werden oder denen sie sich als gleichgesinnt unter gleichen Bedingungen wie die Männer anschließen, sind selten und müssen als schwache Nachahmungen exklusiv männlicher Vereinigungen gesehen werden. Der Mann andererseits neigt dazu, geschlechtliche Beziehungen als Episoden zu betrachten, dagegen pflegt er den sozialen Faktor des ›Gleich und gleich gesellt sich gern‹. Auf diese Weise führen die psychologischen Verschiedenheiten von Mann und Frau zu einer soziologischen Trennung«[19].
Mit der Schurtzschen Vorstellung einer psychologischen Grundlage männlicher Club-Häuser, Clubs und Geheimbünde stimmt Lowie nicht überein. Trotzdem scheint er zu glauben, daß diese Vorstellung mit den Phänomenen, die uns hier beschäftigen, zusammenhängt: »Wir können hinzufügen, daß weibliche Tätigkeiten häufig nicht der Art sind, daß sie gemeinsame Anstrengungen im gleichen Sinne wie, sagen wir, ein ›kriegsähnliches‹ Unternehmen erfordern[20].« Das kann natürlich ein artspezifisches Merkmal sein; trotzdem ist es bezeichnend, daß Lowie dort unisexuelle Gruppenbildung wahrnimmt, wo sie im Gefolge ›kriegsähnlicher‹ und die Jagd betreffender Tätigkeiten auftritt. Wichtig ist ferner, daß der Ursprung der politischen Gesellschaft in der männlichen Gruppe und dem Prinzip der Territorialität liegt[21]. Lowie gelangt zu dem »Schluß, daß die Zweiteilung der Geschlechter keine universale, spontan aus den Forderungen der menschlichen Natur entspringende Erscheinung ist, sondern eine ethnologische Eigenschaft, die an einer einzigen Stelle entstand und von dort über andere Regionen sich verbreitete«[22]. Murphy wiederum wendet dagegen ein, indem er seine eigene Hypothese erörtert: »Kulturformen sind klare Abbilder unbewußter Elemente und Prozesse ... Männliche Geheimbünde treten so regelmäßig und gleichartig an so verschiedenen Orten wie Afrika, Melanesien, Australien und Südamerika auf, daß sie längst die Aufmerksamkeit der Anthropologie erregt haben ... Es bedarf einer besonderen exakten Erklärung, um ihre weite Verbreitung angesichts der riesigen geographischen Zwischenräume zu verstehen[23].«

Das Vorkommen von Geheimbünden begründet Murphy mit dem »Hervortreten der klassischen psychologischen Themen des Geschlechtsgegensatzes und der Ambivalenz, vielleicht auch einer unvollständigen Identifizierung mit der Geschlechtsfunktion«[24]. Diese Erklärung hängt wiederum zusammen mit der Vorstellung Eisenstadts von den Beziehungen zwischen geschlechtsgebundenen Reifegraden und der Kontinuität des Gemeinschaftslebens[25].

Da zu den Hauptzwängen der menschlichen Evolution die ökonomischen Faktoren gehören und da die Bedeutung der Jagd in der menschlichen Evolution bekannt ist, ziehe ich es vor, die männliche Bindung (und solche Erscheinungen wie Geheimbünde und Weihen, die im folgenden Kapitel erörtert werden) eher aus ökonomisch-ökologischen als aus immateriellen psychologischen Entwicklungsfaktoren abzuleiten. Die von mir vorgeschlagene Erklärung ist mindestens so begründbar wie die psychologische. Die letztere muß schließlich auch auf einer gewissen Vorstellung von der Natur des Menschen beruhen, die sich letztlich aus der Phylogenie herleitet, falls nicht wieder einmal angenommen wird, daß das frühe Familienleben die Quelle allen späteren bewußten und unbewußten Verhaltens ist. Mir erscheint es einleuchtender, psychische Faktoren von ökonomischen Zwängen herzuleiten als umgekehrt, besonders dann, wenn Autoren dieses Fachgebiets zu dem Schluß gekommen sind, daß die Unterlagen über die Jagdwirtschaft vollauf überzeugen. Natürlich gibt es Geschlechtsantagonismen und Ambivalenzen. Es könnte aber nützlicher sein, diese als Ergebnisse ökonomischer Faktoren zu sehen, die zu einer allgemeinen genetischen »Programmierung« einer antiweiblichen Tradition und zur Arbeitsteilung nach Geschlechtszugehörigkeit geführt haben.

Meine Beweisführung stützt sich auf die Interpretation vorhandener Fakten. Bisher wurden diese Fakten unter anderen Gesichtspunkten und mit anderen Schlußfolgerungen gedeutet. Meiner Auffassung nach gehört es zu den Aufgaben der Theorie, ein Gerüst für die Interpretation zu liefern, und da ich eine spezielle theoretische Position vertrete, wird meine Interpretation der Fakten diese natürlich widerspiegeln. Zum Beispiel: Einweihungsriten wurden unter anderem als Zeremoniell des *»infant sleeping pattern«* und des *»postpartum sexual taboo«* gesehen[26], aber auch als ein Weg, um in Gesellschaften mit bestimmten Formen der Initiation Übereinstimmung unter den Männern im Rahmen einer »organisierten symbolischen Struktur« zu sichern[27]. Aus ethologischer Sicht haben solche Erklärungen nur einen begrenzten Wert. Im allgemeinen stimme ich mit Frank Young überein, der eine Funktion von Ritualen bei Gruppen, nicht Einzelpersonen« feststellt[28], doch würde ich seinen Kommentar noch erweitern: Versuchen wir doch zu verstehen, welche Funktion die archetypischen Rituale für die *Arterhaltung* haben. Viele Initiationsrituale (seien sie formell wie bei den Indianern der Great Plains oder formlos wie bei Straßenbanden und deren Reaktion auf Neulinge in ihren Reihen) beziehen sich auf die Fähigkeit der Neuaufgenommenen, die Tätigkeit der Männer in der Gruppe zu verrichten, ohne die Gruppe zu enttäuschen. Diese Rituale scheinen zum Teil eine entsprechende Funktion im Bereich von Arbeit und Krieg zu haben, wie Werbung und Heirat im Bereich der Sexualität[29].

3

Im kommenden Kapitel werde ich Natur und Funktion von Initiationszeremonien und Geheimbünden im Rahmen dieser Hypothese im einzelnen besprechen. Hier sei nur kurz die männliche Bindung in einer Reihe von Arbeitssituationen beschrieben.

Der Kohlebergbau ist ein Beruf voller Anforderungen und Gefahr. Für die vielen, denen der Kohlebergbau nicht bekannt ist, haben die Romane von D. H. Lawrence – besonders *Sons and Lovers* – die menschlichen Realitäten klar und unvergeßbar dargestellt. Eine soziologische Untersuchung einer Bergbaustadt in Yorkshire macht deutlich, wie durch die männliche Bindung die Sicherheit gesteigert wird und die Verbindungen außerhalb der Arbeit bestimmt werden[30]: »Eine bei den Männern sehr alltägliche Erscheinung ist es, daß sie jahrelang, über viele verschiedene Arbeitsverträge hinweg, zusammenhalten, manchmal während ihres gesamten Arbeitslebens. ... Oft gibt es einen Kern, um den herum sich ein Team bildet ... Die stärksten und dauerhaftesten Verbindungen findet man zwischen zwei Männern, obwohl sich manchmal auch drei Männer auf lange Zeit zusammenschließen ... Stößt ein Mann auf Schwierigkeiten, wird der ihm nächste Bergmann oder ein anderer, der ein schneller Arbeiter ist, helfen. Wenn ein Einzelner jedoch immer wieder zurückbleibt und Hilfe braucht, wird er von den Bergleuten aus dem Team ausgeschlossen ... Ein Mann muß ein guter Bergmann sein, und seine Arbeitskameraden müssen das Gefühl haben, ihm vertrauen zu können.« (Seiten 44-45)

Während der Freizeit dreht sich das Gespräch meist um die Arbeit. Im »Club« des Ortes trifft man vorherrschend Männer, nicht so jedoch im Kino. Wenn das Clubhaus auch für Frauen geöffnet ist, z. B. an Samstagabenden, so hält man dies für etwas Besonderes, für eine Art festliches Ereignis (Seite 162). »... Die Interessen und Tätigkeiten der Frauen in der Labour Party von Ashton sind ihrem Charakter nach eher ›sozial‹ als politisch und außerdem nach den Maßstäben von Ashton oft ›feminin‹. (Seite 166)

Nach Dienstschluß kommen die Ehemänner von Ashton mit Vorliebe nur zum Essen nach Hause, und sobald sie sich wieder sauber und ausgeruht fühlen, ziehen sie das Zusammensein mit ihren Kollegen, d. h. Männern vor ... Es gibt Ehemänner, die lieber von zu Hause weg sind – es sei denn, sie wollen arbeiten, essen oder schlafen.« (Seiten 181–183)

Der Club wird von Dennis und seinen Mitarbeitern, den Verfassern dieser soziologischen Studie, der »Geheimbund erwachsener Männer« genannt (Seite 211). »... die Gruppe erwachsener Männer ist eine geschlossene Gruppe. Ist man einmal beigetreten, verleiht sie dem Mitglied ein Anrecht auf gewisse Privilegien – auch Obszönität bei gegebenem Anlaß.« (Seite 214) »Über Sexualität wurde nur in einem Kreis Witze reißender Männer geredet.« (Seite 218)

Die Jugend von Ashton bildet Gruppen, die ungefähr ein halbes Dutzend junger Männer umfassen. »Gemeinsamer Kampf ist ... in diesen Jungmännergruppen ... das Höchste an Solidarität.« Mit zwanzig Jahren ungefähr »... wird die Anziehungskraft des anderen Geschlechts zu einer wirklichen Gefahr für die Solidarität der Gruppe«. Der Wettkampf um die Zeit der Männer beginnt schon vor der Ehe. So gibt es vor dem Hochzeitstag den Abschiedsabend vom Junggesellendasein. (Seiten 221-223) »Da das gesamte Leben des Bergmannes unter dem Einfluß der Gruppe seiner Freunde steht, wird in den geschlechtlichen Beziehungen jede Entfaltung von Zärtlichkeit und Liebe gehemmt.« (Seite 229) Die Frauen erfahren selten sexuelle Befriedigung. Ihre Aufgabe ist die Kindererziehung, die Familiendisziplin dagegen richtet sich nicht nach den Bedürfnissen der Kinder, sondern nach der Routine des Haushaltes. (Seiten 231-237) Die Väter bevorzugen eindeutig die Söhne; die Jungen und Mädchen müssen sich früh in Funktionen einpassen, durch die sie auf das Leben der Erwachsenen vorbereitet werden. Den Jungen wird frühzeitig die Weichherzigkeit ausgetrieben, doch bewahren sie sich eine starke Anhänglichkeit an die »*Mum*«, die unter Umständen der Mittelpunkt ihres Gefühlslebens bleibt. (Seiten 239-241)

Wenden wir uns nun der Untersuchung eines kleinen neufundländischen Fischerdorfes zu. Die Fischerei ist – jedenfalls in England – sogar noch gefährlicher als der Bergbau. Cat Harbour, eine Gemeinde in Neufundland, ist von sehr komplexer Beschaffenheit. Ihre sozialen

Beziehungen spielen sich im Rahmen vieler höchst komplizierter, untereinander zusammenhängender Vorstellungen ab. Hinzu kommt, daß im Grunde genommen alle ständigen Mitglieder der Gemeinde miteinander verwandt sind, »liebe Verwandte«, oder wirtschaftliche Teilhaber von allen anderen 285 ständigen Gemeindemitgliedern[31].
Die Haupttätigkeit dieser Gemeinde ist der Kabeljaufang. Lachs, Hummer und Tintenfisch sind zusätzliche Einnahmequellen. Außerhalb der Saison muß Holzfällerei getrieben werden. Gartenbau und ein fester Betrag an Holzeinschlag sind bei Geldnot recht einträglich. Die Gemeinde hängt einem reaktionären Glauben an. Im kirchlichen Leben spielen die Frauen die Hauptrolle, allerdings haben sie nicht die Leitung der Kirchen. Ein kompliziertes System von Schadenzauber – Flüche, Magie und Hexerei – beherrscht und reguliert die sozialen Beziehungen.
Im Gebiet von Cat Harbour hängt der erfolgreiche Kabeljaufang von großen Kenntnissen über Navigation, Bewegungen der Fischschwärme und von der Vertrautheit mit den örtlichen nautischen Verhältnissen ab. Das Wissen darüber wird mündlich überliefert, jedenfalls ist bei älteren Fischern Bücherwissen keineswegs verbreitet. Im Fischereiwesen können »fremde« Männer nicht ohne weiteres ranghohe Positionen erlangen, sondern sich höchstens gegen Lohn oder Provision anheuern lassen. Da in dieser Gemeinde die Frauen für ihre Arbeit nicht bezahlt werden, sind viele ausgewandert. Zwei Drittel der Frauen stammen von außerhalb. Das blieb auf die Vorstellung der Gemeinde von »den Frauen« nicht ohne Auswirkung. In das Gefüge des männnlichen kommunalen Lebens ist ein komplizierter anti-weiblicher Symbolismus hineinverwoben; so sind zum Beispiel starke Boote männlichen Geschlechts, ältere, schwache Boote dagegen hält man für weiblich.
»Frauen ›zur See‹ gelten als unheilbringend, und traditionsbewußtere Männer würden nie daran denken auszulaufen, wenn an diesem Tag eine Frau das Boot betreten hat. Frauen bringen Unglück (als Unglücksraben), selbst unbeabsichtigt.« (Nicht nur relativ einfache Arbeiter wie diese Fischer bestehen auf geschlechtlicher Reinheit. Überaus erfahrene Techniker, die in der Nordsee nach Erdgas bohren, haben das gleiche Tabu: Frauen haben auf ihren Bohrinseln nichts zu suchen).
»Eine aus Cat Harbour stammende Frau würde jedoch so etwas nie tun, kennt sie doch ihre soziale Stellung im Hafenviertel und die Gerüchte, die ihr Geschlecht umgeben ... Cat Harbour steht unter der Vorherrschaft der Männer ... Nur Männer können normalerweise Besitz ererben, rauchen oder trinken, und der immer häufigere Verstoß

von Frauen gegen diese Vorschriften gibt zu viel Klatsch Anlaß (auch zu beträchtlichen Konflikten und Ärgernissen). Bei den Mahlzeiten setzen sich die Männer als erste und essen gemeinsam – die Frauen und Kinder erst danach. Die Männer erhalten die besten und größten Portionen und sitzen mit einem ›Fremden‹ oder Gast zusammen am gleichen Tisch[32].«
Die Frauen arbeiten überaus angestrengt und bis tief in die Nacht hinein, »vor allem während der Fischereisaison, denn sie müssen pro Tag nicht nur 5 bis 6 Mahlzeiten für die Fischer bereiten, sie erledigen auch die ganzen Hausarbeiten, behalten die Kinder im Auge und helfen bei der Aufbereitung der Fische. Selten haben sie Zeit für einen ausgedehnten Einkaufsbummel, gewöhnlich reicht es nur auf ein paar Minuten zu Besorgungen oder zu einem kurzen Gang aufs Postamt ... Andererseits verbringen die Männer jeden Abend in der Werkstatt, diskutieren, erzählen Witze, auch solche ganz besonderer Art, haben aber auch tagsüber zahlreiche Arbeitspausen.«
Heranwachsende Jungen leben abgesondert und unter ihresgleichen. Nur männliche Spiele interessieren sie, und sie identifizieren sich sehr ausgeprägt mit ihren Vätern oder älteren Brüdern. Die Mädchen gehen leichter weiblicher Arbeit nach; doch bemerkt Faris: ... »Oft möchten einige Jungen sein und männliche Dinge tun. Bei dieser Gelegenheit wird ihnen die privilegierte Stellung der Männer von Cat Harbour deutlich bewußt ...« (Seite 100) Den Mädchen rät man – wenn sie kein hartes Leben führen wollen –, keinen Fischer zu heiraten, und ermuntert sie, die Gemeinde zu verlassen. Den Jungen sagt man, daß es besser sei, Cat Harbour zu verlassen und nicht Fischer zu werden. Aber in den Augen der Jungen hat dieser Beruf viel Schönes, und so bleiben sie. Die Mädchen dagegen gehen und machen die »Einfuhr« von Frauen nötig – deswegen sind zwei Drittel der Frauen nicht Einheimische.
In ihrer Jugend erlernen die Mädchen das Verhalten erwachsener Frauen. Während die Burschen sich für Eishockey interessieren, erfahren die Mädchen hinsichtlich ihres Geschlechts jetzt weniger Ambivalenz als früher. Die Fischerei wird für die Burschen nunmehr Alltagsarbeit. Ein Mann wird bis zu seiner Verheiratung nicht als völlig erwachsen betrachtet. »Für den Unverheirateten gibt es wenig freie Wahl.« (Seiten 102-103) »Unverheiratete Frauen gibt es nicht.« (Seite 104) »Die Verehelichung qualifiziert einen Mann sofort für die Teilnahme an den abendlichen Zusammenkünften in der Werkstatt. Junggesellen dagegen verbringen ihre Abende im ›Restaurant‹, wo sie gelegentlich ein Mädchen finden, mit dem sie ausgehen können. Ge-

wöhnlich ... unterhalten sie sich oder ... sie gehen nach Wesleyville ... wo es Bier gibt.« (Seite 104)

Die Aufstellung von Mannschaften für den Fischfang ist kompliziert und von vielen verwandtschaftlichen und vermögensmäßigen Faktoren abhängig. Im großen und ganzen sieht das Ideal folgendermaßen aus: »... Ein Mann beginnt mit seinen Söhnen zusammen Fischfang zu treiben. Er ist der alleinige Besitzer ... Die Söhne erben zu gleichen Teilen ... fischen aber weiter zusammen ... (und) beginnen zu sparen ... um einst eine neue Mannschaft zum Fischen zu bilden, die wiederum aus Vater und Söhnen besteht.« (Seite 121) Das Ideal wird jedoch nicht immer realisiert, weil es vorkommt, daß ein Mann keine oder nicht genug Söhne hat oder aber die Brüder sich nicht vertragen. Derlei kann dann zu Mannschaften und Arbeitseinheiten auf nichtverwandtschaftlicher Grundlage führen. Allerdings erklärt Faris nicht die genaue Natur dieser Bindungen, durch die die Männer in vielen Arbeitssituationen miteinander verbunden werden. Auch ein gespanntes Verhältnis zwischen den Frauen der Mannschaftskameraden kann zum Auseinanderbrechen führen, weil die wichtige Hilfsfunktion der Frauen während der Fischereisaison reibungslos und kooperativ erfüllt werden muß. (Seite 126)

Wenden wir uns einer anderen Gesellschaft zu. Die Cree-Indianer der amerikanischen Ebenen lebten von der Jagd – vor allem Büffeljagd – und Kriegsführung[33]. Es wurde klar zwischen männlicher und weiblicher Arbeit unterschieden; die Männer betrieben die Großwildjagd; nur manchmal, beim Zusammentreiben der Büffel in die Einzäunung, waren auch die Frauen beteiligt. (Seite 192) Während die Versorgung der Pferde völlig in der Verantwortung der Männer lag, kümmerten die Frauen sich um die ihnen gehörenden Hunde – die jedoch nicht zur Jagd verwendet wurden. (Seite 196) Die von Männern im Kollektiv beschaffte Nahrung wurde auch kollektiv verteilt; »Beeren und Wurzeln waren Eigentum der Frauen, die sie gesammelt hatten. Kleinwild gehörte zur gleichen Kategorie«. (Seite 204)

Können und Erfolg im Jagen bestimmten weitgehend den Rang des Mannes. Hervorragende Jäger durften ihre Hauptkämpfe in Bildzeichen auf ihren Gewändern darstellen. (Seite 207) Ein Mann, der gut jagte, konnte zum »Würdigen jungen Mann« und später »Krieger« werden. Der Beitritt in die letztere Gruppe war durch ein kostspieliges Ritual und das Tragen von Insignien gekennzeichnet. »Jede Schar hatte nur einen Verband von Kriegern« (Seite 224), bei der Jagd aber waren diese Krieger eine Art von Polizei[34]. (Seite 226)

Die Jagd als »Arbeit« stand in enger Beziehung zur aggressiveren

Kriegsführung – die aber immerhin auch Beute einbrachte. Hier sehen wir die männliche Bindung sowohl unter dem Aspekt der sozialen Kontrolle als auch der äußeren Beziehungen. Es ist bezeichnend, daß die gleiche Gruppe von Individuen beide Funktionen wahrnahm. Ich persönlich halte die Verknüpfung von Jagd (als Beruf) und kriegerischer Aggression für den Kristallisationspunkt und das Beispiel eines allgemeinen Phänomens, das später ausführlicher diskutiert werden wird.

»Häufig gesellte sich ein Junge einem jungen Mann zu, der ein guter Jäger und tapferer Krieger war. Beide waren ständige Gefährten [ähnlich dem Ritter und seinem Knappen] und nannten sich gegenseitig ›niwitch ewahaken‹, ›der, mit dem ich umhergehe‹.« (Seite 244) Während ein Junge seinen persönlichen »Tutor« und Gefährten selbst wählen konnte, wurde ihm seine Gemahlin gewöhnlich von den Eltern ausgesucht. (Seite 245) Zwei eng befreundete Männer konnten ihre Frauen austauschen. (Seite 246) Das Selbstfolterung verlangende Ritual des Sonnentanzes und das Ritual des »Rauchenden Tipi« waren nur für Männer bestimmt und von höchster Wichtigkeit. (Seiten 269–288) Während die gewöhnlichen Tipis (Behausungen) für die Gemeinschaft von Frauen gebaut wurden, waren alle rituellen das Werk von Männern. (Seite 212) Gelegentlich mögen Familien versucht haben, den Jungen die Kriegerei auszureden, aber der allgemeine soziale Druck war größer als der der Familie, und so »bekriegten« sich normalerweise schon die Jungen, und wer es nicht tat, wurde als weibisch beschimpft. Auf der Jagd hänselte man sich gegenseitig wegen der Penisgröße – ein beliebter Gegenstand liederlicher Reden. (Seite 296) Es ist interessant, daß Männer nur dann Angriffe leiten konnten, wenn sie behaupteten, eine »visionäre Bestätigung« erhalten zu haben, oder wenn sie schon Führungserfahrung hatten. (Seite 295) Wenn eine Kampf- oder Jagdgemeinschaft zurückkehrte, fand ein »Freudentanz« statt. Bei diesem Anlaß ließen die Frauen einzelnen Männern der Gruppe ihre Billigung oder Mißbilligung zuteil werden; erfolgreicher Kampf wurde also im sozialen Zeremoniell bestätigt. »Die Ehre, von den Frauen Ruhm und Preis zu erhalten, war den jungen Männern in ihrer seltsamen Suche nach Skalps Motiv genug«, und »der Rang eines Mannes hing in starkem Maße von dem Mut ab, den er im Kampf bewies.« (Seite 299)

In Ashton und Cat Harbour kann das Verhältnis zwischen männlicher Bindung und Beruf nicht geleugnet werden; bei den Cree-Indianern trägt ein weiterer Faktor – die Kriegführung – zu der Strukturierung der männlichen Beziehungen bei. Alle drei Tätigkeiten, Kohlebergbau,

Fischerei und Jagd bzw. Kampf, können als zeitgemäße Widerspiegelung urtümlichen Jagdverhaltens und des es begleitenden Geschlechtsdimorphismus betrachtet werden. Das entspricht unserer gegenwärtigen Vermutung, daß es sich bei der Jagd um die wesentlichste Spezialisierung im Bereich der menschlichen Evolution handelt. Isoliert betrachtet, beweisen die drei beschriebenen Fälle gar nichts, ja es gibt Fälle, in denen Verhalten und Einstellung zu Beruf und Kampf von diesen abweichen. Dennoch deuten Umfang und Art der Tatsachenbeweise über die Arbeitsteilung nach Geschlecht und den männlichen Vorbehalt bestimmter Aufgaben in jeder Gesellschaft darauf hin, wie wichtig es ist, die Untersuchung über die Arbeit in der von mir skizzierten Richtung weiter zu verfolgen.

Selbst dort, wo die Gleichwertigkeit männlicher und weiblicher Arbeitskraft gesetzlich verankert wurde, bleibt die unterscheidende Tendenz bestehen. Ein kürzlich aus der UdSSR erschienener Bericht ist es wert, einigermaßen ausführlich zitiert zu werden:

»Die sowjetischen Frauen haben das Recht, Seite an Seite mit den Männern zu arbeiten, bei gleicher Bezahlung für gleiche Arbeit; zunehmende Proteste machen jedoch geltend, daß Frauen einen zu großen Anteil an schmutziger, schwerer und mechanischer Arbeit leisten.

Einer der ersten Eindrücke, den Besucher haben, sind die aus Frauen bestehenden Arbeitstrupps im Tiefbau, beim Transport von Ziegelsteinen, beim Schneeschaufeln und Asphaltieren von Straßen. Diese Trupps sind in den meisten sowjetischen Straßen zu sehen, begleitet von beaufsichtigenden Männern oder solchen, die bequem am Steuer ihrer Maschinen sitzen.

Nachdem die Literatur-Zeitung heute Statistiken über die Verwendung von Frauen bei schwerer körperlicher Arbeit veröffentlicht hat, fordert sie eine ergänzende Gesetzgebung zum Schutz der weiblichen Arbeitskraft. Gerechtigkeitshalber muß jedoch festgestellt werden, daß den Frauen alle Berufe offen stehen. Es überrascht nicht, Frauen als Schiffskapitäne, Richter oder Industriemanager anzutreffen.

Eine an einer Baustelle in Saratow durchgeführte Untersuchung zeigte dennoch, daß von 1212 mit schwerer körperlicher Arbeit beschäftigten Personen 1030 Frauen waren. Von 136 nicht mit mechanischen Hilfsmitteln ausgestatteten Erdarbeitern waren 119 Frauen. Umgekehrt: bei Arbeiten mit mechanischen Einrichtungen waren von einem Arbeitstrupp von 1033 nur 138 Frauen. Das gleiche gilt für die Landwirtschaft.

Ein von der Literatur-Zeitung dafür angegebener Grund war die sehr viel bessere Bezahlung von schwerer Arbeit[35].«

In den Vereinigten Staaten sind die Frauen erst seit 1963 gesetzlich berechtigt, gleichen Lohn bei gleicher Arbeit zu erhalten[36]. Trotz dieser und manch anderer Entwicklung zur Förderung gleichberechtigter Beschäftigung bleibt der ernsthafte Widerstand gegen die Gleichheit bestehen. Er erhebt sich aufs neue bei Berufen, für die sich bisher keine klare Zuteilung nach Geschlecht eingestellt hat — zum Beispiel bei Arbeiten am Computer[37]. Gross kommt zu dem Schluß, daß sich in den USA »... heute die Geschlechter genauso häufig von einander absondern wie vor etlichen sechzig Jahren ... ein sehr beständiges Phänomen«[38]. Beachtliche Lohnunterschiede bei Männern und Frauen gibt es in Großbritannien. 1966 erhielten zum Beispiel die männlichen Lohnempfänger £ 20 6s, die Frauen dagegen nur £ 10 1s, wenn man den Durchschnitt aus allen Industriezweigen nimmt. Bei den Gehaltsempfängern erhielten die Männer durchschnittlich £ 26 14s, die Frauen £ 14 5s[39]. Selbst in Schweden, das im Ruf steht, über relativ emanzipierte und tüchtige weibliche Arbeitskräfte zu verfügen, ist die Situation der Frauen zum Teil noch ungünstiger als in England. Für schwedische Frauen lag 1964 der durchschnittliche Stundenlohn in allen Berufen um vierzig Prozent niedriger als bei den Männern. Hohe Stellungen und Einkommen sind unverhältnismäßig den Männern vorbehalten; es gibt auch kaum Anzeichen einer Veränderung und einer gerechten Verteilung von Geld und Nebeneinnahmen, wie sie der schwedischen Sozialtheorie entsprechen würde. Das heißt nicht, daß es für diese Ungleichheiten keine erziehungs- und umweltbedingten Ursachen gibt, es zeigt jedoch, daß es solche Ungleichheiten gibt und daß sie das Modell des sozialen Lebens wesentlich beeinflussen.

In den USA gibt es einige Berufe, zum Beispiel den Lehrer, die traditionsgemäß den Frauen vorbehalten sind. Mit steigenden Gehältern nimmt jedoch der Anteil der Männer zu — so bei den Lehrern in zehn Jahren von 25 auf 30 Prozent. Überdies »werden die höheren Lehr- und Verwaltungsstellen weit häufiger von Männern eingenommen«[40].

In der UdSSR wiederum, mit über 80 % weiblichen Ärzten, neigen die Frauen dennoch dazu, sich auf Pädiatrie und Geburtshilfe zu spezialisieren, während in der Chirurgie fast ausschließlich Männer arbeiten. Le Vine findet in der afrikanischen Sub-Sahara »auffallende Übereinstimmungen« in der Rollendifferenzierung, und zwar in allen Hauptinstitutionen der Gesellschaft. Aufgrund verschiedener untersuchter Indizien zeigt er, daß Frauen, die in Gemeinschaften mit traditioneller Differenzierung leben, glücklicher und gesünder sind als emanzipiertere Frauen[41].

4

Ich habe bisher eine Reihe von Sachverhalten und Verhaltensmodellen behandelt, die im Zusammenhang diskutiert wurden. Es wird nun Zeit, die Punkte herauszugreifen, die ich betonen möchte.

Hinsichtlich der Politik habe ich behauptet, daß menschliche Gemeinschaften zu geschlechtsbezogener Differenzierung und männlicher Vorherrschaft neigen. Wo Frauen in der Politik einigermaßen erfolgreich sind, scheint dies eher das Resultat eines aus Verlegenheit herbeigeführten Wechsels als einer »organischen« Entwicklung zu sein[42]. Ein analoges Kontrollverhalten gibt es in wirtschaftlichen Angelegenheiten; es besteht ein umgekehrtes Verhältnis zwischen dem Rang von Berufen und der Beteiligung der Frauen an diesen Berufen. Wo Frauen auf gleicher Stufe mit Männern Karrieren beginnen, haben sie in den hochrangigen Aufgaben ihres Berufs doch nicht so viel Erfolg wie Männer. Eine vergleichende Untersuchung von Doktoren aus Radcliffe (Frauen-College) und solchen aus Harvard (überwiegend Männer) ergab eine auffallende Neigung der ersteren, sich lieber dem Unterricht und der Beratung von Studenten als der Forschung zu widmen. Männer mit dem in Harvard erworbenen Doktorgrad jedoch strebten nach wissenschaftlichem Ruhm und Positionen in großen Forschungsabteilungen von Universitäten; sie gingen nicht an jene kleinen, mehr zur Lehre hin orientierten und von Frauen bevorzugten Colleges[43].

In manchen Ländern hat die Berufstätigkeit der Frau beachtlich zugenommen[44], auch die Zahl neuer Berufsmöglichkeiten. Allgemein verbreitet jedoch bleibt die Arbeit der Frauen für die Männer. Selbst wenn Frauen das Geschäft formal führen, untersteht die finanzielle Disposition und Kontrolle oft männlichen Beratern[45]. Und noch immer wird die Arbeit der Frauen rangmäßig niedriger beurteilt als die der Männer.

In Beruf und Politik dominieren die Männer über die Frauen. Dies ist ein artspezifisches Verhaltensmodell, das mit meiner anderen Behauptung zusammenhängt: Männer verbinden sich in den verschiedensten Situationen miteinander, die mit Macht, Gewalt, wichtigen oder gefährlichen Arbeiten oder mit dem Verhältnis zu ihren Göttern zu tun haben. Bewußt und emotional zugleich schließen sie Frauen von diesen Bindungen aus. Wichtig ist die Vorstellung einer biologischen Ursache dieser weit verbreiteten Verhaltensformen. Ferner ist wichtig, daß die vielen Spielarten der männlichen Dominanz und Bindung in verschiedenen Gesellschaften etwas sind, was man von einer an ihre physikalischen und sozialen Umgebungen überaus anpassungsfähigen Art eigentlich erwartet, zumal das Lernen ein für die Anpassungsfähigkeit entscheidender Vorgang ist. Um die Terminologie von Count zu verwenden: Die männliche Dominanz und Bindung sind Grundzüge des menschlichen »Biogramms«. Neue archäologische Fakten legen nahe, daß die Jägerei zumindest 14 Millionen Jahre alt ist und daß sich der Mensch vor etwa 20 Millionen Jahren von den anderen Primaten trennte. Mir scheint, dies zwingt uns, unsere Begriffe von Arbeit, Politik und Sexualdifferenzen nochmals einer völlig neuen Wertung zu unterziehen. Einige faszinierende Anhaltspunkte sind vorhanden. Einer der provozierendsten ist die Entdeckung von Kortlandt, daß Frauen mit fast der gleichen Bewegung wie die Prähominiden Wurfgeschosse, Speere usw. werfen. Die Männer der Gattung *Homo* dagegen scheinen sich eine Wurftechnik geschaffen zu haben, die noch heute überall von primitiven Jägern angewandt wird, wenn sie mit Speeren Wild erlegen. Der Überlebenswert dieser nach Geschlecht verschiedenen Anpassung ist gleichrangig mit den geschlechtlich differenzierten Anpassungen in der Fortpflanzung, obwohl erstere sich sehr viel schneller bemerkbar machte; allgemein werden als kürzeste Zeit, innerhalb derer sich diese Anpassung vollzogen haben könnte, ca. 400 000 Jahre geschätzt; wahrscheinlich aber dürfte es länger gedauert haben. Die Bedeutung der neuen Datierung der ersten menschlichen Jagd und der Trennung des Menschen von den anderen Primaten kann nicht hoch genug veranschlagt werden. Sie bedeutet sehr einfach – fast brutal –, daß sogar die drei Millionen Jahre des Pleistozän als Entwicklungsperiode detaillierter Anpassungen eines schon weitgehend vermenschlichten Geschöpfes gesehen werden müssen[46].

Die Fischer von Cat Harbour, die Bergleute von Ashton und die Jäger und Krieger der amerikanischen Ebenen folgen also einem alten und zwingenden biologischen Programm. Es ist zwar nicht so alt wie das geschlechtliche Fortpflanzungsverhalten oder das mütterliche und kindliche Verhalten, aber es ist ein Programm, das noch heute überall Bindung, Verpflichtung, Gefühle und Handlungen, kurz Kontakt mit den Hauptleidenschaften des Lebens hervorruft. Vom Standpunkt des Sozialwissenschaftlers gesehen, ist die Möglichkeit noch wichtiger, daß diese männlichen Verhaltensmodelle das Zentrum jeder gesellschaftlichen Handlung und Organisation ausmachen. Sind etwa die männlichen Bindungen in Politik, Beruf und Krieg die verhaltensmäßigen Mechanismen, durch die kleine Gesellschaften – von vielleicht einem erwachsenen Mann, Frauen und Kindern – sich unter bestimmten Umständen zu den großen Gemeinschaften zusammenschließen, in denen heute viele Menschen leben? Einen Hinweis auf die in Frage kommenden Prozesse liefern die Primaten, z. B. die Hamadryas-Paviane, die unter schwierigen Futterverhältnissen in kleinen Einheiten von einer Familie leben und sich erst bei ausreichend vorhandenem Futter und Wasser zu großen Gemeinschaften zusammenschließen[47]. Ich behaupte – möglicherweise unterstützt durch Daten über die politische Partizipation – daß es dann nötig wird, eine Art Bindung in Form von Über- und Unterordnung und eine Aufteilung der Arbeits- und Verteidigungsfunktionen zu schaffen, wenn menschliche Gruppen mehr als zehn bis dreißig Personen umfassen. Diese Bindung ist immer männlicher Art[48]. Man kann sie im primitiven politischen Aufbau ländlicher Siedlungen beobachten, und zwar in Gebieten, die genügend Existenzgrundlagen bieten, um sekundäre ökonomische Institutionen aufrecht erhalten zu können. Washburn schreibt: »Unsere Vorfahren lebten in sehr kleinen Gruppen, und wir selbst haben uns so entwickelt, daß wir starke Gefühle nur für eine sehr kleine Zahl von Menschen aufbringen[49].« Die viel geschmähte Unterscheidung zwischen Gemeinschaft und Gesellschaft kann immerhin die stattgefundene Verschiebung widerspiegeln, nämlich von der relativ kleinen Gruppe, in deren Grenzen sich der Mensch entwickelte, zu jener, in der »unpersönliche« Organisationen das soziale Leben formen müssen. Ich habe darauf hingewiesen, in welchem Ausmaß diese strukturgebenden Organisationen von Männern geleitet werden. Männliche Bindung und männliches Zusammenwirken hängen also von den physiologischen Wachstumsprozessen der Gemeinwesen ab. In gleichem Sinne wird aber weder der Fortpflanzungsprozeß zwischen Mann und Frau noch die Mutter-Kind-Beziehung »begünstigt« (das mag der Grund sein, weshalb viele Frauen, die Kinder bekommen, innerlich dagegen sind, in diesen so unzeitgemäß erscheinenden Prozeß verwickelt zu sein). Selbst im Erziehungswesen sind Verdruß und Erfolglosigkeit die Konsequenz zu groß gewordener Klassen. Jeder Dozent hat seine Zweifel über den pädagogischen Wert von Seminaren mit mehr als fünfzehn bis zwanzig Personen; andererseits herrschte in der Menschheitsgeschichte – wenn kollektive Erziehung praktiziert wurde – meist die Unterweisungsmethode des Seminars und der Diskussion vor[50].

Wie ich schon sagte, wird die instrumental-expressive Dichotomie von Parsons wahrscheinlich besser durch die Dichotomie von männlich und weiblich ausgedrückt. »Weiblich« bedeutet Aufgaben mit besondereren Beziehungen persönlicher oder quasi-persönlicher Art. »Männlich« dagegen beinhaltet Aktivität im weiteren Sinne, potentiell stärkere Unpersönlichkeit, direktere und wirksamere Bedeutung für den Bestand der Gesellschaft und soziale Dominanz. Parsons und Bales schlagen keine Begriffsbildung vor, die sich von der wissenschaftlichen Beobachtung größerer Auswirkungen der Aufteilung von technischer und emotionaler Arbeit im Familienleben ableiten würde. Was jedoch hier vorgeschlagen wird, beruht auf einer allgemeineren Konzeption von der Arbeitsteilung, die sowohl in der Geschichte der Arten als auch in den konkreten Lebensgeschichten von Einzelpersonen und ihren Familien verwurzelt ist. Diese Konzeption hat zusätzlich instruktiven Wert, da sie z. B. bei der Entwicklung analytischer Zusammenhänge zwischen sozialen Strukturen im Großen und Kleinen helfen kann. Ich meine damit, es wäre auf diese Weise möglich, soziale Veränderungen zu untersuchen, wie die Aufspaltung von Gemeinschaften (z. B. der Hutteriten oder Mormonen Nordamerikas) oder die Entwicklung spezifischer ökonomischer, politischer, spielbezogener und eventuell religiöser Systeme, und zwar anhand der Fortdauer oder Veränderung männlicher Bindungsmodelle und weiblichen Verhaltens. Politische Unabhängigkeit und Entkolonialisierung sind ebenso zwei mögliche Themen dieses Verfahrens, wie das gesellige Verhalten von Verbrechern und Abartigen oder das Verhältnis zwischen der Gleichstellung der Geschlechter in der Erziehung und der geschlechtlichen Differenzierung im wirtschaftlichen und politischen Leben[51].

Eine Bemerkung über den Sport

Washburn schreibt: »Grundlage für die meisten gegenwärtigen Sportarten war die Vorbereitung auf den Krieg, ihr Zweck war, den Einzelnen für die Teilnahme am Krieg physisch und psychisch abzuhärten, d. h. ihn fähig und bereit zu machen, andere Menschen physisch zu zerstören[52].« Untersuchungen bei einigen Primaten ergaben bei den Männchen rauhere Spiele als bei den Weibchen; ferner ist unisexuelles Spiel anders geartet als das heterosexueller Gruppen. Aus seiner ethologischen Untersuchung von drei- bis fünfjährigen menschlichen Kindern schließt Blurton-Jones: »Je nach Geschlecht ... scheinen Kinder verschieden häufig zu raufen, Jungen öfter als Mädchen ... Das gleiche kann man sehr gut bei Rhesusaffen beobachten ... Es sieht so aus, als ob dies ein Unterschied im Verhalten der Geschlechter ist, der nicht kulturell bestimmt wird; wahrscheinlich resultiert er eher aus körperlichen Unterschieden als aus direkten Hormoneinwirkungen auf das zentrale Nervensystem[53].«

Die Ansicht, daß Spiel und Krieg miteinander verbunden sind, ist nicht neu. Sie wird in der allgemeinen Diskussion über die Aggression später näher betrachtet werden. Im Augenblick reicht es, sich des Aus-

spruchs zu erinnern: »Die Schlacht von Waterloo wurde auf den Sportplätzen Etons gewonnen«; Veblen meint in *›The Theory of the Leisure Class‹*, Sport sei funktional eine Entsprechung zum Krieg; ferner stellt man fest, daß zwischen den Sozialisierungsgewohnheiten und dem Geschlecht der Kinder eine allgemeine Beziehung besteht — Jungen dürfen aggressiver sein und werden dazu sogar noch ermuntert, besonders außerhalb der häuslichen vier Wände[54].
Für unsere Auseinandersetzung ist wichtig, daß Sport normalerweise auf freiwilliger Basis geschieht (d. h. es gibt keinen unmittelbaren Zwang zur Teilnahme, sei es aus Hunger oder durch Verfügung des Staates; es gibt jedoch andere, an und für sich schon interessante, informelle Zwänge). Wichtig ist auch, daß die männliche Bindung ein zentraler organisatorischer Grundzug des Sports ist. Bei Sport- und Spielarten mit körperlichem Kontakt machen schon Hemmungen gegen intensive körperliche Berührung mit dem anderen Geschlecht sowie physische Unterschiede in Größe und Kraft die Teilnahme von Frauen unwahrscheinlich. Die einzigen größeren Sportarten mit gleicher Beteiligung von Mann und Frau sind Tennis, Schlittschuh- und Rollschuhlauf. Das allgemeine öffentliche Interesse gilt aber vorwiegend den männlichen Sportveranstaltungen. Die volkstümlichen Mannschaftsspiele wie Fußball, Rugby, Hockey und Basketball sind im Grunde genommen immer männliche Spiele. Die sportliche Betätigung der Frauen ist meistens reine Liebhaberei. Ganz allgemein tritt eine Überlegenheit der Männer in allen athletischen Sportarten[55] zutage, sowie ein größeres Interesse von Zuschauern und Fans für die überlegene physische und vielleicht sogar psychologische Gewandtheit der Männer. Es kann sein — und das besagt noch mehr —, daß Zuschauer sich schneller mit männlichen als weiblichen Athleten identifizieren, daß jene mehr gefühlsmäßig spielen und daß die Dynamik des Zusammenspiels bei Männern viel spannender und schöner anzusehen ist als bei Frauen. Daten für eine systematische Bestätigung stehen mir nicht zur Verfügung, es sei denn ein flüchtiger Überblick über die hauptsächlichen Sportarten der Welt. Man kommt dabei zu dem Schluß, daß in den meisten die Männer stark dominieren — fast völlig bei den Sportarten mit Mannschaften aus mehr als nur zwei Personen. Wo körperliche Schädigungen, wie beim Box- oder Ringkampf, möglich sind, konzentriert sich das Interesse ebenfalls auf die Männer. Weibliche Boxer sind fast gänzlich unbekannt, weibliche Ringkämpfer dagegen nehmen sozusagen eine bizarre Nische im Schaugeschäft professionell-kommerziellen Ringens ein.
Der kommerzielle Ringkampf ist sehr genau durch Regeln bestimmt.

Alle Ringkämpfer müssen jedoch von ausgezeichneter körperlicher Verfassung sein, weil dieses Geschäft keineswegs ungefährlich ist. Sie brauchen ständige Übung, um die verschiedenen Stürze, Sprünge, Griffe und Wendungen sicher zu beherrschen, die das klassische Repertoire einer rituellen Darstellung eines verworrenen, aber ständig wiederkehrenden Themas sind. Zweifellos sind die außergewöhnliche Größe und Stärke der meisten Ringkämpfer wichtige mimische Stimulantien für die starken Reaktionen des Publikums. Auch beim Boxen ist die Bedeutung der Größe klar, ebenso die dramaturgische Sonderstellung der Schwergewichtschampions gegenüber den Leicht- oder Mittelgewichtschampions. Es ist die Mischung von Größe, Kraft, dramaturgischem *savoir faire* und Dominanz, die Mohammed Ali (Cassius Clay) zu einer weltbekannten Gestalt machte und ihm zu einer Stellung verhalf, die auf mich seltsamerweise den Eindruck macht, als sei sie das genaue Gegenteil der Stellung U Thants. Und das, obwohl Alis Kriegsdienstverweigerung ihn in seiner symbolischen Funktion eher in die Nähe des Generalsekretärs bringt.

(Eine etwas berüchtigte Schaustellung weiblicher Ringkämpfe gibt es in Hamburg, wo in bestimmten Night-Clubs des offenen Vergnügungsviertels halbnackte Weiber in einem schlammgefüllten Bassin miteinander ringen. Zweifellos kommt darin eine sadistische antiweibliche Einstellung der Zuschauer zum Ausdruck, während gleichzeitig ein deutlich voyeuristisches Element vorhanden ist. In einem Londoner Striptease-Club kam mir eine interessante Vignette mit dem eindeutigen Titel zu Gesicht: »Das Auspeitschen der Christen im Alten Rom«. Die Vorstellung bestand darin, daß zwei Mädchen entkleidet und ausgepeitscht wurden (vermutlich mit einer harmlosen neunschwänzigen Katze aus sehr leichtem PVC); dazu gehörten ein paar Schläge und Stöße, und das Ganze scheint relativ verbreitete sado-sexuelle Phantasievorstellungen der überwiegend männlichen Zuschauer wiederzugeben. Wenn man übrigens die beachtliche Menge sado-masochistischer Pornographie in London bedenkt – in Amerika als *»bondage«*-Material bekannt –, so findet man in den Striptease-Clubs überraschend wenig sado-masochistische Darbietungen. Entweder ist das ein Zeichen für den begrenzten Ehrgeiz und Ideenreichtum von Strip-Shows-Produzenten oder für polizeilichen und gerichtlichen Eifer, oder aber dafür, daß hier eine Arbeitsteilung vorliegt. D. h. *»bondage«*-Enthusiasten finden ihr Vergnügen wahrscheinlich anderswo, in für die allgemeine Öffentlichkeit versteckten Etablissements, wahrscheinlicher aber noch in privaten und sehr viel teureren Vorstellungen. Der durchschnittliche Eintrittspreis in Strip-Clubs liegt bei 15 s, während der Preis für die Aufführung eines

Geschlechtsaktes £ 5 beträgt; zweifellos wäre eine »*bondage*«-Demonstration um ein Vielfaches teurer).
Die Olympischen Spiele sind die Ausnahme von der Regel eines mangelnden Interesses am Sport der Frauen. Das gleiche gilt für die kleineren internationalen Wettkämpfe, die zwischen nationalen Bewerbern ausgetragen werden (Eiskunstlauf). Die Olympischen Spiele stellen eine überaus ritualisierte, fast religiöse Haltung gegenüber der Verbindung von Nationalismus und athletischem Können zur Schau. Dabei sollen sie die Nationen verbinden statt trennen. Außerdem wäre es genauso ungerecht, Unterschiede aufgrund der Geschlechtszugehörigkeit zu machen[56], wie aufgrund der Rassen- oder Nationalitätenzugehörigkeit — allerdings kämpfen Männer und Frauen getrennt. Auch Repräsentation ist ein wichtiges Merkmal internationaler Wettkämpfe — ganze Nationen werden durch Athleten repräsentiert. Es ist ein seltsames Paradoxon, daß — im sexuellen Bereich — die politische Einheit der Nation bewußter durch den Sport als durch die Politik repräsentiert wird. Den Frauen mag es willkommen sein, an einer Art Wettkampf teilzunehmen, der, wie die Olympischen Spiele, eher rituell nicht-aggressiv als kriegerisch-aggressiv ist. Jedenfalls sind die Zuschauerzahlen bei den Wettkämpfen der Frauen geringer als bei den Wettkämpfen der Männer; die am eifrigsten verfolgten Wettkämpfe aber, wie Zehnkampf und Marathon, werden nur unter Männern ausgetragen.
Meiner Auffassung nach sind Sport- und Jagdverhalten — mit denen der Mensch im Laufe der Evolution versehen wurde — funktionell einander äquivalent. Der Sport im Team scheint für männliche Beteiligte weit verlockender als für weibliche zu sein, auch Zuschauer und Fans bevorzugen männliche Spieler. Hier ist es angebracht, einen interessanten Unterschied zwischen individuellem Spiel und Spiel im Team festzustellen. Ersteres ist das komplexe psychische und physische Zusammentreffen einer Person mit der beschränkten Zeit oder einem Gegner. Es ist eine genau festgelegte Begegnung, mit einer Tendenz zum Heldentum. Sporthelden wie Sprinter und Springer sind vielleicht Inbegriff des Heroischen, weil sie sich in einer privaten, absolut unerbittlichen Welt ohne Nachsicht bewegen. Sieg oder Niederlage einer Person sind höchst persönlich und nicht Angelegenheit einer Gruppe. Ich erinnere an die Fernsehübertragung des großen Rennens zwischen den Sprintern John Landy und Roger Bannister, die bei den British Empire Games in Vancouver zum erstenmal eine Meile in vier Minuten liefen; das Ergebnis war fast ein Musterbeispiel für das Drama menschlichen Strebens nach ausgezeichneter Leistung und für äußerste Wil-

lensanspannung und höchstes Können im Kampf gegen die Widerstände der zu bewältigenden Aufgabe. Die vier Minuten des Rennens waren eine einzige Summe an Training, Talent, Willen zum Sieg; das Ergebnis: ein Sieger und ein Verlierer. Auch bei Pferderennen, Schwimmwettkämpfen oder beim Stabhochsprung sind Wettkampf und Ergebnis eindeutig und überaus individuell.

Beim Boxen jedoch gibt es immerhin eine unumgängliche Wechselbeziehung, die feindselig oder auch etwas kooperativ sein kann. Die Geschicklichkeit der Einzelperson ist immer abhängig von der des Gegners, doch der Kampf um den Sieg ist ein intensiv persönlicher Kampf. Die Boxregeln dienen dazu, den Konflikt zu entpersonalisieren und letztlich zwischen den Kämpfenden trotz mehr oder weniger brutaler Absichten die Freundschaft zu erhalten. Das Element sanktionierter Brutalität ist beim professionellen Boxen noch größer, wenn kleinere Boxhandschuhe Verwendung finden, die es erlauben, dem Gegner größeren Schaden zuzufügen, d. h. die Möglichkeit erhöhen, den anderen »*knock-out*« zu schlagen. Professionelles Boxen ist also eine weitere Tätigkeit, die in unserem Zusammenhang als Musterbeispiel geeignet ist. Diesmal handelt es sich um einen Dominanzprozeß zwischen Personen, d. h. von intimerer Art. Der einzige Maßstab für den Erfolg ist der Sieg; es gibt keine unpersönlichen Zeiten und Rekorde, an die man sich halten kann. Um so überraschender ist die Feindseligkeit von Zuschauern und Sportredakteuren, wenn sie Äußerungen von echter Feindschaft und mehr persönlicher als unpersönlicher Rivalität hören, so wenn der Gegner von Mohammed Ali darauf besteht, ihn Cassius Clay und nicht Ali zu nennen. Warum erwartet man, daß ein durchtrainierter und extrem leistungsfähiger junger Kämpe, Produkt eines Ausleseprozesses angewandter Gewalt gegenüber seinen Mitmenschen, trotz Herausforderung ein korrekter Gentleman sein sollte? Schon dies zeigt die seltsame Ambivalenz der Legitimität des Boxens in einer relativ humanen Zivilisation. In der Theorie freilich beschwört das Amateurboxen weniger Ambivalenz. Die seltsame Feststellung eines Trainers für Amateurboxen enthält eine ganz neue Theorie: »Ein Brite, vor allem ein boxender Brite, kann nicht die Hand geben, ohne etwas dabei zu denken; jedesmal überfällt ihn ein gewisses Gefühl der Wärme; und so wird ihm vom ersten Augenblick an nur durch diesen Akt klar, daß er einem Freund in freundlicher Rivalität begegnet[57].«

Sport im Team ist mit verschiedenen Prozessen verbunden. Während zwischen zwei Mannschaften durchaus Kameradschaft bestehen kann, findet man die unmittelbarere, intensivere Bindung doch eher zwischen den Mitgliedern einer Mannschaft als zwischen den Spielern des glei-

chen Spieles. Die Bedeutung der Bindung im Mannschaftssport ist durchaus bekannt, professionellen und Amateurspielern so gut wie Zuschauern. Das gleiche gilt für die Funktion von Privatlehrern und Trainern bei der psychodynamischen Beeinflussung von Mannschaftsmitgliedern. Man weiß, welche Bedeutung es hat, vor einem Spiel »obenauf«, d. h. in Spiellaune zu sein, was teilweise auf die persönlichen Beziehungen zwischen den Spielern zurückgeht[58]. Ein charakteristisches Merkmal für dieses Gruppenverhalten ist die Verwendung von Farben, Emblemen und charakteristischen Namen, um eine Mannschaftsidentität zu schaffen und Mannschaft von Mannschaft zu unterscheiden. Ein interessanter Aspekt bei der Namensgebung — vor allem in Nordamerika — ist die häufige Verwendung von Namen jagender Tiere: Löwen, Bären, Tiger, Falken, Wölfe usw. Was dies zu bedeuten hat, ist nicht ganz klar; vielleicht besteht eine Beziehung zu dem alten Verhaltensmodell, bildliche Darstellungen von Tieren mit jagd-aggressiven Unternehmungen zu verbinden[59]. Es könnte auch etwas ähnliches vorliegen wie bei den Tiermaskottchen militärischer Einheiten.
Sportamateure verhalten sich wirklich ganz merkwürdig. Personen, die sich sonst des Komforts und der Muße erfreuen könnten, nehmen aus freiem Willen große, zum Teil gefährliche Anstrengungen auf sich. Diese Bereitschaft zur Gefahr ist eine verblüffend unvernünftige Erscheinung. Wahrscheinlich ist sie in der Bevölkerung nicht gleichmäßig verbreitet; vielleicht entspricht ihre Verteilung ebenfalls einer sogenannten »Normalkurve«, wie die der Intelligenz. Aber diese »Tollkühnheit« scheint das Interesse und die Begeisterung vieler Anhänger von Abenteuern zu erregen — vom Grand-Prix-Rennen bis zum Wanderzirkus[60].
Beim Mannschaftssport teilt sich die Mannschaft in die vorhandenen Risiken. Die Mannschaftsmitglieder befassen sich im Interesse ihrer Kameraden mit Konflikten; Gewalttätigkeiten finden bei Mannschaftsspielen fast immer zwischen den Teams, nicht jedoch innerhalb der Mannschaft statt. Eine oft starke, wenn auch flüchtige Loyalität bindet die Spieler innerhalb einer Mannschaft. Selbst bei Sportarten mit individueller Austragung, wie Schwimmen oder Boxen, treten die Sportler oft als Mitglieder von Mannschaften auf — wahrscheinlich die üblichste Form, um überhaupt zum Zuge zu kommen — und kämpfen in Loyalität zu ihrer Mannschaft, wie um ihres persönlichen Erfolges willen.
Offenbar nehmen einige Frauen an Mannschaftssportarten mit den gleichen Gefühlen teil. Es scheint jedoch klar, daß Mannschaftssport für die Sozialisierung junger Burschen wichtiger ist; daß Männer sich mehr als Frauen dafür interessieren[61]; daß Männermannschaften viel inter-

essanter als solche von Frauen sind und daß das Syndrom männlichen Gruppenverhaltens und männlicher Zuschauerschaft — repräsentativ, sublimativ oder direkt — zu dem Bindungsfaktor Jagd-Mann in der Geschichte des Menschen einige Verwandtschaft zeigt. Und wieder sei bezüglich des Unterschieds zwischen Mann und Frau betont — weil dies für die generelle These dieses Buches wichtig ist —, daß die geschlechtlichen Unterschiede nicht nur physischer und sexuell-erotischer, sondern weitgehend und kompliziert auch sozial-organisatorischer Natur sind. Der Soziologe Meyersohn betont, welche Bedeutung die Sportprogramme des Fernsehens für die Schaffung einer allgemeinen Bindung zwischen den Männern der Vereinigten Staaten haben: »Es gibt weitaus mehr Amerikaner, die jagen und fischen, als solche, die Baseball spielen oder boxen; trotzdem sind die letzteren Sportarten die populärsten Sportprogramme ... Die Zuschauer bekommen da nichts ›Nützliches‹ ... Was sie davon haben, ist die Entwicklung eines allgemeinen und nicht enden wollenden Interesses, das vermutlich jeden amerikanischen Bürger dazu befähigt, mit jedem anderen intensive Konversation zu treiben[62].« Wahrscheinlich dienen in anderen Gesellschaften Sportveranstaltungen, die »live« übertragen und gesehen werden, einer ähnlichen Funktion. Die Busladungen voll clubfarbentragender Fans in England, die ihre favorisierten Mannschaften begleiten, beobachten nicht nur (mit viel Spaß) das Spiel ihrer Mannschaften, sondern nehmen zugleich am Verhaltensmodell der männlichen Bindung teil, der vermutlichen Ursache wichtiger Erscheinungsformen maskuliner Identifizierung und Gruppenbildung. Die relativ unpersönliche Verbindung der Zuschauer mit ihren Mannschaften wird durch die Tätigkeit informeller Schautrupps von Anhängern vermittelt und personalisiert. Auf diese Weise wird die kleine männliche Gruppe aufrechterhalten und bestätigt.

Ich weiß wohl, daß dieses Phänomen ein weiterer, besonderer Fall des von mir schon früher diskutierten allgemeinen Prozesses sozialer Angliederung ist[63]. Es fällt schwer, folgende Interpretation der Reaktion von Fans auf Mannschaftsspiele zu umgehen: Die Beobachtung oder das Anhören von Spielen kann aggressive Parteinahme zwischen Anhängern verschiedener Mannschaften hervorrufen, was bei Gelegenheit zu Gewalttätigkeit oder wenigstens zu ritualisierten Zwischenrufen und Ermunterungen führen kann. Die Tatsache, daß — bei gleichen sonstigen Bedingungen — Mannschaften auf ihren heimatlichen Spielfeldern besser spielen, hat wahrscheinlich mit der größeren Anhängerzahl und wohl auch mit einer vage formulierten, aber tatsächlichen territorialen Verbundenheit zu tun. Das weitverbreitete gewalttätige Ungestüm, mit dem die Zuschauer solche Sportveranstaltungen umgeben, ist wahrscheinlich ein Anzeichen dafür, daß Veranstaltungen mit Zuschauern diese zu Nachahmungsreaktionen anregen. Ganz allgemein zeigt und erläutert der Sport primitive Verhaltensmodelle von Aktivität und Verbundenheit. Vielleicht hat das Zuschauen bei Sportveranstaltungen zu Jagd und männlicher Bindung das gleiche Verhältnis, wie Liebesgeschichten zum Fortpflanzungstrieb und zur Gattenwahl.

Wie Meyersohn zeigte, beschäftigen sich die amerikanischen Männer jedoch in ihrer Freizeit viel eher mit Fischen und Jagen. Der Wunsch von Männern in wohlhabenden Gesellschaften, so zu tun, als herrschten wieder Bedingungen der Nahrungssuche wie bei primitiven Völkern, scheint stark für die Macht des Jagdtriebes zu sprechen (siehe frühere Erörterungen). Nicht nur, daß die Jagd vielerorts teuer ist – man denke nur an die Safaris von Europäern in Afrika –, sie kostet auch Zeit, ist unter Umständen gefährlich und häufig mit beachtlichem persönlichen Unbehagen verbunden. Aber Männer jagen, weil es ihnen »Spaß« macht. Das behaupten sie wenigstens, und so muß man aus ihrer beharrlichen Wiederaufnahme alten angeborenen Verhaltens die entsprechenden Schlüsse ziehen. Für unsere Sicht ist wichtig, daß Jagen und oft auch Fischen Gruppenaktivität erfordert. Ein Mann pflegt seine Jagdkollegen sehr sorgfältig auszuwählen. Nicht nur, daß die relative Vertraulichkeit der Jagd ein gewisses Maß an »Geistesverwandtschaft« erfordert, es können bei ihr durch ungeeignete oder verantwortungslose Personen auch Gefahren entstehen. Die Jagd ist eine ernste Angelegenheit, und selbst Klassenschranken, normalerweise starr und unüberwindlich, können für die Dauer der Jagd fallen[64]. Einige Untersuchungen von Jägern in British Columbia verweisen auf die fast ehrfürchtige Haltung, die mit der Jagd verbunden ist; Jagen ist eine hervorragende und wichtige Tätigkeit. Eine dieser Männergruppen nimmt auf die Jagd kostbaren Crown Royal Whisky mit; nur ausgezeichneter Whisky ist bei dieser angestrengten Wiederbelebung einer alten männlichen Kunst am Platze. Wenn zur Neujahrsfeier jedoch ihre Frauen mit von der Partie sind, ist der gewöhnliche Whisky gut genug: das rein formelle und gesellschaftliche Ereignis scheint den symbolischen Tribut hervorragenden Whiskys nicht zu verdienen.

Das Spiel um Geld ist ein weiteres Verhalten, das – ähnlich der Jagd und dem Sport – in zahllosen Kulturen den Männern Gelegenheit bietet, sich zusammenzuschließen[65]. Ich meine hier nicht das Spiel um Geld in Londoner Casinos, wo von bezaubernden Frauen Drinks gereicht werden, nicht das vielschichtige, Hoffnung und Gier erweckende, schicksalsträchtige Ritual der glänzenden Paläste Nevadas, auch nicht

das verborgene Spiel um Geld, wie es Gangster lieben. Sondern die Kartenspiele im Kreis der Familie oder kleiner geschlossener Gesellschaften, in denen Männer sich finden, um auf freundschaftlicher Basis und mit kleinem Einsatz zu spielen; vielleicht um ihren Frauen zu entgehen, vielleicht um zu etwas Geld zu gelangen, vielleicht auch nur, um die freie Zeit angenehm zu verbringen. Bestimmt aber, um im Gespräch mit den Freunden zusammen zu sein und durch das Spiel den Rahmen der vertrauten männlichen Gemeinschaft neu zu bestimmen.
Ganz offensichtlich spielen Frauen auch, sowohl unter sich als auch in gemischter Gesellschaft. Hier jedoch gibt es Unterschiede, die unsere bisherigen Ergebnisse bestätigen. Dasselbe gilt für Trinkgelage unter Männern, gemischte oder rein weibliche Trinkgelage; vielerorts gibt es noch immer die Trennung von Bars nur für Männer und solcher für Paare, trotz des starken kulturellen Drucks gegen diese offenkundige sexuelle Apartheid. Selbst in der Bowery, einem New Yorker Slumviertel, wo ausgeschlossene und ausgestoßene Männer auf eine Weise leben, die erst jetzt verstanden wird, wurde festgestellt: »Starke Anzeichen sprechen dafür, daß die schweren Trinker besser integriert und umgänglicher sind als die leichten Trinker. Das analytische Problem besteht darin, festzustellen, ob die Sozialisierung zum Trinken führt oder das Trinken – wenn keine Abneigung vorhanden ist – zur Geselligkeit[66].« In den Herrenclubs von London, bei den zwanglos sich absondernden Arbeitern in den Schankwirtschaften von Yorkshire, in den rein männlichen Tavernen von Montreal, den Palmweinhütten Westafrikas kann beobachtet werden, wie eine bestimmte Art, Männlichkeit zu demonstrieren und Bindungen zu erhalten, zum Gesetz erhoben wird, wobei der Alkohol als Entschuldigung dient und zugleich den Vorgang erleichtert. Die Werbung zeigt recht klar, wie die populären Vorstellungen über die soziale Rolle des Trinkens aussehen, jedenfalls betont die Werbung den männlichen Appeal des Alkohols – vor allem des Whiskys –, obwohl ebenso klar ist, daß die sozial-sexuellen Bezüge des Trinkens sich zur Zeit stark verändern. Vielleicht ist es voreilig, die gegenwärtigen Veränderungen als einen Prozeß weiblicher Emanzipation zu sehen, der in der Ähnlichkeit von Verhalten, Status und Idealen der Männer und Frauen kulminieren wird. Die Veränderungen sind für eine solche Behauptung noch zu neu. Außerdem wurden sie unter starkem, bewußtem Druck zustande gebracht, so daß einige willkürliche Merkmale in Richtung der Veränderung gezwungen wurden. Veränderung führt nicht unbedingt zur Freiheit, Gleichberechtigung und Gleichheit. Aber wir werden im abschließenden Kapitel auf diesen beunruhigenden und entscheidenden Vorgang zurückkommen.

In diesem und dem vorigen Kapitel habe ich mich, wie gesagt, auf einige Eindrücke und Erläuterungen beschränkt. Ich habe umrissen, wie in vielen wichtigen sozialen Subsystemen – besonders in Politik und Wirtschaft – Männer über Frauen dominieren, und ich habe aufgezeigt, wie wir diese Dominanz als Teil einer artspezifischen modellartigen Neigung sehen können. Wesentlich für den Begriff der männlichen Dominanz sind, wie gesagt, die zwischen Männern gebildeten Bindungen, und ich habe einige Beweise für die Behauptung erbracht, daß männliche Bindung wiederum ein modellartiges, wesentliches Merkmal im Gesamtbild menschlichen Verhaltens ist.

Ich weiß sehr wohl, daß die Frauen ranghoher Männer über niederrangige Männer dominieren und daß viele männliche Bindungen für Frauen oder deren Einfluß durchlässig sind. (In der Tat können weiblicher Einfluß oder mögliche weibliche Anteilnahme katalysierende Faktoren bei der Bildung männlicher Gruppen sein, vor allem im Bereich der Erholung und projektiv-symbolischen Verhaltens). Außerdem kann meine – etwas allgemeine – Beweisführung anekdotenhaft und zufällig erscheinen. Mit einigem Recht könnte man annehmen, daß alles, was ich beschrieben und erläutert habe, nur der gegenwärtige Ausdruck langdauernder kultureller Gewohnheiten, aber nicht Ausdruck einer biologischen Evolution ist. Unser Gegenstand ist jedoch umfangreich. Ohne mich zu entschuldigen, habe ich ihn sozusagen einführend und etwas programmatisch behandelt. Aber ich weiß und ahne zugleich, daß ich Subsysteme wie Politik, Wirtschaft und Erholung in einem bedeutsamen Zusammenhang diskutiert habe. – Vielleicht ist dieser Zusammenhang viel bedeutsamer als derjenige, der das Verhalten ausschließlich mit kulturellen Begriffen fassen will oder beim gegenwärtigen Stand der Wissenschaft die Möglichkeit zu wissen leugnet, welche artspezifischen Verhaltensmodelle die Menschen an den Tag legen können.

Nachdem ich nun einige allgemeine Hypothesen über die Rolle der Männlichkeit und Weiblichkeit bei der Erklärung sozialer Strukturen und verschiedener Valenzen und Ambivalenzen vorgeschlagen habe, die zwischen Mann und Frau in wichtigen sozialen Subsystemen existieren, möchte ich mich einigen konkreten Fällen von Bindung zuwenden. Es wird sich herausstellen, welchen Wert diese Hypothesen zusätzlich zu der stattlichen Reihe schon vorhandener Erklärungen haben. Wenden wir uns also von den relativ offenen Welten der Politik, der Arbeit und des Sportes ab und beschäftigen wir uns mit der oft bizarren und erstaunlichen Welt von Geheimbünden, Weiheriten, zwanglosen männlichen Gruppen und des Weiberhasses. Es ist nicht nur eine faszinierende Welt (vielen Menschen erscheint sie so). Sondern die Kenntnis dieser Welt kann unser Verständnis für jenen Aspekt der menschlichen Geschichte und seiner gegenwärtigen Konsequenz vertiefen, der mein besonderes Anliegen ist.

6. Kapitel

Männer werben um Männer: Weiheriten und Geheimbünde

Politik hat nicht immer etwas mit legalem Regieren zu tun. Politik ist ein Prozeß. Sie herrscht in Sport und Wissenschaft, im Volksbrauchtum, in religiösen Organisationen, im Geschäftsleben, unter Modezeichnern und Modejournalisten. Nicht zu vergessen die Halbwelt der Politik, die bisher von seiten der Wissenschaftler, die sich insbesondere mit dem politischen Prozeß und sozialem Verhalten im allgemeinen befassen, nicht die angemessene Aufmerksamkeit erfahren hat. Ich meine die Geheimbünde.

Eigentlich wäre es für die Wissenschaftler wichtig zu erfahren, wie Geheimbünde arbeiten, warum ihnen jemand beitritt, welche sozialen Konsequenzen sie haben und warum es sie überhaupt gibt. Aber Wissenschaftler kommen aus intellektuellen Kreisen, in denen das Offenbare das Gute ist und in denen furchtloses Ritual, Magie und stetige tiefe Loyalität schon der Geisteskrankheit verdächtig nahe kommen. Vielleicht ist das der Grund, warum die meisten Wissenschaftler ein so häufiges und weitverbreitetes Phänomen übersehen. In diesem Kapitel möchte ich nun versuchen, durch alle Kulturen reichende Regelmäßigkeiten und Zusammenhänge in Aufbau und Wirkungsweise von Geheimbünden herauszufinden und sie als spezifische Version des generellen Angliederungsprozesses zu diskutieren. Ich muß annehmen, daß die Tatsache der primär männlichen Geheimbünde[1] zu meiner Hypothese über die männliche Bindung in Beziehung steht. Daß Weihen häufig phantastisch grausam und doch für Mitglieder und Aspiranten höchst sinnerfüllt sind, weist darauf hin, welche Bedeutung der Weihevorgang und das exklusive und selektive Prinzip hat, das er schützt. Die oft freiwillige Mitgliedschaft unterstreicht vielleicht noch die wichtige Rolle, die diese Gesellschaften im sozialen Leben ihrer Mitglieder spielen. Die meist unisexuelle Zusammensetzung der Gruppen betont die besondere Rolle, die sie im soziosexuellen Gleichgewicht von Mitgliedern und Gesellschaften spielen mögen.

Nach gut britischer politischer Tradition möchte ich gleich zu Beginn »meine Einstellung kundtun« – eine solche Erklärung mag für die bevorstehende Diskussion von Bedeutung sein. Ich selbst gehöre und gehörte nie einem Geheimbund an. Ich neige vielmehr zu der Auffassung, daß Offenheit besser als Geheimhaltung ist, und halte im übrigen unisexuelle Männerorganisationen, seien sie nun geheimer oder anderer Art, für seltsam primitiv. Potentiell praktizieren sie sozusagen »anti-soziales« Verhalten. An meiner kanadischen Universität gehörte ich keiner Verbindung an. Ich glaube, daß rein männliche Gruppen mit größerer Wahrscheinlichkeit Handlungen ausführen, die dem schaden, was ich als Bürger für ein gutes Gemeinwesen halte. Andererseits wurde mir während dieser Untersuchungen in steigendem Maße klar, daß es gewisse mir wünschenswert erscheinende Handlungen gibt, die von rein männlichen Gruppen besser als von heterosexuellen Gruppen ausgeführt werden können. Ich hatte nicht erwartet, so viel Material über Geheimbünde zu finden, wie es im Verlauf meiner Untersuchungen dann der Fall war. Diese Fakten veranlaßten mich auch, noch einmal darüber nachzudenken, wie sehr sich in der Reaktion einer Person auf männliche Gruppen ein fundamentaler psychologischer Zustand ausdrückt, der vielleicht mit Verhaltensweisen bei sexuellen Beziehungen oder irgendeiner Autorität gegenüber vergleichbar ist. Auch scheint mir — und hier kann ich wohl nur für den euro-amerikanischen Kulturbereich sprechen — daß ein anhaltendes und gespanntes Interesse für die Homosexualität die Sozialwissenschaftler daran hinderte, allgemeine Vorstellungen über den positiven Wert männlicher Bindungen zu entwickeln, sieht man einmal von irgendwelchen aggressiven Absichten ab, die sie verfolgen mögen. Direkten Bezug darauf hat die Untersuchung von Geheimbünden und verschiedenen ähnlichen Arten männlicher Organisationen.

1

Im allgemeinen betrachten die Soziologen Geheimbünde, freiwillige Assoziationen in Industriegesellschaften, Jugendbewegungen und gewisse politische Oppositionsbewegungen als analytisch getrennte Gegenstände. Mit Ausnahme von Georg Simmels fruchtbaren und bisher unübertroffenen Essays über Geheimhaltung und Geheimbünde[2] hat es bisher wenig ernsthaftes Bemühen gegeben, Analysen dieser verschiedenen Typen sozialer Organisation zusammenzufassen und diese besondere Form des Zusammenschlusses als ein bestimmtes, voraussagbares Merkmal menschlichen Verhaltens zu sehen.
Es gibt sehr viel anekdotische Literatur über Geheimbünde. Der Gegenstand scheint unendlich faszinierend zu sein. Regelmäßig erscheinen

neue Bücher, die auf einer bis zur Ermüdung überstrapazierten Fülle ursprünglichen Quellenmaterials beruhen. Es werden aber wenig Versuche gemacht, klare Analysen zu liefern. Häufiger geht, wie bei Daraul[3], der üblichen Aufzählung von Fakten über eine repräsentative Gruppe besser dokumentierter oder bekannter Gesellschaften eine allgemeine Feststellung über die Interessantheit und Komplexität des Gegenstandes voraus.

Es gibt einige Untersuchungen, die beides liefern, gute Fakten und den einigermaßen brauchbaren Versuch eines theoretischen Verständnisses[4]. Während Gesichtspunkte und erläuternde Schemata dieser Autoren sich beachtlich unterscheiden, versucht jedoch keiner, diese Form gruppenbildenden Verhaltens zu psychologischen oder biologischen Konstanten der »menschlichen Natur« in Beziehung zu setzen. Eine große Ausnahme ist Schurtz, dessen *»Altersklassen und Männerbünde«* ein Entwicklungsschema beschreibt, in dem Altersklassen und Männerbünde die Wachstumskomponenten einer »höheren Entwicklung« bilden. Eine weniger bedeutende Analyse dieser Richtung stammt von Schmalenbach[5]. Kropotkin hielt kooperatives Verhalten für eine Funktion der Naturgesetze. Ihm ging es darum, seine eigene Lesart von Darwin zu behaupten, d. h. eher die kooperative Gruppe als die individuell-kämpferische Natur der biologischen Auslese zu betonen. Wie Schurtz argumentierte er, daß die männliche Bindung ein altes und wesentliches Merkmal der menschlichen Gesellschaft sei[6]. Wie ich schon bemerkte, stellte Carveth Read die Behauptung auf, daß der Mensch sich als ein in der Meute jagender Fleischfresser entwickelte – von ihm *Lycopithecus* genannt – und daß die jagende Gruppe Grundlage vieler zentraler Systeme in der gegenwärtigen menschlichen Gesellschaft sei[7].

Die Verbreitung von freiwilligen Verbänden und das Verhalten innerhalb derselben, speziell in Industriegesellschaften, zu verstehen, war stets ein Hauptanliegen soziologischer Forschung (obwohl die umfassende Fülle von Fakten neuerdings mehr die steigende physische Beweglichkeit und entsprechende Sophisterei der Sozialwissenschaftler widerspiegelt). Das Verhältnis freiwilliger Vereinigungen zum urbanen Leben war für die Forscher einer der Hauptpunkte; dem liegt die Vorstellung zugrunde, daß urbanes Leben im allgemeinen zwar unpersönlich ist, durch die Vermittlung freiwilliger Arbeitsorganisationen aber potentiell persönlich wird[8]. Ein anderer interessanter Punkt war, mögliche Beziehungen zwischen assoziativem Verhalten auf freiwilliger Basis und Eigenschaften wie Klassenzugehörigkeit, Erziehung, Rasse usw. festzustellen oder zu untersuchen[9]. Neuerdings kommt das Bestreben hinzu, die Teilnahme an Vereinen und persönliche Eigenschaften in Beziehung zueinander zu bringen, was durch standardisierte Tests geschehen kann[10]. Die Arbeit von Francis Hsu betont, welche Bedeutung der Kultur bei Ausmaß, Art und Wirkung der Gruppeneingliederung von Einzelpersonen zukommt[11]. Hawthorn hat einige Theorien von Simmel über Geheimbünde überprüft und im Zusammenhang mit den politischen Aktivitäten der Doukhobor-Gruppe und deren Wechselwirkung mit der Gesellschaft getestet[12].

Ich möchte eine Stellungnahme zum Verhalten freiwilliger und geheimer Bünde diskutieren, die zwar die obigen Behauptungen ergänzt, aber auch eigenständig ist. Es erscheint mir möglich zu behaupten, daß das Verhalten freiwilliger und geheimer Bünde – in seiner allgemeinen Form – das Spiegelbild der gleichen artspezifischen Verhaltensformen männlicher Bindung ist, auf die schon früher aufmerksam gemacht wurde. In diesem Fall tritt die männliche Bindung in einem relativ freiwilligen Zusammenhang auf, oft sogar ohne formale Rechtmäßigkeit von seiten der Gesamtgesellschaft. Die Hauptfunktion dieser Vereinigungen gegenüber ihren Mitgliedern ist es, unter genau definierten und befriedigenden Bedingungen Gelegenheit für männlichen Anschluß zu schaffen. Das Gewicht, das die Geheimbünde »vor allem anderen ... mit großer Genauigkeit und Gründlichkeit auf die Arbeitsteilung und Stufenfolge ihrer Mitglieder legen«[13], weist auf die engen Verbindungen zwischen sozialem Zusammenschluß, Schaffung von Hierarchien und männlicher Bindung hin. Das Verhältnis zwischen Geheimbünden und politischer Ordnung ist oft betont worden, zum Beispiel von Heckethorn[14], Little[15], (für die Poro der Sierra Leone), und Simmel[16] (obwohl Hawthorn[17] eine nützliche Revision der Formulierung von Simmel für angebracht hielt: »Allenthalben tritt der Geheimbund ganz allgemein als Gegengewicht zu Despotismus und polizeilicher Restriktion in Erscheinung, als Schutz für Defensive wie Offensive im Kampf gegen den überwältigenden Druck zentraler Gewalten – und keineswegs nur mit politischen Machtmitteln, sondern auch mit denen der Kirche, der Schule und Familie.«

Im Rahmen meiner Hypothese sind Geheimbünde die Folge der Bemühungen von Einzelpersonen – meist und vor allem Männern –, sich die sozialen Bedingungen zu schaffen, die sie brauchen, um den geselligen Neigungen nachgehen zu können, deren Äußerung durch die Gesellschaft, in der sie leben, gehemmt werden könnte (oder wird). Der diesbezüglich klareste Fall ist der politische Geheimbund. Eine andere Form ist der religiöse Geheimbund. Beide haben als Charakteristikum gemeinsam, daß sie ihre Mitglieder durch die Geheimhaltung vor Nachstellungen von seiten kirchlicher und ziviler Autoritäten schützen, sowie die Schwäche oder Stärke oder sogar die Art der Handlungen ihrer Mitglieder verbergen. Wird ein Geheimbund in einer Kultur wirksam, von der er sich (nahezu durch Definition) abzurücken bemüht, so fällt auf, daß die Machthaber sowie andere Personen dieser Kultur meist mit heftiger Antipathie gegen den Bund reagieren. Der Geheimbund hat die Eigenschaft, Aggressionen wachzurufen. Das ist auch der Fall bei offiziellen Geheimorganisationen wie dem C.I.A. oder N.K.W.D. . Denn der Geheimbund ist sozusagen eine feindliche Gruppe, voller potentieller Antipathie gegen konstituierte Autorität, jedenfalls nicht willens, offener Autorität nachzugeben und seine Tätigkeiten an den Tag zu legen. Obwohl es zweifelsohne Funktion der Geheimhaltung ist – wie Simmel so verständnisvoll zeigte[18] –, eine Demarkationslinie zwischen jenen zu schaffen, die das Geheimnis kennen und jenen, die es nicht kennen, weist die phantastische und umstrittene Geschichte der Geheimbünde auf die weitere Möglichkeit hin, daß ein Prozeß der Bindung und Drohung unmittelbar zu Prozessen im sozialen Leben in Beziehung steht, die für die menschliche Geschichte und vielleicht auch für die prähistorische Zeit sehr charakteristisch sind.

Wie schon bemerkt, ist Murphy der Auffassung, daß die diversen Spielarten von Geheimbünden, Männerclubs usw. »Kulturformen darstellen, die eindeutig Projektionen unbewußter Elemente und Prozesse sind«[19]. Ich schätze sie eher als relativ zugespitzte und übertriebene Beispiele für menschliche aggressiv-männliche Bindungsneigungen ein. Absonderung von den Frauen ist nur ein Teil der Angelegenheit. Daß von den Mitgliedern der Geheimbünde und selbst von Mitgliedern einer Männerhütte besondere Kleidung, Sprache, Riten und Moralstruktur angenommen werden, zeigt die vorhandene Bindung und Gemeinschaft in einer solchen Gruppe. Das ist für aggressives Verhalten notwendige Voraussetzung und wohl auch Ansporn. Nach einer These von Lorenz sind Tiere, die sich verbünden, auch aggressiv[20]. Diese Verbindung ist wohl nicht zufällig. Der Mechanismus, der zur Gruppenbildung führt, ist zugleich der Mechanismus, der zum Inter-Gruppen-Konflikt führt. Der Konflikt kann gewaltsamer, symbolischer, literarischer oder vergeistigter Natur sein. Der wichtigste und grundlegende Vorgang aber ist der der Gruppenbildung und weiter der der Feindseligkeiten zwischen den Gruppen. Eine gute Analogie besteht zu jenen Kindern, die sich zum Spielen zusammengeschlossen haben, dann aber anfangen, die Vorherrschaft einer Gruppe über eine andere durchzusetzen. Von Davis wurde der offensichtliche Zusammenhang zwischen territorialem, aggressivem, hierarchischem und »gruppenbildendem« Verhalten bei einigen anderen Arten kurz diskutiert[21]. Diese verschiedenen Faktoren brauchen nicht immer eindeutig vorhanden zu sein. In einigen Situationen zum Beispiel können Geheimbünde wie der Ku Klux Klan in Erscheinung treten, um eine Lebensweise vor Bedrohungen durch kulturelle Modelle, Werte usw. zu bewahren, die man Gruppen zuschreibt, welche zwar im gleichen Gebiet leben, aber als »fremd« definiert werden. Vom ethologischen Standpunkt aus können Geheimbünde und andere, offenere Arten der Assoziation sich dem allgemeinen Prozeß der Gruppenbildung annähern. Es mag nützlich sein, das Verhalten in diesem Licht zu betrachten.

2

Warum aber? Warum sollte man nicht schließen, daß die Wirksamkeit von Geheimbünden ganz einfach eine Art von sozialem Verhaltensmodell ist, das außer dem Offensichtlichen keine besondere Bedeutung hat? Mein ethologischer Überblick über diesen Gegenstand resultiert aus einer mehr allgemeinen »Ahnung« (oder unausgereiften Theorie) über das Verhältnis von Geheimhaltung und Gruppenverhalten zur Aufrechterhaltung legitimer sozialer Ordnung. Ich habe bereits die Vorstellung einer politischen Ordnung skizziert, die von Materialien über Primatensysteme und andere tierische soziale Systeme bestimmt wurde. Ebenso versuchte ich fruchtbare Wege aufzuzeigen, wie die Sozialwissenschaftler das menschliche soziale Verhalten betrachten könnten, und zwar unter den Gesichtspunkten, daß es sowohl durch Vererbung programmiert als auch in jeder Situation durch sozial-kulturelle Faktoren bestimmt ist. Ganz besonders nahm mich die programmierte Seite des Verhaltens in Anspruch — aber insoweit es möglich oder wünschenswert ist, die beiden vorherrschenden Einflüsse auf das Verhalten voneinander zu trennen, ist es vernünftig, über beide nach Informationen zu suchen.

Der Entwurf dieses theoretischen Überblicks über Geheimbünde ist wie folgt: Der Mensch ist dazu prädisponiert, in relativ kleinen Gemeinschaften zu leben[22], in denen die Dominanzsysteme von Männern kontrolliert werden. Es wurde darauf hingewiesen, daß die bedeutende Hirnrinden-Entwicklung eine Auswirkung der Vervollkommnung von Über- und Unterordnungsreaktionen war[23]. Ein Merkmal dieser Reaktion war, was Chance die »Achtungs-Struktur« in einer Gesellschaft genannt hat[24]. Führer müssen gesehen oder gehört werden; jeder

Politiker weiß, wie wichtig es für Menschenmassen ist, daß sie ihn ganz einfach *sehen* können. John F. Kennedy wurde letzten Endes deshalb in Dallas ermordet, weil er es ablehnte, ein sicheres Auto zu verwenden, um besser von den Menschen gesehen werden zu können, deren politische Zustimmung durch den unglücklichen Ausflug vermutlich geweckt werden sollte[25]. Ähnlich ist es, wenn führende Persönlichkeiten wie der Papst oder Könige auf Balkonen oder Plattformen erscheinen, um mit ihren Gefolgsleuten visuellen Kontakt aufzunehmen. In der Industriegesellschaft waren wahrscheinlich die Nazis im Umgang mit den wichtigen ethologischen Werkzeugen des politischen Schauspiels am geschicktesten. Aber auch nicht-industrielle Gesellschaften sind – und waren – ebenso geschickte Schüler der Ethologie vom Gepränge. Gewalt und Wirkung einer großen politischen Ordnung wurden im British National Theatre durch die glänzende Darstellung des politischen Gepränges bei den Inka in Schaffers Stück *»The Royal Hunt of the Sun«* dramatisch vorgeführt.

Gemeinwesen sind strukturiert. Politische Ordnung ist mehr oder weniger kalkulierbar oder übertragbar. Gleichzeitig aber existiert ein Druck in Richtung Strukturlosigkeit, Veränderung oder sogar Eliminierung eben dieser Strukturkonzeption. Cohn hat sich sehr provozierend über diese Fragen geäußert, und seine Verallgemeinerungen stimmen nicht nur für menschliche Gesellschaften, sondern bis zu einem gewissen Grad auch für die von Primaten[26]. Cohns Hauptargument ist, daß bei bestimmten Gruppen, z. B. Jugendlichen, und bei bestimmten Tätigkeiten, wie Jagen, Fischen oder Kämpfen, der soziale Prozeß eher »charismatisch« als geschichtet ist. Das heißt, der Prozeß tendiert in Richtung Gleichheit, fehlender systematischer Verteilung von Privilegien, Rang usw. und einer frei sich ergebenden Kameradschaftlichkeit, der Cohn nachsagt – und das ist wichtig für unser Thema –, sie habe einen »homosexuellen Anstrich«. Der andere Vorgang hingegen, nämlich der der sozialen Schichtung, bringt eine wie selbstverständliche Errichtung hierarchischer Strukturen mit sich, eher die Anerkennung sozialer Unterschiede als die von Ähnlichkeiten, sowie eine strenge Kontrolle der Jugendlichen bei der Gattenwahl, und zwar hinsichtlich der verschiedenen sozialen Klassen[27]. Es gibt nicht nur Schichtung – sie muß auch als solche zur Kenntnis genommen werden.

Ein ausgezeichnetes Beispiel für das Wirken dieser beiden Prozesse (obwohl der Autor die Cohnsche Formulierung offensichtlich nicht kannte) ist die Untersuchung von John Finlay Scott über die Rolle von weiblichen Studentenverbindungen *(sororities)* in den USA. Sie dienen dazu, daß nur innerhalb der eigenen sozialen Klasse geheiratet wird, obwohl in großen staatlichen Erziehungsanstalten genug »charismatische« sexuelle Möglichkeiten vorhanden sind. Das Hauptinteresse der Studentinnen an diesen Verbindungen bezieht sich auf Soziales und die Ehe. Männer hingegen, die sich Verbindungen anschließen, scheinen dies hauptsächlich aus beruflichen Gründen zu tun, obwohl auch eine deutliche Tendenz vorhanden ist, durch die Auswahl bestimmter Kandidaten für bestimmte Verbindungen soziale Klassenpositionen aufrecht zu erhalten[28].

Fox und ich möchten die Frage des »Charismas« nach Möglichkeit von einem biologischen Ausgangspunkt angehen[29]; in diesem Unterfangen wurden wir durch Max Weber ermutigt, der das Verhältnis zwischen biologischer und soziologischer Analyse solch allgemeiner Prozesse, wie ich sie hier untersuche, folgendermaßen beurteilt:

»Alles ›traditionale‹ Handeln (Kap. I § 2) und breite Schichten des ›Charisma‹ (Kap. III) als des Keims psychischer ›Ansteckung‹ und dadurch Trägers soziologischer ›Entwicklungsreize‹ stehen solchen nur biologisch begreifbaren, nicht oder nur in Bruchstücken verständlich deutbaren und motivationsmäßig erklärbaren, Hergängen mit unmerklichen Übergängen sehr nahe. Das alles entbindet aber die verstehende Soziologie nicht von der Aufgabe: im Bewußtsein der engen Schranken, in die sie gebannt ist, zu leisten, was eben wieder nur sie leisten kann[30].«

Man kann Webers Theorie der Legitimität als ein komplexes taxonomisches System zum Verständnis des Dominanzverhaltens betrachten. In einem solchen System ist »Charisma« im wesentlichen ein primitiver Versuch, die Reihenfolge der Dominanz zu verändern, oder der entsprechende Ausdruck einer starken individuellen Dominanznötigung von begrenzter Verbreitung innerhalb einer Bevölkerung (wie z. B. hoher Intelligenz)[31].

Cohn und Weber äußern also sehr ähnliche Vorstellungen über soziale Ordnung und über die Neigung, bestehende Ordnung zu stören oder zu verändern. Eindeutig bringt Cohn Charisma mit sexueller Motivation in Verbindung und betrachtet bestimmte »charismatische« Gruppen als irgendwie »homosexuell«, wenn auch nicht unbedingt im erotischen Sinn. (»Homosexuell« bezieht sich hier eher auf männliche Kameradschaftlichkeit und männlichen *ésprit* als auf spezifisch erotische Kontakte). Das Verständnis des Charismas wird von Weber mit der Anerkennung der Grenzen soziologischer Analysen und dem Wissen über biologische Prozesse verknüpft.

Meiner Ansicht nach kann der ganze Bereich erhellt werden, wenn man Geheimbünde, Männerclubs und einige freiwillige Zusammenschlüsse usw. als potentiell »charismatisch« unter solchen Umständen betrachtet, in denen es Bestrebungen zur Veränderung der Dominanzhierarchie gibt. In Situationen ohne solche Bestrebungen, in denen aber die Dominanzmodelle wenigstens für kurze Zeit errichtet und legitimiert werden, sind sie nach Weber »traditionell«, nach Cohn »geschichtet«. Diese Vorstellung gründet auf der Hypothese, daß die männliche Bindung ein Prozeß mit biologischen Wurzeln ist, der — um die Begriffe von Lorenz zu gebrauchen—mit der Errichtung von Allianzen verbunden ist, die zur Gruppenverteidigung und Jagd notwendig sind. Simmel, Webster, Heckethorn u. a. sahen die Entwicklung von Geheimbünden in enger Beziehung zur politischen Opposition oder Subversion. Das paßt in unser allgemeines Schema.

Wenn männliche Gruppen mit der erreichten Verteilung der Macht und ihrem Gebrauch zufrieden sind, können sie, wie die Poro der Sierra Leone oder die Indianergemeinschaften der Great Plains, sorgsam ausgearbeitete Strukturen schaffen. Weiheriten, Leistungen für die Beförderung zu einem höheren Grad, von den Kandidaten erduldete außergewöhnliche Drangsale — dies alles sind Merkmale für einen Auswahlprozeß in der männlichen Bindung, dem im Bereich der Fortpflanzung die Gattenwahl funktional gleichwertig und analog ist. Der Prozeß der männlichen Bindung, für den unter diesen Umständen Weihen sehr wichtig sind, kann sogar einen starken Anreiz für eine Lockerung der Bindung an die Familie bilden und die familiäre Fortpflanzungsaktivität einschränken. Ein Weiheritus kann den tatsächlichen Bruch symbolisieren. »Ein Weiheritus, mit der ihn begleitenden physischen Pein und der Isolierung von den Eltern, zeigt dem Jugendlichen, daß sein einziger Schutz, seine einzige Zuflucht und Sicherheit nicht mehr nur in der eigenen Familie liegt.« Die starke Emotion, die die Neulinge erfahren, ruft eine Identifizierung mit der Gruppe wach, während die Tatsache, daß Weihen häufig gruppenweise vorgenommen werden, nicht nur die Individuen vor einem Schock bewahrt, sondern »auch eine außerordentlich starke Bindung zwischen den Geweihten schafft«[32]. Eine ähnlich anti-familiäre Bindung bei Erwachsenen ist nicht selten; so sprachen in der Han-Dynastie (um 185 n. Chr.) Anwärter für die »Große Hung-Liga« folgenden Eid (ehe sie ihr Blut zur Festigung des Kontraktes mischten): »Ich schwöre, weder Vater noch Mutter zu kennen, weder Bruder noch Schwester, weder Weib noch Kind, wohl aber will ich stets der Bruderschaft gehorchen und ihr folgen, was immer sie befiehlt oder anstrebt; ihr Feind soll mein Feind sein.[33].«

Christi Ermahnung, daß alle, die ihm nachfolgen und sich seiner Bewegung anschließen wollen, alle eigenen familiären Bindungen verleugnen sollen, falls dies notwendig wäre, ist ein weiteres wichtiges Beispiel für die Auswahl in der männlichen Bindung. (Die von Christus geführte Apostelgruppe ist beispielhaft für das Bindungsphänomen: Die Betonung symbolischer Erotik, zum Beispiel der Fußwaschung, der Berührung von Gewändern usw. ist aufschlußreich, ebenso die Haltung der Apostel gegenüber den Frauen.)

Aus den Arbeiten von Young, Eisenstadt, Cohen u. a. geht klar hervor, welche Bedeutung Weiheriten für die Erhaltung der inneren Kontinuität in Gemeinschaften haben und wie eng Weihe und Altersstufe mit der Herausbildung sexueller und sozialer Identität unter der Jugend verbunden sind. Das ist besonders in Gemeinschaften der Fall, deren soziale Modelle sehr beständig sind oder den Mitgliedern beständig erscheinen. Es ist auch auf Gemeinschaften anwendbar, in denen soziale Veränderungen normalerweise nur innerhalb jener Grenzen und Möglichkeiten stattfinden, die von den legitimen Führern der Gemeinschaften sanktioniert wurden. Geheimbünde, Männerclubs und Initiationen stellen einen wichtigen Weg dar, auf dem Männer in die Gruppen eingeführt werden, in denen sie arbeiten, kämpfen, führen, folgen, verehren oder spielen werden.

In vielen Situationen sind Geheimbünde aber auch die Vermittler mehr oder weniger ernster sozialer Veränderungen gewesen, und lange Zeit waren sie das Instrument politischer Revolutionäre. Wie schon gesagt, ist es ein allgemeines Merkmal von Geheimbünden, die Feindseligkeit der etablierten Autorität zu erregen. Das mag einfach auf Erfahrung beruhen — Regierungen wissen, daß in der Vergangenheit etablierte Autorität durch Geheimorganisationen belästigt oder gestürzt wurde. Ein zweiter einfacher Grund kommt hinzu: Regierungen brauchen Informationen über die Tätigkeit von Personen sowohl innerhalb als auch außerhalb ihres Staatsgebiets; daher die komplizierten Spionagesysteme, die im Grunde genommen alle Regierungen unterhalten. Geheimorganisationen stellen also zumindest eine Herausforderung an die Sicherheitsdienste dar und müssen in dem Augenblick mit einer Bedrohung ihrer Geheimexistenz rechnen, in dem sie auch nur im geringsten prominent oder politisch werden.

Eine zusätzliche Erklärung liegt eben in der Natur des Geheimnisses selbst und in der Tatsache, daß das Geheimnis von einem Personenkreis gehütet und repräsentiert wird, der sich selbst ausdrücklich in Gegensatz zur unwissenden Gesellschaft stellt. Selbst auf die Gefahr der Übertreibung hin möchte ich darauf hinweisen, daß jede Personengruppe, die sich zusammenschließt und übereinkommt, bestimmte Geheimnisse zu bewahren – seien diese wie auch immer geartet –, und ferner erlaubt, daß man die Geheimhaltung kennt oder ahnt, eine aggressive Handlung begeht, die in jedem Fall Furcht und Feindschaft herausfordert. In einigen Gesellschaften sind Geheimbünde nicht nur sanktioniert, sondern spielen sogar eine wichtige Rolle in der Aufrechterhaltung des Status quo. Dort begegnet man ihnen mit einer Mischung von Angst und Achtung. So versuchen melanesische Frauen – vermutlich aus Angst vor dem *Churinga*-Bann – manchmal doch hinter die Geheimnisse der Männergruppe zu kommen, obwohl sie durch Exekution, Geldstrafen oder den Zwang, allen Männern zu Willen sein zu müssen, bestraft werden können[34]. In diesen und ähnlichen Fällen wird die Geheimhaltung zu einem Faktor bei der Aufrechterhaltung von Dominanz und sozialer Distanz.

Wo Geheimbünde aber nicht öffentlich sanktioniert sind – vor allem durch die Herrschenden in den betreffenden Gesellschaften –, scheint die Kombination von Geheimhaltung und Bindung ein eindeutiger Beweggrund zu Feindseligkeiten zu sein. Ein besonders leichter Weg, Antipathie in der Bevölkerung gegen eine spezielle Gruppe zu erzeugen, ist in der Tat der, diese zu beschuldigen, sie sei an einer geheimen Verschwörung beteiligt. Wenn die Beschuldigten die Tätigkeit der angeblichen Geheimgruppe nicht aufdecken, wird damit die Existenz einer Verschwörung bestätigt. Legen sie nur etwas offen, wird damit bewiesen, daß noch mehr geheim bleibt. Ein neueres und treffendes Beispiel für dieses Phänomen war die Behauptung, daß »Die Protokolle der Weisen von Zion« – heute als ein ursprünglich von Antisemiten verwendetes satirisches Dokument bekannt – ein von Juden geschmiedetes Komplott zur Erschütterung der christlichen Staaten seien. Diese Schrift war, so wurde behauptet, für die Nazis ein wesentlicher Ausgangspunkt zur Rechtfertigung ihrer Rassenmorde[35]. Was für die »Protokolle« galt – daß sie angeblich eine Verschwörung widerspiegelten – gilt auch für viele andere Situationen; in jeder Bevölkerung suchen mindestens einige im Hirngespinst irgendeiner Verschwörung eine überzeugende und hilfreiche Erklärung für die politischen und sozialen Verhältnisse. In Gesellschaften mit formell offenen politischen Strukturen gelten eine ganze Reihe von Geheimbünden – der Orange-Orden, die Freimaurer, der Ku Klux Klan, die Maffia, die Carbonari usw. – zu Recht oder Unrecht als Protagonisten sozialer Zersetzung und Landesverräter[36].

Geheimbünde sind tatsächlich oft Auslöser politischer Reformen und Revolutionen gewesen. Zum Beispiel wird behauptet, daß in der Taiping-Rebellion von 1850, beim Boxeraufstand von 1900 und im Perak-

Krieg in Malaya 1874-75 asiatische Geheimbünde eine Rolle gespielt hätten oder verantwortlich gewesen seien[37]; sowohl Sun Yat-sen[38] als auch die gegenwärtige chinesische Regierung sicherten sich die Unterstützung vorhandener Geheimgesellschaften – inner- und außerhalb Chinas –, um an die Macht zu kommen[39]. Der sogenannten »Roten Hand« wird nachgesagt, sie habe in den Konflikten der Unabhängigkeitsbewegung in Tunesien eine große Rolle gespielt. Hobsbawn untersuchte die Reaktion auf die Unterdrückung durch Gruppen, die er »soziale Banditen« nennt (im Gegensatz zu »chiliastischen« Bewegungen); zu ersteren gehören verschiedene Gruppen Süditaliens, vor allem die Maffia, und die Terroristen Bengalens. Prominent waren während der nordamerikanischen und französischen Revolution besonders die Freimaurer[40]. Als revolutionäre Geheimbünde führt Heckethorn die Internationale, die Fenier, die Kommunisten und Nihilisten an, während die Mahdi-Anhänger, die Troubadours, die Fehme (im Westfalen des dreizehnten Jahrhunderts), die indischen Thugs und Assassinen, die französischen »Chauffeurs«, die Camorra Neapels, die Communeros Spaniens, die Carbonari Italiens, die anti-napoleonischen Geheimgesellschaften Frankreichs, die italienischen Gesellschaften, denen Mazzini angehörte, die irischen Gesellschaften, der Broederbund von Südafrika und der Ku Klux Klan von politischer Bedeutung waren. Weniger direkte Beziehung zur Politik hatten die mehr oder weniger geheimen Zunftgesellschaften des mittelalterlichen Europa. Diese Gruppen bildeten Lehrlinge aus, schützten Zunftmitglieder in Fällen ohne klaren Rechtsschutz (oft mit Waffengewalt), und repräsentierten die allgemeinen Interessen des Handels. Letztere Funktion war gelegentlich offenkundig mit Politik verbunden. Wie zu erwarten, erregte dies mehr unmittelbaren Verdruß als die durch die Zunft ausgeführte Kontrolle von Handelspraktiken[41].

Nach Ansicht Websters spiegeln die Geheimbünde in Gemeinwesen, die sie erlauben, die relative Einfachheit des politischen Systems und dessen Mangel an effektiver Zentralisierung wider[42]. Das erklärt aber nicht den Prozeß, der dem Verhalten von Geheimgesellschaften zugrunde liegt. Außerdem liegt dieser Behauptung – nur in abgewandelter Form – die Ansicht zugrunde, daß politisches Verhalten von Einzelpersonen, die untereinander verwandt sind, in Wirklichkeit nicht politisches, sondern verwandtschaftliches Verhalten ist. Webster meint, Geheimbünde seien charakteristisch für »primitive Geistesverfassung«. Dieser Kommentar gibt aber wohl eher die Wertschätzung von Offenheit und Demokratie innerhalb unserer Kultur wieder, als Websters Einschätzung der Beziehungen zwischen den Bünden und der Evolution des Menschen[43]. Es ist interessant, daß fast überhaupt keine Kommentatoren sagen, Geheimbünde seien »modern«, im Gegensatz zu »primitiv«. Da viele dieser Autoren von der Annahme ausgehen, man könne einen mehr oder weniger geradlinigen Fortschritt von primitiven zu modernen Formen des sozialen Lebens nachweisen — eine Annahme, die wir zurückweisen müssen —, können wir vielleicht ihr Urteil, Geheimbünde seien »primitiv«, zur Unterstützung der Vorstellung heranziehen, daß diese Gruppen tiefe und überzeugende Gefühle anregen, die für ihre biologische Bedeutung symptomatisch sind.

Zweierlei möchte ich festhalten. Erstens: In Gemeinwesen, in denen die Geheimbünde rechtmäßig sind, treiben sie ihr Spiel mit der Angst der Uneingeweihten (häufig, weil eine Beziehung zwischen den Bünden, den Gemeindeältesten und den Göttern vermutet wird)[44], und sie dienen als Vermittler für soziale Kontrolle. Im ganzen wird die herrschende politische Ordnung von ihnen unterstützt. Zweitens: Dort aber, wo Geheimbünde sich nicht mit der Herrschaftsstruktur decken oder sie nicht formell unterstützen, werden sie fast immer als den Herrschenden feindlich gesonnen angesehen und entweder scharf kontrolliert oder aktiv bekämpft. Zur letzteren Kategorie gehören die von Hobsbawn beschriebenen sozialen Banditen und die unverhohlen kriminellen Banden, die kein anderes Ziel als das der eigenen Bereicherung haben, wobei sie die Schwachheit anderer ausnutzen.

Ich befasse mich hier nicht mit der Tatsache ausbeuterischer Handlungen, sondern deren Legitimierung. Es besteht praktisch kein großer Unterschied zwischen der Ausbeutung sizilianischer Bauern zugunsten der Maffia und der Ausbeutung steuerzahlender Bauern zugunsten des hohen Lebensstandards von Königen und Adeligen. Beide Systeme sind letztlich von Gewaltanwendung abhängig, und beide bieten dem Steuerzahler keine Wahl. Natürlich können legitime und illegitime Systeme miteinander verschmelzen, wie das zu bestimmten Zeiten in gewissen Teilen Süditaliens der Fall gewesen ist. Ein ziemlich überzeugender Vorfall war die von den amerikanischen Besatzungsmächten geförderte Übernahme legitimierter Macht durch die Maffia nach dem Zweiten Weltkrieg. Offenbar nahm man an, die Maffia sei die einzige Organisation mit genügend Macht, um politischen Erfolgen der italienischen Kommunisten vorzubeugen[45]. (Der italienische Film »Hände über der Stadt« zeigt, wie betrügerisch das Einverständnis zwischen einigen italienischen Politikern und illegitimen Hintermännern war und welche Schwierigkeit bestand, diese Allianz zu brechen.)

Sofern man eine solche Unterscheidung überhaupt aufrechterhalten kann, spiegeln »legitime« Geheimbünde den sozialen Schichtungsprozeß des gesellschaftlichen Lebens wider, während »illegitime« den charismatischen Prozeß zeigen. In beiden jedoch äußert sich die Neigung zur männlichen Bindung: »Die Zulassung von Frauen ist charakteristisch für die langsame Auflösung von Geheimbünden und deren Umwandlung in rein soziale Clubs oder magische Zirkel[46].« Nur wenige Geheimbünde wurden von Frauen gegründet und erhalten, ausgenommen jene, die angeblich mit Hexerei und Zauberei in Zusammenhang stehen. Typischer ist es für Frauen, sich weiblichen Vereinigungen anzuschließen, die unter der mehr oder weniger sorgfältigen Leitung der männlichen Hauptvereinigung stehen. Daß Männer Angliederungsgesellschaften von weiblichen Organisationen bilden, scheint nicht vorzukommen.

Ich will damit nicht behaupten, daß Frauen sich nicht organisieren; sie schließen sich durchaus zusammen und sind in vielen sozialen und karitativen Vereinen aktiv. Aber weibliche Organisationen finden viel weniger Gefallen an politischer Aktivität als männliche; dem entspricht zum Teil die Tatsache, daß weibliche Gruppen meist nicht geheim sind und daß Frauen allgemein weniger politischen Einfluß ausüben als Männer. Paradox ist folgendes: Einerseits repräsentieren diese Bünde »irrationale« artspezifische menschliche Neigungen, andererseits gehören, wenn man Simmel folgt[47], zum Selbstverständnis und zur Tragweite der geheimen Bindung Drohung oder Gewalt gegenüber Nichtmitgliedern; man kann darin eine verzerrte Äußerung »rationaler« sozialer Absichten sehen. Das Paradoxon löst sich, wenn man Instinkt und Lernverhalten nicht als absolute Gegensätze betrachtet. Dann können wir sagen, daß Männer bewußt Geheimbünde gründen, um gemeinsam und wirksam Kontrolle über politische, religiöse und wirtschaftliche Verhältnisse auszuüben; außerdem tun sie dies aber auch aus Freude an männlicher Gesellschaft unter emotional befriedigenden Bedingungen. Solch ein Zusammenschluß ist also zugleich die kulturell gelernte *und* sozial vermittelte Manifestation einer umfangreichen biologischen Veranlagung im männlichen Lebenszyklus.

Nehmen wir also an, daß Geheimbünde (ebenso wie ähnliche Verbindungen auf freiwilliger Basis) beispielhafte Erscheinungen des männlichen Bindungsmodells und seiner Beziehung zur politischen Ordnung sind. Die Bünde können in enger Beziehung zum beruflichen Zusammengehörigkeitsgefühl stehen. Ein besonders klarer Fall ist die Zunft. Personen, die dem gleichen Beruf nachgehen, kooperieren lieber in der Ausnützung ihrer Fähigkeiten oder ihres Eigentums, statt ohne Einschränkung gegeneinander zu konkurrieren. Zweifellos variiert je nach Zeit und Ort die Bedeutung, die Männerbünde für Einzelpersonen haben. Ich habe gezeigt, wie die Art der Aufnahme, die politische oder quasi-politische Geheimbünde in einer Gesellschaft finden, die allgemeine Natur des politischen Kräftespiels in diesem Gemeinwesen widerspiegelt.

Die Beziehung zwischen politischer Ordnung und ökonomischer Tätigkeit — bei der Jagd und in anderen kleineren Gemeinschaften[48] — eröffnet einen nützlichen Einblick in die Verschmelzung politischer und wirtschaftlicher Rollen. In komplexeren Gemeinschaften bieten Geheimbünde auf freiwilliger Basis der männlichen sozialen Bindung eine wichtige Möglichkeit der Erneuerung. In Millionen von Jahren der menschlichen Evolution erwies sich diese Bindung als sehr anpassungsfähig. Eine Organisation wie der Rotary-Club spiegelt (vor allem in Großbritannien) in seiner Mitgliedschaft die ökonomische Arbeitsteilung in jeder Gemeinschaft wider; der Club ermöglicht intern den Gebrauch politischer Fähigkeiten und extern die Verwertung von Kenntnissen in sozialen Angelegenheiten. Wir können hier ein Beispiel kleinen Stils für männliche soziale Zusammenarbeit sehen. Die weltweite Verbreitung solcher Zusammenarbeit, selbst in Fällen ohne offensichtlichen ökonomischen Gewinn — wie in den Arbeitervereinen industrieller Gesellschaften —, weist darauf hin, daß die Befriedigungen sozialer Art sind. Ich bemühte mich zu zeigen, wie diese soziale Aktivität ein verdrängtes ökonomisch-politisches Zusammengehörigkeitsgefühl sichtbar werden läßt und zwar dann, wenn der Beruf der Männer und ihre politischen Rollen keine adäquate Gelegenheit zu dauerhafter männlicher Zusammenarbeit bieten.

3

Natürlich beruht mein Argument auf einer nicht leicht zu prüfenden Voraussetzung. Ich bin mir durchaus der möglichen Tautologie eines jeden Versuches bewußt, weit verbreitete Verhaltensweisen als Konsequenzen universeller menschlicher Neigungen zu beschreiben, die selbst per Definition zu den so weit verbreiteten Verhaltensweisen führen müssen. Meine Methode, das ist klar, muß notgedrungen einigermaßen unscharf sein. Nicht, daß dieser spezielle Versuch weniger akzeptabel als andere wäre. Er erfordert aber als Rüstzeug einfach eine Vielzahl von Daten, die nicht in direkter Beziehung zu ihm zu stehen scheinen — zum Beispiel die unterschiedliche Beteiligung von Mann und Frau an der Politik oder die wirtschaftliche Arbeitsteilung aufgrund der Geschlechtszugehörigkeit. Die Überprüfung soziologischer Zusammenhänge zwischen — sozial gesehen, getrennt erscheinenden — Phänomenen ist jedoch zugleich von allgemeinem Nutzen. In diesem Sinne seien kurz die Weihezeremonien betrachtet.

Die Überschrift dieses Kapitels lautet »Männer werben um Männer«. Weiheriten verstehe ich als Faktoren eines Auswahlprozesses, der sich zu politischen und wirtschaftlichen Hierarchien so verhält, wie das sexuelle Werben zu Fortpflanzungshierarchien[49]. (Hier sei der Leser daran erinnert, daß für mich soziale Systeme im Rahmen spezifischer, unter den Bevölkerungen wahrscheinlich ganz normal verbreiteter Neigungen Modellcharakter haben und daß die Verteilung dieser Neigungen — entsprechend einer sogenannten »Normalkurve« — mit den Prinzipien Darwins über das Verhältnis von individuellen Unterschieden und dem Überleben der Arten weitgehend übereinstimmt). Ich möchte daher untersuchen, ob Weiheriten Symbole für das männliche Interesse an Eigenschaften wie Mut, Tüchtigkeit und Loyalität bei den Jungen sind, die ja die späteren Kollegen und Nachfolger der Männer sein werden. Ich meine, das Interesse der Männer an der Qualifikation der Jungen gleicht der Vorliebe, die Männer für Frauen haben, die in der Gesellschaft als besonders schön gelten, oder für Frauen, die begabt, einflußreich, wohlhabend, gute Mütter und Ehefrauen sind, kurzum das Zuhause der Männer angenehm machen.

Zunächst müssen wir genau unterscheiden. Die Neigung, Hierarchien zu entwickeln, ist möglicherweise ein artspezifisch menschliches Verhaltensmodell[50]. Zu dieser Tendenz stehen Weihen offensichtlich in Beziehung. Für meine Beweisführung ist es nicht nötig, zwischen Einweihung in einen Arbeits-, Verteidigungs- und Aggressions-Komplex und Einweihung in einen statuserhaltenden Komplex zu unterscheiden. Es mag jedoch dem Verständnis dienen, wenn ich zuerst die Weihe als Faktor in der Zuteilung von Verantwortlichkeiten diskutiere, die mit Arbeit und Kampf verbunden sind. Dann soll gezeigt werden, welches Verhältnis zwischen Weihe und Bewahrung des persönlichen oder familiären Status bestehen kann.

Im vorigen Kapitel habe ich die Bedeutung der männlichen Bindung für menschliche Gesellschaften beschrieben und darauf hingewiesen, daß ihre Bedeutung nicht aus dem Zufall hervorging, sondern aus einer Programmierung. Es gab ebenso gute biologische wie soziologische Gründe für den Versuch, die Funktion zu verstehen, die diese Bindung bei der Anpassung von Gesellschaften an ihre natürlichen Umgebungen, d. h. aber auch an Tiere und menschliche Wesen, hat. Auch wurde bewiesen, daß »allgemeine physische Veränderungen im menschlichen Körper in bestimmten Entwicklungsstufen mit allgemeinen psychischen Wirkungen verbunden sind«[51]. So eine der Annahmen von Cohen, die man aus verschiedenen Gründen für mehr als nur eine Annahme halten kann. Obwohl die »allgemeinen psychischen Wirkungen« bei Einzelpersonen und Gemeinwesen unterschiedlich sind, befassen wir uns hier mehr mit Ähnlichkeiten als Unterschieden. Pubertät ist Pubertät: ein reales Phänomen—wie Essen oder Trinken —, das Verallgemeinerungen zuläßt. Verallgemeinerungen über Pubertätserscheinungen bei einer Einzelperson kann ich nicht anbieten[52], möglicherweise aber über die darauf erfolgende gemeinschaftliche Reaktion. Wenn irgendwo allgemeine psychische Wirkungen vorliegen, sehen sich Gemeinwesen im allgemeinen veranlaßt, sich mit ihnen zu befassen. Die gemeinschaftliche Reaktion auf Veränderungen — z. B. Pubertät oder Tod — variiert sehr. Aber wie uns die Variation erlaubt, Gemeinwesen analytisch zu unterscheiden, müssen wir auch mögliche übereinstimmende Faktoren in Betracht ziehen, genauso, wie man die Unterschiede beschreiben und verstehen können muß.

Stellen wir als erstes eine feststehende Tatsache heraus: Beobachtung, Erfahrung und umfangreiches Faktenmaterial erlauben uns zu sagen, daß Männer die Gegenwart schöner und zugänglicher Frauen dem Umgang mit teilnahmslosen und unattraktiven Frauen vorziehen. Im einen Fall wird das Gefühl der eigenen Männlichkeit gesteigert, im anderen dagegen niedergedrückt. Das ist ganz offensichtlich. Ebenso offensichtlich ist, daß zwischen dem beneidenswerten Mann und seinem auserlesenen »Harem« eine tiefe und komplexe Wechselwirkung besteht, wie auch zwischen dem anderen glücklosen Mann und seinen weit weniger aufregenden Freundinnen. Ganz allgemein bevorzugen Männer attraktive Frauen, wie umgekehrt die Frauen Männer bevorzugen, die attraktiv und mächtig sind. Es ist nicht einmal negativ gemeint, wenn man feststellt: wir alle sind sexuelle Statussucher — das ist ein erklärbarer und taxierbarer, biologisch begründeter Prozeß[53].

Eine Analogie hierzu gibt es in den Beziehungen zwischen Männern; Männer sind lieber in Gesellschaft von Männern von höherem Rang, die von der Allgemeinheit als attraktiv bezeichnet werden, als in Gesellschaft von anderen Männern. Die Positionen solcher Männer bringen ihnen selbst einen Statusgewinn. Männer, die sich ihres Ranges, ihrer Macht und Sicherheit bewußt sind, zeigen ein anderes emotionales Verhalten als solche, die zum Beispiel aus der Bowery stammen. Individuen besitzen je nach ihren Gruppenbeziehungen und dem Status ihrer Gruppe Selbstachtung oder geringere Selbsteinschätzung. Eine der Funktionen der Weihe ist es nun, in diesem Rahmen die genaue Anpassung oder Übereinstimmung zwischen den in der Gruppe schon vorhandenen Männern und den neu Hinzukommenden zu sichern. Eine Gruppe von Männern findet an sich selbst, ihrem Status und ihrer Qualität Freude. Um nun Mitgliedern wie Außenstehenden zu versichern, daß die neuen Mitglieder der Mitgliedschaft auch wert sind, wird ein Weihevorgang mit harten Prüfungen ersonnen, um Mut und Beharrlichkeit des zu Weihenden auf die Probe zu stellen. Eignung und Eifer für den Beitritt werden dadurch bestätigt oder widerlegt. Die Weihezeremonie ist also Teil eines Werbemodells zwischen Männern, das mit einer männlichen Tendenz verbunden ist, einen Status unter anderen Männern zu suchen, sich mit ihnen zusammenzuschließen und die korporative Selbstachtung gegenüber der Gesamtgesellschaft hoch zu bewerten. Wie unerbittlich real diese Identifizierung ist, wird durch die Banden in der *West Side Story* deutlich: »*When you're a Jet you're a Jet*« lautet das Lied; die Verpflichtung kommt einer Eheschließung gleich. Trotz aller friedlichen Vorsätze kämpft Riff bezeichnenderweise schließlich doch, obwohl er ursprünglich nicht bereit ist, bei dem Kampf der Bande mitzumachen, weil es seiner zukünftigen Frau nicht gefällt. Brennpunkt dieses Musicals ist – in einer interessanten Abwandlung des Lysistrata-Themas – der Konflikt zwischen den Forderungen von Mann und Frau. Auf die Bedeutung der Selbstkontrolle und korporativen Loyalität für die Vorbereitung der Männer auf den Kampf weist der Song »*Keep Cool*« hin. Robert Ardrey hat darauf aufmerksam gemacht, welche Bedeutung dem Musical wegen seiner Beschreibung der territorialen Gewohnheiten junger Männer und der »Natürlichkeit« von Aggression und Gruppenhierarchie zukommt. Ebenso spiegelt das Spiel das gespannte Verhältnis zwischen Mann und Frau hinsichtlich des Kriegs wider, und es illustriert die Dynamik der männlichen Bindung anschaulich und mit Verständnis für die Bedeutung, die diese Bindung für die betroffenen Männer hat[54].

Wie privilegierte Männer mehr Aussicht haben, die Frau ihrer Wünsche zu heiraten, so ist auch Weihe Werbung. Vornehme männliche Gruppen können die besten Kandidaten an sich ziehen, die strengsten Aufnahmeprüfungen verlangen und ihren Mitgliedern die größte Befriedigung und Belohnung gewähren. Die »Alten Herren« aus der Führungsschicht deutscher Schlagender Studentenverbindungen, der Deutschen Burschenschaft, »zu denen so unterschiedliche Gestalten wie der frühere CDU/CSU-Minister Höcherl und der ehemalige SPD-Ministerpräsident von Niedersachsen, Diederichs, zählen, finanzieren nicht nur Verbindungen, sondern verhelfen angeblich manchen Mitgliedern zu Positionen und handeln manchmal auch als geschlossene

Gesellschaften. Der Ausschluß aus einer Verbindung kann immer noch den sozialen Ruin bedeuten: ihr anzugehören heißt lebenslange Protektion und Verpflichtung«[55].

Vergleichbares scheint sich in einigen nordamerikanischen Verbindungen abzuspielen. Hier ist von Interesse, wie auf einem Campus durch verschiedene einzelne Verbindungen potentielle Mitglieder ausgesucht werden. Verbindung und potentieller Anwärter versuchen während einer Reihe von Sitzungen, manchmal ›*ding*‹-Sitzungen[56] genannt, sich näher kennen zu lernen. Die Verbindungen unterscheiden sich in den Mitgliedsbeiträgen, dem Lebensstandard, der Kleidung, der Freizeitgestaltung usw., was den Anpassungsvorgang zwischen der sozioökonomischen Position des Anwärters und der Verbindung verkompliziert. Die Anpassung wird im allgemeinen erreicht, doch gibt es Einzelfälle von sozialem Aufstieg bei Studenten, die nebenher noch Geld verdienen müssen, um den Lebensstandard aufrechterhalten zu können, der zwar nicht formell, aber doch faktisch von allen Mitgliedern jeder Verbindung erwartet wird. Heitere Einführungsabende, vermischt mit recht anstrengenden Tätigkeiten, beschäftigen die Anwärter bis zur endgültigen Weihe. Beide Parteien werden während dieser Zeit der Bindung mehr oder weniger verpflichtet.

Während der Weihen selbst sind die Anwärter häufig teilweise oder völlig nackt; manche dieser Zeremonien haben einen mehr oder weniger klar erkennbaren homo-erotischen Sinn[57]. Eine Verbindung in den USA brandmarkt ihre Mitglieder sogar. Eine andere schreibt folgende Zeremonie vor: Die Aspiranten werden entkleidet und vor ein offenes Feuer gestellt, in dem verschiedene Brandeisen auffällig erhitzt werden. Dann werden den Kandidaten die Augen verbunden und Fragen wie diese gestellt: »Willst du der Verbindung ... wirklich beitreten? Aus welchem Grund? Bist du dessen würdig? Bist du bereit, um der Verbindung willen Schmerzen zu erdulden?« Selten zieht an dieser Stelle eine Person ihre Kandidatur zurück. Dann wird dem Kandidaten gesagt, daß er gebrandmarkt wird, die Eisen werden aus dem Feuer genommen, in kaltes Wasser getaucht, um ein zischendes Geräusch zu erzeugen, und zur gleichen Zeit wird ein kaltes Eisen gegen das Gesäß des Kandidaten gepreßt. Danach ist er Mitglied. Eine andere Verbindung entkleidet den Kandidaten und bindet ihm einen Ziegelstein an den Penis; nachdem ihm die Augen verbunden worden sind, wird ihm befohlen, den Stein aufzuheben und wegzuwerfen, doch weiß der Kandidat nicht, daß die an seinem Penis befestigte Schnur kurz zuvor durchgeschnitten wurde. In Montreal begegnete ich einmal einer Gruppe von ungefähr zehn Männern im Smoking, die betrunken und angeheitert daher kamen. Sie trugen einen der ihren, den sie ständig prügelten, während sie ihn an der belebten Ecke Peel Street, Sherbrooke Street, nahe der McGill-Universität den Bürgersteig entlang schleppten. Als guter Bürger schaute ich näher hin und erblickte ein blutendes Gesicht. Daraufhin versuchte ich die anderen von weiteren Schlägen abzuhalten. Der Kandidat aber protestierte gegen meine Einmischung und sagte: »Lassen Sie mich bitte in Ruhe – ich werde initiiert«, und einer seiner Peiniger meinte: »Keine Sorge. Es ist nur Spaß.« Plötzlich kam ein Auto, alle elf sprangen hinein und fuhren trotz Rotlicht auf und davon. Interessanterweise gibt es Kandidaten, die nach ihrer endgültigen Aufnahme am Ringfinger der linken Hand einen Verbindungsring tragen.

Ein Berufskollege hat mir folgenden Weiheakt beschrieben, den er in einer Verbindung der Cornell University erlebte. Er ist fast eine Parodie auf die in vielen Initiationen vorkommenden Symbolisierungen. Vor der Zeremonie müssen die Kandidaten eine Reihe von Objekten mit sexuellen Nebenbedeutungen auftreiben. Diese werden zur Feier mitgebracht. Dazu gehören ein Fünf-Zoll-Nagel und ein Gefäß mit Vaseline. Die Kandidaten werden mit dem Gesicht nach innen in einem Kreis aufgestellt. Hinter jedem Aspiranten steht ein Alter Herr der Verbindung. Im Verlauf von verschiedenen Gelübden und Erklärungen legen alle zu Weihenden ihre Kleider ab. Dann werden ihnen ihre Nägel und die Vaseline mit der Anweisung ausgehändigt, die Nägel zu fetten und sie an den hinter ihnen stehenden Alten Herrn weiterzureichen. Der Raum ist jetzt dunkel. Dann müssen sie sich bükken, so daß sie ihr Gesäß den Senioren präsentieren. Die rechte Hand wird auf das rechte Hinterteil gelegt und die linke Hand nach rückwärts zu dem Alten Herrn ausgestreckt, um den Nagel in Empfang zu nehmen. Doch statt dessen erhalten sie ein Glas Bier, das Licht geht an, die Kandidaten bekleiden sich wieder, und ein Trinkgelage beginnt. Es fällt schwer, hier nicht die oberflächliche Parallele zwischen dieser Zeremonie und dem Verhaltensmodell bei einigen Primaten zu erwähnen, wo dominante Männchen subdominante kurz besteigen; dies scheint der genauen Rangbezeichnung oder Wiederbezeichnung zu dienen. Eine Studentin der gleichen Universität beschrieb im Vergleich dazu die Initiationszeremonien einer Studentinnenverbindung, bei denen die Kandidatinnen lange weiße Gewänder trugen und der Verbindung, sowie den Idealen der Keuschheit und Reinheit Treue schwuren. Dieser formelle Gedanke wurde allerdings häufig informell dementiert, nämlich durch die von der Verbindung veranstalteten Deflorationsparties für einige ihrer weiblichen Mitglieder.

Natürlich sind das relativ harmlose Prüfungen. Militärische können weitaus härter sein. Zum Beispiel gipfelte in den 50er Jahren das Training von US-Marine-Aspiranten in einer Anzahl von Todesfällen durch Erschöpfung, Unterkühlung und Krankheit. Neulingen bestimmter Militärakademien werden die Haare geschoren, und sie werden durch ihre Dienstvorgesetzten und Instrukteure ausgeklügelten Schindereien und Schikanen unterworfen. In einem Fall müssen die Neulinge in regungsloser Grußstellung verharren, während jeder Dienstvorgesetzte dem Neuling beliebig oft und stark in die Magengrube boxen kann. Webster glaubt, daß Pubertätsriten und vergleichbare Rituale nicht nur sadistisch sind: »Wahrscheinlicher ist, daß in vielen Fällen das, was wir als bloße Mutproben und Ausdauertests betrachten, einstmals von tieferer Bedeutung war und ursprünglich aus religiösen oder magischen Gründen auferlegt wurde.« Zu den Prüfungen können zählen: Enthaarung, Kopfschmisse, Zähneziehen, das Benetzen mit und Trinken von Menschenblut, das Eintauchen in Staub und Schmutz, schwere Prügel, Ritzen der Haut, Rauchen, Verbrennen, Beschneidung und Schnitte ins Fleisch[58]. Bei einem amerikanischen Indianerstamm werden Kriegeranwärter an Riemen aufgehängt, die durch ihre Brustmuskeln gezogen wurden, und dürfen dabei keinen Klagelaut äußern. In englischen Public Schools wurde früher schon bei den Einführungsfeierlichkeiten der Wille des Neulings gedemütigt, und es wurde ihm klargemacht, daß er Autorität fraglos zu akzeptieren habe[59]. Der Kandidat einer amerikanischen Verbindung kam während einer Initiation ums Leben. Er wurde an den Rand eines hohen Felsens gebracht, einige Zeit herumgedreht, worauf ihm gesagt wurde, er solle nach links gehen, wenn er seinen Mitbrüdern völlig vertraue. Er ging nach rechts und stürzte tödlich ab.
Die Liste der Schäden und Demütigungen, die von Kandidaten auf der ganzen Welt erlitten wurden, nur um in einen Verein aufgenommen zu werden, ist ein ungeheurer Katalog an erfinderischen Perversitäten, unerbittlichen Prüfungen und phantastischen Demonstrationen von Subordination[60]. Doch ist das ein weitgehend männliches Phänomen. »Bei Frauen gelten Restriktionen allgemein nur auf dem Niveau minimaler sozialer Anerkennung, während sie bei Männern bis zum Niveau persönlicher Dramatisierung reichen. Durch diese Tatsache wird der allgemeine Eindruck unterstützt, daß die Anerkennung der Rolle der Frau, im Gegensatz zu der des Mannes, weit häufiger durch Restriktion als durch Verordnung erreicht wird. Außerdem wird dieser Schluß dadurch bestätigt, daß eine ›rituelle Vollziehung der Weihe‹ ... für Mädchen verhältnismäßig seltener als für Jungen ist.«

Auch bemerkt Young, daß »weibliche Initiation selten mit einer organisierten Gruppe zu tun hat«, – »viel eher als die erwachsenen Angehörigen des einen oder anderen Geschlechts ist die Familie der Bezugspunkt«[61]. Im Vergleich zu den abstoßenden Zeremonien männlicher Verbindungen sind die Initiationen von weiblichen Studentenverbindungen mehr sozial als individuell orientiert und stellen an die Kandidatinnen beträchtlich weniger harte Anforderungen. Bei der Studentinnenverbindung eines kanadischen Colleges zum Beispiel bestand die Initiation darin, eine Liste von fünfundzwanzig Namen von Studenten, samt deren Adresse und Telefonnummer, zusammenzubringen. Bei einer anderen mußten die Kandidatinnen, mit einem Heiligenschein angetan, den Campus umrunden und große Schilder mit ihrem Namen, der Studienrichtung und Semesterzahl sowie ihrer Telefonnummer tragen. Das heißt nicht, daß Klitoridektomie und Skarifikation dort, wo sie stattfinden, für weibliche Personen nicht schmerz- und qualvoll sind. Aber der gesamte soziale Prozeß scheint nicht so viel Widerstandsfähigkeit gegen Angst, Schmerz, Einsamkeit usw. zu fordern wie bei einer männlichen Initiation.
Eine der manchmal als schmerzhaft geltenden weiblichen Initiationen ist die Defloration. Heute so gut wie im London des achtzehnten Jahrhunderts gibt es ein bleibendes und komplexes Interesse an Jungfrauen und deren Defloration[62]. Jede flüchtige Untersuchung gegenwärtiger »harter« Pornographie zeigt das Interesse am ersten Geschlechtsverkehr. Häufig wird der Geschlechtsakt von einem brutalen Mann erzwungen, manchmal in einem zügellosen Rahmen, und er endet meist mit heftigem Vergnügen oder Abscheu, sobald der Deflorationsschmerz nachläßt. Es ist nicht ganz klar, ob die Defloration die Einführung in die Welt des Mannes oder der Frau bedeutet, obwohl sie in vielen Kulturen ein bedeutsames Durchgangsritual ist. Margaret Mead reflektiert darüber, ob die unterschiedliche Dicke des Hymens einen Überlebenswert haben könnte und was die Tatsache, daß der weibliche Mensch das einzige Lebewesen ist, das ein Hymen hat, bedeutet: »Vielleicht kann man das Hymen selbst als Hindernis für den vollendeten Geschlechtsverkehr mit unreifen Männern ansehen, die nicht imstande sind, das Hymen zu zerreißen; außerdem wird durch das Hymen der erste Geschlechtsverkehr so auffallend und deutlich, ... daß eine soziale Regulierung möglich wird ... Die Existenz des Hymens gibt ... einen Anhaltspunkt für den funktionalen Wert einer über die Pubertät hinaus verlängerten Kindheitsperiode«[63]. Cohen gibt zu verstehen, daß das Verbot des Geschlechtsverkehrs mit Kindern eine gleichartige Erkenntnis der Gefahr wiedergibt, die der

entscheidende Vorgang des Geschlechtsverkehrs und besonders des Orgasmus für das unsichere Ego mit sich bringen kann[64].
Nach Michael Allen muß zwischen Pubertäts- und Initiationsriten unterschieden werden. Letztere zeichnen sich durch Geheimhaltung aus, die für jene jedoch nicht erforderlich ist[65]. Cohen unterscheidet zwischen der sozialen Reaktion auf den ersten Pubertätsabschnitt, der normalerweise zwischen acht und zehn Jahren liegt – in dem die wichtigsten entwicklungsmäßigen Veränderungen vor sich gehen –, und dem zweiten Abschnitt der sichtbar werdenden sekundären Geschlechtsmerkmale. Für das Individuum und das Gemeinwesen ist der erste Abschnitt der bedeutendere; ihm wird mehr Sorge und Aufmerksamkeit gewidmet als dem zweiten. Im ersten Abschnitt findet der entscheidende Bruch mit der Kernfamilie bzw. unmittelbaren Familie statt. Im zweiten sind die *»rites de passage«* in das Erwachsensein von ausführlicheren Zeremonien gekennzeichnet[66]. Der eine kündigt das Ende der sozialen Kindheit an, der andere den Anfang des sozialen Erwachsenseins, die volle oder zunehmende Teilnahme an der Welt der Erwachsenen. Zeremonien koedukativer Art sind relativ ungebräuchlich; lediglich in Gesellschaften wie Amerika oder England sind bisexuelle *»rites de passage«*, zum Beispiel bei Schulabschlüssen, üblicher. Selbst in diesen Gesellschaften können getrennte Schulsysteme oder rituelle Verhaltensmodelle außerhalb des Schulsystems (die »Süßen Sechzehn«, Debuts, Bar Mitzvahs usw.) bis zu einem gewissen Grad geschlechtliche Rollenunterschiede betonen.
Natürlich ist es klar, daß während der Pubertätszeit sowohl Jungen wie Mädchen in diejenigen sozial-sexuellen Rollen hinein sozialisiert werden, die jedem Gemeinwesen zu eigen sind; und gewiß ist es schwierig, die psychologischen und möglichen biologischen Mechanismen zu identifizieren, die während der Initiationsperioden am Werk sind. Es ist denkbar, daß es hier eine »kritische Periode« gibt. Vielleicht sind die Wandlungen in der Pubertät von einer besonderen Empfänglichkeit für Rollenmodelle des gleichen Geschlechts begleitet, genauso wie die Reaktion auf sexuell reife Personen des anderen Geschlechts sich wandelt. Nach allem gibt es keinen unmittelbaren Grund, warum junge Männer in der Pubertät nicht biologisch begründete Bindungen von der Art eingehen sollten, wie ich sie beschrieben habe, gerade dann, wenn sie jetzt auch über die neue Fähigkeit verfügen, auf relativ reife, wenn auch unbeständige Weise zu Frauen in Beziehung zu treten. Vielleicht sind Initiationsriten eine soziale Reaktion gerade auf diese neue unisexuelle Empfänglichkeit, und zwar besonders bei Männern – wenn die Daten über Vorkommen, Strenge,

Stil usw. von Initiationszeremonien dafür einen Hinweis liefern. Sozial sanktionierte Arten von Bindung werden festgesetzt, die jede Ungewißheit der jungen Männer über ihre neue Rolle beheben.

So gesehen, kann jugendliches Verbrechen die Antwort Jugendlicher auf zweideutige Rollen Erwachsener in solchen Gemeinwesen sein, denen artikulierte Rituale von Art der Initiation fehlen. Obgleich dies eine spekulative Diagnose ist, kann es vielleicht doch möglich sein, daß das Fehlen ausdrücklicher, besonders sichtbarer Initiationszeremonien für Jugendliche zu Verhaltensstörungen führt, die ebenso auf einen Verlust zurückgehen, wie Harlow dies bei Neugeborenen beschrieben hat. Kinder sind natürlich in den meisten Fällen weit prägbarer als Jugendliche. In Jugendlichen gehen aber eine Reihe beachtlicher biologischer Prozesse vor sich, die auf Gehirnfunktion und soziales Verhalten Auswirkungen haben können[67]. Es ist denkbar, daß gewisse formalisierte, ebenbürtige Gruppenbindungen und der Empfang sanktionierter Unterweisungen über die sozial-sexuellen Rollen Erwachsener in der »kritischen Periode« der Jugendzeit notwendig sind, um das Verhalten in bestimmte Bahnen zu lenken. Das weitaus häufigere Vorkommen männlicher — gegenüber weiblicher — Kriminalität weist darauf hin, daß es viel schwieriger ist, Männer in Gemeinschaften zu sozialisieren oder einzuführen; die Unterschiede sind so komplexer Natur, daß aus völlig sinnlosen Initiationen voraussagbare und sanktionierte männliche Karrieren entstehen.

Es wurde darauf hingewiesen, daß Weiheriten »... auch einen Neid auf die Rolle der Frau zum Ausdruck zu bringen scheinen. Häufig ist die Initiation als ein Wiedergeburtsritual verstanden worden, in dessen Verlauf Männer ein Kind nehmen und mittels magischer, vor langer Zeit von den Frauen gestohlener Techniken als Mann dessen Geburt darstellen. Diese Techniken würden ihre magische Kraft verlieren, wenn sie je von Frauen beobachtet würden. Daß der Initiant seine Männlichkeit durch klagloses Erdulden von extremen Strapazen und Schmerzen unter Beweis stellen muß, scheint auf eine gewisse Unsicherheit in der Geschlechtsidentität hinzuweisen[68].«

Mag diese Auslegung wenigstens teilweise überzeugen, so ziehe ich doch die von Young vor[69]. Für ihn erfüllen die Initiationszeremonien eher soziale als psychogene Funktionen, und seine Beweismittel lassen sich leichter innerhalb des durch alle Kulturen reichenden und kreuzspezifischen biologischen Zusammenhangs verwenden, den ich in großen Zügen geschildert habe .Obwohl Young keine biologische Erklärung, wie die von mir umrissene, gelten läßt[70], bietet seine Beweisführung und Interpretation einen größeren Rahmen und Zusammenhang für die Verwendung von Fakten der Art und des Umfangs, wie ich sie vorgebracht habe, als die deutlich psychogenen Gesichtspunkte von D'Andrade, Whiting und anderen. Das heißt nicht, daß psychogene Faktoren nicht eine bedeutende Rolle in den hier untersuchten sozialen Prozessen spielen. Das Phänomen der Bindung und sein Verhältnis zur Aneignung erwachsener sozial-sexueller Rollen bringen in der Tat deutlich eine individuelle psychische Entwicklung zum Ausdruck. Es gibt in diesem Prozeß, genau wie jedem anderen, individuell bedingte Unterschiede.

Ich habe spezifisch *soziale Prozesse* in den Mittelpunkt gestellt, die nichtsdestoweniger von *individuellen Entwicklungsmodellen* abhängig sind. Dieser Gesichtspunkt müßte eine Aufhebung des traditionellen Gegensatzes zwischen den beiden Stellungnahmen zulassen. Ich kann mir nicht anmaßen, die bestmöglichen Argumente für eine Verwendung zoologischer Begriffe bei der Untersuchung des Initiationsverhaltens geliefert zu haben. Dies würde eine eigene Monographie und eine größere Vertrautheit mit der betreffenden Ethnographie und Theorie erfordern, als ich im Verlauf der Entwicklung von allgemeineren Konzeptionen und Vorschlägen erwerben konnte. Ich habe zwar mich und andere im voraus wegen der Ansicht gescholten, man müsse für eine Lösung der hier angeschnittenen Probleme zukünftige Forschungsergebnisse abwarten. Trotzdem könnte ein detaillierter theoretischer Überblick über Geheimbünde vom zoologischen Gesichtspunkt aus diesem Ziel dienen. Zu einem solchen Überblick sollte meine Arbeit beitragen.

4

Ich muß das Kapitel mit dem Geständnis beenden, daß ich nicht weiß, welche Art biologischer Mechanismen wirksam sein könnten, wenn es tatsächlich eine biologische Grundlage für Geheimbünde, Initiationen, Clubs usw. geben sollte. Es ist schwierig, die zentrale Komponente des Bindungsprozesses zu kennzeichnen. Natürlich ist das in dieser Streitfrage die kritische Lücke. Ich sage, analog gesehen, so etwas ähnliches wie: Ein Affe sieht Bananen in der Nähe des Käfigs, kann sie jedoch weder mit der Hand noch mit einem von zwei in seinem Käfig befindlichen Stöcken erreichen, aber er *denkt* die Lösung, nämlich beide Stöcke zusammenzusetzen und damit die Bananen hereinzuholen. Ich kann jedoch kein dem Erkennungsvermögen vergleichbares Bindungsphänomen nachweisen.

Es wurde schon auf die Möglichkeit hingewiesen, daß die kortikal-amygdaloide Entwicklung mit einschlägigen Modellen einer Hierarchiebildung und Aggressionshemmung innerhalb einer Gruppe zusammenhängt. Damit eng verbunden ist das allgemeine Auftreten relativ starker emotionaler Erlebnisse während der Initiationen in Geheimbünden, sowie unter den Mitgliedern fester männlicher Verbindungen. Es ist eine Entdeckung der Verhaltensforschung, daß biologisch bedeutsame Verhaltensweisen oft mit starken Emotionen gekoppelt sind. Das heißt: Es handelt sich um Verhaltensformen, die für die Nervensysteme der Tiere grundlegend sind und in der Logik der Evolution relativ frühe und entscheidende Anpassungen widerspiegeln. Ein weiterer Anhaltspunkt kann der primär männliche und allgemein unisexuelle Charakter der organisatorischen Formen sein, mit denen ich mich befaßt habe. Diese Tatsache braucht nicht nur aus biologischen Neigungen herzurühren, sondern kann auf der offensichtlichen Notwendigkeit beruhen, in jeder Kultur die Geschlechter zu unterscheiden, und sei es auch nur, um den Fortpflanzungsprozeß mit verläßlichen sozial-strukturellen Stützen zu umgeben. Ein weiterer, schon früher erörterter Gesichtspunkt ist die seltsame Verknüpfung von Bindung mit dem Interesse an Blutweihen, mit Nacktheit, Tiernamen und Tiersymbolen bei Gruppen, mit dem Nachweis der Tötungsbefähigung in den Initiationen einiger Jagdgesellschaften – und mit dem Alkoholkonsum, vor allem in euro-amerikanischen Kulturen[71]. All diese Phänomene können die Verbindung zur Jagdgeschichte des Menschen und zum Verhältnis zwischen männlicher Bindung und Jagdverhalten herstellen. Raymond Dart hat darauf hingewiesen, daß die *Australopithicinae* vielleicht das Blut der von ihnen getöteten Tiere oder Artgenossen getrunken haben[72]. Besteht irgendeine Beziehung zwischen den manchen Siegern überreichten Cups und Siegestrophäen und dieser Idee? Ich erinnere mich an Fotografien von Hockeyspielern, die aus dem Stanley Cup tranken, einem Cup, der jeweils den Gewinnern der National Hockey League Championships verliehen wird. Auch habe ich schon auf die symbolische Bedeutung von Bierkrügen für Verbindungsmitglieder und Stammgäste in Clubs und Gastwirtschaften aufmerksam gemacht, sowie auf die beachtliche Rolle, die das Trinken in Männervereinen vieler Kulturen spielt. Gibt es eine Beziehung zwischen der menschlichen Jagdgeschichte und gegenwärtigem Trinkverhalten – besonders wenn es um Clubs oder »gemütliche« Trinkgelage geht? Beim Militär ist das gemeinsame Trinken ein wichtiger Modus sozialer Kontrolle über das Trinken, der der Errichtung von Gruppennormen dient. Vor allem einsame Trinker verfallen dem Alkoholismus, sagt der Volksmund.

Kann ein gemeinsamer Umtrunk die männliche Bindung zwischen gehemmten Einzelpersonen erleichtern (so wie diese auch glauben, Alkohol erleichtere den oft komplizierten Vorgang heterosexueller Fühlungnahme)?

Alle diese verschiedenen Faktoren, allein oder gemeinsam, schließen sich nicht zusammen, um eine genaue Information über den besonderen Bindungsmechanismus zu liefern. Wir wissen nicht, ob die »Moral« einer Gruppe kämpfender, arbeitender oder trinkender Männer auf Mechanismen zurückzuführen ist, die der sexuellen Anziehungskraft zwischen Mann und Frau ähneln. Wir können nicht sagen, ob erfolgreiche Führernaturen auf wesentlich gleiche Art zum »Gefolgschafts«-Verhalten anregen, wie attraktive Frauen bei Männern sexuelles Interesse wachrufen. Noch schwerer läßt sich sagen, ob die hier erörterten Verhaltensweisen, ähnlich wie Denken, Verdauen oder Lieben, auf einer definierbaren physiologischen Grundlage des Handelns beruhen. Für die von mir diskutierten Verhaltensweisen sind tatsächlich schon von anderen verschiedene Erklärungen vorgebracht worden, von denen einige für sich in Anspruch nehmen können, weitaus genauer und leichter demonstrierbar zu sein, als ich es zu diesem Zeitpunkt und beim gegenwärtigen Stand des Wissens leisten kann. Die Suche nach einem biologischen Mechanismus für die männliche Bindung bei Geheimbünden und Initiationen ist jedoch wohl nicht launenhafter oder überspannter als die Suche nach einem spezifischen Mechanismus aufgrund von »Identifizierung« oder »Sexualidentität« oder anderen nützlichen Begriffen. Ich habe hier darauf hingewiesen, wie soziale Formen, die bisher hauptsächlich als kulturelle – im Gegensatz zu biologischen – betrachtet wurden, tatsächlich kulturell variable Bestandteile eines relativ nicht-variierenden biologischen Schemas darstellen. Wenn es das gibt, dann muß man wahrscheinlich die Ergebnisse der interdisziplinären Forschung, von der Hamburg und Lunde so hoffnungsvoll berichten[73], abwarten, um zu klaren Beweisen zu kommen.

Einige Autoren wie Kropotkin, Schurtz und Read fassen die Möglichkeit ins Auge, daß männliche Bindung im wesentlichen eine biologische Angelegenheit ist. Im allgemeinen aber werden die von mir diskutierten sozialen Formen als Ausdruck kultureller Variabilität gesehen – als Ergebnis der Wechselwirkung von individueller Wahl, Tradition des Gemeinwesens und vielleicht auch des Wirtschaftssystems. Das ist in einem gewissen Sinn verständlich, vorausgesetzt, die in Frage kommenden Gruppen »tun« nicht irgend etwas, was die natürliche Umwelt oder die soziale Umwelt verändert, statt sie nur zu erhalten. Meine

Auseinandersetzung ist tatsächlich zum Teil von der Annahme abhängig, daß männliches Gruppenverhalten in den hier erörterten Formen ein Ersatz für »wirkliches« Jagd- oder Verteidigungsverhalten ist. Ich bin mir durchaus bewußt, daß ein Begriff wie »soziale Sublimation« oder »organisatorische Verdrängung« darin enthalten ist — irgendeine Redewendung von »einer sozialen Organisation, die in einer Gesellschaft existiert, um als sozialer Vermittler für die Manifestation von Neigungen individueller Lebenszyklen zu dienen«. Angesichts der Schwierigkeit, das Vorhandensein von Sublimation auf individueller Ebene adäquat zu beweisen — falls es einen solchen Vorgang wirklich gibt —, grenzt es an Ehrgeiz zu behaupten, Gruppen könnten Verhaltensmodelle der Sublimation widerspiegeln.
Andererseits ist es vielleicht einfacher, funktionale Äquivalente in der sozialen als in der individuellen Sphäre nachzuweisen, und sei es auch nur aufgrund der größeren Anzahl betroffener Personen und der größeren Verhaltensmodelle auf sozialer Ebene. Aggressive Neigungen zum Beispiel werden eher durch die Apostel der militanten Kirche, als durch den direkten Versuch, im kolonialen Jerusalem einen politischen Umschwung zu erreichen, widergespiegelt; der Ku Klux Klan ist in einem sehr realen Sinn sublimierte Regierung - plus - Armee.
Ich habe darauf hingewiesen, daß die Antipathie gegen Geheimbünde in Gemeinwesen, in denen sie nicht sanktioniert sind, darauf beruht, daß man ihren Wunsch, zu herrschen, erkennen kann und daß man befürchtet, dem Wunsch könne die Tat folgen. Sportmannschaften, städtische Banden, Saufbrüder und so weiter sind vielleicht doch recht deutliche »sozial-organisatorische Sublimationen« des alten menschlichen Verhaltensmodells von Bandenbildung, Jagd, Sieg und Politik, wenn auch im Rahmen eines sehr engen und lokalen Milieus.
Geheimbünde und Initiationen sind an sich dramatisch genug, sie führen uns aber in den noch dramatischeren Bereich von Kampf und Aggression. Männer am Biertisch können stundenlang über Sport, Politik, Autos, Sex oder Geschäfte diskutieren. Sie tun immerhin etwas. Aber weder im biologischen noch kulturellen Sinn ist es so eindrucksvoll, als wenn sie einander bekämpfen, Kampfpläne schmieden, in bewaffnetem Haß und in Furcht vor einer anderen Gruppe leben oder gar hoffen, die anderen ausrotten zu können, um deren Landbesitz oder Reichtum wegzunehmen oder deren Ideologie zu vernichten. Für die korporative Natur und mögliche »instinktive« Grundlage der Aggression gibt es eine wachsende Zahl an Beweisen. Wenden wir uns also der Betrachtung über das Verhältnis von Männlichkeit, männlicher Bindung und Aggression zu. Aber denken wir auch daran — und ich

werde darauf zurückkommen – daß möglicherweise die in diesem und dem folgenden Kapitel diskutierten Verhaltensformen zu dem von mir als Vergleich herangezogenen »Rückgrat« analoge »Rückenwirbel« sind. Ich messe dem viel Bedeutung bei und gedenke nicht, dies aus dem Auge zu verlieren.

7. Kapitel

Der Mensch, die Aggression und die Männer

Einer der grauenhaftesten Gemeinplätze ist vielleicht der, daß die Menschen sich zu allen Zeiten gegenseitig umgebracht haben. Daraus entstanden eine Anzahl von Theorien und mindestens ebenso viele praktische Reaktionen. Die beiden einfachsten und durchschlagendsten Theorien lauten: Die Menschen bringen sich gegenseitig um, weil es in ihrer Natur liegt zu töten; die Menschen töten, weil die Umstände sie dazu zwingen – das Töten wird aufhören, wenn die sozialen und psychischen Verhältnisse sich bessern. Welche Theorie auch immer in einer Gesellschaft überwiegt, fast alle Nationen – seien sie schwach oder stark – fürchten, daß das Töten nicht aufhören wird. Alle Nationen geben Geld für Waffen und Waffenträger aus, um einer Preisgabe der eigenen Bürger vorzubeugen. Und nicht nur einfach Geld! Sondern riesige Summen. Der Krieg zerstört, was es in schier grenzenloser Fülle zu geben scheint. Karriere, Leib und Seele unzähliger Soldaten werden vom Krieg gezeichnet. Die Friedensstruktur von Gesellschaften wird den kriegerischen Zwecken angepaßt. Waffen, Kampf und Zerstörung haben jahrelang den Lebensrhythmus einiger unglücklicher Nationen bestimmt. Bei glücklicheren Nationen gehört die Aufstellung und Verwaltung einer bewaffneten Macht mit zu den entscheidenden Regierungsfunktionen, und die symbolische Gewalt, die stehenden Heeren oder kampfbereiten Truppen zu eigen ist, tritt an die Stelle des aktuellen Konfliktes.

Wenn Krieg so kostspielig und schrecklich und trotzdem so schwer zu vermeiden ist, liegt es im Grunde genommen daran, daß die Menschen nicht wissen, welche Funktionen die Unberechenbarkeit, Vernunft und Hoffnungslosigkeit bei der Beeinflussung sozialen Geschehens haben können. Seit kurzem gibt es ein erneutes Interesse an der Möglichkeit, daß der Konflikt zwischen Menschen und Nationen aus einer artspezifischen Neigung herrührt. Eine relativ enthusiastische Reaktion der Öffentlichkeit und eine zurückhaltend interessierte von Seiten der Wissenschaft resultiert wahrscheinlich aus dem Wunsch, im nuklearen und Raketen-Zeitalter über Krieg und Aggression Bescheid zu wissen – denn heute sind fast alle Einzelpersonen nicht mehr in der Lage, unmittelbar selbst die Voraussetzungen für ihre eigene Sicherheit zu bestimmen. Außerdem hat es Versuche gegeben, Krieg und Aggression im Rahmen neuer Fakten und Theorien über die menschliche Evolution und die dem sozialen Verhalten zugrunde liegenden bio-psychischen Prozesse zu diskutieren.

In diesem Kapitel befasse ich mich mit der Rolle, die biologische und empirische Faktoren bei der Motivation, Durchführung und Hemmung von Krieg und Aggression spielen. Mein besonderes Interesse gilt der Sozial-Sexualität und der männlichen Bindung, den geschlechtsbedingten Unterschieden in der Aggression und der Rolle der Kooperation zwischen Männern und zwischen Männern und Frauen, durch die Aggression möglich wird.

Zur Erklärung theoretischer Positionen sollen konkrete Beispiele empirischer Situationen dienen. Doch ist es nicht möglich, für jede Betrachtung der phylogenetischen Basis menschlicher Aggression Gewißheit zu erlangen. Wie Hinde bemerkte, ». . . fällt es den Soziologen, deren Disziplin vielleicht noch nicht so viel Ansehen und allgemeine Anerkennung gefunden hat, leicht zu vergessen, daß die Biologie und im Grunde alle lohnenden Wissenschaften auch ihre Probleme haben; nicht alle Daten sind sicher, nicht alle Interpretationen allgemein anerkannt. Diese Gefahren sind nirgendwo markanter als bei der Erforschung menschlicher Angriffslust«[1].

Weil dem so ist, scheint Vorsicht geboten, wenn es darum geht, vom Beispiel zum Prinzip und von der Idee zum Lehrsatz zu gelangen. Desgleichen ist es angebracht, sowohl durch angemessene Verfahren als auch mit ausreichender Rückendeckung den möglichen Forschungsverlauf einer Prüfung zu unterziehen, und zwar unter dem Aspekt, ob sich vorsichtige und detaillierte Untersuchung lohnt oder nicht. Ich möchte hier einer theoretischen Spur folgen, deren Ziel es ist, Männlichkeit und Aggression miteinander zu verbinden, um zu sehen, auf welchen Wegen — wenn überhaupt — eine eingehendere Betrachtung sich lohnt.

1

Das Studium der Aggression umfaßt eine Reihe eindrucksvoll miteinander verbundener Phänomene. Territorialität ist beim Menschen wahrscheinlich, bestimmt aber bei einigen Tieren, ein wichtiger Faktor, wenn es darum geht, durch aggressive Handlungen die Grenzen abzustecken und aggressive Gruppen zu definieren. Zwischen Hierarchie und Aggression, zwischen Lebenszyklus und Aggression sowie zwischen Frustration und Aggression scheinen einige Beziehungen zu bestehen. Offene Aggression wird von einigen Kulturen eher als von anderen gut geheißen; bevor behauptet werden kann, daß zwischen Aggression, Aggressionshemmung und anderen Faktoren eine kausale Verbindung im Lernen besteht, muß untersucht werden, wie und unter welchen Umständen Aggression gelernt wird. Der komplizierte menschliche, für jeden Krieg oder jede Straßenschlacht oder diplomatische Drohung wesentliche Symbolisierungs- und Kommunikationsprozeß ist noch nicht genügend erkannt, um über alle biologischen Merkmale des Prozesses symbolisch aggressiver Wechselwirkung eindeutige Aussagen zu erlauben. Es ist ganz offensichtlich, daß sich Mann und Frau bei ihrer Teilnahme an organisierten aggressiven Handlungen unterscheiden. Aber es ist noch nicht klar, wie, warum, wann und in welchem veränderlichen Rahmen Mann und Frau biologisch verschieden sind.

Ich werde mich hauptsächlich auf die Diskussion von Männlichkeit und männlicher Bindung bei der Aggression beschränken. »Aggression« definiere ich als einen Prozeß mehr oder weniger bewußter Anwendung von Zwangsgewalt gegenüber dem Willen eines Individuums oder einer Gruppe von Tier oder Mensch durch eine Einzelperson oder eine Gruppe von Personen. Im weitesten Sinne ist der Vorgang dem Fällen eines Baumes, dem Stauen eines Flusses oder dem Ausreißen einer Wurzel ähnlich – er bedeutet die Intervention menschlicher Tätigkeit in einer Situation. Die Definition in ihrer komplexeren Bedeutung umfaßt auch den Mißbrauch des Kriegsrechts, die religiöse Orthodoxie, die Bedarfsweckung durch Reklame, die Tötung feindlicher Truppen, das Gewinnen eines Fußballspiels, die Durchsetzung eines Pop Songs auf einer Hitparade, oder einen Wahlkampf. Ein Element der Grausamkeit, Bösartigkeit oder Zerstörungswut ist hier nicht unbedingt gegeben; was notwendig ist, ist »willentliche Tätigkeit«. Ich stelle also eine ziemlich enge Verbindung zwischen Aggression und Veränderung her – d. h. zwischen Aggression und Handlung sowie zwischen Aggression und Wettkampfformen. Eine solche Definition steht den Konzeptionen von Existentialpsychologen wahrscheinlich näher als denen von Ethologen. Doch dürfte dies gerechtfertigt sein, wenn die Aggression so definiert wird, daß sie auch für den Menschen paßt. Korporative oder individuelle soziale Tätigkeit in ihren verschiedenen Formen ist integraler Bestandteil einer ausgesprochen menschlichen Lebensweise. Hier sei nun auf eine besondere Form von Tätigkeit hingewiesen, die die Selbstbehauptung einer Person oder Gruppe zum Inhalt hat.

Ich suche ein brauchbares Unterscheidungsmerkmal für Aggression und Gewalttätigkeit – aus meiner Sicht zwei völlig verschiedene Phänomene. »Aggression« ist ein sozial-organisatorischer Begriff, der einem Prozeß entspricht, während »Gewalttätigkeit« ein Ereignis beschreibt, das lediglich eine mögliche Folge des aggressiven Prozesses ist.Aggression tritt dann auf, wenn eine Einzelperson oder Gruppe ihr Interesse, ihre Ehre oder ihren Beruf darin sieht, die tierische, menschliche oder natürliche Umwelt zu bezwingen, um ihre eigenen Ziele entgegen denen des Objekts ihrer Tätigkeit zu erreichen. Während des Vorgangs kann Gewalttätigkeit auftreten. Gewalttätigkeit wird am offenkundigsten, wenn sie physischer Natur ist; der Begriff entspricht hier der Zwangsgewalt, die physische Gewalt mit einbeschließt, um den Konflikt zwischen Zwingendem und Bezwungenem zu entscheiden. Ein Beispiel: Wäschereien können in der Reklame, im Service und Preis miteinander konkurrieren, um sich Dienstleistungsverträge mit Restaurants zu sichern; sie sind nach meiner Definition gegen ihre Konkurrenten aggressiv. Von der Maffia beherrschte Wäschereien der Vereinigten Staaten aber werden ihre »Muskeln« gebrauchen, Fenster einwerfen, Brandstiftung treiben usw., um auf Kosten von Firmen Kontrakte zu erhalten, die diese Dienstleistung zur Sicherung ihres Geschäfts nicht brauchen. In diesem Fall ist Gewalttätigkeit eine Begleiterscheinung im Prozeß des kommerziellen (aggressiven) Wettkampfs.

Offensichtlich ist es schwer, eine genaue und allumfassende Unterscheidung zwischen Gewalttätigkeit und Aggression zu finden. Ist die Gruppe von Jägern, die ein Huftier mit vergifteten Pfeilen erlegt, aggressiv oder gewalttätig? Ist der in der Raketenabwehr tätige Mann aggressiv oder gewalttätig? Was ist ein eiliger Autofahrer, der sich auf einer verstopften Landstraße als Kolonnenspringer verhält? Alle diese Leute können im Rahmen der Unterscheidung diskutiert werden, aber die Unterscheidungskriterien kann ich nicht als besonders eindeutig ansehen. Eindeutig dagegen ist der feststellbare Unterschied zwischen einer Tätigkeit, die Teil eines Prozesses der Umweltbeherrschung ist, und dieser sozusagen intimen Form von Beherrschung, die die Verletzung des persönlichen Bereichs eines Lebewesens und die Zufügung körperlicher Schmerzen mit sich bringt. Warum diese Unterscheidung getroffen wird, wird im weiteren Verlauf des Kapitels deutlicher werden. Hier möchte ich nur darauf hinweisen, daß die Aggression begrifflich von der Gewalttätigkeit getrennt werden muß. Damit wird der mehr allgemeine Gebrauch des Begriffs »Aggression« möglich, der eher einem Prozeß als einem Ereignis zugeordnet ist. Soziologisch gesehen, bezeichnet er mehr die Art und Richtung sozialer Organisation als einen aktuellen Fall intimer Zudringlichkeit. Ich möchte die Aggression als »normales« Merkmal des menschlichen, biologisch bedingten Repertoires sehen, als Verhaltenstypus, der für die Existenz des Menschen und die wirksame Wechselbeziehung zu seiner sozialen Umwelt wesentlich ist. Gewalttätigkeit ist jedoch durchaus kein notwendiger Bestandteil all dessen.

Treffen wir weitere Unterscheidungen. Aggression kann sich gegen drei Erscheinungen richten: gegen die natürliche Umgebung, gegen Tiere und gegen Menschen. Ich will zu zeigen versuchen, wie jede dieser Kategorien andere Reaktionen hervorruft und warum sich zwischen diesen Kategorien systematische und vorhersagbare Konfusionen ergeben können.

Menschliche Aggression ergibt sich zum Teil aus der Tatsache, daß das Jagen für die Evolution des Menschen von vitaler Bedeutung war und daß die menschliche Aggression typischerweise von Männern im Rahmen einer unisexuellen sozialen Bindung übernommen wird. Die Teilnehmer sind sich dieser Bindung bewußt und an ihr interessiert. Das besagt also, daß die Aggression zwar »instinktiv« ist, daß sie aber auch innerhalb eines klaren sozialen Zusammenhangs vorkommen muß, der sich von Kultur zu Kultur ändert und von den Mitgliedern jedes Gemeinwesens erlernt werden muß. Ich meine, daß Männer sich entweder aufgrund eines vorgegebenen oder ersonnenen Aggressionsobjekts verbünden. Die nach außen gerichtete Aggression resultiert aus der Bindung zwischen Männern, vielleicht analog der nach innen gerichteten (häuslichen) Erotik, die sich aus der längerdauernden Vereinigung sexuell aktiver Männer und Frauen ergibt. In fortdauernder Assoziation befindliche Männer sind in gleicher Weise gegen die Umwelt aggressiv, wie Männer und Frauen sexuelle Beziehungen haben, wenn sie in fortdauernder Verbindung stehen. Ich behaupte nicht genau das gleiche wie Lorenz — daß soziale Bindungen notwendigerweise mit interspezifischer Aggression verbunden seien[2] (ein Prinzip, das sich kreuzspezifisch anwenden läßt) und daß jedes Individuum einen Aggressionsvorrat habe, der sich entweder durch intra- oder interspezifische Aggression äußern müsse[3]. Meiner Auffassung nach ist die menschliche Aggression in ihrem sozial-organisatorischen Sinn vielmehr eine männliche Neigung. Durch die Verbindung mit anderen Männern erfährt sie eine höchst wirksame und folgenreiche »Befreiung« oder Anregung. Bringt man einen gesunden Mann und eine gesunde Frau oder auch mehrere von ihnen an einen relativ einsamen Ort und gehören sie außerdem einer Kultur an, die den vor- oder außerehelichen Geschlechtsverkehr sanktioniert oder ihm nur mäßig abwehrend gegenüber steht, so wird es zu einer sexuellen Begegnung kommen. Entsprechend: Bringt man eine Gruppe von Männern zusammen, so wird sie sich, sobald irgendeine Rangordnung entstanden ist, entweder in konkurrierende Koalitionseinheiten aufspalten oder irgendein äußeres Objekt für kollektive »beherrschende« Aktivität suchen.

William Goldings Roman *Lord of the Flies*[4] stellt eine beispielhafte Versinnbildlichung dieses Prozesses dar. Eine Gruppe englischer Schüler wird auf einer Insel schiffbrüchig. Sie müssen überleben. Zuerst tritt ein Anführer namens Ralph auf, der an eine notwendige konstitutionelle Ordnung glaubt und die Versammlungen der Gruppe unter dem symbolischen Schutzzeichen einer Muschel anführt, die auf gleiche Weise zum Aufbewahrungsort für die Konstitutionalität wird, wie im House of Commons das Zepter. Verschiedene Zwistigkeiten über die Überlebenstaktik – insbesondere die Sorge um das von den Jungen geschaffene Feuer –, führen zum Auftreten eines anderen Anführers, Jack, der, nachdem er die Jagd und eine Schweineschlachtung geleitet hatte, zu der Überzeugung gelangt, daß der Raub die beste Verteidigung und Beruhigungsmaßnahme gegenüber der »Bestie« sei – in Wirklichkeit ist die »Bestie« ein in einem Baum hängender toter Fallschirmjäger, der sich in der Phantasie der Jungen zu etwas ganz anderem verwandelt. Als Zeichen für und gegen die Bestie wird eine Stange mit einem aufgesetzten Schweinekopf errichtet. Die Jungen, die sich der Räuberei widersetzen, werden symbolisch eliminiert, entweder wirklich oder indem sie jeden Einfluß verlieren. Dem Konstitutionalisten Ralph wird vor allem zur Last gelegt, daß er kein begeisterter Jäger ist. Simon, der die wirkliche Natur der »Bestie« entdeckt und herbeikommt, um es den anderen zu erzählen, wird feierlich umgebracht. Auch der feinfühlige Quasi-Rationalist Piggy wird getötet. Nachdem er auf einer Versammlung seiner verloren gegangenen Brille nachgeforscht hatte (sie versinnbildlicht die Vorsicht – denn sie wird zum Entzünden des Signalfeuers gebraucht, durch das die Jungen wieder von der Insel wegkommen können), fragt Piggy: »Was ist mehr wert – Regeln zu haben und Eintracht oder zu jagen und zu töten?« Die Muschel wird zerstört; Jack – der Anführer der Jäger, die sich jetzt bemalt haben und von Golding als Wilde bezeichnet werden – ruft sich selbst zum Oberhaupt aus und zieht los, um Ralph anzugreifen, der sowohl seine Freunde als auch das Symbol der legitimen Autorität verloren hat. Ralph entkommt, um später zu erfahren, daß er selbst am kommenden Tag »wie die Bestie « gejagt werden soll. Zufällig hört er die Beschwörung der Wilden: »Tötet die Bestie! Schneidet ihr den Hals ab! Vergießt ihr Blut!« Ehe er gefunden und getötet werden kann, wird die Jungenschar gerettet, bezeichnenderweise durch den englischen Offizier eines vorüberfahrenden Kriegsschiffes, der den Rauch auf der Insel gesichtet hatte. Der Offizier sagt: »Ich hätte geglaubt, eine Schar britischer Jungen ... würde eine bessere Schau als diese hier aufziehen ...«

Doch England ist im Krieg! Die von Golding verwendete Folge von Symbolisierungen zeigt die Universalität des allgemeinen Prozesses der Gruppenspaltung, Räuberei und Blutgier, all dessen, was auf dem Weg seines Mythenerfinders Jack liegt. Bezeichnenderweise fehlen auf dieser Insel die Frauen[5], und die Burschen sind jung. Außerdem wird der englische Offizier nicht anders als die Jungen geschildert; wie die wilden Kinder ihr Haar binden und sich anmalen, so trägt er Epauletten und eine pompöse Uniform. Wie wir sahen, sind Frauen im Krieg nicht in die Kämpfe und die entsprechenden Entscheidungen mit einbezogen. Vermutlich will Golding durch die Verwendung von Kindern als Hauptpersonen (er war früher Lehrer gewesen) sowohl die Natur von Kindern als auch die Welt der Erwachsenen charakterisieren. In der letzten Szene des Buches, nach der Rettung der Kinder durch den Offizier, weint Ralph: »... am ganzen Körper schmutzig, mit glanzlosem Haar und laufender Nase weint Ralph über das Ende der Unschuld, die Finsternis des menschlichen Herzens und den Sturz des treuen, klugen Freundes Piggy.« Der Seeoffizier ist bestürzt über sein Weinen und wendet sich ab, seinem »schmucken Schiff« zu; er weint nicht angesichts dessen potentieller Gewalttätigkeit; seine Sozialisierung in die Gewalttätigkeit ist vollständig.

Goldings Bemühen gilt der Veranschaulichung einer unausweichlichen Entwicklung von der Ordnung über die lockere Koalition bis hin zur Gewalttätigkeit und einer zeitlosen Besessenheit von Opfern, Göttern und Blut. Soweit er darauf verweist, daß der Prozeß unvermeidbar und gewissermaßen im Kern menschlich ist, hat Golding in der Realitätsbezogenheit seines Buches eine streng antisoziologische Haltung eingenommen. In Wirklichkeit ist Gewalttätigkeit nicht notwendig, so wenig wie Koalitionen und Feindseligkeiten; sie sind von den sozialen und wirtschaftlichen Verhältnissen abhängig, in denen die Leute leben. Schließlich ist eine konstitutionelle Regierung in Wirklichkeit doch möglich. Es *könnte* sein, daß der Mensch von Natur aus nicht räuberisch veranlagt ist (obwohl im Roman die Räuberei als das Attraktivere ausgemalt wird: »Hier war die strahlende Welt des Jagens, der Taktik, der wilden Heiterkeit und Gewandtheit; und hier war die Welt

des sehnsüchtigen und verwirrten gesunden Menschenverstandes«). Wie die Jungen zu Wilden werden, könnten sie auch zu Parlamentariern werden. Sogar Kriege werden unter Heranziehung einiger höchst unbeständiger Konventionen über die humane Behandlung von Gefangenen, Zivilisten und Waffenbrüdern geführt. Aber Golding hat nicht die Absicht, die soziologische Realität zu definieren, sondern aus dieser Realität eine absolute *Möglichkeit* des menschlichen Lebens abzuleiten. Er erzählt keine Fabel, sondern ist ehrgeizig genug, einen Mythos zu prägen: »... ein Mythos ist viel profunder und bezeichnender als eine Fabel. Ich selbst empfinde Fabeln als erdichtet und oberflächlich, wogegen der Mythos aus der Wurzel der Dinge kommt und im althergebrachten Sinn Schlüssel zur Existenz, zum Sinn des Lebens und zur Erfahrung als Ganzes ist[6].« Sein Mythos ist deshalb antisoziologisch, weil er das Überschreiten soziologischer Realität in Worte zu fassen beabsichtigt – er will ein Thema hinstellen, aber nicht seine Variationen. Deshalb befaßt er sich mit artspezifischen Verhaltensmodellen – Bündnis, Aggression, Gewalttätigkeit und Blutdurst. Da dies aber nicht in der Art einer Beweisführung geschieht, ist es bezeichnend, daß gerade dieser Roman außerordentlich erfolgreich und populär wurde und sehr schnell in das hochgespannte mythische Weltbild mancher Leute einging.
Das Buch wurde unter der Regie von Peter Brook verfilmt. Die Aufnahmen wurden auf einer Insel gemacht; die Jungen waren von Anfang an so organisiert, daß die ursprünglichen Verhältnisse des Buches so genau wie möglich kopiert wurden. Aber das nach Stanislavskischer Manier stattfindende schauspielerische Experiment mußte beaufsichtigt werden. Die Kinder bedrohten einander mit Gewalttätigkeiten, entwikkelten tiefe gegenseitige Antipathien und schufen eine dem Buch sehr nahekommende Situation, die sowohl ihrer eigenen Sicherheit als auch dem Fortgang der Filmarbeiten sehr abträglich war. Ja, es fand sogar eine von dem Jungen Jack, dem Oberhaupt der »Jäger«, angeführte Meuterei statt. Obwohl sorgsame Vorsichtsmaßnahmen getroffen worden waren, um Schwierigkeiten zu vermeiden, kam es doch zu vielen Unannehmlichkeiten, bis zu der Erwägung, das ganze Unternehmen abzublasen[7]. Brook schrieb in einem Artikel:
»Viele ihrer außerfilmischen Beziehungen entsprachen völlig denen in der Geschichte; eines unserer Hauptprobleme war, sie dazu zu bringen, während der Aufnahmen ohne Hemmung, dazwischen jedoch diszipliniert zu sein ... So kam selbst der verständige und ruhige Piggy eines Tages zu mir, den Tränen nahe. ›Die werden mit Steinen nach dir werfen‹, hatten die anderen Jungen zu ihm gesagt. ›Diese Szene

über Piggys Tod ist echt. Die brauchen dich dann nicht mehr.‹ Meine Erfahrung zeigte mir: Das einzige, was in der Fabel von Golding nicht stimmte, war die benötigte Zeit, um in die Barbarei zurückzufallen. Ich glaube, die Katastrophe könnte während eines langen Wochenendes eintreten, wenn nicht ständig Erwachsene anwesend wären[8].«

Golding wollte zum Teil die Gültigkeit der optimistischen viktorianischen Geschichte von den englischen Jungen auf der paradiesischen Insel in Richard Ballantynes Roman *The Coral Island* (1857) widerlegen. Obgleich auf der Insel sogar reichlich Nahrung und Obdach vorhanden sind, kommt es – im Gegensatz zu der Version von Ballantyne – trotzdem zu Fehden, Jagden und Barbarei[9]. Es könnte argumentiert werden, daß *Lord of the Flies* nicht eine Kritik der Natur des Menschen, sondern der englischen Public Schools ist (aus der die Jungen ja kamen), insbesondere der dort gelehrten Ethik in bezug auf Gewaltherrschaft, Hierarchie und Gott. Jack, der Anführer zum Beispiel, ist auch Anführer des Schulchores, daher wohl vertraut mit Gottesdienst, Kommunion und Opfer. Vor allem hat er einen tiefveranlagten Sinn für furchterregende höhere Autorität. Wahrscheinlich aber handelt es sich hier doch um sekundäre Faktoren, während die primären sich direkt auf die sozialen Ereignisse auf der Insel beziehen. Wenn diese Ereignisse denen in der Gesellschaft der Erwachsenen ähnlich sind, so müssen wir darin wohl eine allgemeine Ansicht Goldings über den menschlichen Prozeß sehen, nicht nur einfach eine kritische Anmerkung über eine besondere Form des Schulunterrichts und eine gewisse soziale Schicht eines bestimmten Landes.

Ich habe mich ziemlich lange mit diesem Buch befaßt, weil es für mich von Bedeutung ist und weil es offensichtlich vielen Personen eine erstaunlich neue und zwingende Erkenntnis gebracht hat. Rational und anschaulich schildert es eine Konzeption von menschlicher Freundschaft und Feindschaft, die aus den Fakten und Theorien, mit denen ich mich hier befasse, entstanden sein könnte. Der Roman ist ein komplexer »Idealtypus« und kann als Höhenmarke für das Verständnis der sozialen Prozesse, mit denen er sich befaßt, dienen.

2

Aber ist es wirklich von Nutzen, zwischen Aggression und Gewalttätigkeit zu unterscheiden, soziale Prozesse gleichermaßen auf Umwelt, Tiere oder Menschen zu beziehen und den Faktor der Männlichkeit gegenüber dem der Menschlichkeit zu betonen?

Lorenz befaßt sich grundlegend mit der Gewalttätigkeit; Akte der Zerstörung und Freiheitsberaubung sind für ihn Anzeichen, daß die Spezies Mensch versäumt hat, Hemmungsmechanismen zu entwickeln, die denen äquivalent sind, die bei den Tieren gefunden wurden. Für ihn scheinen Sport, akademischer Ehrgeiz, kultureller Wettkampf usw. heilsame Sublimationen von Prozessen bzw. Äußerungen einer speziellen Form von angeborener Energie zu sein, die eigentlich und überaus befriedigend in der gewaltsamen Zerstörung des Gegners ihren Höhepunkt erreichen. Vielleicht ist aber die eingeschränkte Behauptung vorzuziehen, daß der Prozeß der Bindung – zusammen mit Anti-Umweltaktivität – *der* fundamentale aggressive Prozeß ist; in einigen Fällen, so im Falle der Jagd, ist Gewalttätigkeit eine notwendige Folge des Gesamtvorgangs. In anderen Fällen, wie im Sport, beim Schreiben von Romanen, bei der Führung einer Wäscherei usw. *kann* Gewalttätigkeit als keineswegs notwendiges Ergebnis des Prozesses auftreten. Das heißt nicht, daß Gewalttätigkeit »abnormal« oder ein Parameter menschlichen Verhaltens ist; es heißt vielmehr, daß sie nur *eine* von vielen möglichen Folgen des Bindungsvorgangs ist.
In diesem Argument sind verschiedene, schon diskutierte Voraussetzungen enthalten, nämlich daß die männliche Bindung bei den Prähominiden aus politisch-defensiven Gründen vorhanden war und daß die Jagd-Bindung auf die politische Bindung übertragen und noch verstärkt wurde. (In diesem Zusammenhang ist das politische Verhältnis zwischen der Aufrechterhaltung interner politischer Macht und der Schaffung oder Erkennung eines externen Feindes oder internen Feind-Sündenbockes nur zu bekannt. Man fragt sich, ob Politiker, die wissen, daß Kriegführen ihr Regime zu festigen vermag, nur ein altes Verhaltensmodell ausspielen, durch das dominante frühe Hominiden ihre Plätze in politischen (und möglicherweise Fortpflanzungs-)Hierarchien behaupteten. Schließlich ist es seltsam, daß Anführer, die ihr Volk vielleicht vielfältigem persönlichen Unglück aussetzten, viel Beifall finden, jedenfalls mehr, als wenn Frieden herrscht. Die Popularität Präsident Kennedys zum Beispiel wuchs in dem Maße, wie sich die Kuba-Situation verschlechterte und die Amerikaner in immer größere persönliche Gefahr gerieten.
Ich schlage vor, die Verbindung zwischen Gewalttätigkeit und sozialer Kontrolle einer erneuten Bewertung zu unterziehen. Folgende Gegenstände sollen erörtert werden: Erstens: Der Prozeß, der letztlich zur Gewalttätigkeit führt, ist der gleiche Prozeß, dem ein vorhersagbares, biologisch »normales« Verhaltensmodell einer sozialen Aggregation unterworfen ist. Zweitens: Diese Aggregation geschieht unter Männern

und wird den Mitgliedern durch ein Gefühl »emotionaler Männlichkeit« erleichtert. Drittens: Die wirkliche oder symbolische Existenz eines Feindes oder einer Nebengruppe stärkt die vorhandene Dominanz-Hierarchie. Viertens: Das Auftreten von Gewalttätigkeit ist von einer Reihe erleichternder Umstände abhängig, die sich sozial äußern und mit Ort, Zeit und Gruppe variieren.

Mich beschäftigt die Gewalttätigkeit von Gruppen; die Gewalttätigkeit von Individuen kann völlig unterschiedliche Motivationen, persönlichkeitsbedingte Charaktereigenschaften und erleichternde Umstände enthalten. Verschiedentlich wurde darauf aufmerksam gemacht, daß einige Formen von Verbrechen und Vergehen mit genetischen Unregelmäßigkeiten der Geschlechtschromosomen in Beziehung stehen können. Individuen, die in ihren Körperzellen ein zusätzliches männliches oder weibliches Chromosom haben, neigen offensichtlich mehr zu Heftigkeit und krimineller Aktivität als Personen mit normalen Zellen. Männer mit einem zusätzlichen männlichen Chromosom begehen mehr Gewaltverbrechen als gewalttätige und kriminelle Personen mit normalem Chromosomensatz; auch spielen bei der Abartigkeit der ersteren die zu dem abweichenden Verhalten führenden Umwelteinflüsse eine viel geringere Rolle als bei den letzteren[10]. Obwohl diese Feststellungen einleuchten, beruhen sie auf relativ wenigen Fällen; internationales vergleichendes Beweismaterial wäre interessant. Im Prinzip gibt es keinen Grund, die Möglichkeit zu leugnen, daß die Neigung zu Gewalttätigkeit oder abwegigem Verhalten in jeder Bevölkerung entsprechend einer glockenförmigen Normalkurve verbreitet sein könnte und daß — ebenso wie bei anderen verbreiteten charakteristischen Eigenschaften — genetische Unterschiede zum Teil für unterschiedliches Verhalten verantwortlich sind. Das bekräftigt nur, welche Bedeutung der Umweltsituation bei der Beeinflussung individueller Unterschiede zukommt, widerlegt aber nicht die komplizierte Wechselwirkung zwischen der angeborenen Ausstattung eines Individuums und seinen Lebenschancen.

Die Gewalttätigkeit von Gruppen ist normal, wenigstens in den Augen der Gruppenmitglieder. In Kriegszeiten plädieren einflußreiche Mitglieder eines Gemeinwesens für die Gewalttätigkeit von Gruppen. Die Gewalttätigkeit aber von Einzelpersonen — ohne die Rückendeckung von Gruppennormen — wird besser als ein ganz anderes Verhaltensmodell von Gewalttätigkeit gesehen; der Unterschied zwischen einem Mörder in Friedenszeiten und einem Kriegshelden kann größer sein als der relativ einfache Unterschied in den sozialen Verhältnissen, in denen sich die Handlungen menschlicher Zerstörung ereignen.

Was tut es, ob die männliche Bindung eine Funktion der Aggression oder die Aggression eine Funktion der männlichen Bindung ist? Es ist unmöglich, diese beiden Prozesse in der Praxis zu trennen; häufig sind sie in der Wirkung parallel, manchmal kann die interne Bindung ganz einfach das notwendige Korrelat nach außen gerichteter Aggression sein. Das ist weitgehend die Position von Lorenz. Die Behauptung: »Männliche Bindung ist eine Funktion der Aggression« ist im Grunde genommen eine die Evolution betreffende Feststellung; die Behauptung: »Aggression ist eine Funktion der männlichen Bindung« ist beschreibender Art, wobei die ergänzende Behauptung dazugehört, daß Bindung eine notwendige – wenn auch teilweise – Ursache der Aggression ist. Das ist insofern Tautologie, als ich definiert habe: Aggression und Bindung sind eng verbundene Prozesse; dann aber wurde gesagt: Die Bindung ist eine Teilursache der Aggression.
Nicht tautologisch aber ist es, wenn dadurch eine Analyse der Aggression ermöglicht wird, die ein »Energiemodell« der Aggression und ein auf sozial-umweltlichen Anregungen beruhendes Modell vereinigt. Diese Formulierung vermeidet, ein Modell vom Menschen zu schaffen, das entweder eine angeborene Neigung zur Gewalttätigkeit oder eine fast völlig sozialisierte Neigung, auf soziale Einflüsse zu reagieren, betont[11]. Es geht nicht darum, irgendeine Grundsatzfrage über die »Natur des Menschen« zu stellen. Es gibt genug Beweismaterial für ein einseitiges Bild vom Menschen – daß er entweder aggressiv und gewalttätig oder friedfertig und kooperativ sei – vorausgesetzt, die Verhältnisse fordern nicht sein Anderssein heraus. Es ist weit schwieriger, die wichtigen Faktoren eines Systems zu identifizieren, das auf einer Synthese von Vorstellungen über »Instinkt« einerseits und unserem Wissen über die Rolle der Sozialisierung und der beim Verhalten erworbenen Erfahrung andererseits beruht. Auch ist hier für ein Paradoxon gesorgt – daß nämlich die Kooperation der *einen* Gruppe auf die Vernichtung der *anderen* ausgerichtet ist. Dagegen kann allerdings eingewendet werden, daß gerade dies ein charakteristisches Merkmal des »Biogramms« einer komplizierten kulturschaffenden und kulturbedürftigen Spezies ist, in der politische Hierarchien und Fortpflanzungsvorteile lange Zeit mit der Verteidigung der Gruppe und dem Jagen gefährlicher Tiere in inniger Verbindung standen.
Hier ist eine kritische Anmerkung über das Verhältnis von Aggression und Gewalttätigkeit am Platz. Hall hat bemerkt, daß bei Tieren aggressives Verhalten unter natürlichen ökologischen Bedingungen der Aufzucht, der Nahrungssuche und der Verteidigung gewöhnlich anpassungsfähig ist[12]. Wendet man das gleiche Prinzip auf den Menschen

an, so bezieht sich die Aggression auf das politische Verhalten, die Verteidigung und das Jagen. Es wurde schon darauf hingewiesen, warum die Annahme vernünftig und sogar notwendig sein kann, daß Jagd und männliche Bindung eng verknüpfte Erscheinungen sind. Ich habe festgestellt, daß es nützlich sein kann, folgende Beziehungen zu sehen: erstens zwischen dem Menschen und seiner natürlichen Umwelt; zweitens zwischen Menschen und Tieren und drittens zwischen dem Menschen und anderen Menschen – es handelt sich jeweils um ganz verschiedenartige Typen von Beziehungen. Das Töten von Tieren enthält die von mir vorgeschlagene Definition der Gewalttätigkeit. Vielleicht resultiert die Gewalttätigkeit in den menschlichen Beziehungen aus inhaltsschweren Verwechslungen – nämlich zwischen dem Töten von Menschen und dem Töten von Tieren. Der Vorgang ist dem des Anthropomorphismus gegenläufig. Erik Erikson bezeichnet das Ergebnis einer symbolischen Umwandlung von Menschen in Tiere als »Pseudo-Spezies«[13]. Mit diesem Vorgang wird ein Feind oder Opfer klar als verschieden von den Mitgliedern der eigenen Gruppe gekennzeichnet, der äußeren Gruppe werden besonders unangenehme Eigenschaften zugeschrieben, und schließlich kommt man zu dem fast selbstverständlichen Urteil, daß die Mitglieder der äußeren Gruppe nicht wirklich Menschen und deshalb tötbar sind, und zwar ohne irgendeine Tötungshemmung gegenüber dem Mitmenschen, wie sie sonst zum Beispiel durch die Mord verbietenden Gesetze zum Ausdruck kommt. Diese Form der »Pseudospeziation« ist eine direkte Funktion des kulturellen Verhaltensmodells der Antipathie verschiedener Gruppen gegen andere Gruppen. Auf diese Weise war es möglich, daß während des Zweiten Weltkriegs Deutsche frei getötet werden konnten, dann aber, als sie Mitglieder des NATO-Bündnisses wurden, nicht mehr – von da an begannen Schutz und Kooperation.

Die Kindheit ist eine wichtige Periode, weil in ihr die kulturelle Prägung stattfindet. Eine jüngere Studie zeigt, wie durch Kriegs-Comics die Stereotypen fremder Länder und Völker bei englischen Kindern beeinflußt werden[14].

»Sprachformen, die wir vielleicht für amüsant halten ... werden plötzlich ernst in dem realistischen Kriegswortschatz, den diese Art von Comics präsentieren. Der Feind wird als ›tötlich und fanatisch‹ bezeichnet; als verlauste, stinkende *Ratte*, hirnloser *Halunke*, *Schwein*, glatte *Schlange* oder schlitzäugiger *Totschläger* (kursiv von mir). Auch dies sollte in einer Probe dieser erschreckend gedankenlosen Behauptungen nicht fehlen: ›Japaner sind keine Menschen‹ und ›die einzigen guten Deutschen sind die toten Deutschen‹.«

Amerikanische Kriegs-Comics kennzeichnen für ihre Leser nicht nur Feinde des Zweiten Weltkriegs, sondern fügen auch gleich Koreaner, Vietcong und chinesische Kommunisten hinzu. »Der Ostdeutsche scheint als Feind besonders geeignet zu sein, besitzt er doch gleichzeitig das Haßpotential der Nazis und der Kommunisten.«
Eine Untersuchung amerikanischer Kriegs-Comics zeigt, daß sogar die Sterbelaute und Angstschreie von Amerikanern anders als die ihrer Feinde sind. Das weist auf Unterschiede in der nicht-verbalen»Sprache« von quasi-spezifischer Art hin. Für uns ist hier wichtig, daß alle Kriegs-Comics an Jungen adressiert sind; keines ist für Mädchen bestimmt. In einer Untersuchung von Comics für Mädchen war die einzige Kriegsgeschichte »Sanitätsschwester Vicki« in *Bunty*.
»Ähnlich den ... Comics für Jungen ... handelt es sich hier mehr um die Pflege Verwundeter als um eine wirkliche Anklage gegen den Krieg. Comics für Jungen konzentrieren sich meist auf Krieg und Sport, obgleich es auch noch Überreste von jugendlichen Phantasiethemen gibt. Besonders wird auf das Nationalgefühl eingegangen — Gewalttätigkeit und Totschlag sind ganz normal. Eine eigene Lesart der realen Welt präsentieren die Comics für Mädchen: die Welt der Karrieremädchen, die ihren eigenen Weg gehen, die Welt der Schule und — Tiergeschichten.«
Offensichtlich ist es unmöglich, die Verschiebung von den als Gliedern unserer eigenen Spezies behandelten Feinden bis hin zu ihrer Behandlung als »Pseudo-Spezies« genau zu verfolgen. Im günstigsten Fall ist es möglich, indirekte Anhaltspunkte zu entdecken. Zum Beispiel ist es interessant, daß in Situationen ritualisierter Aggression, wie beim Mannschaftssport, den Mannschaften häufig Tiernamen — wie Bären, Falken, Tiger usw. — gegeben werden. Dies zeigt vielleicht ein Interesse, symbolisch eine interspezifische Aggression zu schaffen, wo zunächst nur eine Auseinandersetzung innerhalb der eigenen Spezies stattfindet, was die Gemeinschaft wiederum sehr beunruhigt, bis die Angelegenheit das passende Etikett erhalten hat. Obwohl die Kriegsgeschichtsschreibung dies nicht nahelegt, kann es doch sein, daß Aggression, die ausdrücklich innerhalb der eigenen Art stattfindet, den modernen Gemeinwesen überlassen bleibt, vielleicht wegen einer Assoziation von Räuberei mit interspezifischer Aggression. Mannschaftsnamen können auch territoriale oder berufliche Loyalität wiedergeben, am meisten erstere. Abgesehen davon, daß tierische Mannschaftsnamen Unbehagen an conspezifischer Räuberei zum Ausdruck bringen, werden Namen wie Falken oder Bären vielleicht auch verwendet, um die Mitglieder der Mannschaft zu Wildheit und Kraft anzustacheln.

Der Totemismus ist eine weitere Erscheinung, die nicht nur makrosoziale Organisation, verwandtschaftliche Verhaltensmodelle usw., sondern auch interspezifische Aggression umfassen kann. (Obgleich die zum Totemismus gehörende »polyvalente Natur der Logik«[15] auch Tiere mit einbeschließt, ist es wesentlich, den Gesamtzusammenhang zu kennen, in dem totemistische Systeme in Erscheinung treten, bevor man spezifische Bedeutungen von spezifischen totemistischen Bräuchen beurteilen kann.)

Ich meine hier Totemismus in dem Sinne, daß Tieren besondere Eigenschaften beigemessen werden, die dann in bezeichnender Weise auf menschliches Handeln einwirken und mit der Auslegung des Wesens und der Handlungen des Menschen zu tun haben. Es können für die Tiere selbst charakteristische Eigenschaften sein, soweit eine menschliche Interpretation solcher charakteristischer Eigenschaften möglich ist, oder es können Charaktereigenschaften sein, die von Menschen besonderen Tieren zugeschrieben werden, sei es aus human-sozialen oder psychologischen Gründen. Die Verbindung zwischen totemistischen Verhaltensweisen und geregelten Tötungshemmungen spiegelt ganz einfach ein Bewußtsein vom Unterschied zwischen Gewalttätigkeit und Aggression wider. Die Menschen sind sich des Unterschieds zwischen dem Töten oder der Verstümmelung aus Leidenschaft und einer (möglicherweise) »konstruktiven« Meisterung der Umwelt bewußt, oder des Unterschieds zwischen dem Töten zur eigenen Befriedigung und dem Handeln aus Verantwortlichkeit für eine natürliche Ordnung, die durch die Tötung gestört wurde.

Wenn orthodoxe Juden Fleisch essen, müssen sie rituell geschlachtete Tiere verwenden. Zum Ritual gehört ein Messer, das vor jeder Tötung neu geschliffen werden muß, um dem Tier nur minimale Schmerzen zu bereiten; ein gesprochenes Gebet zeigt ferner, daß der rituelle Schlächter (Schochet) sich bewußt ist, daß er die »natürliche« Welt stört, daß diese Störung aber konstruktiv und der Absicht nach fürsorglich ist. Wenn wir diese Symbolisierung von Gewalttätigkeit und Aggression und die von Golding beschriebene nebeneinander stellen, in der die Jungen singen »Tötet die Bestie! Schneidet ihr die Kehle durch! Vergießt ihr Blut!«, so zeigt uns der Vergleich den Unterschied zwischen gehemmter Gewalttätigkeit (die für meine Begriffe der Aggression nahe steht) und unverhohlener Gewalttätigkeit; der Totemismus hat mit dieser Unterscheidung zu tun. In diesem Sinne weise ich darauf hin, daß das menschliche totemistische Verhältnis zur Tierwelt einen Versuch widerspiegelt, die mögliche Konfusion zwischen der Tötung von Tieren und Menschen zu regulieren.

Orthodoxe Juden verwandeln also Gewalttätigkeit in Aggression, wenn sie sich mit Tieren befassen, die der Ernährung dienen, und in dieser Verwandlung sehen sie männliche Stärke. Die Clique um Jack, das Oberhaupt der Jäger in Goldings Roman, hält räuberische Gewalttätigkeit für einen Beweis von Stärke. Totemistische Systeme sind mit religiösen Systemen verwandt – beide sind Systeme sozialer Kontrolle. Es gibt eine lange Geschichte gegenseitiger Beziehung zwischen Jägerei, sozialer Kontrolle und bildlichen Tierdarstellungen. Das weist auf die funktional soziale Bedeutung der »polyvalenten« gegenseitigen Beeinflussung hin, mit der ich mich befasse. Bindung hat mit der Jagd zu tun, Jagd mit Töten. Bindung hat aber auch mit sozialer Ordnung und konstruktiver (bzw. nach meiner Auffassung aggressiver) Beherrschung der Umwelt zu tun. Totemistische Bräuche können aber einen Versuch darstellen, einen Prozeß tiefgehender Wechselbeziehungen zwischen Mensch und Tier, sowie Mensch und Mensch auf irgendeine Weise zu kontrollieren und unter öffentliche Kontrolle zu bringen.
Nun ist aber das beherrschende Verhaltensmodell der menschlichen Art tatsächlich das Jagen. Die meisten Menschen haben zu allen Zeiten – mit Ausnahme einiger tausend Jahre der jüngeren Geschichte – notwendigerweise in der Erkenntnis ihrer Symbiose mit Tieren und in der Notwendigkeit, diese zu töten oder auch zu erhalten, gelebt. Es sollte uns daher nicht überraschen, wenn wir finden, daß die Kontrolle der Jagd – und konsequenterweise auch ihrer sozialen Organisation – innig mit der Lenkung menschlicher gewalttätiger Neigungen verbunden ist. Die Schaffung von Pseudo-Spezies ist dann zwar die Umkehrung der Schaffung von Göttern, doch Teil des gleichen Prozesses, aus dem Dilemma existentieller Realität symbolische Hilfen zu gewinnen.

3

Wir wollen kurz rekapitulieren. Ich habe versucht, zwischen Aggression und Gewalttätigkeit dahingehend zu unterscheiden, daß Gewalttätigkeit eine Form der Teilnahme an aggressiven Wechselbeziehungen ist. Aggression ist auf Beherrschung gerichtet und beinhaltet Zwang einer Person oder Gruppe gegenüber einer anderen Person oder Gruppe. Einer besonderen Kategorie zugehörig ist die Aggression gegen die natürliche Umwelt. Nach meinem Verständnis wird diese zur Gewalttätigkeit, wenn unbedachte oder mutwillige Zerstörung von Bodenschätzen oder Naturgütern die Folge ist. Man kann daraus ersehen, daß sozial annehmbare Normen für eine soziale Kontrolle des Umganges mit der Natur ganz einfach fehlen. Für den euro-amerikanischen Kulturbereich ist dies besonders wichtig — für eine Kultur, die von der Vorstellung beherrscht ist, daß der Mensch absolut vorrangig und übermächtig sei[16].

Eine weitere Kategorie ist die Aggression gegenüber Tieren. Besonders dort, wo nahrungsliefernde Tiere betroffen sind, kann die Gewaltanwendung ihnen gegenüber das Resultat der Beherrschung durch den Menschen sein. Wegen der Bedeutung, die die Jagd in der Evolution des Menschen hat, ist es möglich, daß ein besonderes Verhältnis zwischen der Anwendung von Gewalt und dem Verhältnis Mensch-Tier besteht. Das führt zu der Annahme, daß solche Phänomene wie Totemismus und Pseudospezifizierung eine gewisse Verwirrung zwischen Gewalttätigkeit gegen Menschen und Gewalttätigkeit gegen das Tier widerspiegeln. Diese Erscheinungen können den Prozessen sozialer Kontrolle verwandt sein, die notwendigerweise in Gemeinwesen einer Spezies vorhanden sein müssen, der ganz offensichtlich eine eindeutige programmierte Aggressionshemmung fehlt — eine Hemmung, die viele Tiere besitzen. Wir haben zwar einige rituelle Aggressionsinhibitoren, die — wie Bittgebärden oder Verbeugungen — die eine oder andere biologische Komponente enthalten mögen. Die Truppenbesichtigung eines auf Besuch befindlichen Staatsoberhaupts kann die Erwartung ritualisieren, diese Truppen möchten nicht mit der Freiheit des Besuchers in Konflikt geraten. Truppenbesichtigungen bei der Ankunft und oft auch Abfahrt können so die Furcht beschwichtigen, die selbst hohe Besucher eines fremden Landes fühlen mögen. Wahrscheinlich ist ein abgefeuerter Kanonensalut ein Signal für eine große Anzahl von Menschen, daß jemand ankommt oder abreist. Er kann aber auch bedeuten, daß der Fremde kein feindliches Pulver zu fürchten braucht, oder aber der Salut symbolisiert die Achtung seines Ranges. Paraden der Streitkräfte an Nationalfeiertagen können den Drohritualen der Tiere entsprechen, die ihren Status zu erhalten oder zu verbessern suchen, ohne sich auf wirkliche Gewaltakte einzulassen. Es scheint hier Beziehungen in Gestik und Haltung zu geben, die tierischen Ritualisierungen nahe stehen; zum Beispiel, selbst zu sitzen, andere aber stehen zu lassen, um auf diese Weise die eigene Vorherrschaft geltend zu machen, oder aber eine Gebärdensprache, mit der Feindseligkeit, Subordination, Anerkennung usw. zum Ausdruck gebracht wird[17]. Zugleich ist klar, daß Nutzung des Raumes, Einstellung gegenüber Körpergerüchen und Bewegungsstilen usw. kulturell verschieden sind. Was auch immer hier an biologischen Konstanten vorhanden sein mag — sie müssen in verschiedenen Kulturen unterschiedlich interpretiert werden[18].

Sowohl bei gewalttätigen als auch aggressiven Handlungen ist die männliche Bindung das vorherrschende Organisationsinstrument. Frauen drängt es nicht in so aggressive Institutionen wie die Armee oder das Management religiöser, kommerzieller oder administrativer Gruppen, in denen die aggressive Beherrschung verschiedener Umwelten für Bestand und Wachstum Voraussetzung ist. Natürlich beteiligen sich Frauen an vielerlei Organisationen, von Wohltätigkeitsverbänden bis hin zu Friseur-Salons und zu Grüppchen von Beerensammlerinnen. Sie scheinen jedoch keine Gruppen von ausdrücklich oder potentiell gewaltsamer Aktivität zu bilden. Zur Jagd großer gefährlicher Tiere sind sie nicht zugelassen – dem Prototyp eines männlichen Wirkbereichs (seine Verwandtschaft zu politischer Aktivität sei wie auch immer), eines Bereichs, in dem die Verbindung von Aggression und Gewalttätigkeit sehr auffällig und die Verwechslung von Tier und Mensch während des Tötens nicht auszuschließen ist.

Ich habe darauf hingewiesen, daß schon die Existenz einer männlichen Gruppe zu einer aggressiven Beziehung zwischen dieser Gruppe und der äußeren Umgebung führen kann. Dieser Vorgang ist der Entwicklung einer sexuellen Bindung zwischen Mann und Frau funktional äquivalent und wahrscheinlich mächtiger als diese, die ja oft sehr kurzlebig ist. Aggression und Gewalttätigkeit sind also nicht individuell motivierte Verhaltensmodelle. Sie werden durch soziale Aktivität »befreit« oder »bestimmt«, und besonders wirksam bei sozialen Wechselbeziehungen zwischen Männern. Die »Gestalt« der Wechselbeziehungen einer Gruppe – man könnte sie vielleicht ihre Kultur nennen – und das weitere soziale System, in dessen Rahmen die Gruppe existiert, liefern dann die Modelle und Sanktionen für aggressives und gewalttätiges Verhalten. Daraus folgt, daß die männliche Bindung sowohl Funktion als auch Ursache von Aggression und Gewalttätigkeit ist. Diese werden durch lokal-kulturelle soziale Modelle wiederum bestimmt, vermittelt und ausgedrückt. Untersuchen wir das etwas näher.

Man muß zwischen Aggression und Gewalttätigkeit von Einzelpersonen und der von Einzelpersonen innerhalb einer Gruppe unterscheiden. Der Unterschied ist am besten zu sehen, wenn menschliches Leben zerstört wird. Soldaten im Trupp oder alleine, oder einzelne, von militärischem Eifer erfüllte Zivilisten können für das Töten »des Feindes« Ehre und Anerkennung ernten. In Friedenszeiten wird die gleiche Handlung als Mord oder – wenn ein Verbrechen, jedoch nicht die deutliche Absicht zu töten vorgelegen hat – als Totschlag bezeichnet. Der Kriegsheld, der über die militärischen Anforderungen hinaus Zerstörungsakte vollbringt, *verhält* sich wie der Psychopath im Frieden, der einen Universitätsturm besteigt und siebzehn Menschen umbringt. Zusammenhang und Bedeutung sind völlig verschieden, ebenso die Reaktion der Allgemeinheit. Dennoch werden in beiden Fällen mehrere Menschen getötet. Trotz der Faszination, die einem »unmotivierten« Mord als Akt freier Willensentscheidung anhaftet – sei er konkret wie der Fall von Leopold und Loeb oder erdichtet, wie in Dostojewskis *Schuld und Sühne* oder Gides *Die Falschmünzer* – kann der Mord in Friedenszeiten doch niemals sanktioniert werden, wenn er Ausdruck rein egoistischer oder philosophischer Einstellung ist. Die einzige Entschuldigung, die zählt, ist »Wahnsinn«, was funktional gesehen einer Erklärung der Gesellschaft gleichkommt, daß der Tötende aus Gründen geistiger Unzurechnungsfähigkeit oder mangelnden Sozialisierungsvermögens an keiner ihrer Voraussetzungen teilhat. Ganz anders der Held in Kriegszeiten. Mit relativ größerer Geschicklichkeit, größerem Mut und mit der Unfähigkeit oder Abneigung, sich durch die Konsequenzen seiner Taten für den Feind hemmen zu lassen – bringt er die in seiner Gesellschaft in Kriegszeiten gültige Ethik der destruktiven Beherrschung erfolgreich zum Ausdruck. Der Held kann sich auch genau gegensätzlich verhalten; indem er sich dem Tod preisgibt, rettet oder fördert er die Interessen seiner Landsleute.

Die selbstmörderischen japanischen Kamikaze-Flieger sind eine interessante Variation dieses Verhaltensmodells. Die als Freiwillige oder Dienstpflichtige eingezogenen Männer wurden von ihren militärischen Kameraden und der Öffentlichkeit groß gefeiert; man gestand ihnen viele Vergnügungen und Privilegien zu, obgleich sie zuvor oft wenig angesehene und geachtete Soldaten und Flieger gewesen waren. Sie gingen als Helden von der Bühne. In ihrem Fliegerhorst erhielten sie eine spartanisch harte Ausbildung und wurden über die Heiligkeit ihrer selbstzerstörerischen Handlung indoktriniert. Weigerten sie sich, ihre Mission zu erfüllen, wurden sie als Verräter erschossen; jedes Flugzeug hatte eine dreiköpfige Besatzung; jeder Kamikaze war auf seinem Sitz festgeschnallt und mit der Order versehen, jeden von ihnen, der die Aufgabe der Besatzung verraten wollte, sofort zu erschießen. Der Tod der Kamikazepiloten wurde öffentlich glorifiziert. Ähnlich ergeht es Feuerwehrleuten oder Polizisten, die in Erfüllung ihrer Pflicht getötet wurden; in besonders dramatischen Fällen können Witwen durch spontane öffentliche Geldzeichnung beträchtliche Summen erhalten.

Welche Funktion dem Heldentod bei der Schaffung oder Festigung sozialer Bindungen zukommt, ist klar. Allerdings ist eine Aussöhnung zwischen den Ehrenmälern auf den riesigen Friedhöfen im Nordwesten Frankreichs und der Verachtung gegenüber den Generälen, die für die Schlacht verantwortlich waren, schwierig (siehe das Bühnenstück von Joan Littlewood *Oh What a Lovely War*). Ohne Zweifel teilen die ranghohen Personen eines im Krieg befindlichen Landes Ehre und Schuld zu. Vor dem Schloß von Edinburgh steht die Statue des Earl of Haig zu Ehren dafür, daß er im Ersten Weltkrieg Englands Frankreichfeldzug anführte, in dessen Verlauf um zweifelhafter militärischer Objekte willen eine Unzahl von Menschen geopfert wurden. Nicht nur die Klassenzugehörigkeit bestimmt, wer ein Held und wer ohne Verantwortung ist (was sich besonders am militärischen Rang ablesen läßt), sondern natürlich auch, wer als Sieger hervorgeht. »Die Zerstörung Dresdens im Februar 1945 war eines jener Verbrechen gegen die Menschlichkeit, dessen Urheber in Nürnberg hätte vor Gericht gestellt werden müssen, wenn dieses Gericht nicht in ein reines Racheinstrument der Alliierten verkehrt worden wäre[19].« Bei diesem Bombenangriff waren nach drei Bombardements 132 000 Menschen getötet worden, der letzte Bombenabwurf geschah bei »einem amerikanischen Tagesangriff; Hunderte von Mustangs begleiteten die Bomber und schossen im Tiefflug in die Tausende von hilflosen Überlebenden, die in Parkanlagen und an Flußufern lagerten ... Nach dem Maß der Zerstörung war dies die erfolgreichste Operation in der Geschichte der Menschheit ...« Der militärische Effekt des Bombenangriffs war gleich null; der von Churchill verfolgte Hauptzweck, als er den Befehl dazu gab, war offensichtlich der, Stalin, dem er kurz danach in Jalta begegnen sollte, von der Stärke und Entschlossenheit der Alliierten zu überzeugen. Wegen schlechten Wetters war der Bombenangriff aber erst *nach* Jalta durchgeführt worden. Kriegsverlierer sind offensichtlich doch größere Kriegsverbrecher.

Aus soziologischen und anderen Untersuchungen wissen wir, wie aus Subkulturen Verbrechen und Vergehen hervorgehen und für diese charakteristisch sein können. Durch kriminelle und gewalttätige Aktionen können diese Subkulturen ihre Antipathie gegenüber dem herrschenden Kultur- und Machtsystem zum Ausdruck bringen. Unzufriedene, geschundene oder notleidende Menschen werden leichter als »ehrbare« Gruppen die Beherrschung der Umwelt mit Hilfe krimineller und gewalttätiger Mittel gut heißen. Die Aufstände in Watts, Detroit und Newark waren hierfür besonders dramatische Beispiele[20]. Auch wenn Verbrechen sich auf individueller Basis abspielen, so liefert doch die kulturelle Umgebung der Kriminellen eine beachtliche allgemeine Unterstützung für die kriminelle Entschlossenheit, die aus einem Ge-

fühl relativer oder offensichtlicher Beraubung entspringt. Komplizierter und bedeutsamer für die Gesamtgesellschaft ist die Bildung weitgespannter krimineller Gruppen von Art der Maffia. Diese Gruppen entwickeln klar definierte Vorstellungen über Angemessenheit kriminellen Verhaltens (oder über die »Diebesehre«), oft mit starker, wenn auch erzwungener Loyalität unter den Mitgliedern.
Hier geht es jedoch mehr um die Frage der Legitimität als um den sozialen Prozeß. In einer Diskussion über Gewalttätigkeit äußert sich Friedenberg entsprechend:
»In der modernen Welt ist fast alle Gewalttätigkeit gesetzmäßige Gewalttätigkeit; dabei werden auch die meisten Gewalttaten, auf die das nicht zutrifft, dennoch von zivilen, strafrechtlichen oder militärischen Autoritäten im Rahmen ihrer Dienstpflicht ausgeübt. Die deutschen Konzentrationslager waren gesetzmäßig. Unsere eigenen Behörden halten daran fest, daß die amerikanische Intervention in Vietnam rechtmäßig sei. Exekutionen sind rechtmäßig ... Die meisten Amerikaner würden auf Befragung erklären, daß sie gegen Gewalttätigkeit sind. In Wirklichkeit meinen sie aber, daß die Anwendung von Gewalt ein Monopol des Staates sein soll ... Auf noch tieferem psychologischen Niveau zeigt sich bei uns eine starke, wenn auch stumme Tendenz, Gewalttätigkeit dann als legitim zu akzeptieren – oder wenigstens nicht übermäßig zu beachten –, wenn sie von Einzelpersonen ausgeht, die in prahlerischem Aufzug und mit einer wirklichen oder imaginären Militärmütze daher kommen[21].«
Mit anderen Worten: Wenn eine Person Mitglied einer angesehenen Gruppe ist, kann sie mit mehr Recht andere beeinträchtigen, verletzen oder vernichten als eine Person, die zwar das gleiche tut, aber einer angesehenen Unterstützung entbehrt.
Das heißt aber nichts anderes als: Erstens variieren normative Systeme von Ort zu Ort und sind unterschiedlich nach Regionen und Gruppen nominell integrierter Gemeinschaften; zweitens haben es Mitglieder von Gruppen, die Macht besitzen oder sie sich nehmen, leichter, einer Bestrafung für aggressive oder gewalttätige Handlungen zu entgehen, als Einzelpersonen, die ähnliches tun – vorausgesetzt diese Handlungen sind in dem Gemeinwesen illegal oder unmoralisch. Das letztere besagt, daß es *Gruppen*-Mitglieder in ihrer aggressiven oder gewalttätigen Aktivität leichter haben. Dies ist eine generelle Behauptung, die mit der zugrunde liegenden Konzeption von der auf der Gruppe beruhenden Natur von Aggression und Gewalttätigkeit übereinstimmt. Natürlich sind Individuen aggressiv und gewalttätig. Die Aktivität einer Einzelperson, z. B. beim Schreiben eines Buches, ist im Prinzip

nicht anders als die Aktivität einer Gruppe, z. B. einer privaten Eisenbahngesellschaft. Individuelle Gewalttätigkeit aber und abnormes Verhalten können aus psychologischen Prozessen entstehen, die anders geartet sind als bei Gruppen. Gewalttätigkeit und Aggression sind nicht nur so einfach Äußerungen von Persönlichkeitsstörungen, emotionalen Hemmungen oder einseitig wirkenden Instinkten eines Individuums, sondern sie sind Kennzeichen *sozialer* Prozesse, die aus sozialen Wechselbeziehungen entstehen und diese wiederum anregen. Der einzelgängerische Kriminelle hingegen, der ohne Not stiehlt, ohne besonderen Grund tötet, ohne auch nur einen Schimmer von Liebe vergewaltigt, ist am unverfälschtesten abartig und abnorm. Während sich die Gesetzessysteme mit dem Individuum als einer Einheit von Schuld und Unschuld befassen, ist es in Wirklichkeit die Gruppe, die den Kern fast aller kriminellen Handlungen ausmacht.
(Obgleich ich seine Bedeutung hier nicht abschätzen kann, ist der Gedanke doch interessant, daß der Mensch die einzige Spezies zu sein scheint, die ein »Rechtssystem« geschaffen hat, das mehr auf dem Individuum als der Gruppe, Schar oder Gemeinde beruht; während es kein anderes Mittel gibt, um Gruppen für »schuldig« oder »unschuldig« zu erklären, als die verschiedensten Formen von Krieg. Der arme Achtzehnjährige, der ein Auto stiehlt, wird verurteilt, *nicht* seine soziale Gruppe, die den Diebstahl gut heißt, ihn womöglich sehr aufregend findet und vielleicht sogar zusammen mit dem später Bestraften in dem Auto gefahren ist. Natürlich würde jeder auf der Gruppe aufbauende Schuldbegriff fundamentalen jüdisch-christlichen Vorstellungen von Personalität und Rechtschaffenheit widersprechen – und für die Justiz eher rassische, klassenmäßige oder nationale als universale Kriterien zur Folge haben. Im rassischen, sozialen oder nationalen Krieg sehen wir eine Art von Gericht, das auf der Gruppe beruht; doch zweifellos ist es bezeichnend, daß diese Form von Konfliktlösung im Vergleich zum gerichtlichen Verfahren allgemein als primitiv angesehen wird.)

4

In einer allgemeinen Beweisführung über die Rolle, die der männlichen Bindung bei der Stimulierung aggressiver Verhaltensmodelle zukommt, habe ich darauf hingewiesen, daß sich Aggression und Gewalttätigkeit auf Gruppenbasis von solcher auf Individualbasis in ganz bestimmter Art und Weise unterscheiden. Das heißt, ein besonderes Charakteristi-

kum der männlichen Bindung ist ihr enger Zusammenhang mit aggressiver und möglicherweise gewalttätiger Haltung. Umgekehrt steht dies sowohl in direkter Beziehung zu der Schaffung von Abgrenzungen der Gruppe nach innen und außen, als auch zu dem, was weitgehend als Jagdverhalten bezeichnet wird. Vielleicht können durch das letztgenannte Merkmal die Hauptunterschiede in der Dynamik und Wirksamkeit von männlichen im Vergleich zu weiblichen Gruppen erklärt werden. Zur Verantwortlichkeit, die Männer für ihre Gruppe haben, gehört eine Bereitschaft zu aggressiven Handlungen, wenn diese der Gruppe nützen. Aus unserer Kenntnis von Verhaltensweisen geht nicht hervor, daß Frauen tatsächlich die Verpflichtung, auch physisch für den Nutzen ihrer Gruppe zu kämpfen, anerkennen. (Frauen können allerdings zur Verteidigung bereit sein, nämlich dann, wenn ihr Gemeinwesen angegriffen wird; russische, israelische und nordvietnamesische Frauen sind dafür ein Beweis. Normalerweise erscheinen sie jedoch nicht an der Front, wenn es sich um räuberische und extraterritoriale Kriege handelt.) Ein junger Engländer wurde von einem BBC-Produzenten über Gewalttätigkeit und Bandenleben und über die damit verbundenen Kämpfe um den Gruppenstatus interviewt:
»... Wenn ich mein Gesicht vor meinen Kameraden verliere – nun, ich meine, das ist so, meine ich, daß ich dann kein Recht mehr habe, irgend etwas zu sagen, kein Recht mehr habe, in irgendeine Kneipe zu gehen und zu sagen, das ist mein Typ von Puppe. Ich könnte an einem Abend mit meinem Mädchen ausgehen, und jemand sucht irgendeinen Händel, ich meine, was kann ich dagegen machen. Rund herum können sich alle umdrehen und sagen, eigentlich könnten wir uns Tonys Puppe schnappen, ich meine, er kann da gar nichts machen. Genau deswegen kann ich es mir nicht leisten, mein Gesicht zu verlieren ... Es sind eine ganze Menge von uns, die so herumlungern, wissen Sie, und die sind ganz schön eine Wucht, nicht so wie die durchschnittlichen Kerle, ich glaube, die würden jedem anderen aus der Klemme helfen; aber darauf sind alle angewiesen, wenn man nicht selbst kämpfen kann, kann man nicht kämpfen, ist man nicht der Rechte für den Kampf mit ihnen ... Ich denke nicht daran, mein Gesicht zu verlieren, lieber würde ich mich zusammenschlagen lassen, krankenhausreif, als mich weigern zu kämpfen, auch wenn der alte Tropf, wenn der Kerl zehnmal größer ist als ich, ich meine, die Sache ist die, man hat so schrecklich viel verloren, wenn man nicht mehr kämpfen kann. Ich meine, wie könnte man noch ausgehen, wie könnte man noch mit ihnen reden, ich meine, es wäre einfach nicht möglich, ich meine, sie würden dir einfach den Rücken kehren. Man könnte

niemals danach eine Sache mit ihnen bereden, weil sie sagen würden, der reißt das Maul auf, aber kämpfen wird er nicht, wir gewinnen den Streit auf jeden Fall ... Einmal hat sich einer geweigert, sich mit zwei Leuten zu schlagen ... und jedesmal, wenn er jetzt was sagt, heißt es: Ja, ja, ist schon gut – denk nur an damals, als du dich nicht geschlagen hast. Und sein Ansehen ist so gesunken jetzt, daß er sowieso nicht mehr zuschlagen würde. Ich meine, früher hat er jedem einen Schrecken eingejagt, aber heute sagt sogar der Kleinste von denen ›du Fuhre Mist‹. Und niemand mag ihn, und sie lassen ihn nirgends mitmachen, wirklich nicht, und keiner mag mit ihm reden und immer, wenn wir weggehen, gehört er nicht dazu, gar nie, bei allem, was wir machen oder sagen[22].«

Im Krieg kann ein Soldat, der sich weigert, einen Kampfbefehl anzunehmen, exekutiert werden; der kleine Junge, der sich vor Raufereien fürchtet, ist bei seinen Freunden schief angesehen. Ein Extremfall ist der Verräter; während er sich der Solidarität seiner Landsleute erfreut, verhandelt er mit dem Feind. Natürlich kann der im Nationalismus enthaltene Bindungsprozeß von anderer Intensität als der Bindungsprozeß des Kampfes sein; ähnliches mag vorliegen, wenn man durch die Bekämpfung eines externen Feindes die internen Bindungen zu festigen hofft. So schrieb der kanadische Ministerpräsident Lester B. Pearson in einer Botschaft anläßlich einer Feier am Vimy-Denkmal zu Ehren der Kanadier, die im Ersten Weltkrieg gefallen waren:

»Diese Schlacht von Vimy war nicht nur eine Waffentat. Es war die Geburt einer Nation, und es ist völlig richtig, wenn wir so, wie wir den hundertsten Jahrestag der Begründung unseres Staates feiern, auch das Ereignis anerkennen, das wie kein anderes ein halbes Jahrhundert später uns zu einer Nation werden ließ. Mehr als 66 000 Kanadier starben in diesem Krieg ...[23].«

Eine angegriffene Nation wird gewöhnlich durch den Angriff von außen gefestigt – Beispiele dafür sind Pearl Harbour, die Schlacht um England und das Bombardement von Dresden. Auch ein Sündenbock ist geeignet, die Bindungen gemeinsamer Loyalität bei seinen Unterdrückern aufrechtzuerhalten. Nach Lorenz hat sich möglicherweise »das Band der persönlichen Freundschaft dadurch entwickelt, daß es für bestimmte Individuen notwendig wurde, die gegenseitige Bekämpfung aufzugeben, um gegen andere Artgenossen wirksamer kämpfen zu können«, und nach Tinbergen führt Aggressionshemmung innerhalb einer Gruppe zu einer umorientierten Aggression gegenüber Individuen, die außerhalb der Gruppe stehen[24]. Diese Erklärung mag für einige menschliche aggressive Prozesse zutreffen, an denen sowohl Männer wie auch Frauen beteiligt sind. Es gibt aber beim Menschen einen zusätzlichen Prozeß von Bindung-plus-Aggression, der ganz speziell mit Männlichkeit und Jagd in Beziehung steht. Menschliche Bindung innerhalb und außerhalb der Gruppe ist schon immer als ein notwendiges Charakteristikum von Verhaltenssystemen anerkannt worden. Wir müssen uns aber daran erinnern, daß Armeen und andere Instrumente aggressiv-gewalttätiger Beherrschung von *Männern* gestellt werden. Das ist wohl nicht nur deshalb so, weil Frauen aggressive Auseinandersetzungen mit der natürlichen, menschlichen oder tierischen Umwelt nicht so erfolgreich durchstehen können, sondern — was viel bedeutsamer ist — weil die Gegenwart weiblicher Kollegen in Gruppen wahrscheinlich in besonderem Maße die Fähigkeit der Gruppe mindert, ihre »Funktion« in jenen Auseinandersetzungen zu erfüllen, die für das Überleben der Gruppe wichtig sind.

Das heißt nicht, daß eine aggressive, kriegsähnliche Reaktion auf eine Herausforderung einer versöhnlichen, passiven oder »feigen« unbedingt vorzuziehen wäre. So meinten in den frühen 1960iger Jahren einige lautstarke, wenn auch nicht zahlreiche Amerikaner, daß sie »lieber rot als tot« wären. Der in den USA anhaltende Konflikt über den Vietnamkrieg zeigt deutlich die Vehemenz, mit der Mitglieder einer einzelnen, aber komplizierten Gesellschaft die Rolle der gewalttätigen Aggression bei der Verfolgung gemeinsamer Ziele debattieren. Angesichts der Antipathie gegenüber dem Vietnamkrieg und angesichts seiner hohen Kosten an Geld und Leben ist es erstaunlich, daß gebildete, wohlhabende und gutinformierte Führerpersönlichkeiten einer modernen Gesellschaft die gewaltsame Aggression als passende Antwort auf eine vermeintliche Herausforderung gegen das Gleichgewicht der Mächte ansehen. Ich möchte mich hier nicht dazu äußern, ob die US-Regierung das Verhältnis zwischen ihren Zielen und Praktiken richtig einschätzt, noch geht es hier um die Tätigkeiten von Personen und Gruppen, gegen die der Krieg vermutlich gerichtet war. Bemerkenswert ist aber das direkte ökonomische und persönliche Opfer, das der Krieg von der Gesellschaft und dem Einzelnen fordert. Man schätzt, daß die finanziellen Unkosten, um einen einzigen US-Feind zu töten, sich auf 400 000 Dollar belaufen, während der Krieg im ganzen pro Monat mindestens 2 Milliarden Dollar kostet. Zur gleichen Zeit wurden in den USA für einen anderen »Krieg«, den »Krieg gegen die Armut«, in den ersten zwei Jahren und drei Monaten seines Bestehens 3,289 Milliarden Dollar bewilligt, und die Verfechter dieses Programms haben große Schwierigkeiten, genügend Kapital zu sichern, um die Situation von rund 34 Millionen Armen in den USA zu mildern.

Der Kontrast zwischen der Großzügigkeit der Regierung hinsichtlich des Vietnamkriegs und der relativen Sparsamkeit im Krieg gegen die Armut zeigt eindrucksvoll den Sinn für Prioritäten bei den Führern der Gesellschaft. Auch widerspricht es der häufig geübten Kritik an den USA, daß sie eine materialistische und egoistische Gesellschaft seien; die Aufwendung gewaltiger Summen für die Verteidigung, eine — wenigstens angeblich — eher quasi-moralische als auf lokalen Wohlstand gerichtete Einstellung, ist wohl gar ein Zeichen für die relative Bedeutung »geistiger« an Stelle von »materiellen« Zielen. Natürlich ist klar, daß der niedere Status der Personen, die aus dem Armutsprogramm einen Vorteil haben, genauso ein Faktor in der Entwicklung eines Sinnes für Prioritäten ist, wie der hohe Status und politische Einfluß jener Soldaten, Geschäftsleute, Politiker und Ideologen, die direkt oder indirekt aus einer aggressiven, wenn auch teuren Außenpolitik ihren Vorteil ziehen. Als *Verhaltensform* ist der Vietnamkrieg zugleich ein außergewöhnliches Zur-Schau-stellen der Rolle, die die Aggression in menschlichen Verhältnissen spielt[25]. Die Verwirrungen, die den Vietnamkrieg und andere Kriege umgeben, illustrieren, daß menschliche aggressive Tätigkeit nicht einfach eine »instinktive« Reaktion, sondern ein kompliziertes symbolisches Unterfangen ist.
Zugleich wäre es interessant zu wissen, in welchem Ausmaß weniger komplexe und vielleicht »instinktivere« soziale Beziehungen innerhalb der relativ kleinen Gruppe von Menschen, die Politik machen und Operationsentscheidungen im Vietnamkrieg treffen, den Verlauf des Krieges bestimmen. Alfred de Vigny schreibt in einem Bericht über seinen Militärdienst: »Eine der schlechten Seiten des militärischen Lebens ist, daß man sich ständig anstrengt, den starken Mann zu spielen[26].« Verständlicherweise ist es bei einer solchen Tätigkeit schwierig, von der Kriegsbegeisterung zur Aussöhnung zwischen Männergruppen zu gelangen, die sich letztlich für die Sicherheit ihrer Gesellschaft verantwortlich fühlen, gleichzeitig aber versuchen müssen, sich ihre Entschlossenheit und ihr Ansehen als mutige Führer zu erhalten. Während sie ihre Stärke unter Beweis stellen, müssen sie zugleich im Namen irgendeiner höheren Vorstellung vom allgemeinen Wohlergehen der Gemeinschaft strategische Anstrengungen machen, um weniger Grausamkeiten zu begehen.
Die Auffassung, daß militärische Tätigkeit Stärke erfordere, scheint mir einer Untersuchung wert. Die Rolle, die die Auswahl der Mitarbeiter im Bergbau, beim Fischen und Jagen usw. spielt, sowie der Zusammenhang, in dem Initiationsprozesse biologische Bedeutung erhalten, sind bereits diskutiert worden. Es wurde darauf hingewiesen,

daß einsame Helden und zivile Mörder wahrscheinlich in einen qualitativ anderen Prozeß eingespannt sind als solche, die in der Gruppe mutig sind und als Gruppe töten. Männlich-militanter Stärke haftet eine emotionale oder vielleicht auch ästhetische Erregung an – die biologisch gesehen der sexuellen Erregung zwischen Mann und Frau äquivalent zu sein scheint. Der »heldenhafte« Anführer einer Einheit von amerikanischen Kampfflugzeugen beschreibt seinen Einsatz in in Vietnam wie folgt:

»Die ganze Zeit hielten wir nach Migs Ausschau. Wir überflogen, beschossen und bekämpften sie ... der langen Rede kurzer Sinn – sie verloren. Wir flogen genau im Nordwesten von Hanoi ein, und ich glaube, wir sahen uns gegenseitig fast gleichzeitig ... Die Mig-Piloten schienen aggressiv und recht streitlustig zu sein. In Minutenschnelle war der Himmel von Einzelkämpfen erfüllt. Mitten unter ihnen entgegneten wir ihren Angriff und feuerten unsere Luft-Luft-Raketen ab. Mein Raketenhagel holte drei ihrer Flugzeuge herunter. Wir selbst verloren niemanden«, sagte der ehemalige West-Point-Fußballer und Ehemann der Filmschauspielerin Ella Raines ... »Wir wollten uns dort als Jagdflieger betätigen und eine feindliche Luftflotte zum Kämpfen bringen. Sie gefielen uns als Kampfziele, und wir wollten uns ein bißchen mit ihnen messen ... Es ist schwer, die Begeisterung – möchte man fast sagen – zu erklären, mit der wir die vorderste Linie ihrer Luftabwehr angriffen und zerstörten[27].«

Die Bereitwilligkeit mitzukämpfen ist tatsächlich eine wichtige Komponente, um an der »Ekstase« teilzuhaben. Wie beim US-Militär festgestellt wurde, ist eine der Hauptquellen für Spannungen innerhalb der Truppe die Tatsache, daß die Soldaten nicht selbst ihre Offiziere wählen und auch nicht zu einer anderen Gruppe überwechseln durften, wenn sie den gegenwärtigen Vorgesetzten nicht respektieren konnten.

»Der Soldat wußte, daß er aufgrund mangelnder Kenntnis oder Einsicht von seiten seines Vorgesetzten sein Leben womöglich unnötigerweise verlieren würde, aber er konnte fast nichts dagegen unternehmen. Es wurde schon viel über Männer gesprochen, die ihre Offiziere erschossen haben oder erschießen wollten – ein Anzeichen für die anhaltenden Spannungen[28].«

Die britischen und zum Teil auch kanadischen Versuche, Rekruten in landsmannschaftlich aufgebaute Regimenter zu stecken, war eine der Taktiken, um die Spannungen abzubauen, die die Einzelnen erlebten, wenn sie diejenigen, mit denen sie leben und vielleicht sterben mußten, nicht kannten[29]. Die Entdeckung, daß Soldaten lieber im Rahmen der

Sanktionen und Modelle ihrer direkten sozialen Gruppe als für die formellen Ideen ihrer Armee und ihres Landes kämpfen[30], unterstützt eher die partikularistische — oder persönlichkeitsnahe — als die universalistische — oder bürokratische — Vorstellung vom Kampf. Es wird klar, welche Bedeutung relativ primitiven Bindungsphänomenen im Gegensatz zu rationalisierten ideologischen Phänomenen zukommt. Gleich, ob für Einzelpersonen oder große Gruppen die Ideologie bedeutungsvoll oder bedeutungslos ist, scheint folgendes wesentlich zu sein: Die Ideologie muß durch soziale Beziehungen vermittelt werden, die auf die Interpretation einer Staatsideologie durch kleine Gruppen mit konkreten, belohnenden oder strafenden Antworten reagieren.

Natürlich handeln die Menschen beim Kampf genau wie bei anderen Tätigkeiten im Rahmen sozialer Reize und stehen unter dem Einfluß der Leute, mit denen sie direkten sozialen Kontakt haben[31]. Aber genausogut entsteht dort, wo es Bindung gibt, die spezielle, zwingende, »schöpferische«, nach außen gerichtete Gestalt einer Gruppe, die Stärke verlangt und belohnt. Mäßigkeit wird hier eher als Schwachheit gewertet, als in Gruppen, die ohne Bindung sind. Deshalb verliert der Konstitutionalist in *Lord of the Flies* die Kontrolle über die Gruppe, und diejenigen, die für Angriff, Mord und Totschlag sind, gewinnen die Überhand. Wo eine Gruppe offensichtlich in »Falken« und »Tauben« bzw. Hart- oder Mildgesonnene gespalten ist, werden letztere sehr schnell der Schwäche und des Mangels an Loyalität zur Gesamtgesellschaft bezichtigt. Es geht hier auch um eine Art Ästhetik des Handelns, sozusagen um den Stil, wie man mit der Gruppe verbunden ist und auf ihre Probleme reagiert. Man kann einen männlichen und weiblichen Stil unterscheiden. So wie die amerikanischen Indianergemeinschaften die Auffassung vertreten, daß ein Mann entweder ein Krieger oder *Berdache* — im Endeffekt eine Frau — ist, unterscheiden auch andere Gesellschaften zwischen Männern und Frauen, bzw. Männlichkeit und Weiblichkeit[32]. Nach Mead können sich Kulturen darin unterscheiden, in welchem Umfang eine unterschiedliche Entwicklung von Männlichkeit und Weiblichkeit vorliegt, doch irgendwelche sozialsexuellen Unterschiede sind immer vorhanden. Unterschiede zwischen Kulturen in dieser und anderer Hinsicht sind eigentlich selbstverständlich, wahrscheinlich allein aus genetischen, aber auch aus kulturellen oder ökologischen Gründen.

Physische Tapferkeit, Tempo, die Anwendung von Gewalt usw. gelten als typisch für Männlichkeit[33]. Obgleich die Definition dessen, was männlich oder weiblich ist, in den verschiedenen Kulturkreisen enorm variiert, sind in den meisten Kulturen einige zentrale Merkmale für

Männer und Frauen doch weitgehend gleich. Männer neigen mehr als Frauen zu einer straffen Beherrschung der Umwelt und mehr zum kreativen als reaktiven Eingriff in natürliche und soziale Realitäten. Wenn Männergruppen irgend etwas beherrschen wollen, wächst meist auch ihr Drang nach Tapferkeit, Zähigkeit und Selbstbestätigung. Wenn Jungen sich gegenseitig herausfordern und in ihrem Spiel eine Entscheidungsdramatik anstreben, so läßt dies die Modelle erwachsener Macht und den teilweise darin enthaltenen erwachsenen männlichen Stil erahnen. Entsprechend der Verschiedenheit der Kulturen ist auch die Sozialisation von Jungen hinsichtlich der Ermutigung zu aggressiver und gewalttätiger Entfaltung verschieden, ebenso gibt es zwischen einzelnen Jungen genauso große Verschiedenheiten wie zwischen sozialen Klassen[34]. Aber die verallgemeinernde Vorstellung von Männlichkeit, wie sie in Film, Reklame und Literatur und in der sexuellen Zusammensetzung der die Gesellschaft kontrollierenden Organisationen repräsentiert wird — besonders deutlich wird das bei aggressiven und/oder gewalttätigen Organisationen —, weist darauf hin, daß die zentrale Neigung und Befähigung der Männer zu Härte, Mut, Selbstbehauptung, Gewalttätigkeit und verwandten Erscheinungen wahrscheinlich artspezifisch sind.

Das wird sowohl anhand phylogenetischer Begriffe als auch durch eine funktionelle Analyse gegenwärtiger Gesellschaften verständlich[35]. Carveth Read hält die Entwicklung des Jagdlebens für eine Überlagerung wolfsähnlicher Geselligkeit über ein Primatenmodell von Bewußtsein und Gesellschaft (siehe seine Seiten 48—61). Obwohl wir heute wissen, daß menschliches Jagen und die Abspaltung von den anderen Primaten viel früher als von Read angenommen stattfanden, bleiben doch genügend physische Ähnlichkeiten, um verhaltensmäßige Ähnlichkeiten als repräsentativ für die Abweichung von einem gemeinsamen, ursprünglichen Modell sehen zu können. Read betont nicht die geschlechtlichen Verhaltensunterschiede, obwohl seine Vorstellung von der Evolution des Menschen und dem gegenwärtigen Verhalten nicht die Interpretation zuzulassen scheint, daß Mann und Frau in ihren sozialen Rollen — abgesehen von denen der Fortpflanzung — auswechselbar sind. Nach Margaret Mead besteht die Möglichkeit einer direkten biologischen Ursache für das Kriegführen des Menschen und dessen männlichen Charakter. Der stärkste Anreiz zur Kriegführung sei ». . . die Beschützung von Frau, Kind, Land und Idealen . . . Wahrscheinlich . . . hat der junge Mann das biologische Bedürfnis, sich selbst als physisches Individuum zu bestätigen . . . früher waren Jagd und Krieg der übliche Weg zu einer solchen Bestätigung (Validation)«[36].

Junge Männer suchen Selbstbestätigung. Zusätzlich sei auf folgendes hingewiesen: Erstens enthält Bestätigung einen Prozeß der Verbindung mit besonders männlichen und überlegenen Artgenossen, die als die »bedeutenden anderen« definiert werden; der Respekt vor ihnen läßt das Individuum Bestätigung suchen; zweitens erleichtert der Prozeß dieser Verbindung das Bemühen um Bestätigung und führt zu der Forderung, daß ein genügender Beweis der Männlichkeit Voraussetzung für die Mitgliedschaft in einer Gruppe ist; drittens führt das Zusammenspiel von Verbindungsprozeß und Bestätigungsbedürfnis zu einem gemeinsamen Gruppen-»Gefühl«, das – besonders unter dem Anreiz äußerer Bedrohung oder bei Wahrnehmung eines möglichen Vorteils – zu einer zunehmend kühnen und wirksamen Aktivität neigt. Letzteres Merkmal kann ebensogut wie Fehlinformation, Voreingenommenheit, Beharrungsvermögen usw. zur »Eskalation« von Konflikten zwischen Männergruppen führen, für die eine Aussöhnung ohne Sieg der Entwertung ihrer Männlichkeit gleichkommt. »Alles für die Ehre«, auch wenn die Eskalation mit Gefahr und dem Verlust von Vermögen, Zeit und Gelegenheiten zu anderen lohnenden Tätigkeiten verbunden ist. Bestätigung ist keine einmalige Angelegenheit. Der Bedarf nach Bestätigung kehrt in den verschiedenen Stadien der männlichen Karriere immer wieder und drückt sich durch verschiedene Symbole des Erfolgs, der Leistung, der Macht, der Vortrefflichkeit usw. aus, so wie sie bei den einzelnen Kulturen für die verschiedenen Altersklassen definiert sind. Initiationszeremonien oder *»rites de passages«* bezeichnen hauptsächlich Wandlungen in den Kriterien, aufgrund derer Individuen beurteilt und eingestuft werden, keineswegs aber das Ende des Bestätigungsprozesses.

Ich beziehe also die Kontrolle der menschlichen Aggression – auf dem Niveau von Schulbubenkämpfen und Kneipenkrawallen genauso wie auf internationalem Niveau – auf die Kontrolle der Dynamik von männlichen Gruppen und die Aufrechterhaltung von männlicher Selbstachtung und Vertrauen. Nur halb im Scherz sei darauf verwiesen, daß einer der Gründe, Frauen und Kinder vom Schlachtfeld fernzuhalten, nicht nur deren Sicherheit ist, sondern auch die Möglichkeit, ohne Hemmung zu kämpfen und dabei nicht durch schreiende und umherstreifende Kinder und Frauen gestört zu werden, die über die Gefahren für die Kinder, sich selbst und ihre Männer oder alle Beteiligten klagen. Zusätzlich zu der von Lorenz entwickelten Vorstellung, daß Bindung sich als eine Begleiterscheinung der Aggression entwickelt habe, ist es wohl unumgänglich, gelten zu lassen, daß sich der Prozeß primär und bezeichnenderweise unter Männern abspielt. Ferner hängt wohl die Kontrolle der Aggression im wesentlichen davon ab, inwieweit Männer, die mit Macht und Sinn für ihren männlichen Status ausgestattet sind, ihre Selbstachtung bewahren und ihre Positionen erhalten können, ohne in Handlungen zu flüchten, die nicht nur einigen anderen Gruppen, sondern wahrscheinlich auch ihrer eigenen Zerstörung und Leid bringen.

Dieses Phänomen tritt nicht nur bei Verteidigung und Politik auf, sondern auch in Verbindung mit der männlichen Neigung, sich mit Jagd oder jagdähnlichen Tätigkeiten zu befassen. Dies macht die Steuerung der Aggression weitaus komplizierter, als es das oben skizzierte, ziemlich einfache und mechanische Modell anzudeuten vermag. Die konzentrierte Ausrichtung einer Gruppe auf ein besonderes Ziel — in der Dynamik der Gruppe funktionell einem Beutetier entsprechend — weist darauf hin, daß die männliche Bindung vielleicht eines abschließenden Anreizes zu ihrem Vollzug bedarf. Durch einen solchen Anreiz wird der aggressive Impuls genauso wie durch den Tod oder das Entkommen eines Beutetiers unterbrochen[37]. Sieg ist das eine Ende, Verlust das andere. Vielleicht ist der männliche Alkoholkonsum in der Gruppe auf irgendeine Weise mit Triumph oder Siegesritualen verknüpft. Wie Dart bemerkt, weisen bestimmte fossile Überreste in den Niederlassungen der *Australopithicinae* darauf hin, daß die Hirnschalen der in innerartlichen Kämpfen Besiegten von den Siegern als Trinkgefäße für Blut verwendet wurden[38]. (Nicht ganz ohne Bedeutung dürfte eine diesbezügliche Beobachtung sein, nach der das Prosit bei vielen skandinavischen Trinkereien, »skol«, mit »skull« = Hirnschale übersetzt wird)[39]. Die Bedeutung, die dem Trinken in männlichen Gruppen oder den persönlich gewidmeten Trinkbechern usw. zukommt, kann als Zeichen für die Verbindung von Trinken und männlicher Gruppenbildung gesehen werden. In einigen Kulturen, in denen allerlei Hemmungen die herzliche Äußerung männlich-kameradschaftlicher Gefühle verhindern, kann das Trinken für das bloße Zustandekommen eines Anschlusses sehr wichtig sein. Sicherlich dient das Trinken der Bestätigung. Weit verbreitet sind Verordnungen, die für Minderjährige den Zutritt zu öffentlichen Lokalitäten regeln, in denen Alkohol ausgeschenkt wird. Am auffallendsten ist es aber in Nordamerika und Schottland, daß zwischen Männlichkeit und der Fähigkeit, große Mengen Alkohols zu verkraften, ganz allgemein eine starke Beziehung gesehen wird. Warum die Einverleibung eines milden Gifts als Test für männliche Kraft gelten soll, ist seltsam, es sei denn, man glaubt anhand der Reaktion auf Alkohol das Reaktionsvermögen eines Individuums auf andere Sachverhalte, wie schädliche Nahrung,

Gerüche, visuelle Wahrnehmungen usw. testen zu können. Damit vergleichbar ist das Zigarettenrauchen und die häufige Assoziation von Rauchen und Männlichkeit im Alltag, in Reklame und Film. Besonders interessant ist, daß in der Reklame das Rauchen so häufig in Verbindung mit Jagen, Fischen oder anderen »harten« Unterfangen dargestellt wird. Man könnte an den Spott erinnert werden, mit dem der Versuch einer Zigarettenfirma, ihr Produkt als das »Filter des denkenden Mannes« zu charakterisieren, quittiert wurde. Stillschweigend bedeutete der Spott: Männliche Männer denken nicht. Andererseits besteht zwischen Pfeiferauchen und Intellektualität eine deutliche volkstümliche Assoziation.

Ebenfalls von Interesse ist das Verhältnis zwischen der Zigarre und dem Begriff der Männlichkeit. Werden Zigarren nur deshalb, weil sie teuer sind und geschätzt werden, von frischgebackenen Vätern an ihre Freunde verteilt? Oder versteckt sich hinter der Gabe eines steifen phallusgroßen Gegenstandes, dessen man sich oral erfreut, eine tiefere, wenn nicht offensichtliche Bedeutung? Feiert die männliche Gruppe damit symbolisch den mannhaften Erfolg eines der ihren, fernab kultueller Verhaltensmodelle – wodurch es den Männern erlaubt ist, sich der Tätigkeiten eines jeden anderen in der zarten Sphäre von Mutter und Kind in männlichem Selbstverständnis zu erfreuen? Walter Pople hat darüber spekuliert, ob das Vergnügen, das Menschen am Rauchen finden, vielleicht die Entwicklungsgeschichte widerspiegelt, in der der Geruch von Rauch gleichbedeutend mit Sicherheit, Wärme und vielleicht auch Nahrung war[40]. Daß wir versuchen sollten, uns dieses Vergnügen mit Hilfe kleiner tragbarer Feuer, die viel aromatischen Rauch spenden, wieder zu beschaffen, ist nicht ganz unwahrscheinlich. Natürlich existieren hinsichtlich des Rauchens eine stattliche Reihe kultureller Unterschiede, aber die Beständigkeit der Gewohnheit trotz ihrer nunmehr feststehenden körperschädigenden Wirkungen kann etwas über die Rolle aussagen, die der Rauch bzw. das Feuer in der Evolution des Menschen spielten.

Eine weitere Kuriosität ist die spezielle Bereitwilligkeit der Männer, im Freien mit einem Barbeque-Grill zu hantieren, was Holzkohlenrauch, Hitze und ein Gefühl von der prallen Wirklichkeit der im Gang befindlichen kulinarischen Aktion mit sich bringt. Die Braterei am Rost scheint den Männern, die dem Kohlgeruch in den Küchen ihrer Ehefrauen aus dem Weg gehen, nichts auszumachen. Auch nicht das Kochen in Jagd- und Fischfanglagern. Obgleich mir nur meine eigenen Beobachtungen zur Verfügung stehen, scheint festzustehen, daß Männer mehr für Steaks, Frauen mehr für Salate schwärmen – jedenfalls

eher als umgekehrt. Aber vielleicht genießen Frauen Steaks mehr, als Männer Salate. Sollte sich hierin etwa die Dichotomie von Jägern und Sammlern widerspiegeln — und das in einer Kultur der Supermärkte? Hat, nebenbei bemerkt, die Verbindung zwischen Feuer, Nahrung, Jagd und Erfolg irgend etwas mit der Popularität von Restaurants und anderen Gelegenheiten zu tun, bei denen das Feuer nah und sichtbar ist? Ist das auch der Grund, warum flambierte Gerichte besondere Festlichkeit und Wohlsein bedeuten? Und warum gilt das Diner bei Kerzen- oder Dämmerlicht als »romantisch«[41]? In einigen Fällen — wie bei Siegesfeiern oder besonderen Festtagen (orthodoxe Juden zum Beispiel trinken nur an Festtagen) — mag das Trinken direkte Bezogenheit zeigen. Carveth Read sieht das Fest in direkter Verwandtschaft zur Jagd des frühen Menschen und macht sogar darauf aufmerksam, daß »der Ursprung von Gelächter und Freude am offenen Humor ... sich von diesen Gelegenheiten zu ausgelassener Heiterkeit und Ausschweifung herleiten läßt«[42]. Lorenz beschreibt den Anpassungswert der Völlerei unter Jägern nach einer großen Jagd; es ist klar, daß Völlerei heute bei Menschen mit sicherer Nahrungsversorgung ein schlechtes Anpassungsverhalten ist[43].
Interessant ist hier die mögliche Verbindung von Festen, Zechgelagen, Herrengesellschaften usw. mit Merkmalen von Prozessen, die der männlichen Eingliederung nach einem aggressiven oder gewaltsamen Unternehmen dienen. Auch die buchstäbliche oder symbolische Opferung von Tieren oder Menschen kann als Abschluß eines Bindungsprozesses oder einer Ausübung von Macht und Herrschaft fungieren. Selbstverständlich beruhen religiöse Opfer auf den Entschlüssen männlicher Führungspersönlichkeiten. Wo Opferungen und/oder Folterungen von Mensch oder Tier politische Bezüge haben, sind sie notwendigerweise Aufgabe männlich beherrschter Systeme. Der Katalog von Blutvergießen, Grausamkeit, Sadismus bis hin zu rücksichtsloser Mißachtung des Leidens anderer ist so umfangreich, daß diese Roheiten nicht aus etwas so Privatem wie »instinktiver Grausamkeit« oder der »Bosheit« des Menschen resultieren können. Diese Erscheinungen sind vielmehr die direkte Konsequenz eines männlichen Bindungsprozesses, der mit der *sozialen* Natur des Menschen eng verknüpft ist und sowohl mit der politischen Struktur als auch der Jagdmethode bei der ökologischen Nutzung in Verbindung steht. Wenn die Jagd wirklich das beherrschende Verhaltensmodell der Art ist, kann man wohl auch erwarten, daß — wie bei allen biologischen Verhaltensmodellen — auch ein Anreiz zum Vollzug vorhanden sein muß. Vielleicht wird dieser Anreiz durch das Opfer und verschiedene andere Formen des Tötens

der Beute geliefert. So kann die Beweisführung über den Begriff der Pseudo-Spezies und ihre Beziehung zur Verwendung von Tieren für totemistische Zwecke in diesem Zusammenhang als ein zusätzlicher Anhaltspunkt für das Verständnis der sonst verwirrenden und scheinbar nutzlosen Zeremonien gesehen werden, mit denen rituelle Aufgaben sanktioniert werden — Aufgaben, die unter anderen Verhältnissen als abscheulich und unnötig verurteilt würden. Ich meine also, daß sich das Phänomen menschlicher Grausamkeit, das Verlangen nach Blut, Opfer, pseudo-spezifischer Tötung und Schändung unmittelbar auf das Gefühl persönlicher männlicher Bestätigung bezieht, das einzelne Männer innerhalb ihrer männlichen Gruppen erfahren. Die wichtigste Konsequenz der interkulturellen Verschiedenheit besteht vielleicht darin, daß Objekt, Instrument und Art und Weise der Bestätigung individueller Männlichkeit und Gruppenmacht jeweils neu bestimmt werden. Obwohl es klar ist, daß auch Frauen an den Situationen, mit denen ich mich befaßt habe, teilnehmen können und in einigen Fällen noch grausamer und bösartiger als Männer handeln, werden von Frauen nur selten die sozialen Strukturen ersonnen, gehandhabt und gerechtfertigt, innerhalb derer die gewalttätige und aggressive Verletzung von Recht und Gesundheit der Opfer stattfindet.
Hannah Arendts Begriff von der »Banalität des Bösen«, den sie in ihrer Beschreibung und Diskussion des Adolf-Eichmann-Prozesses verwendet, umfaßt sowohl die inter-kulturellen Unterschiede in der moralischen Ordnung als auch die im wesentlichen routinehafte Verfolgung von politischen Grundsätzen, wenn diese erst einmal feststehen. Das Böse wird zum beiläufigen Nebenprodukt eines Wirkprozesses, der persönliches Ansehen und korporative Bindungen mit einbezieht. So mancher Nazi scheint sich doch der Illegalität (wenn nicht Sittenlosigkeit) dessen, was sie da taten, bewußt gewesen zu sein, sonst hätten nicht manche versucht, die schriftlichen Aufzeichnungen über ihre völkervernichtende Tätigkeit beiseite zu schaffen. Doch der soziale Druck der Militärmaschinerie war so groß, daß selbst Personen, die sich den entsetzlichsten Verletzungen des Kriegsrechts hätten entziehen können, abgeneigt waren, das auch zu tun. Wahrscheinlich ist es eben doch bezeichnend, daß die Nazibewegung im Kern eine männliche Organisation war. Wenn auch vielleicht eine beträchtliche Zahl infam grausamer Frauen ihre Anregungen von der männlichen Organisationsform bezogen, erscheint selbst ihr Verhalten privater und willkürlicher als das der relativ ruhigen, bürokratisierten Maschinerie der Männer.
Ein Besuch in Dachau machte mir die Ordnung, Regelmäßigkeit und interne Logik des Konzentrationslager- und Krematoriumsystems deut-

lich. Da das System die Zerstörung von Menschen in einer phantastischen und monumentalen Art mit einer gewissen »Eleganz«, Geordnetheit und Selbstrechtfertigung vereinte, liegt es nahe, daß der Terminus »inhuman« zu seiner Beschreibung nicht verwendet werden kann. Womöglich galt das Ganze sogar als inbrünstig humane Großtat; die Fotos, die neben den Gesichtern der Gefangenen die belustigten Gesichter der Offiziere zeigen, führen einen Kontrast vor, der sich lediglich *im Grad* von den unzähligen alltäglichen Beispielen mehr oder minder großer menschlicher Gehässigkeit unterscheidet. Daß der Unterschied doch groß ist, charakterisiert eher das besondere Volk und die betreffende Folge von Ereignissen, als den Prozeß sozialer Differenzierung zwischen Fänger und Opfer, der sich allerdings in den deutschen Lagern unserer Zeit erschütternd widergespiegelt hat. Selbst in den Camps der US-Truppen verursachten die eindeutig besseren Bedingungen für Offiziere bei manchen US-Soldaten Kummer und Verbitterung, bis sich einige sogar über die Ähnlichkeit der militärischen Bedingungen in den USA und Deutschland Gedanken machten[44]. Es kann natürlich nicht die Rede davon sein, die beiden Lagertypen einander gleichzusetzen. Interessant aber ist die Wirkung, wenn in den Gemeinwesen zweier Kulturen die Entstehung sozialer Klassen gestattet wird — zweier Kulturen, die sich in ihrer zentralen Haltung gegenüber Gleichheit und menschlicher Brüderlichkeit geradezu dramatisch unterschieden, ja sogar deshalb Krieg führten.

5

Das soll nicht heißen, daß alle Männer sich dann, wenn sie aggressiv werden, in ihren männlichen Bindungen gleich stark fühlen. Einige zeigen innerhalb ihrer Bindungen unentwegte Loyalität, andere dagegen Furcht, Apathie oder unverblümte Ablehnung. Deserteure werden in Kriegszeiten erschossen, es sei denn, mildernde Umstände können dies verhindern. Trotz dieser Strafmaßnahme gibt es immer noch Deserteure, vor allem unter Bedingungen, die als hoffnungslos, äußerst unangenehm, oder als Folge einer nachlässigen oder inkompetenten Führung betrachtet werden. Auf das daraus resultierende akute Dilemma für einen militärischen Aufbau und die darin befindlichen Einzelpersonen weist der Film von Joseph Losey *King and Country* hin. Ein junger Mann mit einer angeblich durch eine Granatexplosion verursachten Nervenerschütterung geht im Ersten Weltkrieg von seiner Einheit weg und wird daraufhin wegen Desertion vor Gericht gestellt und schuldig gesprochen – letztlich deshalb, weil eine bevorstehende Offensive moralischen Auftrieb erforderlich zu machen scheint; man glaubt, die Truppen durch die Hinrichtung eines der ihren unter Druck setzen zu können. Von Stephen Crane stammt eine andere Studie über das Problem des Deserteurs, *The Red Badge of Courage*. Daß nicht alle Individuen von sich aus freiwillig in so aggressive Organisationen wie Armeen eintreten, ist völlig klar; in diese Richtung zielt Andreskis Hinweis auf die Tatsache der soldatischen Ausbildung: »Wäre der Mensch wirklich mit einer angeborenen Neigung zum Krieg begabt, wäre es unnötig, ihn in kriegerischen Tugenden zu schulen; die bloße Tatsache, daß in so manchen Gesellschaften der Vergangenheit und Gegenwart so viel Zeit auf eine solche Schulung verwendet worden ist, bezeugt nur, daß es keinen Kriegsinstinkt gibt[45].« (Genausogut kann es aber bedeuten, daß die Hemmungen gegen den Intra-Gruppen-Krieg so stark und notwendig sind, daß ein Prozeß der Enthemmung erforderlich ist, bevor mehr »instinktive« Intra-Gruppen-Reaktionen freigesetzt werden können. Zum Beispiel werden Rekruten, die den Gebrauch des Bajonetts erlernen, dazu gebracht, ein tierähnliches Geheul auszustoßen, wenn sie mit dem Bajonett in die Menschenattrappe stechen. Offensichtlich werden dadurch die Hemmungen gemindert.) Erst als die Demokratie in ihren verschiedenen Formen zum Durchbruch kam, wurde die Masse des Volkes umfassender direkt besteuert und laut Gesetz zum Militärdienst einberufen. Als Folge davon ist die Kriegsdienstverweigerung zu einer allgemeinen Erscheinung geworden; wenn amerikanische Pazifisten und Vietnamkriegsgegner ihre Einberufungsbescheide verbrennen, so repräsentiert dies eine offene – und aggressive! – Form der Antipathie gegen die Teilnahme an aggressiven Aktionen.

Man könnte sich vorstellen, daß neben der ungleichen Sozialisierung eine unterschiedliche Neigung der Männer zur männlichen Bindung wie zur Aggression feststellbar ist, genauso wie das in jeder Bevölkerung hinsichtlich Intelligenz, Verdauung oder geschlechtlicher Aktivität der Fall ist. Manche Männer sind kriegslüsterner als andere. Interessant ist hier, wie kriegerisch Gesonnene es fertig bringen, in Krisenzeiten anderen ihren Willen aufzuzwingen, und wie sich sogar Sanftmütige den Kampflustigen zugesellen. Das kann mit mehr oder weniger Loyalität gegenüber ihrer sozialen Gruppe geschehen und vielleicht sogar mit einigem Vorstellungsvermögen hinsichtlich des Gesamtzwecks kriegerischer Tätigkeiten. Bezeichnend ist auch der Anreiz, den militante durch pazifistische Gruppen erhalten: Holländische Matrosen waren kaum davon abzubringen, in Amsterdam einen Kampf mit

»Provos« zu führen und ihnen improvisierte Haarschnitte zu verpassen; den Motorradbanden der »Hell's Angels« hingegen wurde stillschweigend erlaubt, Anti-Kriegsdemonstranten zu verprügeln, während die kalifornische Polizei aus Scheu vor rechtlichen Folgen nicht eingreifen konnte[46]. Während der Democratic Party Convention 1968 in Chicago war die Polizei in der Lage, ihre Meinung über Anti-Kriegsdemonstranten brutal und blutig zum Ausdruck zu bringen, weil es ihren Angehörigen erlaubt wurde, Rangabzeichen und andere identifizierende Kennzeichen abzulegen; außerdem erfreuten sie sich der offenen Unterstützung der politischen Amtsträger. Gruppen, die im Leben des Gemeinwesens charismatische Tendenzen repräsentieren, werden leicht durch den Zwang der sozialen Schichtung bestraft. Das zeigt sich besonders dann, so scheint es, wenn die Verfechter sozialer Schichtungsmodelle mit äußeren Feinden im Streit liegen, zum Beispiel während eines Krieges. Chance hat gezeigt[47], daß die Fähigkeit, in einem speziellen Gemeinwesen im Interesse eines langfristigen Erfolges aggressive Reaktionen Gleichwertigen oder Überlegenen gegenüber zu hemmen, ein wichtiges Merkmal der Partizipation an hominiden und hominid-nahen politischen Strukturen ist. Eine solche Hemmung scheint jedoch weniger in der Lage zu sein, Individuen – die sich durch die eigene Gruppe gerechtfertigt fühlen – von Aggression und Gewalttätigkeit gegenüber anderen außerhalb der Gruppe abzuhalten.
Mit anderen Worten, die Teilhabe an einer die interne Aggression hemmenden Bindung erleichtert die Aggression gegenüber der äußeren Welt. Das besagt nicht, daß hier »aggressive Energie« von interner auf externe Aggression exakt mechanisch übertragen wird. Aber eine wesentliche Komponente erfolgreicher lebensfähiger Bindung ist die Bereitschaft und Neigung, nach außen hin anzugreifen.
Die Logik meiner Beweisführung ist damit wie folgt: Männer sind geneigt, Bindungen einzugehen; männliche Bindungen neigen zur Aggressivität; deshalb ist die Aggression ein vorhersagbares Merkmal männlicher Gruppen. Die Gelegenheit zu solcher Aggression zu mindern heißt, in ein altes und zentrales Modell menschlichen Verhaltens hineinzupfuschen. Hinsichtlich der Bedeutung, die Jagd- und quasi-Jagdverhalten für Männer der Gattung Homo haben, könnte vielleicht gesagt werden, daß bindungslose und aggressionslose Männer faktisch kinderlosen Frauen äquivalent sind. Natürlich sind kinderlose Frauen lebensfähig, und viele lieben ihre Situation und genießen deren Vorzüge. Gleichzeitig aber scheint es nur billig, daß man ihnen im guten und bösen ein wesentliches Merkmal der menschlichen Frau abspricht und der Meinung ist, daß ihnen die Teilhabe an einer wesentlichen

biologischen Tätigkeit und ihren psycho-sozialen Konsequenzen fehlt. Ebenso sind gehemmte Männer ohne Freunde nicht nur einsam und aggressionshemmend, sondern es bleibt ihnen möglicherweise auch das vorenthalten, was das männliche Äquivalent des Kinderkriegens ist und mit dem Beruf, der Verteidigung, der Politik und vielleicht sogar der gewalttätigen Beherrschung und Zerstörung anderer zu tun hat.

Wenn meine Hypothese über das Verhältnis zwischen männlicher Bindung und Aggression und Gewalttätigkeit stimmt, bedeutet dies nicht, daß zwischen Männergruppen schädliche und destruktive Beziehungen unvermeidlich seien. So wie die Bevölkerung gesteuert werden kann, können wohl auch soziale Beziehungen mittels konstitutioneller Abkommen, durch die Erkenntnis wechselseitigen Interesses und durch gezielten Einsatz vermittelnder Einflüsse bei potentiell antipathischen Wechselwirkungen gelenkt werden. Wie viele Autoren angedeutet haben, ist es durchaus möglich, die sozialen Vorstellungen über Männlichkeit so zu verändern, daß Vornehmheit und diplomatisches Hinhalten höher bewertet werden als Härte und mehr oder weniger willkürliche Entschiedenheit. Das könnte zu ganz anderen Vorstellungen über eine erfolgreiche Teilnahme an männlichen Gruppen führen, so daß Führerschaft und Belohnung weniger streitbaren Persönlichkeiten zuteil werden, die der Verteidigung ihrer Macht und Legitimität weniger verpflichtet sind. Was aber die politische Führerschaft betrifft, so muß daran erinnert werden, daß der Ausleseprozeß von Führungspersönlichkeiten, der Verlauf der Karrieren erfolgreicher Politiker, sowie die in der Praxis notwendige Assoziation zwischen politischem Erfolg und der Wirksamkeit der männlichen Gruppe es schwer machen, dies in naher Zukunft zu erreichen.

Auch der entscheidenden Frage nach der Natur und Art militärischer Führerschaft kann nicht so leicht ausgewichen werden. Der tatsächliche Zweck militärischer Organisation ist nun einmal die schnelle und unumstrittene Bereitstellung bewaffneter Streitkräfte zur Verteidigung gegen den Angreifer, außerdem das Angreifen und möglicherweise Vernichten von Personen, die als Feinde der in Frage kommenden Souveränität gelten. Aus der fehlenden Wechselbeziehung zwischen der Kriegslust einer Gesellschaft und ihrer Unterstützung der Gleichheitsbestrebungen der Frau wird deutlich, daß in absehbarer Zeit das Eintreten der Frauen in männerbeherrschte Organisationen wohl kaum potentiell destruktive Beziehungen zwischen verschiedenen »Bindungen« beenden wird. Wie schon angedeutet, ist es notwendig, die Kontrolle der Gewalttätigkeit auch im Rahmen der Tatsache zu sehen, daß Aggression genauso ein begleitender Umstand konstruktiver und heilsamer wie destruktiver und feindseliger Aktivitäten ist[48]. Das belastet jene, die sich gern Wege für die Handhabung zwischenmännlicher Beziehungen ausdenken; diese sind ja — ich habe darauf verwiesen — potentiell sehr eng mit Formen der Aktivität verbunden, die nicht mehr an das menschliche Überleben anpaßbar sind. Offensichtlich sind Lösungen in gewissen Situationen möglich — wie etwa die Gefahren des Fußballspiels durch die in Rugby 1845[49] geschaffenen Regeln gemildert wurden —, die nicht entscheidende Bereiche des Wohlstandes und Überlebens mit einbeschließen. Wie schwer Abrüstung zu erreichen ist, ist nur zu bekannt. Es wird dadurch deutlich, wie kompliziert jeder Versuch ist, zweifellos harte durch anscheinend sanftere Friedensgarantien zu ersetzen. Das Verbot harter Maßnahmen kann auch die innere Dynamik friedenerhaltender defensiver Organisationen beeinträchtigen und Schwierigkeiten hervorrufen, die denen kinderloser Ehepaare ähneln. Ein solcher Prozeß muß für jene eine zusätzliche latente Gefahr von beachtlicher sozialer Bedeutung darstellen, die mittels Organisation Friede statt Gewalt, Kommunikation statt Konfrontation suchen.

6

Ich habe die Beziehung zwischen Männlichkeit und männlicher Bindung, Aggression und Gewalttätigkeit deshalb betont, weil ich der Auffassung bin, daß einem zentralen Charakteristikum menschlicher Organisation und der geschlechtsgebundenen Rolle von Individuen in Organisationen zu wenig Aufmerksamkeit gezollt worden ist. Es ging mir darum, auf die Möglichkeit aufmerksam zu machen, daß sozial »schädliche« Konsequenzen von männlichen Gruppenbeziehungen eine direkte Funktion von voraussagbaren Gruppendynamikprozessen sind, die eben deshalb »gesund« sind, weil sie arttypisch sind; die »schädlichen« Folgen der männlichen Bindung leiten sich wie die »gesunden« von den gleichen Prozessen ab. Allerdings kann die mögliche Grundlage der männlichen Bindung — wirkliche oder quasi-Jagd oder Verteidigung — zu einer Verstärkung schädlicher Aktivitäten führen oder es zumindest wahrscheinlich machen, daß viele männliche Gruppen Tätigkeiten suchen, die Erholung und Befriedigung auf eine Weise bieten, wie sie die Männer der Spezies Homo bereits vor einigen tausend Jahren entwickelt haben.
Ich habe zu zeigen versucht, welche Beziehungen meiner Meinung nach zwischen Männlichkeit, männlicher Bindung, Aggression und Gewalttätigkeit bestehen und wie der Prozeß dieser Beziehungen geartet ist.

Die Steuerung dieses Prozesses, für welche sozialen Zwecke und Ziele auch immer, ist eine andere Angelegenheit. Diese hier zu erörtern, bin ich nicht besonders qualifiziert. Halten wir fest, wie wichtig es ist, die Erklärungen menschlichen Verhaltens unverfälscht mit den zugrundeliegenden biologischen Prinzipien und Merkmalen des Verhaltens in Beziehung zu setzen. Wenn das, worauf ich bezüglich Aggression und Gewalttätigkeit hingewiesen habe, stimmt, wird das Problem der Bewahrung des Friedens keineswegs leichter, sondern noch schwieriger, als wenn die Aggression nur rein privat, als Ergebnis von Frustrationen oder Reaktion auf soziale Faktoren gesehen wird. Wenn zwischen Aggression und Sexualität eine innige Verbindung besteht — was für Individuen wichtig ist — und wenn Aggression ebenso mit sozialen Gruppen verbunden ist, die wir alle schätzen und brauchen, dann ist es sehr schwierig, Aggression und das Potential zur Gewalttätigkeit klug zu behandeln. Es ist gut, sich dies völlig klarzumachen.

8. Kapitel

Abschließende Bemerkungen

Die Leser hatten bislang häufig Gelegenheit zu eigenen Schlüssen über die Beweiskraft und die Folgerungen, die sich aus Fakten und Argumenten dieses Buches ergeben. Im letzten Kapitel will ich die hier vorgetragenen Thesen analytisch sichten. Die Thesen, von denen ich annehme, daß sie den stärksten Bezug zu den Hauptthemen dieses Buches haben, sollen besonders betont werden. Außerdem möchte ich einige mögliche Konsequenzen für das Studium der Gesellschaft sowie für die Behandlung sozialer Angelegenheiten andeuten. Ich habe absichtlich darauf verzichtet, diesen Teil »Schlußfolgerung« oder »Schlußfolgerungen« zu nennen. Es wäre einfach zu optimistisch, zu glauben, einem Buch, das sich mit soziologisch-biologischer Theorie befaßt, könnte ein Quod-erat-demonstrandum-Ende beschieden sein. Dennoch gehört es zu meiner Verantwortung, Allgemeines so zu verallgemeinern, wie es bereits mit dem Spezifischen geschah, und die Beweisführung durch den Hinweis auf neue Fortführungsmöglichkeiten abzurunden.

1

Rekapitulieren wir zuerst. Primär habe ich mich mit zwei Dingen befaßt: Erstens war das Ausmaß zu diskutieren, in dem biologische und soziologische Analysen zum Verständnis menschlichen Verhaltens vereinigt und verwendet werden können; zweitens war eine soziale Erscheinung — nämlich die männliche Bindung — sowie Aspekte ihrer Rolle in menschlichen und anderen Primatengesellschaften, ihr Verhältnis zu gewissen Arten von Gruppen und ihr mögliches Verwurzeltsein in der Evolution des Menschen zu beschreiben. Zu diesem Zweck habe ich einige kooperativer Verwendung zugängliche Merkmale der Soziologie, Anthropologie und Biologie skizziert, sowie einige, die irgendeine unmittelbare Gemeinsamkeit auf diesem Gebiet auszuschließen scheinen. Ich behauptete — was auch immer Theoretiker irgendeines Gebietes dazu sagen mögen: Die Beschaffenheit neuer, zum Vorschein gekommener Tatsachen zeigt, daß im Augenblick die

»Zusammenfasser« im Vormarsch sind, während die »Trennenden« bessere Rechtfertigungsgründe finden müssen – sollten sie wirklich wünschen, die Isolierung ihrer speziellen Wissenschaftsfächer aufrecht zu erhalten. Es ist offensichtlich zu einfach, wenn man sagt, daß in dem Bemühen und Erfolg von Versuchen, Biologie und Sozialwissenschaft miteinander zu verbinden, ein voraussagbarer Pendeleffekt vorliege, oder wenn man behauptet, das Pendel habe nur auf einen Punkt zurückzuschwingen begonnen, den es in den 1930er Jahren verlassen habe. Trotzdem wollte ich die Bewegung des Pendels durch die Diskussion der männlichen Bindung illustrieren. Deshalb versuchte ich einen biologisch begründeten menschlichen Prozeß zu identifizieren, der am besten durch die Verwendung neuer gemeinsamer Daten aus natur- und sozialwissenschaftlicher Bemühung zu verstehen ist.

Als Beispiel für die Eignung dieser Methode versuchte ich die Rolle der männlichen Bindung in drei menschlichen und zwei Primatengemeinschaften zu beschreiben und dabei auf die unterschiedlichen und vergleichbaren Punkte hinzuweisen. In all diesen Etnographien wurde der Gedanke betont, daß es nützlich sein könnte, die Beziehungen zwischen Politikern, Kriegern, Wachtposten usw. (beim Menschen oder deren Äquivalenten bei den Primaten) nicht nur als Beziehungen zwischen »Leuten« (oder Primaten) zu betrachten, sondern als Beziehungen zwischen *Männern* zu sehen. Notwendigerweise schloß das die nachdrückliche Betonung der Unterschiede zwischen Mann und Frau mit ein. Diese Betonung gehört in der Primatologie zur Routine. Bei der Untersuchung des Menschen aber war bisher Voraussetzung, daß mit Ausnahme der Niederkunft und der unmittelbar damit verbundenen Tätigkeiten die Rollen von Mann und Frau mehr oder weniger austauschbar seien und daß konstante biologische Unterschiede viel weniger Bedeutung hätten als dehnbare kulturelle Unterschiede. Meine Betonung der Geschlechtsunterschiede im sozialen Verhalten beruht auf der Untersuchung politischer, ökonomischer, militärischer, sportlicher sowie anderer sozialer Organisationsformen. Ich hoffte, dadurch die Bedeutung des biologischen Geschlechts bei der Bestimmung und Erscheinungsweise sozial-organisatorischen Verhaltens besser definieren zu können. Meine Aufmerksamkeit galt vor allem politischen Organisationen, weil diese Organisationsform sowohl beim Menschen als auch bei anderen Primaten relativ ausgeprägt ist; bei den Primaten, aber wahrscheinlich auch bei den Prä- und Frühmenschen war sie ein wichtiger Umstand für die erfolgreiche biologische Auslese und damit für evolutionäre Veränderung.

Im Hinblick darauf wurden Geheimbünde, Initiationen und verschiedene, der Erholung dienende Tätigkeitsformen bis ins Detail diskutiert. Es wurde festgestellt, daß sie alle in klarer Beziehung zur Aufrechterhaltung politischer Ordnung und Rangordnungsdefinition stehen könnten. Bei diesem Verhalten gibt es nach Teilnahme, Typus und Ausmaß deutlich geschlechtsbedingte Unterschiede; ich konnte beweisen, daß dies bei mehr allgemeinen politischen und Sozialisationsprozessen der wesentliche Punkt ist. Ich versuchte zu zeigen, welche Bedeutung der männlichen Bindung in menschlichen Gemeinschaften zukommt und was ihre möglichen biologischen Ursachen und Kennzeichen sind.

In letzterer Hinsicht wurde die These aufgestellt, daß Initiationszeremonien ein Modell unisexueller Auswahl für Beruf, Verteidigung und Jagd darstellen, das mit der sexuellen Auswahl für Fortpflanzungszwecke vergleichbar ist.

Auch war ich bestrebt, die Beziehung zwischen männlicher Bindung und Aggression aufzuzeigen. Wesentlich war hier, daß aggressives Verhalten eine direkte Funktion und/oder das Ergebnis korporativer männlicher Wechselbeziehungen ist. Das erlaubte die Verbindung von Theorien über die »inhärente Aggressivität« des Menschen mit Beobachtungen, daß Aggression ein intensiv kooperativer Vorgang ist — sie ist sowohl Ursache als auch Ergebnis starker Gefühlsbande unter Männern. Einige Anmerkungen über »Pseudo-Spezies«, Totemismus, Beziehungen zwischen Mensch und Tier und die Rolle der Religion bei der sozialen Kontrolle wurden als Beweismaterial für eine weitere Beziehung zwischen der männlichen Bindung und diesen bezeichnenden Phänomenen vorgebracht. Wie auch schon früher ergab die Betrachtung von Geschlechtsunterschieden in diesen Bereichen einige Vermutungen über die teilweise biologische Grundlage des aggressiven Verhaltens.

In einer Diskussion über die Evolution der humanen männlichen Bindung versuchte ich, vorhandene soziale Verhaltensmodelle und körperliche Unterschiede mit Fakten und Argumentationen in Verbindung zu bringen, die über die Evolution des Menschen verfügbar waren. Es mußte auch die mögliche Verbindung zwischen der Evolution des Gehirns, Verhaltensmodellen des politischen und persönlichen »Gleichgewichts« und der Bedeutung der sozialen Jagd bei der Schaffung des Typus Mensch beachtet werden. Physische Geschlechtsunterschiede wurden genauso wie verhaltensmäßige und sozial-organisatorische Unterschiede als wichtig betrachtet, wenn besonderen Theorien über die Evolution des Menschen im allgemeinen und der hypothetisierten Evolution der männlichen Bindung im besonderen ihr jeweiliger Wert zugewiesen wurde.

Theorie

Ich beschränke mich auf jene theoretischen Konsequenzen, die sich vor allem aus der Hypothese von der männlichen Bindung – weniger aus dem mehr allgemeinen Versuch, zwischen Biologie und Sozialwissenschaft eine Beziehung herzustellen – ergeben.

Die wichtigste Konsequenz dieser Auseinandersetzung ist die Einführung einer zusätzlichen eingreifenden Variablen zwischen individueller sozialer Existenz und sozialem Prozeß. Die Brücke zwischen dem Individuellen und dem Sozialen ist im Grunde, wenn überhaupt so differenziert werden kann, eher eine abhängige als unabhängige Variable. Individuen können zwar unabhängig von besonderen sexuellen Anreizen sexuelle Bedürfnisse haben, doch behaupte ich, daß die Neigung zur männlichen Bindung nur durch realen sozialen Kontakt mit anderen Männern ausgelöst werden und in Erscheinung treten kann. In diesem Sinne stellt sie eine Verfeinerung des offensichtlichen Bedürfnisses menschlicher Geselligkeit dar, das in der Assoziation mit anderen Menschen in Erscheinung tritt, sie besitzt aber das zusätzliche Charakteristikum, sich auf die beschriebenen spezifischen Subsysteme der Gesellschaft zu beziehen. Das heißt nicht, daß symbolische Anregungen und Einflüsse bedeutungslos scien. Kriegs-Comics, politische Romane, Abenteurergeschichten, Filme verschiedener Art, das Erzählen von Geschichten usw. können offensichtlich zu dem Wunsch führen, sich an Aktivitäten männlicher Bindung zu beteiligen und sogar mit einer gewissen Erfüllung oder »Katharsis« enden. Zwei Kernfragen müssen hier unterschieden werden:

(1) Individuen reagieren wahrscheinlich auf symbolische Stimuli der männlichen Bindung im Rahmen ihrer eigenen Erfahrung und der Normen ihrer eigenen Kultur (was die Unterschiede in den Typen der Aggression und Kooperation erklären würde, wie sie in der Magazinliteratur der amerikanischen oberen Mittelklasse und Arbeiterklasse geschildert werden). Das heißt, daß für den Gebrauch symbolischer Stimuli eine kulturelle Vorbereitung wesentlich ist, und es zeigt, wie wesentlich hierbei die Wechselwirkung von Neigung und Lernen ist. Angesichts der symbolischen Komponente jeder Wechselwirkung ist natürlich zu erwarten, daß eine Unterscheidung zwischen symbolischer und wirklicher männlicher Bindung schwer zu treffen ist. Es sei an Shaws Bemerkung erinnert: »Liebe besteht in der Überschätzung des Unterschiedes zwischen zwei Frauen« – eine klare Anerkennung der Beziehung zwischen Sexualität und Symbol. Vermutlich wird in der unisexuellen männlichen Bindung ein vergleichbarer Prozeß wirksam.

(2) Es ist unklar, ob die aristotelische Vorstellung ethologisch annehm-

bar ist, daß zum Beispiel das Drama die öffentliche Katharsis privater Gefühle erlaubt. Es gibt Beweise dafür, daß Kinder eher zu gewalttätigen Handlungen neigen, wenn sie in ihrer Umgebung Gewalttätigkeiten sehen, als wenn das nicht der Fall ist[1]. Der Katharsis-Begriff ist von einer mechanischen oder energetischen Konzeption menschlicher Bedürfnisse und Neigungen abhängig, der hier verwendete ethologische Begriff hingegen von einem Wechselwirkungsmodell, in dem zur Modellwirksamkeit[2] sowohl der Stimulus oder Freisetzer als auch das verhaltensmäßige Modell notwendig sind.

Phänomene wie politische Loyalität, Arbeitsgruppenmoral, die Behandlung von Spionen, die Emotionalität von Initiationen, die Zoten anti-weiblicher Pornographie (wie in einigen Strip-Shows) und die Rollenmodell-Verbindungen zwischen alten und jungen Herren können als Aktivitäten an sich und als Beweis für einen allgemeinen Faktor — die männliche Bindung — gesehen werden. Ebenso wie eine spielende Theatergruppe durch die Angst um den Status beeinträchtigt oder die Beziehung eines Mannes zu seiner Sekretärin durch sexuelle Anziehung beeinflußt werden kann, genauso können die Verhaltensmodelle der männlichen Bindung in einem Kabinett wirksam sein, indem gewisse Persönlichkeiten leichter als andere Bindungen entwickeln, durch die sie auf die Formulierung der Politik (politischer Grundsätze, politischer Verfahren) und die Zuteilung von Staatseinkünften an besondere Ministerien Einfluß nehmen können. Dies braucht nicht mehr zu sein, als daß bestimmte Personen »politischen *sex-appeal*« haben oder leutseliger und vertrauenswürdiger als andere sind. Ein konstantes oder immer wiederkehrendes zentrales Merkmal solcher Beziehungen ist der Prozeß der männlichen Bindung. Dieser Begriff befähigt uns dazu, Komponenten der Beziehungen zwischen Männern bei unterschiedlichen Verhältnissen zu isolieren. Dadurch wird es möglich, die Bindungs-»Infrastruktur« der männlichen Beziehungen um die anderen verschiedenen spezifischen Merkmale dieser Beziehungen zu bereichern. Kennt man die nicht-kulturellen Faktoren, so erlaubt dies ein eingehenderes Verständnis der eindeutig kulturellen; auch wird verständlich, wie die Spezifizierung und Ausarbeitung dieser grundlegenden, aber diffusen Wertigkeit (männliche Bindung) vor sich geht.

So wie psychiatrische Einblicke, z. B. in einige religiöse Verhaltensweisen, den Ausdruck sexueller Vorurteile oder Frustrationen zu erkennen erlauben, genauso ist es möglich, Aspekte des politischen, ökonomischen, religiösen usw. Verhaltens mit dem Prozeß der männlichen Bindung und der Bestätigung sozialer Männlichkeit, wie mit dem aktuellen Interesse an besonderen Gruppen oder Organisationen in Verbindung

zu bringen. Manche Leute setzen zum Zweck der Kontaktaufnahme Suchanzeigen in die Zeitung, um Menschen zu finden, die sich um intellektueller Diskussion oder künstlerischer Interessen willen einer Gruppe anschließen möchten. Es ist weder unfreundlich noch unfair, wenn man feststellt, daß diese Anzeigen nicht nur den Wunsch nach irgendeinem Gedankenaustausch verraten, sondern auch den Wunsch nach sozialem Kontakt, einen Wunsch, der so stark ist, daß er selbst die schrecklichen Schranken der Anonymität überwindet. In gleicher Weise können wir das Verhalten frustrierter Nazis der frühen Hitlerbewegung betrachten, das Verhalten in den disziplinierten, aggressiven Kadern der Black Muslims oder in den Zellen des Ku Klux Klan. Bei Männern, die sich relativ ausgeschlossen fühlen, können wir den Versuch beobachten, sich als volle und taugliche Männer in wichtigen und dramatischen Gruppen durchzusetzen. Hier liegen also nicht nur politische Unrast und Gesetzwidrigkeit, nicht nur Klassenkonflikte oder rassischer Hochmut vor, sondern es handelt sich auch um den Ausdruck des Bedürfnisses, Mann unter Männern zu sein. Die Mitgliedschaft bringt Privilegien, Pflichten, Ziele und ein Gefühl der Stärke, des persönlichen Gewichts mit sich, was anderwärts in Gemeinwesen nicht erreichbar ist, die dem Glücklosen die komplizierten Freuden korporativer Tüchtigkeit und Herrschaft vorenthalten. Unfehlbar werden Männer allerorts von solchen Positionen angezogen, weil sie an diesen besonderen Freuden teilhaben wollen.
Für die sozialwissenschaftliche Theorie ergibt sich als eine mehr allgemeine Konsequenz ein Zusatz zur Liste der »Universalia« (insofern man sich über eine solche Liste überhaupt einigen könnte). Man könnte also außer Sex, Nahrung, Obdach, sozialen Wechselbeziehungen usw. noch die Notwendigkeit der männlichen Bindung aufführen. Für den sozialen und emotionalen Lebensstandard sowohl von Individuen als auch Gemeinwesen ist das genauso wichtig wie Sicherheitsvorkehrungen für die Kindheit, Lernmöglichkeiten für Jugendliche und die Erhaltung einer sozialen Ordnung. Einzelne diesbezügliche politische Folgerungen werden im nächsten Abschnitt erörtert. Für die Sozialwissenschaft könnte sich als Folge eine klarere Vorhersage von Bedürfnissen oder gar Verhaltensformen von Männern während ihres Lebenszyklus ergeben; dasselbe gilt für die entsprechenden Gruppen und Institutionen, die – wenn meine Analyse stimmt – Gemeinwesen einfach haben. (Es liegt auf der Hand, daß ein weiter Spielraum für Variationen vorhanden ist; mir geht es hier nur um die zentrale Tendenz.) Von besonderem Interesse werden die Konsequenzen des Versuchs sein, Lehrsätze dieser Art der psychiatrischen und psychoanalytischen Theorie

einzuverleiben. Auf diesem Gebiet ist man sich der Notwendigkeit bewußt, die Einzelperson mit dem Gemeinwesen durch eine Reihe intervenierender Variablen zu verknüpfen, die die soziale Institution an persönliche, biologisch bedingte Neigungen oder Bedürfnisse bindet.
Wenn die männliche Bindung wirklich dem weiten Bereich dominierender Systeme wie Ökonomie, Politik und Religion inhärent ist, können wir uns diese Systeme nach kybernetischen oder servo-mechanischen Modellen vorstellen. Ich meine damit, daß eine Wechselwirkung von System und Individuum nachzuweisen möglich sein wird, so daß soziale Verhältnisse gleichzeitig Symptom und Ursache weiterer Wirkungen in diesem System sind. So könnte man zum Beispiel sagen: Die Mitglieder des Ku Klux Klan sind aggressiv, weil sie – wie viele Autoren bezüglich der Aggression behaupten würden – auf verschiedene Weise frustriert sind. Es ist der Bindungsakt, der gleichzeitig bestimmten Frustrationen abhelfen, aber auch weitere aggressive Handlungen stimulieren kann. Der Bindungsakt kann kreative, imperialistische oder räuberische Konsequenzen haben, sobald die Gruppe erst einmal die Schwierigkeiten beseitigt oder auf ein Mindestmaß verringert hat, mit denen sie sich zuerst befaßte. Sie wird also über jenen ursprünglichen Stimulus durch Neubestimmung der Ziele und der Bedeutung der Gruppe hinausgehen müssen, um ihre neuerlich entwickelte Stärke und ihren Wirkungskreis demonstrieren zu können. Ähnlich wird dort, wo (nach meinen Begriffen) keine zufriedenstellende Bindung stattfindet, weil die Gruppe von Streit und Uneinigkeit erfüllt ist, die Aufspaltung in der Neuschaffung von kleinen Bindungen enden – im Extremfall entstehen gar keine. Die Teilgruppen können an allen, einigen oder mehreren der ursprünglichen Ziele der Gesamtgruppe festhalten, aber sich ihnen nur unter dem ausgesprochenen Vorwurf mangelnder Ehrfurcht, des Kompromisses, der Abweichung oder Korruption annähern. Solche Äußerungen von Uneinigkeit markieren häufig die inter-sektiererischen Kämpfe einst geeinigter Gruppen, aber sie werden – wie bei den Menschewiken, Bolschewiken, Trotzkisten, oder Christen, Juden, Essenern – schließlich eingeschränkt, um den Wert der kleineren, reineren Bindung durch die Enthüllung des Irrtums anderer Gruppen zu festigen, die den Anspruch erheben, den größeren Zielen des ursprünglichen Unternehmens treu zu sein. Die ernstliche Erbitterung, mit der ein solcher Streit geführt werden kann, zeigt, daß diejenigen, deren zuverlässige Allianzen zerrissen wurden, ähnlich einer im Stich gelassenen Frau nun oft die ihnen einst nahe Gestandenen mehr verachten als den allgemeinen Feind, gegen den sie früher im gemeinsamen Bündnis gekämpft hatten.

Praxis

Wenn meine Hypothese stimmt und wenn die Einsicht immerhin ermutigt werden soll, das Verhalten zu lenken – welche Konsequenzen ergeben sich dann für die Sozialpolitik aus dem Versuch, Einsicht und Handlung miteinander zu verbinden?

Die Konsequenzen reichen von Vorkehrungen für günstige Gelegenheiten zur männlichen Assoziation, d. h. der Schaffung räumlicher Möglichkeiten bis hin zur Diagnose psychischer und psychiatrischer Krankheiten von Männern, die zu Bindungen mit anderen Männern unfähig sind oder an solchen Bindungen keinen Spaß haben. Paradoxerweise könnte man auf diese Weise sogar dazu beitragen, die Probleme jener extrem weibischen Homosexuellen zu lösen, deren heftiges Verlangen nach anderen Männern genauso deutlich eine Sehnsucht nach männlicher Bindung offenbart, wie eine Verwechslung der Geschlechtsidentität und den Wunsch, eine Frau zu sein. Viele Gegenstände könnten hier behandelt werden. Ich möchte mich aber primär nur vier Themen zuwenden: Erziehung, Politik, Aggression und deren Kontrolle, sowie – wenn auch nur kurz – Architektur und Städteplanung.

Welche Bedeutung hat die männliche Bindung – als Prozeß – für das Erziehungssystem? Notwendigerweise ist damit die generelle Frage nach den Geschlechtsunterschieden verbunden. Jungen und Mädchen reifen unterschiedlich heran, entwickeln zu verschiedenen Zeiten verschiedene Fähigkeiten und haben verschiedene Interessen. In vielen, wenn nicht den meisten Schulen, vor allem Amerikas und Westeuropas, besuchen aber Jungen und Mädchen die gleichen Schulen und stehen oft im Wettstreit miteinander – um die Achtung der Lehrer, um Grade und Auszeichnungen. Schulbehörden und Lehrer mögen das, von der Administration und Moral her gesehen, als leichter betrachten, doch den Interessen der einzelnen Schüler und der Gesellschaft als Ganzes ist damit schlecht gedient. Entwickeln sich Jungen in koedukativ geführten Klassen anders als in reinen Jungenklassen? Spielt hier der Bindungsfaktor eine Rolle? Die Beantwortung ist von Untersuchungen abhängig, die auf einer möglichst umfassenden Begriffsverknüpfung zwischen erzieherischen Praktiken und dem gesellschaftlichen sozialen Leben beruhen sollten.

Ich kann mich hier nur auf Eindrücke berufen, aber es gibt immerhin Anzeichen dafür, daß Männer, die reine Jungenschulen besuchen – besonders wenn diese einen hohen sozialen Status haben – Eigenheiten im Benehmen, Charakterzüge, soziale und andere Fähigkeiten usw. entwickeln, die die Karriere der Jungen als Erwachsene in bezeichnender Weise zu fördern scheinen. Natürlich wird die ganze Angelegenheit durch die Kombination eines hohen Initialstatus beim Schuleintritt und durch die Schaffung und Erhaltung des *»old boy net«* (im Grunde eine räumliche Konzeption der männlichen Bindung) erheblich präjudiziert. Zugleich kann man fragen, ob die Intensität sozialer Bindungen, wie sie in reinen Jungenschulen, in denen Dominanz und hoher Status zusammengehören, gebildet werden, die relative Starrheit der gesellschaftlichen Klassenstruktur z. B. in Großbritannien und in den oberen Schichten der USA und Kanada nicht noch unterstreicht. Mit anderen Worten, das System der *public schools* (die in Wirklichkeit Privatschulen sind) ist genauso Teil des politischen wie des erzieherischen Systems. Es erlaubt die korporative Sozialisierung von jungen Männern, die Sprößlinge ranghoher Leute sind und auch selbst Dominanz für sich erwarten können. Ihre festgefügten Verbindungen mit ähnlichen Persönlichkeiten wirken bei der Entstehung eines Kaders ausgeprägter, sich gegenseitig unterstützender Personen zusammen, die weitgehend (und zu Recht) als privilegiert betrachtet werden. Man wird an die wissenschaftlichen Untersuchungen japanischer Makaken und anderer Primaten erinnert, die auch zeigen, daß die Nachkommen hochrangiger Weibchen leichter einen höheren Status erreichen als die Nachkommen niederrangiger Weibchen. Wird diese Art von Unterstützung durch die Unterstützung Ebenbürtiger, die sich in Spielgruppen und möglicherweise schließlich in der erwachsenen Tiergruppe miteinander verbinden, verstärkt, so ist klar, daß die an diesem System teilhabenden Individuen im Kampf um die Dominanz und auch im Zuchtwahlsystem Vorteile gewinnen. Obgleich logisch keine direkte Analogie zur menschlichen Situation anzunehmen ist, so ist es doch interessant, daß das Phänomen der exklusiven Internatsschule ganz direkt die männliche Bindung, den Vorteil des Initialstatus und den letztlich hohen Status in den Dominanzstrukturen der Gesellschaft miteinander verknüpft. Daß Jungen ihren Status von dem ihres Vaters erhalten, zeigt die Analogie zu den Primaten und steigert die Bedeutung männlicher Verbindungen.

Offensichtlich verschaffen hoher Initialstatus und der Besuch einer angesehenen Internatsschule den Frauen die gleichen Vorteile wie den Männern. Doch liegt in den Internatsschulen für Mädchen die Betonung mehr auf den Reizen, Geschicklichkeiten und sozio-sexuellen Vorurteilen, die dazu dienen, statushohe Männer zu fesseln und zu heiraten. Sorgfältig ausgearbeitete Systeme des Party-Gebens und entsprechende Gastfreundschaft gegenüber Jungenschulen und hochgestellten Kadettenkorpsangehörigen ergänzen private Parties und Tanzveranstaltungen, um das angemessene Paarungsmilieu zu garantieren; eine wich-

tige Hilfe für ehrgeizige Eltern mit Töchtern. Während die jungen Männer sich auf einen statushohen Beruf vorbereiten, scheinen dies die Mädchen im allgemeinen hinsichtlich einer entsprechenden Ehe zu tun. Natürlich sind das keine statischen Modelle, und keineswegs gilt allgemein, daß Mädchenschulen sich mehr mit der Eheschließung als dem Beruf, d. h. mehr mit sozialer als mit ausdrücklich akademischer Leistung abgeben. In einer kanadischen Schule sehr hohen sozialen Standes ist der akademische Erfolg genauso wichtig geworden, wenn nicht noch wichtiger als der unmittelbare soziale Erfolg. Dieser Wandel hat sich innerhalb der letzten zehn Jahre vollzogen und ist hauptsächlich der Tatsache zuzuschreiben, daß die Männer aus dem »Ehepartnersammelbecken« dieser besonderen Schule jetzt aufgrund der veränderten Berufs- und politischen Welt Frauen mit Universitätsbildung begehren. So kommen Mädchen aus dieser Schule, die die schweren Aufnahmeprüfungen der Universitäten ohne weiteres bestehen können. Nicht gewandelt haben sich die allgemeinen Statusmodelle, weil die Schule sehr teuer und sozial exklusiv blieb. Was sich änderte, sind die Kriterien, aufgrund derer gern gesehene Männer ihre Gattenwahl treffen und die einige Mädchen zu der von ihnen getroffenen Schulwahl veranlassen. Damit soll nicht gesagt werden, daß das Bestehen einer Aufnahmeprüfung an der Universität besser oder gar schwieriger als die Ausführung der Tätigkeiten sei, die früher als angemessen galten, ich sage vielmehr nur, daß mit dem Wandel der Anforderungen des gesellschaftlichen Lebens sich auch die von den Dominanten zur Bewahrung ihres Status gebrauchten Methoden ändern mußten. Dabei müssen natürlich auch die speziellen Mittel mit einbezogen werden, die nötig sind, um zwischen Frauen in verschiedenen Positionen der Hierarchie bereits ranghoher Institutionen unterscheiden zu können.
Hierher gehört auch eine realistische Einschätzung der jeweiligen Lebenschancen von Männern und Frauen; wir müssen die sozial-funktionellen Unterschiede in reinen Jungen- und Mädchenschulen betonen. Wir müssen auch darauf hinweisen, daß private Internatsschulen – anders als ihre koedukativen Gegenstücke – zur Erhaltung des Status, besonders der höchsten Familien, direkt und konkret beitragen. Vielleicht sind unisexuelle Schulen in bezug auf soziale Klasse und beruflichen Erfolg besonders konservativ. Darin mag sich unmittelbar Stil und Stärke der Bindung widerspiegeln, die in rein männlichen Schulen anders als in heterosexuellen Schulen zu finden ist.
Erinnern wir uns der früheren Diskussion über soziale Schichtung und Charisma. Es ist bewiesen, daß ein unisexuelles Schulsystem, gekoppelt mit der Unterstützung des hohen Status bestimmter Institutionen

in seinem Innern, eher in Richtung einer Schichtung als eines Charismas tendiert. Das Schichtungsproblem bei den Männern ist mit Beruf und Macht, das der Frauen mit der Eheschließung verknüpft. Normalerweise werden Frauen sich Männer erwählen, die innerhalb des Schichtungssystems begünstigt sind, begünstigt aufgrund ihrer Schul- und möglicherweise Universitätsausbildung, sowie aufgrund ihrer Verbindungen zu anderen Männern, die ihnen, wenn auch nicht unbedingt zu einem Job, so doch wenigstens zu Geschäftsverbindungen, Klienten, vielleicht auch zu einem Abglanz von Ruhm verhelfen werden. Auch andere soziale Institutionen organisieren sich häufig auf der Basis vergleichbarer sozialer Verhältnisse. Ich möchte jedoch betonen, welche besondere Bedeutung unisexuellen Institutionen bei der Aufrechterhaltung eines hohen sozialen Status bereits dominanter Gruppen und Personen in einer jeden Gesellschaft zukommt.

Die Ursachen dafür können eng mit der Infrastruktur der männlichen Bindung und der Auslesemodelle bei den Primaten verknüpft sein. Obgleich die genetischen Auswirkungen solcher Verhaltensmodelle in einer großen Gesellschaft auf den genetischen Fonds dieser Gesellschaft keine merklichen unmittelbaren Auswirkungen haben (gewisse »aristokratische« physische Charakterzüge ganz am Rande ausgenommen), werden sie dennoch von beachtlicher Auswirkung auf die Natur der Führung eines jeden Gemeinwesens und seine Einstellung gegenüber dem Einsatz des richtigen Mannes an der richtigen Stelle sein. Lebensstil, Moralauffassung, Vorstellung vom sozialen Wert usw. wirken auf Leute von geringerem Status demonstrativ[3]. Wenn derjenige Mann als hohes Statusideal gilt, der eine reine Jungenschule absolviert hat, der in den »männlichen Künsten« wie Sport, Jagd und vielleicht auch Kampf versiert und allen männlichen Tätigkeiten wie Clubleben, Fischen und Jagen zugeneigt ist, dann wird wahrscheinlich die Vorstellung von Männlichkeit in der betreffenden Gesellschaft zum guten Teil von diesem Image abhängen, das aus der Einschulung in eine reine Knabenschule entsteht.

Ich möchte die Beziehung zwischen männlicher Bindung und dem Erziehungssystem nicht zu weit treiben. Da aber die Bedeutung des sozialen Lernens für die Äußerung und Organisation jedes artspezifischen Verhaltensmodells offen auf der Hand liegt, muß man zwischen reinen Jungenschulsystemen und heterosexuellen Schulsystemen wichtige Unterschiede erwarten, vor allem in der Art und Intensität von Verbindungen, die sich zwischen Männern bilden. Nicht von ungefähr steht dies in direkter Beziehung zur Erhaltung der Privilegien hochgestellter Gruppen. Man sieht hier eine Beziehung zwischen Bindung,

»Gleichgewicht« und hervorragenden Positionen in sozialen Hierarchien. Deshalb ist die Frage nach der Vereinbarkeit von Internatsschulsystemen und flexibler Demokratie, zum Beispiel in England, noch viel verwirrender, als Wissenschaftler, Politiker und Erzieher bisher erkannt haben. Und zwar deshalb, weil im Internatsschulsystem zentrale menschliche Verhaltensmodelle ganz allgemein zum Ausdruck kommen. Das System hat nicht nur mit der Schulung sozialer und technischer Fähigkeiten zu tun, sondern ebenso mit den Vorstellungen von Männlichkeit und männlicher Loyalität. Über das Erziehungssystem hinaus müssen der Wandel oder das Beibehalten dieser Schulen weitreichende Folgen haben, auch in bezug auf solche Phänomene wie die Vorstellungen von hierarchischer Angemessenheit und geschlechtsbedingter Arbeitsteilung, die Prinzipien der Kollegen- und Gattenwahl, Vorstellungen von gesellschaftlicher Stärke und Flexibilität und die Art der beruflichen Karriere.

Eine Konsequenz, die sich aus dieser speziellen Betonung der männlichen Gruppen und der geschlechtlichen Differenzierung für den Inhalt von Erziehungsprogrammen ergibt, muß die bessere Kenntnis sexueller Unterschiede sowohl im individuellen wie im sozial-organisatorischen Verhalten sein. Offensichtlich resultieren viele der Schwierigkeiten auf diesem Gebiet aus Prüderie, Fehlinformation oder Ignoranz. Dabei dient es eindeutig dem Vorteil beider Geschlechter, wenn der Mann nicht nur die natürlichen Ereignisse des Menstruationszyklus, sondern auch die verhaltensmäßigen und seelischen Veränderungen während dessen verschiedenen Phasen kennt. Es ist merkwürdig anormal, daß junge Männer zwar über das Steuersystem, den Wert regelmäßigen Sports oder die Poesie von Browning, nicht aber über die speziellen Verhaltensweisen der Angehörigen des anderen Geschlechts belehrt werden, mit dem die meisten ja den größten Teil ihres Erwachsenendaseins zusammen verbringen werden. Eine realistischere und gründlichere Betrachtung der für Männer und Frauen typischen Karrieren und Lebenschancen könnte die häufige Disharmonie mindern zwischen dem, was viele Frauen von ihrem Beruf und ihrem Leben als Ehefrau erwarten, und dem Ausmaß, in dem Gemeinwesen ihnen bei der Erfüllung dieser Erwartungen behilflich sind. Insbesondere könnte eine objektive Diskussion über die antiweibliche Tradition und die Natur des durch Männer verschiedener männlicher Gruppen gehandhabten Ausschlusses von Frauen die Probleme vereinfachen oder klären, die jene Frauen zu spüren bekommen, die in vorherrschend männlichen Organisationen Karriere machen wollen. Das trifft vor allem für Frauen zu, die in die Politik gehen. Bisher hat sich die politische Rolle der Frau relativ wenig verändert. Käme man bezüglich des Widerstands gegen die Frau zu einem gewissen Verständnis, so könnte dies zu einer bewußten Änderung von Wahl- und politischen Praktiken führen, um den Einzug der Frau in die politische Welt zu erleichtern. Wandlungen dieser Art sollten aber aufgrund von Information über die Natur der menschlichen Gesellschaft, und nicht als ein Zugeständnis an weibliche Inferiorität oder Unfähigkeit durchgeführt werden. Der Versuch, den repräsentativen Charakter politischer Körperschaften zu mehren, braucht nichts mit Herablassung zu tun zu haben. Eben diese Kenntnis des Problems könnte — in dieser Definition und dieser Form — ein bedeutender Schritt zu seiner Lösung sein.

Doch ist es nur vernünftig, darauf hinzuweisen, daß die historischen Tatsachen in diesem Fall stark gegen die optimistischen Frauenrechtler sprechen. Besonders bezüglich des »Zugangs zu einem öffentlichen Forum« (nach Robert Murphy) oder der »Achtungsstruktur« (nach Michael Chance) leiden Frauen unter relativ unveränderlichen Unzulänglichkeiten; sie können einfach nicht die »Auslöser« oder das allgemein beruhigende Image von Macht, Diskretion, Voraussicht usw. bieten, wodurch Gemeinwesen zur Gefolgschaft gegenüber ihren führenden Persönlichkeiten gebracht werden.

Das trifft besonders in Kriegszeiten und Zeiten nationaler Krisen zu[4]. Soll die Einbeziehung von Frauen in die Politik auch in Krisenzeiten stattfinden, so braucht es noch härtere Maßnahmen als bisher, denn schon jetzt scheinen die vorhandenen Anreize zur Gefolgschaft von relativ geringer Wirkung zu sein. Ernstlicher ist das Problem, ob es für Frauen überhaupt wünschenswert ist, ein hohes politisches Amt zu bekleiden, — angenommen, verschiedene Voraussetzungen bezüglich eines guten Gemeinwesens wären gegeben. Diese und die folgende Frage stelle ich im gleichen Sinn: Ist es wünschenswert, daß Männer anstelle der Frauen die Kinder großziehen? Offensichtlich ist in vielen Bereichen eine weitgehende Rollenmischung möglich, doch angesichts der durch alle Kulturen reichenden Daten über die politische Rolle der Frau ist es denkbar, daß ein revolutionärer und vielleicht gefährlicher sozialer Wandel mit zahlreichen latenten Konsequenzen entstehen könnte, sollten jemals Frauen in größerer Zahl in die Politik gehen. Selbst eine nur zum Teil von Frauen beherrschte politische Ordnung kann, angesichts des fundamentalen Konservatismus der Arten, über die Parameter der »heilsamen« Entwicklungsmöglichkeit hinausgehen. Ich befasse mich hier nicht so sehr mit den wenigen Frauen, die hohe Ämter erreichen, sondern mit einem stärkeren Umschwung in der geschlechtlichen Zusammensetzung dominierender Körperschaften. Natürlich könnte sich die gesamte Natur der politischen Tätigkeit ändern, wäre sie teilweise oder weitgehend als weiblich definiert; sicherlich käme es zu größeren Veränderungen in den Beziehungen zwischen den Staaten, die von Frauen beherrscht würden. Doch ähnlich wie bei der Abrüstung ist es unwahrscheinlich, daß auch nur irgendeine wichtige Nation ein weiblich bestimmtes oder feminisiertes politisches System entwickelt, es sei denn, andere konkurrierende Nationen täten ein Gleiches.

Man scheint weitgehend anzunehmen, daß Männer sowohl physisch als auch im Rahmen sozialer Tätigkeit stärker und härter sind. Die ausschließliche oder vorherrschende Verwendung von Männern innerhalb der internationalen Beziehungen abzuschaffen würde ein beachtliches Vertrauen in die Absichten und internen Kontrollen anderer Nationen voraussetzen. Weder aus der modernen noch alten Geschichte der Politik läßt sich folgern, daß eine solche Befreiung aus dem mühsamen und harten internationalen Wettkampf bevorsteht oder auch nur in absehbarer Zukunft möglich wäre. Das kann bedeuten, daß die weibliche politische Aktivität sich auf innenpolitische und lokale Belange konzentrieren müßte. Der komplexe Beitrag zu einer politischen Änderung, der möglicherweise von den Frauen ausgeht, kann wohl nur in einem relativ kleinen Raum geleistet werden. Ich habe das Gefühl, daß eine jede solche Änderung begrenzt und von minderer Bedeutung sein wird. Obgleich die Beteiligung der Frauen an der Politik vielleicht noch sorgfältiger und mitfühlender als je zuvor diskutiert wird, werden die wirklichen sozio-politischen Veränderungen von ganz anderen Faktoren, wie Technologie, Alterszusammensetzung der Bevölkerung, Umfang der Kriegsrüstung auf der Welt usw., viel umfassender und direkter beeinflußt, als von den Anstrengungen und dem Streben der Frau nach politischer Emanzipation.

Es gibt noch einen weiteren wichtigen Faktor, der formell mit dem Begriff der männlichen Bindung zusammenhängt. Ich meine die Tatsache, daß schon allein die Größenverhältnisse moderner politischer Gesellschaften und das Enstehen relativ unpersönlicher Formen der menschlichen Kommunikation es für Politiker schwer gemacht haben, persönlich auch nur einen kleinen Teil der Leute zu kennen, die auf ihre politische Tätigkeit Einfluß haben. Mit wem kann ein Politiker sich verbünden? Mit wie vielen anderen Politikern? Vielleicht sind Poltiker überdurchschnittlich bereit und begabt, mit einer großen Zahl von Leuten zu verkehren; man könnte sagen, sie sind darauf spezialisiert, sich mit den Problemen zu befassen, die sich aus dem Treiben art-typischer Gruppen von dreißig bis fünfzig Personen bis hin zu jenen gewaltigen Massenversammlungen ergeben, mit denen wir es heute zu tun haben. Doch wie spezialisiert sie auch sein mögen, selbst ihre entwickelten Fähigkeiten sind nicht den so verschiedenartigen und unzähligen Leuten gewachsen, die an den meisten politischen Aktionen beteiligt sind.

Wenn wir daran denken, daß die Evolution unserer Art wahrscheinlich mit den dominanten Hierarchien einander verbundener Männer zusammenhing, und wenn wir im ganzen genetisch noch immer diesem Modell verhaftet sind, so kann man erst richtig einschätzen, wie schwierig und biologisch verwirrend es für die verantwortlichen Personen sein muß, Entscheidungen bezüglich sozialer Ordnung und Verteidigung zu treffen, ohne daß sie »die durch die Evolution erforderlich gewordenen« verschiedenen zwischen-persönlichen Anregungen aufnehmen können. Gemeinsam mit anderen Autoren ist Tinbergen der Auffassung, daß die menschliche Fähigkeit, Symbole, moralische Strukturen und Waffen zu gebrauchen, viel schneller gewachsen ist als die Fähigkeit, unser Verhalten durch interpersonellen Einfluß zu kontrollieren; wir können leichter eine Stadt bombardieren, als mit eigenen Händen deren Einwohner töten, die wir vernichten möchten[5]. Wir können ebenso mit Hilfe eines Computers kriegerische Begegnungen simulieren oder politische Entscheidungen auf der Basis knapper Aktennotizen treffen, die von erfahrenen Beratern sorgfältig vorbereitet worden sind. Reicht dies aber als geistige Anregung für einen Politiker aus? Sind Liebesbriefe genug für Liebende? Sind wir so in unseren gewandten Umgang mit Worten, Symbolen und flinken Methoden der Kommunikation verliebt, daß wir nicht daran denken, wie sehr die menschliche Kommunikation von einer Fülle von Faktoren abhängig ist, wobei Worte nur einen Teil darstellen? Natürlich sind wir Worten und im steigenden Maße auch Zahlen verpflichtet. Wahrscheinlich aber haben uns unsere außerordentlichen symbolischen Fertigkeiten in ein sozial-organisatorisches Dilemma geführt: Aufgrund unserer Kommunikation können wir unsere Herrschaftsstrukturen zentralisieren, aber gerade diese Zentralisierung beraubt sowohl Regierung als auch Volk einer unmittelbaren und engen gegenseitigen Beziehung; diese ist jedoch die notwendige Grundlage für Regierungsmodelle, die unseren entwickelten sozialen und biologischen Bedürfnissen und Fähigkeiten entsprechen. Im Interesse der Leistungsfähigkeit, des »Fortschritts« wachsen unsere Völker und Städte – und werden für die Menschen, die in ihnen leben, immer erschreckender, lästiger, gewalttätiger und im Sinngehalt immer bedeutungsloser.

Natürlich sind das klischeehafte Anmerkungen über moderne Politik.

Ich wage sie auch nur deshalb, weil ich betonen möchte, daß Politik ein Prozeß der Kontrolle und der Entscheidungsfällung ist, der alte Wurzeln in der Evolution hat. Diese Evolution ist durch die Entwicklung der männlichen Bindung gekennzeichnet, d. h. durch das Wachstum der Vorstellungen von der korporativen Loyalität im Sinne des früher schon angedeuteten »Rückgrats« der männlichen Bindung, durch das jedes Gemeinwesen eine Strukturierung erfährt. Manchmal hält dieses »Rückgrat« auch in äußerst kritischen Situationen stand, z. B. bei der Reaktion der tschechoslowakischen Führer und Bevölkerung auf die russische Okkupation im Jahre 1968. Wie aber verhält es sich zum Beispiel mit England in Suez und Rhodesien oder mit den U.S.A. in Vietnam? Diese Handlungen als moralisch oder unmoralisch zu bezeichnen, ist *eine* Möglichkeit; eine andere wäre, zu sagen, daß sie von Männern ausgeführt wurden, die in beträchtlicher Isolierung sowohl von den Adressaten ihrer Handlungen als auch den unmittelbaren Reaktionen der Bevölkerung operieren müssen, in deren Namen sie formell handeln.

Mein Anliegen ist hier nicht die Moral, wohl aber das weitreichende biologische Problem von Regierung und Überleben. Max Weber sagte voraus, daß mit der Industrialisierung und dem Wachstum der Bürokratie politische Probleme zu administrativen Problemen werden[6]. Aber durch den Faktor der Größe kann heute der Hang zur Administration im Bereich sozialer Angelegenheiten in ein politisches Problem enormen und noch nicht erfaßten Ausmaßes verkehrt werden. Und zwar deshalb, weil die Aufgabe der Entscheidungsfindung so akut davon abhängt, zu wissen, mit wem und für wen Entscheidungen getroffen werden — dieses Wissen kann aber durch unsere Begabung für sonstiges Lernen und Versinnbildlichen ganz in den Hintergrund gedrängt und unzugänglich werden.

2

Eine andere umfassende und wichtige Angelegenheit — im mehr intimen Bereich —, der man sich erfolgreich zuwenden könnte, sind die Konsequenzen, die sich aus den Verschiedenheiten von Mann und Frau sowie der Hypothese von der männlichen Bindung für die Architektur und Städteplanung ergeben. Die Anordnung von Wohnhäusern in neuen Städten bzw. neuentstehenden Vorstädten kann verhindern, daß in neuen Gemeinwesen männliche Bindungen wachsen, wodurch der den Männern in ihren Wohngemeinschaften verfügbare Bereich sozialer

Erfahrung beschnitten wird. Kurz und gut, Männer »brauchen« einfach »Schlupfwinkel« und/oder Zusammenkünfte, von denen Frauen ausgeschlossen sind. Sollten angesichts der kürzer werdenden Arbeitszeit und der potentiell wachsenden familiären Freizeit nicht Männerclubs oder Entsprechendes geschaffen werden? Ganz offensichtlich dienen englische Kneipen schon dieser Aufgabe. Andererseits findet man rein männliche Kneipen meist nur in den altetablierten Gemeinwesen der Arbeiterklasse. Neuere Städteplanungen beruhen hingegen meist auf Mittelklasse-Normen; diesen ist die Vorstellung fremd, daß Männer und Frauen zeitweilig Umtrünke oder Diskussionen brauchen, die nach Geschlechtern getrennt sind. Sportstätten mögen zum Teil den von mir hier gestellten Anforderungen genügen; es gibt aber keinen Ort, der als spezifisch und ausschließlich männlich definiert wäre, und nicht nur als exklusiv männlich, sondern gleichzeitig auch als antiweiblich. Es geht hier keineswegs um Feindschaft zwischen Mann und Frau, sondern eher um den Ausdruck einer Art sozialer Strukturierung in Architektur und Planung, die für Männer sowohl befriedigend als auch ein »konstruktiver« Ansporn sein könnte. Vom planerischen Gesichtspunkt aus mag es genauso wünschenswert sein, ähnliche Einrichtungen für die Frauen zu schaffen. Architekten und Planer könnten die Verantwortung dafür übernehmen, in ihren Plänen formal anzuerkennen, daß es den Männern erlaubt sein sollte, sich offen männlicher Gemeinschaft unter sanktionierten Bedingungen zu erfreuen. Dies würde keineswegs freiwillige Organisationen, Hobby- und Sportgruppen, politische Tätigkeit und die Vielzahl anderer Aktivitäten ersetzen, an denen sich Männer alleine oder mit Frauen zusammen beteiligen. Geht man jedoch von der Beobachtung aus, daß simple, ziellose, unstrukturierte Konversation bei den Menschen beliebt und überaus verbreitet ist, daß ferner Freundschaften, Diskussionsgruppen auf gemischten Parties, rein männliche Freß- und Saufclubs usw. einfach Ausdruck einer menschlichen Neigung sind, dann fallen Einrichtungen für solche männlichen Aktivitäten in die Verantwortlichkeit aufgeklärter Raumplaner[7].

Dies mag einigen als ein Rückschritt erscheinen — was es in gewissem Sinne auch ist. Doch besonders in Vorstädten könnten einige entsprechende Stätten und Einrichtungen den Männern ein nützliches Gegengewicht zu der schweren emotionalen und zeitlichen Inanspruchnahme durch das kernfamiliäre Leben bieten. Es ist oft genug betont worden, daß sich das Leben in den Vorstädten auf das Kind bezieht. Die Ursache dürfte zum Teil darin liegen, daß das institutionelle Leben suburbaner Gemeinwesen einen streng auf die Familie ausgerichteten Wohnbegriff widerspiegelt. Schulen und Kirchen – beide auf Familie und/oder Kind konzentriert – sind typischerweise die ersten öffentlichen Gebäude, die in einem neuen Gemeinwesen errichtet werden, und damit ist ein Modell geschaffen, das letzten Endes für die Erholung nicht die *formal* rein männliche Umgebung schafft. Selbst vorhandene städtische Clubs leiden ökonomisch unter dem Umzug ihrer früheren Klientel in die Vorstädte, in denen heterosexuelle Clubs die Zeit in Beschlag nehmen, die von den Männern früher in rein männlichen Einrichtungen zugebracht wurde[8]. In anderen Teilen der Welt werden von vielen Gemeinwesen häufig Plätze geschaffen, die den Männern zum Leben oder für die Freizeit zur Verfügung stehen. Solche Einrichtungen gibt es auch in einigen Klassen der euro-amerikanischen Gesellschaft. Der Planungstrend jedoch geht ebenso wie Vorurteil und Glaube in die Richtung, Gelegenheiten zur Schaffung rein männlicher Umgebungen außerhalb des Berufes nach Möglichkeit einzuschränken. Allgemeine Ansichten über familiäre Aktivität, die Rechte der Frauen, und die verbreitete Vorstellung von der Ungehörigkeit rein männlicher Gruppen können die Männer um eine relativ harmlose und bescheidene Form von Vergnügen bringen.

Die Ehefrauen fürchten die rein männlichen Zusammenkünfte ihrer Männer, weil sie glauben, in ihnen werde der kollektiven Auswahl anderer Frauen gefrönt; das ist nicht der Fall; sie dienen vielmehr dem Umtrunk in fröhlicher Runde, gemeinsamer Unterhaltung oder dem Spiel[9]. Es stimmt, daß viele Frauen den Entschluß ihrer Männer, die eigene Freizeit lieber mit ihresgleichen als im Kreise ihrer Familien zu verbringen, als eine Bedrohung ihrer eigenen Attraktivität und Rolle als Frau und Ehefrau betrachten. Sie finden Unterstützung durch den allgemeinen Trend kultureller Erwartungen. Das heißt jedoch nicht, daß diese Erwartungen »wünschenswert« oder auch nur biologisch sinnvoll sein müssen. Es ist denkbar, daß – im selben Maße, wie streng gehaltene Kinder oder zu sehr von ihren Männern beherrschte Frauen viel von ihrer Lebendigkeit und schöpferischen Fähigkeit einbüßen – auch die von ihren Frauen und Familien beherrschten Männer eine ganz bestimmte konstruktive Männlichkeit verlieren könnten, was für viele ihrer Tätigkeiten Konsequenzen hat. Dies scheint besonders auf nordamerikanische Akademiker zuzutreffen, die zum großen Teil in College-Städten leben, wo Arbeit und häusliche Beziehungen eng miteinander verknüpft sind. Auch kann Kinseys Feststellung wichtig sein, daß die amerikanischen Akademikerfamilien unter den in seiner Untersuchung aufgeführten Berufsgruppen den geringsten Geschlechtsverkehr haben.

3

Zahlreiche andere Folgerungen aus der Hypothese von der männlichen Bindung können erst nach weiteren Untersuchungen diskutiert werden. Ich möchte mit einigen Bemerkungen über wirksame Kontrolle der Aggression durch die männliche Bindung abschließen.

Zunächst muß jedoch betont werden, daß die Diskussion über die männliche Bindung an sich unzureichend ist. Wir müssen davon Kenntnis nehmen, daß die Vorstellung von der männlichen Bestätigung, wie sie Margaret Mead beschreibt, ein wesentlicher Begleitumstand des Phänomens der männlichen Bindung ist. Ich habe schon die im Grunde genommen vollständige Verbindung zwischen der Bestätigung und der Bindung zu erklären versucht, jene pathologischen Fälle ausgenommen, in denen die Bestätigung von asozialen Vorstellungen abhängig sein kann, die schwach sozialisierte oder anderweitig abnorme Individuen entwickeln, um mit ihren eigenen Scheinwelten fertig zu werden. Bestätigungsversuche solcher pathologischer Personen können damit enden, daß anderen Personen erhebliches physisches oder psychisches Leid zugefügt wird. Ich nannte das Gewalttätigkeit.

Doch ich befasse mich hier mit der Aggression — und einem Paradoxon. Es wurde bereits darauf hingewiesen, daß männliche Assoziationen und der Ausschluß von Frauen mit der Aggression eng verknüpft sind, was ebenfalls unglückliche soziale Folgen haben kann. Ich habe auch davon gesprochen, daß durch ein fehlendes Engagement in der männlichen Bindung die Suche nach einer umfassenden und befriedigenden, männlichen individuellen Erfahrung verhindert werden kann. In der Tat ein echtes Paradoxon; einem ähnlichen Dilemma sieht sich jeder Friedensstifter konfrontiert, der zwar den Wunsch hat, einen Zusammenstoß zwischen aktiven feindlichen Gruppen zu verhindern, dabei jedoch die interne Energie und Produktivität der getrennten Gruppen nicht gemindert sehen möchte.

Eine der möglichen Lösungen dieses Paradoxons liegt im Gefüge der Beziehungen, in dessen Rahmen sich Bindung und Aggression abspielen. Schon Konrad Lorenz hat Möglichkeiten gezeigt, wie das Bindungsmodell genutzt werden kann, um zu wissenschaftlichen, künstlerischen, philanthropischen und ähnlich »positiven« Unternehmungen zu ermutigen. Doch aus verschiedenen Gründen — vor allem militärischen, historischen und solchen der Verteidigungsnotwendigkeit — werden die Vorstellungen von starker Männlichkeit noch immer weitgehend mit harten militärischen Tugenden assoziiert, mit Tätigkeiten wie Jagd, Autorennen, Kampf und Profitgewinn aus natürlichen Quellen oder

Menschen. Die harten und »realistischen« Tugenden schufen die Verwirrungen der industriellen Revolution in England, entstellten Grund und Boden, verschmutzten die Luft und zerstörten das soziale Leben. Jene aber, die nachwiesen, wie maßlos und schlecht dies sei, waren Idealisten, und – sie waren nachgiebig. Daß es heute die Realisten sind, die Gras auf den Halden der Kohlegruben anpflanzen, Slums sanieren und die Luftverschmutzung kontrollieren, ist eine Frage des kausalen Zusammenhangs; ein Wandel in der sozialen Bewußtheit hat die Daseinsfürsorge in ihren verschiedenen Formen schwierig, sachlich und zum Teil »männlich« werden lassen. Doch nach wie vor gilt die Kontrolle von beweglicher Habe, von Macht, Land und Leuten als männlicher denn Gelehrsamkeit, Kunst oder Chemie; die Reklame lautet nicht »Seien Sie ein Mann – werden Sie Textildesigner«, sondern »Seien Sie ein Mann – kommen Sie zur Bundeswehr!«

Zweierlei muß darüber gesagt werden. Waffen, schnelle Maschinen, komplexe und schwierige Strukturen, bestimmte soziale Aktivitäten wie Krieg, Entscheidungsbildung in sozialen Bereichen, die Aufrechterhaltung der Ordnung – all dies kann die »Männlichkeit« im Mann tatsächlich direkter und stärker herausfordern oder anregen als das Entwerfen von Schmuck, das Spielen eines Cembalos oder das Dichten von Versen. Genauso wie Muttergefühle eher durch ein Baby als durch ein Flugzeug, einen Elefanten oder einen Erwachsenen ausgelöst werden, können bestimmte harte und schwierige Phänomene die Männlichkeit stärker herausfordern. Einen Rennwagen zu fahren oder Zugführer zu sein ist etwas anderes, als einen guten Stil zu schreiben, ideenreich zu sein oder freundschaftliche Kontakte zu pflegen; die ersteren Tätigkeiten fordern so etwas wie ein Gefühl für den Augenblick, für das männliche Drama. Jeder Fahrfehler bei hoher Geschwindigkeit kann gefährlich oder fatal werden; andere Kraftfahrer müssen beobachtet und einkalkuliert werden; der Straßenzustand, der Kurvenverlauf, die Übersichtlichkeit der Straße, die Vertrautheit und Beherrschung des Wagens spielen eine Rolle. Der Sinn für den Augenblick, für die *Unvermeidbarkeit* von Entscheidungen ist wohl das Männliche daran, oder doch wenigstens in einer anderen Art, als wenn es gilt, eine Entscheidung über einen Patienten, den Klienten eines Rechtsanwalts, einen schlechten Studenten oder die Inszenierung eines Theaterstücks zu treffen. Vielleicht ist es auch das, was dem großen Interesse an Kriegsspiel und Kriegsrüstung zugrunde liegt, das im Grunde fast alle Nationen zeigen. Vielleicht ist es für ihre Führerpersönlichkeiten Teil einer maskulinen Ästhetik. Gerüstet zu sein verleiht Selbstbestätigung, und das Treffen von Entscheidungen über Bewaffnung regt bei

denen, die die Entscheidungen fällen, den Sinn für präzisen und vorausschauenden männlichen Realismus an.
So wäre der erste Punkt der, daß bestimmte Angelegenheiten und Dinge Männer erfolgreicher stimulieren als andere. Der zweite wäre: Wo auch immer die »natürlichen« Grenzen liegen mögen – es sind die Kulturen selbst, die definieren, was mehr oder weniger maskulin ist. Traditionsgemäß ist maskulin immer mit hart und militant identisch gewesen. Doch Traditionen ändern sich; unter den heutigen atomaren Bedingungen ist der Krieg nicht mehr allerletzter Test über Macht und Wissen, sondern selbstzerstörerischer Wahnsinn. Hinzu kommen andere Kräfte wie Koedukation, wachsende sexuelle Freiheit, die Wohlhabenheit junger Leute, die größere Vorurteilslosigkeit weit gereister Bevölkerungsschichten und in hohem Maße die Kommunikationsmedien, die Veränderungen in den Vorstellungen von Männlichkeit begünstigen[10]. Die neuen Vorstellungen werden den ermutigen, der seinen Musterungsbefehl verbrennt und erklärt, daß Pazifismus männlicher sei als der Gebrauch mächtiger Waffen zur Bekämpfung vietnamesischer Bauern; der Mann mit dauergewelltem Haar kann in Gesellschaft anderer Männer offen darüber reden. Wie immer mehr Frauen Auto fahren, Hosenkostüme tragen und ohne Zwang einen Beruf ausüben, so können immer mehr Männer farbenfrohe Kleidung tragen – die frühere Tracht der Homosexuellen und Abartigen –, sich parfümieren, Kosmetik treiben; mit einem Wort: sie können Dandies, doch dessen ungeachtet dennoch Männer sein.
Es ist nicht zu leugnen, daß sich im persönlichen Dekor Änderungen vollzogen haben – das geschieht immer –, und diese Wandlungen können die sexuell dekorativen Unterschiede auf ein Mindestmaß reduzieren. Darin aber die Widerspiegelung groß angelegter Veränderungen im Bereich der sexuellen Rollen und des sexuellen Machtausgleichs bzw. im Zugang zur Macht zu sehen, könnte auch voreilig sein. Die Veränderungen sind an sich zweideutig – hat das Hosenkostüm mehr Bedeutung als das Minikleid, und bringt die Tatsache, daß einige Männer (ein winziger Anteil) Dauerwellen tragen, die gesteigerte männliche Sexualität, angedeutet durch straff sitzende und die Umrisse des männlichen Körpers stärker verratende Kleidung, aus dem Gleichgewicht? Oder geht es hier ganz simpel um den Unterschied zwischen gutem und schlechtem Haarschnitt? Und wie groß ist die Gruppe in jeder Gesellschaft, für die diese Moden und Wandlungen von langdauernder und entscheidender Bedeutung sind? Wie sehr kommt darin mehr altersbedingter (auf den Medien beruhender) Wandel als grundlegende Veränderung zum Ausdruck? Ist es nicht so, daß die – in einigen Kreisen

— wachsende Ähnlichkeit zwischen männlichem und weiblichem Dekor eher Außenstehende zu verwirren scheint als diejenigen, die sich auf dieses Dekor etwas einbilden (obgleich diese des gemeinschaftlichen Geschlechtsverkehrs und der Eliminierung verschiedener Geschlechtsunterschiede angeklagt sind)?

Das sind Fragen, die zum Teil durch wissenschaftliche Untersuchungen geklärt werden können. Ihre Beantwortung muß aber auch dem historischen Sinn gerecht werden, d. h. Urgeschichte und Evolutionsgeschichte müssen mit einbezogen werden. Und dies nicht nur, um »plus ça change ...« zu intonieren, sondern um darauf hinzuweisen, daß die geschlechtliche Rollendifferenzierung ein überaus wichtiges menschliches Kernphänomen ist, dessen Bedeutung in seiner Anpassungsfähigkeit an unterschiedliche ökonomische, ökologische und klimatische Verhältnisse liegt. Daß es Form und Aussehen verändert, sollte uns nicht überraschen. Der Inhalt bleibt, und es wäre riskant, auf der vulgären Basis dessen, was im Augenblick chic und sexy ist, auch nur zu vermuten, daß sich im Volk die grundlegende Vorstellung dessen, was männlich ist, geändert habe.

Natürlich können Vorstellungen sich ändern, und es ist Aufgabe der Humanbiologen, diese Veränderungen wahrzunehmen und zu analysieren. Ich habe aber während des ganzen Buches bewiesen, daß die Veränderungen langsam und möglicherweise für deren Zeitgenossen unsichtbar vor sich gehen. Wenn auch das Prestige der Militaristen in einigen kriegsmüden oder nicht kriegsgläubigen Gemeinwesen abnehmen mag, so wird irgendeiner anderen Funktion oder Reihe von Funktionen ein äquivalenter Status und äquivalente Unterstützung zuteil werden, denn die Praktiker der betreffenden Geschäfte helfen der Gesellschaft in ihrem Kampf mit anderen Gesellschaften um die Güter und Privilegien dieser Welt. Diese Praktiker gelten auch als hart, männlich und stille Meister des Augenblicks[11]. Daß sie oft auf Kosten anderer Gesellschaften erfolgreich sind — am auffallendsten, wenn sie ausländische Handelsgesellschaften aus dem Markt drängen —, ist nur eine Wiederholung des bereits diskutierten aggressiven Verhaltensmodells. Daß sie Mitgliedern ihrer eigenen Gesellschaft schaden können — tüchtige Erdgasforscher haben Lebensunterhalt und Arbeitsmoral vieler Bergleute zerstört —, ist eine andere Seite des gleichen Prozesses. Gleichzeitig wird es aber viele geben, die Arzneimittel entwickeln, perfekte Erfindungen machen, menschliches Leben retten, einen Hochwasserkatastrophenschutz schaffen und durch die Gesellschaft belohnt werden. Diese durch und durch »nützlichen« Personen sind es, die den Männern neue Wege zur Selbstbestätigung zeigen, den Frauen ermöglichen, solche

Männer zu lieben und mit ihnen Nachkommen zu zeugen, und den Jungen zeigen, wie man zum Mann wird und wie männliches Handeln beschaffen ist. Was die Zukunft betrifft, ist ein Blick in die Geschichte zwar ermutigend. Aber wie Zynismus und Hoffnungslosigkeit herausgefordert werden, gibt es auch Ansporn zu größerer und sorgfältigerer Anstrengung.

Können die Frauen helfen? Die indische Regierung verfügte, daß die sogenannten »Unberührbaren« in der Legislative vertreten sein und besondere Privilegien erhalten sollten, um eine historische Entehrung wieder gut zu machen. Vielleicht kann auch den Frauen nicht nur in den gesetzgebenden, sondern ebenso in den wichtigen Entscheidungsgremien der Finanz, der Verteidigung und des Krieges zu Sitz und Stimme verholfen werden. Dies wäre allerdings nur dann wirkungsvoll, wenn den Männern dieser auch von Frauen mitbestimmten Gruppen nicht gestattet wird, sie als ein für Entscheidungen weitgehend irrelevantes Forum zu betrachten, weil die Entscheidungen längst durch kleinere, rein männliche Gruppen getroffen wurden – von Gruppen, die der Überzeugung sind, sich eines höheren Patriotismus und Realismus als jede gemischte Gruppe rühmen zu können. Durch eine Beteiligung der Frauen an Entscheidungsgremien würde der demokratisch-repräsentative Charakter stärker gesichert; wichtiger aber noch wäre, daß dadurch ein neues Element in die Entscheidungsfindung gelangte, die uns bisher nur eine phänomenal gut bewaffnete Welt gebracht hat – eine Welt, in der seit dem Zweiten Weltkrieg, dessen Gräßlichkeit damals nicht mehr zu überbieten schien, eine große Anzahl leidvoller und kostspieliger militärischer Zusammenstöße stattgefunden haben. Das neue weibliche Element könnte sich allerdings auch so produzieren, daß alles beim Alten bliebe und keine Veränderung stattfände. Wenn aber die hier dargestellte Theorie stimmt, dann kann eine Änderung der Dynamik und Rückwirkungen der männlichen Bindung ein wesentlicher Zug der veränderten Einstellung zur Macht, zum Wert oder Unwert der Zerstörung anderer Völker und zu der Meinung sein, daß Männlichkeit mehr mit Stärke als Flexibilität und mehr mit Autorität als Aufmerksamkeit gegenüber anderen zu tun habe.

(Im ersten Entwurf dieses Satzes gelang mir fast die Parodie auf eine »Freudsche Fehlleistung«, weil ich schrieb »... als Aufmerksamkeit gegenüber Autoren ...«. Freilich: Autoren legen auf Wirkung genauso viel Wert wie jeder andere auch; wenn die Feder wirklich mächtiger als das Schwert ist, so verleiht sie eine Macht, von der Schmierfinken zu allen Zeiten undankbarerweise keine Ahnung zu haben scheinen. Vielleicht gesteht die Nachwelt den Galilei und Liddell Hart, den Marx und Carveth Read im Lauf der Zeiten ihren Wert zu. Aber ist der einsame Poet voll ungenutzten leidenschaftlichen Verlangens befriedigt, weil Damen sein Werk lieben, wenn er alt oder tot ist? Es ist nur zu bekannt, daß die Realität eine zu ernste Angelegenheit ist, als daß sie nur den Realisten überlassen bleiben dürfte. Doch die zwischen privaten Wünschen und sozialer Aktion sich erhebenden politischen und quasi-politischen Strukturen sind komplex, und es erfordert Zeit, sie kennen zu lernen und sich mit ihnen zu befreunden. Vielleicht sind Autoren schlichtweg ungeduldige Geschöpfe, die ihre Zeit nicht damit verbringen wollen, die Welt nach ihrem Bilde umzuformen, und so verschenken sie es an diese unvollkommene Welt.)

Sollten Frauen an männlichen Unternehmungen teilhaben, besonders an solchen, denen heute noch ein besonderer Charakter des Maskulinen anhaftet, so kann es erforderlich werden, zu entscheiden, ob man sexuelle Beziehungen zwischen den Teilnehmern als wünschenswert oder verboten ansehen will. Zumindest aber muß die Tatsache der geschlechtlichen Anziehungskraft anerkannt werden und daß sie der Gruppe Schwierigkeiten bereiten kann. Dies wird um so unproblematischer sein, je älter die Personen sind. Aber die komplexe Reihe von Tabus, Reizwirkungen, Gesetzen und hedonistischen Einflüssen, von denen in industriellen und den meisten anderen Gesellschaften die Beziehungen zwischen Mann und Frau umgeben sind, werden angepaßt werden müssen, um der Einführung sexueller Spannungen in Bereichen Rechnung zu tragen, die aufgrund ihrer Bedeutung für die Gemeinwesen und wegen ihrer Konsequenzen für die individuellen Karrieren schon angespannt genug sind.

Die Gleichberechtigung wird Probleme mit sich bringen. Ärzte können ihre Schwestern, leitende Angestellte ihre Sekretärinnen, Regisseure ihre Schauspielerinnen führen und tun dies auch, weil Rang- und Dominanzunterschiede zwischen ihnen bestehen. Es ist relativ »normal« für Männer, daß sie bei den ihnen untergeordneten Frauen sexuelle Zugänglichkeit suchen. Sexuelle Zugänglichkeit an sich ist nicht einmal notwendig; Robin Fox stellte fest, daß Polygamie durchaus nicht nur unbedingt mit Sexualität zu tun hat, sondern ebenso mit Dominanz[12]. Es ist eine Überschätzung des Geschlechtsverkehrs, wenn man Polygamie nur als sexuelles Phänomen definiert und nicht auch als ein solches des sozialen Zugangs und der Dominanz. Doch wo es keine Statusdominanz gibt, können Bestrebungen entstehen, das interne sexuelle Machtsystem mittels Coitus und Flirt zu stabilisieren, wenn sich Männer und Frauen als gleichwertig in Positionen gegenüberstehen, die in erster Linie mit Machtausübung zu tun haben. In meinem eigenen

Bereich war ich davon betroffen, wie stereotyp Akademiker, die eine jüngere Frau zu beschäftigen in Erwägung ziehen, stets auch deren Attraktivität als Frau kommentieren. Man kann dies als Vorwegnahme des möglichen Konflikts zwischen der Frau als Kollegin und der Frau als Sexualobjekt sehen. Noch wissen die Frauen nicht, welche Bedeutung der Attraktivität bei der Sicherung erwünschter Positionen in weitgehend männlichen Organisationen zukommt. Auf diesem Gebiet scheint es gegenwärtig keine großen Aussichten für einen entscheidenden Wandel zu geben; man tut wahrscheinlich gut daran, sich klarzumachen, daß die Suche nach Wegen, wie man weiblichen Einfluß auch in die beratenden Versammlungen der Macht bringen könnte, noch immer als eine Art Würfelspiel betrieben wird.

Deshalb ist es wohl unklug, optimistisch oder gar freudig erregt zu werden angesichts der Möglichkeit, daß Frauen bald zu vielen Veränderungen innerhalb sozialer Subsysteme und Systeme anregen könnten, die sowohl Kriegen als auch besseren Aktionen zugrundeliegen. Noch immer unterstützen Frauen sogar Mörder, Diebe, Wucherer, Betrüger und verkrachte Existenzen. Es ist unwahrscheinlich, daß sie Krieger abweisen werden, wahrscheinlicher dagegen, daß immer noch genug – ja zuviel – Frauen sich glücklich schätzen würden und bereit wären, die Frau eines Generals oder Korporals zu sein, ihre Kinder zu erziehen und von Garnison zu Garnison je nach Einkommen und beruflichen Aussichten so dahin zu leben. Schließlich ist es eben der Beruf ihres Mannes, zu töten oder Kriege zu erklären, Land und Leute zu verteidigen, Verräter zu verurteilen oder einen Pazifisten hinter Gitter zu bringen; die Männer müssen ihren Beruf erfüllen, und sei es auch nur deshalb, weil es zu spät ist, einen anderen Beruf zu finden. Da die Menschen immens erfinderisch sind, läßt sich in der Regel jeder Beruf rechtfertigen, und sollten die Frauen in Sachen Welt wirklich realistischer als die Männer sein, so rühmen sie sich des Feingefühls, mit dem sie den Männern ihre eigene Version der Realpolitik zugestehen – und noch immer setzt sich *diese* Version durch, wenn es darauf ankommt. Auch ein Ehestreik nach dem Vorbild der Lysistrata war bisher nie eine Lösung. Sollte es je dazu kommen, so wird die sexuelle Not mehr als genug Streikbrecher schaffen, die die Schlafzimmertür hinter sich schließen; Frauen binden sich nicht. Abhängig, wie noch die meisten von ihnen von Geld und Genen der Männer sind, brechen sie sehr bald aus. »Wenigstens meine Gruppe soll überleben.«

In diesem Buch habe ich das homoerotische Verhalten sowie die spezielle Art männlicher und weiblicher Bindung nicht erörtert, die ganz allgemein als »homoerotische Gemeinschaft« bezeichnet wird. Diese umfangreichen Sachbereiche erfordern eine ausgedehnte eigene Behandlung. Doch sollte hier kurz gesagt werden, welchen analytischen und praktischen Gewinn man daraus ziehen könnte, würde man die männliche Homosexualität als einen besonderen Zug des mehr allgemeinen Phänomens der männlichen Bindung ansehen. Aus einer Reihe von offensichtlichen und komplizierteren Gründen ist die männliche Homoerotik sozial anders organisiert und kommt viel häufiger vor als die weibliche Spielart. Es gibt noch sehr viele andere Unterschiede, die teilweise die biologisch begründeten Verhaltensmuster widerspiegeln, welche so tiefgreifende Dinge wie die erotische Kontaktsuche, das Finden der Sexualidentität und die geschlechtliche Rollenbestimmung notwendigerweise begleiten. Die Wirkung homoerotischer Beziehungen im Beruf, in politischen und anderen Gruppen ist im Rahmen vieler der von mir in diesem Buch gestellten Fragen von beachtlichem Interesse. Vom strikt biologischen Standpunkt aus gesehen, gibt es keinen vernünftigen Grund, homoerotische Aktivität zu verbieten oder zu mißbilligen, obgleich es angesichts der euro-amerikanischen Familienstruktur und der sexuellen Verhaltenseinstellung sehr wohl soziologische Gründe geben mag. Wie ich zu zeigen bemüht war, gibt es in der euro-amerikanischen Kultur — wenn nicht auch anderswo — bedeutende Hemmungen gegen den Ausdruck einer Anziehung zwischen Männern. Ein Resultat dieser Hemmung von Zärtlichkeit und Wärme ist das Beharren in korporativer Härte und Kraft, die zu einer Vielzahl von »hartgesonnenen« militärischen, ökonomischen, politischen und polizeilichen Unternehmungen und Engagements beigetragen hat.

Natürlich ist die Angst vor Homoerotik nicht der einzige Grund dafür — eine Reihe anderer Gründe wurden hier ebenfalls beschrieben. Aber homoerotische Aktivität ist weitgehend und nachdrücklich als abartig definiert worden (obgleich, wie Kinsey nachwies, fast die Hälfte der amerikanischen Männer homosexuelle Beziehungen kannten, während wenigstens ein Drittel entsprechende Erfahrungen hatten, die im Orgasmus kulminierten[13]. Viel Schuldbewußtsein und Unsicherheit muß manche dieser Männer quälen, u. a. die Unsicherheit, möglicherweise »verquer« zu sein oder zu werden, besonders unter jenen Männern, die sich auf die von mir beschriebene Art und Weise zu ihren Kollegen und Freunden hingezogen fühlen, denen aber die Möglichkeit zur Erklärung ihrer Gefühle durch die von ihrer Gesellschaft aufgestellte Behauptung verschüttet wurde, daß Männer, die Gefühle äußern, unmännlich und unzuverlässig seien. Es bleibt ein verdienstvoller Forschungsgegenstand, mehr über die Dynamik männlichen Gefühlsaustausches zu erfahren, sowohl im Interesse wissenschaftlichen Verständnisses als auch, um vielleicht Informationen auf einer Basis zu erhalten, die den Personen größere Sympathien und Chancen entgegenzubringen erlaubt, die von sich selbst und von anderen oft beunruhigt und verachtet werden. Daß sich dies gleichzeitig mit einem gewandelten Ideal von Männlichkeit, korporativer Struktur, politischem Scharfsinn und der Rolle harter Dominanz ergeben mag, ist nicht zufällig, sondern mit der gesamten Beweisführung dieses Buches verbunden ...

4

... das jetzt zu seinem Ende kommen muß. Da der Mensch eine jagende Spezies ist, braucht er Hoffnung. Diese ewig in uns aufspringende Hoffnung muß sogar programmiert sein. Das heißt, wir können das, was nicht gut genug ist, nicht auf sich beruhen lassen. Offensichtlich sind viele Aspekte unseres privaten und kommunalen Lebens nicht gut genug. Eine Reihe von Situationen und Aktionen wurden von mir in diesem Buch beschrieben und analysiert, die unsere gelegentlich recht hohe, von uns als symbolisierender Spezies ehrgeizig ersonnene Selbsteinschätzung ungehörig verletzen. Was soll geschehen? Die erschrekkende Forderung von Sokrates »Erkenne dich selbst« ist noch immer Anfang und Ende jedes vernünftigen persönlichen Lernprozesses. Vielleicht kann und sollte die gleiche Regel auch für die Art gelten: »Erkennt euch selbst«. Und hier starrt uns ein Paradoxon an. Um unser Handeln ändern zu können, müssen wir wissen, was wir sind. Nur wenn wir wissen, was so herzlich wenig sich veränderte, können wir uns anschicken, mehr zu ändern. Die Gegenstände fielen auch schon, bevor das Gesetz der Schwere entdeckt wurde. Doch jetzt — von unserem Standpunkt aus — fallen sie besser — sogar Bomben —, weil wir sie verstehen und einige wenige Bedingungen kontrollieren können. Früher einmal, als das Leben noch sehr mühsam war, riet man uns, den eigenen Garten zu bestellen. Doch heute teilen wir uns alle in diesen einen riesigen Garten, unser einziges Eden, einen sonderbar verworrenen, seltsam fruchtbaren und unübersichtlichen Garten. Auch haben wir eine gemeinsame Verantwortung, nämlich endlich zu lernen, welcher Art unsere gemeinsamen Reaktionen auf den Garten und seine Bewohner sind. Nur dann können wir wagen, das Universum zu stören.

Anmerkungen

Einführung

1 Zu letzterem siehe u. a. Marion J. Levy jr.: *The Structures of Society*, Princeton University Press 1951, S. 330; George P. Murdock: *Social Structure*, Macmillan, New York 1949, S. 7, und »Comparative Data on the Division of Labour by Sex«, *Social Forces*, 15, 4 (1937); Talcott Parsons: »The American Family, Its Relation to Personality and the Social Structure«, in Talcott Parsons und R. F. Bales: *Family, Socialization and Interaction Process*, Routledge & Kegan Paul, London 1956, S. 22–25.

2 Eine spätere Veröffentlichung wird darauf hinweisen, daß sich rein weibliche von rein männlichen Gruppen strukturell unterscheiden, zeitlich gesehen im allgemeinen weniger stabil und aus einer Vielzahl von Gründen weitaus weniger üblich sind. Ein ernstlicher Mangel des vorliegenden Buches ist seine relative Gleichgültigkeit gegenüber der Erscheinung weiblicher Zusammenschlüsse. Obgleich dies für mich eine Unterlassung ist, glaube ich nicht, daß weitere Forschung die Diskussion über die Hypothese von der männlichen Bindung hinfällig werden lassen wird.

3 Siehe S. M. Eisenstadt: *From Generation to Generation*, Free Press of Glencoe, Ill., 1955; Judith K. Brown: »Adolescent Initiation Rites Among Preliterate Peoples«, in Robert E. Grinder (Hrsg.): *Studies in Adolescence*, Macmillan, New York 1963; Robert V. Burton und John W. M. Whiting: »The Absent Father and Cross-Sex Identity«, in ibid.; Yehudi A. Cohen: *The Transition from Childhood to Adolescence*, Aldine Books, Chicago 1964; Frank Young: *Initiation Ceremonies*, Bobbs-Merrill, New York 1965; Michael Allen: *Rites de Passage*, Melbourne University Press (im Druck); J. W. M. Whiting, R. Kluckhohn und A. Anthony: »The Function of Male Initiation Ceremonies at Puberty«, in E. E. Maccoby, et al.: *Readings in Social Psychology*, Holt, New York 1958.

4 Bryan Magee: *One in Twenty: A Study of Homosexuality in Men and Women*, Secker & Warburg, London 1966, S. 8.

5 Seymour M. Lipset: *Political Man*, Doubleday, New York 1963. Ein typischer und üblicher Ausdruck der gleichen Haltung ist eine Broschüre auf meinem Schreibtisch, die einen bibliographischen Nachschlag-Service afrikanischer Untersuchungen ankündigt; unter Kategorien wie »Externe Beziehungen«, »Botanik«, »Konstitutionelle Modelle« usw. befindet sich auch die Kategorie »Frauen«, doch nicht »Männer«. Beispiele dieser Art sind zahlreich.

6 Konrad Lorenz: »The Evolution of Behaviour«, *Scientific American* (Dezember 1958). (Der Aufsatz ist nur in englischer Sprache erschienen. Eine entsprechende Thematik behandelt Konrad Lorenz in: *Darwin hat recht gesehen*, Neske-Verlag, Pfullingen 1964.)

7 Sandor Rado: »An Adaptational View of Sexual Behaviour«, in H. D. Rui-

tenbeck (Hrsg.): *The Problem of Homosexuality in Modern Society*, Dutton, New York 1963, S. 94.

8 Thomas S. Kuhn: *The Structure of Scientific Revolutions*, University of Chicago Press 1962.

9 Ibid., S. 4.

10 Ibid., S. 47.

11 Ibid., S. 93.

12 Zur Diskussion des Millschen Gebrauchs dieses Begriffes (und vieler einschlägiger Tatsachen) siehe Ronald Fletcher: *Instinct in Man: In the Light of Recent Work in Comparative Psychology*, Allen & Unwin, London 1957, S. 327–329.

1. Kapitel

1 Kenneth E. Bock: »The Comparative Method of Anthropology«, *Comparative Studies in Society and History*, 8, 3 (April 1966), S. 277.

2 Ibid., S. 272. Siehe auch J. W. Burrow: *Evolution and Society; A Study in Victorian Social Theory*, Cambridge University Press 1966, S. 14.

3 H. W. Janson: *Apes and Ape Lore in the Middle Ages and the Renaissance*, Warburg Institute, London 1952, S. 276.

4 Ibid., S. 155.

5 Natürlich ist das nicht nur eine Angelegenheit rein »wissenschaftlich« intellektueller Traditionen. Siehe Claude Lévi-Strauss: *The Savage Mind*, Weidenfeld & Nicolson, London 1966.

6 Fletcher: *Instinct in Man*, op. cit., S. 9.

7 Walter Le Gros Clark: *History of the Primates*, British Museum of Natural History, London 1960, S. 1.

8 Philip E. Slater: »On Social Regression«, *American Sociological Review*, 28, 3 (Juni 1963), S. 339.

9 Philippe Ariès: *Centuries of Childhood*, Jonathan Cape, London 1962, S. 55.

10 Burrow, op. cit., S. 97–99.

11 Donald G. MacRae, »Darwinism and the Social Sciences«, in S. A. Barnett (Hrsg.): *A Century of Darwin*, Heinemann, London 1958, S. 296.

12 Richard Hofstadter: *Social Darwinism in American Thought: 1860–1915*, University of Pennsylvania Press 1945, S. 148.

13 Ibid., S. 174.

14 Ibid., S. 176.

15 Eine neuere Darlegung der Ansichten Ginsburgs über angeborenes Verhalten siehe Einführung zur 9. Aufl.: *The Psychology of Society*, Methuen, London 1964.

16 MacRae, »Darwinism and the Social Sciences«, in Barnett, op. cit., S. 304.

17 Ibid., S. 298.

18 Frank Beach: »The Snark was a Boojum«, *American Psychologist*, 5 (1950), S. 115–124.

19 Gordon Orians: »Natural Selection and Ecological Theory«, *American Naturalist*, 96, 890, S. 262.

20 Robert Erwin: »Civilization as a Phase of World History«, *American*

Historical Review, 71, 4 (Juli 1966). Über das Studium der Evolution als Geschichte siehe M. T. Ghiselin: »On Semantic Pitfalls of Biological Adaptation«, *Philosophy of Science*, 33, 1–2 (März–Juni 1966), S. 150.

21 Zitiert in Thomas E. McGill (Hrsg.): *Readings in Animal Behavior*, Holt, Rinehart & Winston, New York 1965, S. 1.

22 Ibid., S. 1; Fletcher, Einleitung, op. cit.; Clifford Geertz: »The Growth of Culture and the Evolution of Mind«, in Jordan N. Sher (Hrsg.): *Theories of the Mind*, Free Press of Glencoe, New York 1962, S. 72–73; Gardner Murphy: *Personality: A Biosocial Approach to Origins and Structure*, Harper, New York 1947, S. 46.

23 Nicholas Pastore: *The Nature-Nurture Controversy*, King's Crown Press, New York 1949, S. 177. Das Argument beruht auf dem Studium von Leben, Werk und Ansichten über die Kontroversen einer Auswahl führender Wissenschaftler.

24 In der Praxis scheint sich die Entwicklung von »Fähigkeiten« hauptsächlich auf die Erleichterung des sozialen Aufstiegs zu beziehen, normalerweise auf das Erreichen und die Annahme von Lebensmodellen der Mittelklasse. Zuweilen wird dies ausdrücklich behauptet; siehe zum Beispiel »Doing Away with Grades in Toronto«, *The Times Educational Supplement* (13. Januar 1967).

25 *Children and Their Primary Schools* (Plowden Report), H. M. S. O., London 1967.

26 Burrow, op. cit. S. 102.

27 Sigmund Freud, zitiert in Rado: »An Adaptational View of Sexual Behaviour«, in Ruitenbeck (Hrsg.): *The Problem of Homosexuality in Modern Society*, Dutton, New York 1963, S. 94.

28 A. L. Kroeber: *Anthropology*, Harcourt, Brace, New York 1948, S. 61.

29 Talcott Parsons: *The Social System*, Tavistock Publications, London 1952, S. 32.

30 Eine sehr brauchbare Diskussion findet sich bei Richard L. Means: »Sociology, Biology, and the Analysis of Social Problems«, *Social Problems*, 15, 2 (Herbst 1967).

31 Burrow stellt fest, daß die Anthropologie ihre Wurzeln anderswo, jedenfalls nicht in der Biologie hatte: »... die Fächer, die sich in der modernen Anthropologie verbinden, verdankten, methodologisch gesehen, der Geologie und der vergleichenden Philologie mehr als der Entwicklungsbiologie« – op. cit., S. 110. Eine allgemeine Darstellung findet sich bei H. L. Shapiro: »Society and Biological Man«, in R. Linton (Hrsg.): *The Science of Man in the World Crisis*, Columbia University Press 1945, S. 19.

32 Pitirim Sorokin: *Contemporary Sociological Theories*, Harper, New York 1927, S. 355.

33 Lionel Tiger und Robin Fox: »The Zoological Perspective in Social Science«: *Man*, I, I (n. s.) (März 1966), S. 75. Vom Stand der Arbeiten auf diesem Gebiet gibt dieser Artikel einen detaillierteren Abriß, als es hier möglich ist (obwohl er mittlerweile ein wenig überholt ist).

34 Earl H. Bell und John Sirjamaki: *Instructor's Manual to Accompany Social Foundations of Human Behavior* (zweite Auflage), Harper & Row, New York 1965, S. 5.

35 Michael Banton (Hrsg.): *Darwin and the Study of Society*, Tavistock Publications, London 1961, S. 178.

36 Mihailo Popovich: »What the American Sociologists Think About Their Science and its Problems«, *American Sociologist*, 2 (Mai 1966), S. 134. Popovich schildert auch die Entdeckung, daß mehr als zwei Drittel der Gruppe interviewter Wissenschaftler keine »dominierende allgemeine Theorie« in der Soziologie sehen konnten.

37 Mittlerweile gibt es auf diesem Gebiet eine sehr umfassende Literatur. Einzelne neuere und repräsentative Sammlungen von Aufsätzen sind Paul L. DeVore (Hrsg.): *The Origins of Man*, Nachschrift eines von der Wenner-Gren Foundation geförderten Symposiums, Wenner-Gren Foundation, New York 1965; S. L. Washburn (Hrsg.): *The Social Life of Early Man*, Aldine Books, Chicago 1961; F. C. Howell und F. Bourlière (Hrsg.): *African Ecology and Human Evolution*, Methuen, London 1964; Sol Tax (Hrsg.): *The Evolution of Man*, University of Chicago Press 1960.

38 S. L. Washburn, Phyllis C. Jay und Jane B. Lancaster: »Field Studies of Old World Monkeys and Apes«, *Science*, 15, 370 (1966), S. 1541–1547. Die beste Übersicht über die verfügbaren Arbeiten liefert Irven DeVore (Hrsg.): *Primate Behavior: Field Studies of Monkeys and Apes*, Holt, Rinehart & Winston, New York 1965. Siehe auch Desmond Morris (Hrsg.): *Primate Ethology*, Methuen, London 1967; Stuart Altmann (Hrsg.): *Social Communication among Primates*, University of Chicago Press 1965.

39 Tiger und Fox: »The Zoological Perspective in Social Science«, in op. cit., S. 80.

40 Talcott Parsons: »Psychology and Sociology«, in John Gillen (Hrsg.): *For a Science of Social Man: Convergences in Anthropology, Psychology and Sociology*, Macmillan, New York 1954, S. 87.

41 Parsons und Bales: »Appendix A«; *Family, Socialization, and Interaction Process*, op. cit., S. 399.

42 Claude Lévi-Strauss: »The Scope of Anthropology«, *Current Anthropology*, 7, 2 (April 1966), S. 116.

43 Ernest Gellner: »Nature and Society in Social Anthropology«, *Philosophy of Science*, 30, 3 (Juli 1963), S. 236.

44 Unter anderen von Hans Kelsen: *Society and Nature*, University of Chicago Press 1943, S. 266; Kasper D. Naegele: »Introduction: Social Change«, in T. Parsons, E. Schils, K. Naegele und J. Pitts (Hrsg.): *Theories of Society*, Free Press of Glencoe, Ill., 1962, S. 1209; G. Sommerhoff: *Analytical Biology*, Oxford University Press 1950, S. 147; C. H. Waddington: »The Human Evolutionary System«, in Michael Banton (Hrsg.), op. cit., S. 79–89; Clifford Geertz: »The Transition to Humanity«, in Sol Tax (Hrsg.): *Horizons of Anthropology*, Aldine Books, Chicago, S. 47; F. Barth: »Anthropological Modes and Social Reality« (Second Royal Society Nuffield Lecture): *Proceedings of the Royal Society*, 165, 998 (Juli 1966); Llewellyn Gross: »Theory Construction in Sociology: A Methodological inquiry«, in L. Gross (Hrsg.): *Symposium in Sociological Theory*, Row, Peterson, Evanston, Ill., 1959; Carl G. Hempel: »The Logic of Functional Analysis«, in Gros (Hrsg.), op. cit., S. 272–302; George Gaylord Simpson: *Behaviour and Evolution*, in Anne Roe und George Gaylord Simpson (Hrsg.): *Behaviour and Evolution*, Yale University Press 1958; Fletcher, op. cit., Kapitel IX.

45 Marion J. Levy jr.: *The Structure of Society*, op. cit., S. 6–16.

46 Jean Piaget: »Le Probleme des Mechanismes Commune dans les Sciences de l'Homme«, *Transactions of the Sixth World Congress of Sociology*, Band 1, International Sociological Association, Genf 1966.
47 Derek Freeman: »Social Anthropology and the Scientific Study of Human Behaviour«, *Man*, I, 3 (September 1966).
48 Vernon Reynolds: »Open Groups in Hominid Evolution«, *Man*, I (n. s.), S. 441–452.
49 Alexander Alland jr.: *Evolution and Human Behaviour*, American Museum of Natural History, New York 1967.
50 J. H. Crook und J. S. Gartlan: »Evolution of Primate Societies«, *Nature*, 210, 5042 (18. Juni 1966).
51 Anthony Ambrose: »The Comparative Approach to Early Child Development«, in E. Miller (Hrsg.): *Foundations of Child Psychiatry*, Longmans, Green, London 1965.
52 Lipset: *Political Man*, op. cit., S. 248.
53 M. R. A. Chance: »The Nature and Special Features of the Instinctive Social Bond of Primates«, in S. L. Washburn (Hrsg.), op. cit.
54 Fritz Roethlisberger, et. al.: *Management and the Worker*, Harvard University Press 1939.
55 Clifford Geertz: »Summary: Next Steps in Research«, in Paul L. DeVore (Hrsg.), op. cit., S. 139.
56 August Comte: *Cours de Philosophie Positive* (5. Auflage), Paris, 1893, S. 348–353.

2. Kapitel

1 Desmond Morris, persönliche Mitteilung.
2 M. R. A. Chance und Alan Mead: »Social Behaviour and Primate Evolution«, *Symposia*, 7, Society for Experimental Biology, London 1953.
3 M. R. A. Chance: »The Nature and Special Features of the Instinctive Social Bonds of Primates«, in S. L. Washburn (Hrsg.): *Social Life of Early Man*, op. cit., 1961.
4 Solly Zuckerman: *The Social Life of Monkeys and Apes*, Kegan Paul, London 1932.
5 C. S. Ford und Frank Beach: *Patterns of Sexual Behaviour*, Harper & Bros., New York 1951; Alfred Kinsey, et. al.: *Sexual Behaviour in the Human Female*, W. B. Saunders, Philadelphia 1953 (*Das sexuelle Verhalten der Frau*, Fischer-Taschenbuch, 1970).
6 Washburn, Jay und Lancaster: »Field Studies of Old World Monkeys and Apes«, in Washburn (Hrsg.), op. cit., S. 1541.
7 W. C. Allee: »Dominance and Hierarchy Among Vertebrates«, in: *Social Dominance and Subordination Among Vertebrates*, Biological Symposium Nr. 8, 1942, S. 139–163.
8 F. Fraser Darling: »Social Life in Ungulates«, in: *Structure et Physiologie des Sociétés Animales*, Colloques Internationaux du Centre Nationale de la Recherche Scientifique, Paris 1952, S. 223. Valerius Geist von der University of Alberta danke ich für die Information (persönliche Mitteilung) über das soziale Verhalten von Ungulaten.

9 Darling: »Social Life in Ungulates«, in op. cit., S. 223.
10 E. J. Slijper: *Whales*, Hutchinson, London 1962.
11 Es ist denkbar, daß die Ansichten solcher Autoren wie Kropotkin, Spencer, Le Bon, Trotter und Canetti, die festzustellen suchen, welcher soziale Prozeß als Ergebnis einfacher Vergesellschaftung und Vergesellschaftung unter spezifischen Umständen eintritt, für eine Analyse der hier untersuchten Phänomene relevant werden könnten. Einen kurzen Überblick über einige dieser Sachverhalte gibt Michael Graham: »Crowds and the Like in Vertebrates«, *Human Relations*, 17, 4 (1964), S. 377–390.
12 Konrad Lorenz: *Das sogenannte Böse. Zur Naturgeschichte der Aggression*, Wien 1971 (26.–29. Auflage), S. 37.
13 Ibid., S. 36–37.
14 Karl Popper: *The Poverty of Historicism*, Routledge & Kegan Paul, London 1961, S. 107.
15 Frank Beach: »The Snark was a Boojum«, in op. cit., S. 115–124.
16 Niko Tinbergen: »On Aims and Methods of Ethology«: *Zeitschrift für Tierpsychologie*, 20 (1963), S. 404–433.
17 Edmund Leach: »Don't Say Boo to a Goose«, *New York Review of Books* (15. Dezember 1966).
18 E. Devons und M. Gluckman, Einleitung zu Max Gluckman (Hrsg.): *Closed Systems and Open Minds: The Limits of Naivety in Social Anthropology*, Oliver & Boyd, Edinburgh 1964.
19 Elwyn Simons: »New Fossil Apes from Egypt and the Initial Differentiation of the Hominoides«, *Nature*, 205 (1965), S. 135–139.
20 Vernon Reynolds: »Open Groups in Hominid Evolution«, *Man*, I, 4 (Dezember 1966).
21 Washburn, Jay und Lancaster, in op. cit., S. 1547.
22 Ibid., S. 1542. Crook und Gartlan: »Evolution of Primate Societies«, in op. cit., S. 1200.
23 Was Menschen betrifft, so erklärt Lorenz ohne Verbeugung vor den Sozial-Darwinisten, die Historiker müßten sich mit der Tatsache abfinden, daß die natürliche Auslese die Entwicklung der Kulturen auf die gleiche Art und Weise bestimmte, wie dies hinsichtlich der Arten geschah. – Op. cit., S. 106, 109–110, 317–319, 330.
24 S. L. Washburn und D. A. Hamburg: »The Implications of Primate Research«, in I. DeVore (Hrsg.), op. cit., S. 11.
25 John Hurrell Crook: »Cooperation in Primates«, *Eugenics Review*, 58, 2 (Juni 1966), S. 68.
26 Washburn, Jay und Lancaster, in op. cit., S. 1542.
27 K. R. L. Hall: »Aggression in Monkey and Ape Societies«, in J. D. Carthy und F. J. Ebling (Hrsg.): *The Natural History of Aggression*, Academic Press (for the Institute of Biology), London 1964, S. 63.
28 Irven DeVore und K. R. L. Hall: »Baboon Ecology«, in I. DeVore (Hrsg.), op. cit., S. 47. Die folgenden Seitenangaben beziehen sich auf diese Publikation.
29 I. DeVore und K. R. L. Hall: »Baboon Social Behaviour«, in I. DeVore (Hrsg.), op. cit., S. 54. Der vorliegende Abriß über das Verhalten von Pavianen stützt sich auf diesen Bericht.
30 Kinji Imanishi: »Social Behaviour in Japanese Monkeys, *Macaca fuscata*«,

in Charles H. Southwick (Hrsg.): *Primate Social Behaviour*, D. Van Nostrand, Princeton, N. J., 1963, S. 78–79.

31 Imanishi hat eine gute Ausgangsposition geschaffen. Siehe Kinji Imanishi: »Identification: A Process of Socialization in the Subhuman Society of Macaca Fuscata«, K. Imanishi und S. H. Altmann (Hrsg.): *Japanese Monkeys*, Atlanta, Ga., 1965.

32 John Hurrell Crook: »Evolutionary Change in Primate Societies«, *Science Journal* (Juni 1967), S. 5.

33 Ibid., S. 7.

34 Phyllis Jay: »The Common Langur of North India«, in I. DeVore (Hrsg.), op. cit., S. 197–249. Alle Seitenangaben dieser Darstellung beziehen sich auf diesen Artikel. Als ich diesen Abschnitt vorbereitete, las ich den Bericht von Sugiyama über seine Untersuchung einer anderen Langurgruppe. In dieser Gruppe fanden sich Ein-Mann-Einheiten genauso wie Kader »unzufriedener« Männchen, die durch die Populationsdichte der Tiere daran gehindert wurden, sich Territorien zu errichten. Solche Unterschiede zeigen die Vielzahl von Reaktionen auf, die Tieren zur Verfügung stehen, um Überlebensprobleme zu lösen; männliche Bindung ist eine dieser möglichen Antworten. Es stimmt mit der ethologischen Theorie überein, daß zur Lösung spezieller Probleme eine Reihe von Modellen vorhanden ist und daß einige Modelle wahrscheinlicher als andere in Erscheinung treten. Die Neigung zur männlichen Bindung würde dann von Art zu Art verschieden sein. Siehe Yukimaru Sugiyama: »Social Organization of Hunuman Langurs«, in S. A. Altmann (Hrsg.): *Social Communication in Primates*, op. cit.

35 John Napier, persönliche Mitteilung.

36 Tinbergen: »On Aims and Methods of Ethology«, in op. cit., S. 428.

37 S. Washburn und F. C. Howell: »Human Evolution and Culture«, in Sol Tax (Hrsg.): *The Evolution of Man*, op. cit., S. 49.

38 M. R. A. Chance: »The Nature and Special Features of the Instinctive Social Bonds of Primates«, in S. L. Washburn (Hrsg.), op. cit., S. 29–32.

39 L. Tiger: »A Programme for the Study of the Biological Aspects of Human Male Association Patterns«, unveröffentlicht, vorgetragen bei der Tagung der Association for the Study of Animal Behaviour, Oxford Juli 1965.

40 Hall: »Aggression in Monkey and Ape Societies«, in op. cit., S. 63.

41 Crook und Gartlan, op. cit., S. 1201–1203.

42 Vernon Reynolds: »Kinship and the Family in Primates and Early Man«, *Man*, 3, 2 (n. s.) (Juni 1968). Reynolds beschreibt ein Auslesemodell, das die Bindung erwachsener männlicher Schimpansen und Gorillas enthält, die als Kundschafter »weit und breit in kleinen Gruppen auf der Suche nach neuen Nahrungsquellen umherstreifen und auf andere Gruppen treffen und sich mit ihnen mischen«. Dies ist ein außerordentlich interessantes Phänomen im Rahmen der Hypothese von der männlichen Bindung und deren häufiger und auffälliger Verbindung mit Gefahr, was weiter unten erörtert werden wird.

43 Karl W. Butzer: *Environment and Archaeology: An Introduction to Pleistocene Geography*, Methuen, London 1965, S. 353–357. Die genannten Autoren befassen sich durchaus nicht speziell mit dem Phänomen der männlichen Bindung, doch erscheint es vernünftig anzunehmen, daß dies

eher eine Sache der Betonung als das Ergebnis einer dahingehenden Entscheidung ist, daß solche Bindungen nicht vorkommen oder daß ihnen die hier angenommene Bedeutung nicht zukommt. Vielleicht erlaubt der Entwurf einer Interpretation ihrer Daten und Theorien im Rahmen der Hypothese von der männlichen Bindung diesen und anderen Autoren, diese Hypothese zu akzeptieren oder zurückzuweisen.

44 H. F. Harlow und M. K. Harlow: »The Effect of Rearing Conditions on Behaviour«, in John Money (Hrsg.): *Sex Research: New Development*, Holt, Rinehart & Winston, New York 1965, S. 161–175.

45 Richard P. Michael: »Biological Factors in the Organization and Expression of Sexual Behaviour«, in Ismond Rosen (Hrsg.): *The Pathology and Treatment of Sexual Deviation*, Oxford University Press 1964, S. 24–54.

46 Gillian Freeman: *The Undergrowth of Literature*, Nelson, London 1967.

47 Earl W. Count: »The Biological Basis of Human Sociality«, *American Anthropologist*, 60, 6 (Dezember 1958), S. 1049. Dieser Aufsatz liefert eine gründliche Analyse der Folgerungen einer biologischen Analyse für die soziale Anthropologie und die Soziologie.

48 DeVore und K. R. L. Hall: »Baboon Ecology«, in I. DeVore (Hrsg.), op. cit., S. 59–60; Charles H. Southwick, Mirza A. Beg und M. Rafiq Siddiqi: »Rhesus Monkeys in North India«, in ibid., S. 142–151. Siehe auch Paul Simonds: »The Bonnet Macaque in South India«, in ibid., S. 184–185; Clarence Ray Carpenter: »The Howlers of Barro Colorado Island«, in ibid., S. 285–286; Vernon Reynolds und Frances Reynolds: »Chimpanzees of the Budongo Forest«, in ibid., S. 397; Jane Goodall: »Chimpanzees of the Gombe Stream Reserve«, in ibid., S. 454–455.

49 Vernon Reynolds: »Kinship and the Family in Primates and Early Man«, in op. cit., S. VII. Eine interessante Science-Fiction-Behandlung dieser und anderer sozialer Modelle des Pleistozäns findet sich bei Roy Lewis: *The Evolution Man*, Penguin Books, Harmondsworth 1963.

50 Clarence Ray Carpenter: »The Howlers of Barro Colorado Island«, in I. DeVore (Hrsg.), op. cit., S. 269–270; George C. Schaller: »Some Behavioural Comparisons of Free-Living Apes«, in ibid., S. 479.

51 Michael Chance, persönliche Mitteilung.

52 Robert Carrick: »Ecological Significance of Territory in the Australian Magpie« (unveröffentlichtes Manuskript, 1965).

53 Robin Fox: »Aspects of Hominid Behavioural Evolution«, in op. cit., S. 421. Siehe auch Rowells ausgezeichnete Diskussion »Variability in the Social Organization of Primates«, in Desmond Morris (Hrsg.): *Primate Ethology*, Weidenfeld and Nicolson, London 1967.

3. Kapitel

1 Bernard Campbell: *Human Evolution*, Aldine Books, Chicago 1967, S. 202.

2 Karl Pearson: *Side Lights on the Evolution of Man*, Eugenics Laboratory Lecture Series, No. XIII, Cambridge University Press 1921.

3 David R. Pilbeam: »Man's Earliest Ancestors«, *Science Journal*, 3, 2 (Februar 1967).

4 Siehe zum Beispiel L. B. Leakey: »Facts Instead of Dogma on Man's Origin«, in Paul DeVore (Hrsg.): *The Origin of Man*, op. cit.; Clifford Geertz: »Summary; Next Steps in Research«, in ibid.; S. L. Washburn: »An Ape's-Eye View of Human Evolution«, in ibid.; S. L. Washburn und F. Clark Howell: »Human Evolution and Culture«, in Sol Tax (Hrsg.): *The Evolution of Man*, University of Chicago Press 1960; Derek Freeman: »Human Aggression in Anthropological Perspective«, in J. D. Carthy und F. J. Ebling (Hrsg.): *The Natural History of Aggression*, op. cit.

5 P. U. Tobias: »New Discoveries in Tanganyika: Their Bearing on Hominid Evolution«, *Current Anthropology*, 6, 4, S. 391–411.

6 L. B. Leakey, »Facts Instead of Dogma on Man's Origin«, in op. cit.

7 François Bourlière: »Observations on the Ecology of Some Large African Mammals«, in Howell und Bourlière (Hrsg.): *African Ecology and Human Evolution*, op. cit.

8 S. L. Washburn: »An Ape's-Eye View of Human Evolution«, in P. DeVore (Hrsg.), op. cit., S. 143.

9 Eine überaus gründliche und anspruchsvolle Diskussion dieser Fragen findet sich bei John F. Eisenberg: »The Social Organization of Mammals«, *Handbuch der Zoologie*, 10 (7) (Mai 1964), S. 1–92.

10 Campbell, op. cit., S. 203.

11 Vernon Reynolds: »Open Groups in Hominid Evolution«, in op. cit.

12 Campbell, op. cit., S. 278.

13 Siehe W. J. Goode: *World Revolution and Family Patterns*, Free Press of Glencoe, Glencoe, Ill., 1963, S. 369.

14 John Napier: »The Antiquity of Human Walking«, *Scientific American*, 216, 4 (April 1967), S. 57; »The Evolution of Bipedal Walking in the Hominids«, *Extrait des Archives de Théologie*, Liège 1964. Diese Unterschiede beziehen sich natürlich direkt auf die Beckenstruktur in Verbindung mit dem Jagen, und sei es auch nur insofern, als die Struktur des weiblichen Beckens die Frau an der für die Jagd nützlichen und vielleicht wesentlichen Form der Fortbewegung hindert. Erinnert man sich daran, daß heutige Buschmänner-Jäger, wenn sie ein Tier anpirschen, oft mehr als zwanzig Meilen pro Tag zurücklegen, wird die Nützlichkeit spezialisierter Bewegungsanpassungen sehr deutlich.

15 A. Kortlandt und M. Kooij: »Protohominid Behaviour in Primates«, *Symposia of the Zoological Society of London*, Nr. 10, 1963. Der Wurfstil von Schimpansen und Gorillas ähnelt ganz offensichtlich dem menschlicher Frauen; der Wurfstil menschlicher Männer ist einzigartig unter den Primaten.

16 J. S. Weiner, persönliche Mitteilung.

17 Margaret Mead: *Continuities in Cultural Evolution*, Yale University Press 1964, S. 98.

18 Maccoby (Hrsg.): *Readings in Social Psychology*, op. cit., S. 323–326.

19 Ein Vorgang, auf den M. R. A. Chance hingewiesen hat in »Social Behaviour and Primate Evolution«, in Ashley Montague (Hrsg.): *Culture and the Evolution of Man*, Oxford University Press 1962, S. 85.

20 Siehe Niko Tinbergen: »On Aims and Methods of Ethology«, in op. cit., S. 417–423.

21 M. R. A. Chance: »Social Behaviour and Primate Evolution«, in op. cit.

22 Robin Fox: »In the Beginning: Aspects of Hominid Behavioural Evolution« (Malinowski Memorial Lecture, 1967, gehalten in der London School of Economics and Political Science), *Man*, 2, 3 (September 1967). Eine Übersicht jüngeren Datums über dieses Material findet sich bei Robin Fox: »Incest, Inhibition and Hominid Evolution« (anläßlich des Wenner-Gren-Symposiums, Burg Wartenstein, August 1968 vorgelegt).

23 Mit den Worten von Chance: »... das Ergebnis des Dominanzwettkampfes könnte ein mächtiger Einfluß gewesen sein, der zur Vergrößerung der Hirnrinde und verwandter Teile des Amygdalums führte ... Je stärker dieses Konkurrenzverhalten ist, um so mehr steht es mit einem Selektionsvorteil in Wechselbeziehung, was eine sehr schnelle Selektionsrate derjenigen Charakteristika bedeutet, die zur Dominanz führen, von denen das wichtigste die Fähigkeit ist, Motiväußerungen in einem hohen Stand sozialer Erregung zu kontrollieren. Diese letztere, von einem vergrößerten Amygdalum abhängige Fähigkeit wäre auch ein prädisponierender Mechanismus für die Entwicklung von ›Zahmheit‹, d. h. der Basis, auf der kooperatives soziales Leben in Jagdgemeinschaften entstehen kann« – M. R. A. Chance: »The Nature and Special Features of the Instinctive Social Bonds of Primates«, in S. L. Washburn (Hrsg.): *The Social Life of Early Man*, op. cit., S. 29–32.

24 Robin Fox: »In the Beginning: Aspects of Hominid Evolution«, in op. cit.

25 Campbell, op. cit., S. 319. Siehe auch A. Kortlandt: »Comment on the Essential Morphological Basis for Human Culture«, *Current Anthropology*, 6 (1965), S. 320–325. Kortlandt meint, auch Hunde könnten Schuldgefühle haben.

26 Lewis R. Binford und Sally R. Binford: »A Preliminary Analysis of Functional Variability in the Mousterian of Levallois Facies«, *American Anthropologist*, 68, 2 (April 1966). Seitenangaben beziehen sich auf diese Veröffentlichung.

27 J. Desmond Clark: »Acheulian Occupation Sites in the Middle East and Africa: A Study in Cultural Variability«, *American Anthropologist*, 68, 2, Teil 2 (April 1966).

28 Eearl W. Count: »Comment on Steps toward a Unified Anthropology«, *Current Anthropology*, 8, 1–2 (Februar–April 1967), S. 80.

29 Als Beitrag zur Diskussion über das Verhältnis zwischen Gehirn und Verhalten siehe Benjamin B. Rubenstein: »The Mind-Body-Problem«, in Norman S. Greenfield und William C. Lewis (Hrsg.): *Biology and Psychoanalysis*, University of Wisconsin Press 1967, S. 35–56. Zum Beispiel: »Sowohl klinische als auch experimentelle neurologische Befunde aus mehreren Jahren zeigen sehr stark, daß jedes phänomenale Ereignis mit einem neurophysiologischen Ereignis in Wechselwirkung steht« (S. 37).

30 Robin Fox: »The Evolution of Human Sexual Behaviour«, *New York Times Magazine* (24. März 1968).

31 Ich erfuhr darüber von Dr. Gordon Orians. Zum Vergleich eine interessante und aufrichtige Diskussion über die Schwierigkeiten von Müttern, die außer ihren Kindern noch andere Interessen haben, von Iris Andreski: »The Baby as Dictator«, *New Society* (15. Dezember 1966). Der Konflikt zwischen den nicht-mütterlichen Aufgaben, denen Mütter nachgehen möchten, und ihrer Verantwortung für die fast andauernden Anforderungen an

Aufmerksamkeit ihren kleinen Kindern gegenüber wird beschrieben und kurz diskutiert.

32 Earl W. Count: »Comment on Steps toward a Unified Anthropology«, in op. cit.

33 Siehe oben, S. 12–14.

34 Seymour Levine: »Sex Differences in the Brain«, *Scientific American*, 214, 4 (April 1966).

35 M. R. A. Chance: »Attention Structure as the Basis of Primate Rank Orders«, *Man*, 2, 4 (November 1967).

4. Kapitel

1 Adolf Portmann: *Animals As Social Beings*, Hutchinson, London 1961, (*Das Tier als soziales Wesen*, Rhein-Verlag, Zürich 1962, S. 94).

2 Desmond Morris danke ich für eine Diskussion dieses Punktes, und sei es auch nur, weil ich dadurch einen besseren Sinn für das fehlende Wissen bezüglich dieser allgemeinen Frage erlangte: Warum schließen Tiere sich zusammen? Eine jüngere Untersuchung, die sich mit dem Prozeß der sozialen Ansammlung befaßt, stammt von Stanley Schacter: *The Psychology of Affiliation: Experimental Studies of Sources of Gregariousness*, Tavistock Publications, London 1961.

3 Robert F. Murphy: Bericht über Denise Paulme (Hrsg.): *Femme d'Afrique Noire*, in: *American Anthropologist*, 64, 5 (Oktober 1962), S. 1077.

4 Dies gleicht der von Simmel gemachten Unterscheidung zwischen den »Inhalten« und »Formen« des sozialen Lebens. Simmel befaßte sich nicht ausdrücklich mit der Natur von »Trieben, Interesse, Zweck, Neigung, psychischem Zustand oder Bewegung«, jedoch scheint er einen »Instinktfaktor« zuzugestehen, der der Entwicklung von sozialen Modellen zugrunde liegt. Diese können sich dann verselbständigen, Ziele an sich werden, d. h. nicht mehr länger direkt auf »die Materialien, die wir dem Leben entreißen möchten«, bezogen sein. Die Annahme ist folgende: Obgleich eine »Verselbständigung von Inhalten« stattfinden kann, geschieht dies doch innerhalb von Grenzen, die von einer prädisponierenden Notwendigkeit gesetzt werden, bestimmte Strukturen mit bestimmten Merkmalen des »Biogramms« zu verbinden. Simmels Arbeit bleibt eine brillante Leistung, was Analyse und Durchführung betrifft. Seine Untersuchung der Wechselbeziehungen, besonders in kleinen Gruppen, stellt eine Vorwegnahme der ethologischen Methode dar, und seine Erkenntnisse und Analysen sind mindestens ebenso »modern« und leidenschaftslos. Unglückseligerweise scheint seine Arbeit den Theoretikern der Ethologie unbekannt zu sein oder als irrelevant zu erscheinen. Seine Diskussion des »Schmuckes« (S. 338–344 ff.) ist eine klassische Ausarbeitung des Begriffes »Auslöser« und der interaktionellen Natur der existentiellen Stellung eines Individuums. Der Aufsatz steht in enger Verwandtschaft zu den weniger reichhaltigen und erfolgreichen Bemühungen der Ethologen, die Natur individuellen Lebens und sozialer Wechselwirkung darzustellen. Vielleicht weil sie genügend Beweismaterial für die Gefahren des Anthropomorphismus gehabt haben, neigen die Ethologen zur Überkom-

pensation und verlieren so die evidente Quelle möglichen Verstehens anderer Arten, nämlich eine vervollkommnete Bewußtheit ihrer eigenen Art. Es gibt keine bessere und kunstvollere Verteidigung (und zwar durch Qualität, nicht Dialektik) des Werts formaler Soziologie für das Verständnis sozialen Verhaltens als Simmels Schriften. Siehe Kurt H. Wolff (Übers. und Hrsg.): *The Sociology of Georg Simmel*, Collier-Macmillan, London 1964 (Free Press Paperback Edition).

5 Margaret Mead und Frances B. Kaplan (Hrsg.): *American Women: The Report of the President's Commission on the Status of Women*, Charles Scribner's Sons, New York 1965, S. 49–53.

6 Robert N. Pehrson: *The Social Organization of Marri Baluch* (zusammengestellt und mit Anmerkungen versehen von Frederick Barth), Wenner-Gren Foundation, New York: Viking Fund Publications in Anthropology, Band 43, 1966, S. 49–70.

7 Siehe Cohen: *The Transition from Childhood to Independence*, op. cit. »Biologie wird immer durch Kultur geformt, und immer wurden der Kultur unter anderem durch die Humanbiologie Grenzen gesetzt« (S. 17).

8 Siehe ibid., S. 207, als Anmerkung über die schwierige Verwendbarkeit von Daten des Human Relations Area File in einigen vergleichbaren Situationen.

9 I. Schapera: »Introduction«: *Government and Politics in Tribal Societies*, Watts, London 1965.

10 Robert Lowie: *Primitive Society*, Routledge, London 1949, S. 380–381.

11 S. L. Washburn: *The Origin of Man*, op. cit., S. 90.

12 Robert Ardrey: *The Territorial Imperative: A Personal Inquiry into the Animal Origins of Property and Nations*, Atheneum, New York 1966.

13 E. T. Hall: *The Hidden Dimension*, Doubleday, New York 1966.

14 C. R. Carpenter: »Territoriality: A Review of Concepts and Problems«, in A. Roe und G. G. Simpson (Hrsg.): *Behaviour and Evolution*, Yale University Press 1958.

15 John B. Calhoun: »A Behavioural Sink«, in Eugene L. Bliss (Hrsg.): *Roots of Behaviour*, Harper, New York 1962, Kap. 22.

16 V. C. Wynne-Edwards: *Animal Dispersion in Relation to Social Behaviour*, Hafner, New York 1962.

17 Siehe zum Beispiel Robin Best: »Against High Density«, *New Society* (24. November 1966), S. 217; Lionel Tiger: »Diplomats, Monkeys, and the New Biology«, *International Journal* (Winter 1967); David Stea: »Territoriality, The Interior Aspect: Space, Territory and Human Movements«, *Landscape*, 15, I (Herbst 1965); Alvin L. Schorr: *Slums and Social Insecurity*, U. S. Government Printing Office, Washington, D. C., Nelson, London 1965.

18 Robert Ardrey, op, cit., S. 191.

19 Maurice Duverger: *The Political Role of Women*, UNESCO, Paris 1955, S. 10.

20 Ibid., S. 122.

21 Ibid., S. 123.

22 Nona B. Brown: »Inquiry into the Feminine Mind«, *New York Times Magazine* (12. April 1964).

23 Kathy Hassard: »Spirit of Feminism Political Lack Today«: *Vancouver*

Sun (2. Oktober 1963). Selbst unter der relativ modernen Regierung von Pierre Elliot Trudeau sind von 264 Parlamentsmitgliedern nur zwei Frauen.

24 Thelma Hunt: »Australian Women«, *The Australian Quarterly*, 35, I (März 1963), S. 80.

25 Duverger, op, cit., S. 124.

26 Ibid., S. 126.

27 Ibid., S. 145.

28 Ibid., S. 146.

29 Ibid., S. 147.

30 Eine interessante Darstellung der allgemeinen Einstellung der Kommunistischen Partei Frankreichs zur Stellung und den Rechten der Frau gibt Roger Garaudy (Vorwort): *Femmes du XXe Siècle: Semaine de la Pensée Marxiste*, Presses Universitaires de France 1965. Gegenwärtige Daten über den weiblichen Anteil an Ämtern in Frankreich finden sich auf S. 71. Ein angedeuteter Grund für die mangelnde Teilnahme ist: »... les femmes refusent le role qu'elles pourraient jouer lans la vie politique, parce qu'elles sont psychologiquement mal preparées ...« (S. 74). Detaillierte Angaben über den Status der Frauen in öffentlichen und kommerziellen Organisationen siehe S. 47–61.

31 Duverger, op. cit., S. 139.

32 Im neunzehnten Jahrhundert waren die einzigen Staaten mit Frauenstimmrecht Wyoming, Utah, Colorado und Idaho. Einen ausgezeichneten Bericht über diese frühen und die folgenden Wandlungen in der politischen Aktivität amerikanischer Frauen gibt Alan P. Grimes: *The Puritan Ethic and Woman Suffrage*, Oxford University Press, New York 1967. Siehe auch Andrew Sinclair: *The Emancipation of the American Woman*, Harper and Row, New York 1966.

33 »No to Vote for Women in Zurich«, *Guardian* (21. November 1966).

34 Duverger, op. cit., S. 10.

35 Frank W. Young und Albert A. Bacdayan: »Menstrual Taboos and Social Rigidity«, *Ethnology*, 4, 2 (April 1965).

36 Alvin F. Poussaint: »The Stresses of White Female Workers in the Civil Rights Movement in the South«, *American Journal of Psychiatry*, 123, 4 (Oktober 1966).

37 Duverger, op. cit., S. 150.

38 Goebbels, damals Reichspropagandaminister, zitiert bei Clifford Kirkpatrick: *Nazi Germany: Its Women and Family Life*, Bobbs-Merrill, New York 1938, S. 116.

39 Corinna Adam: »Gretel's Old Look«, *New Statesman* (21. Februar 1964).

40 Duverger, op. cit., S. 107.

41 Mead und Kaplan (Hrsg.), op. cit., S. 72 und 74.

42 Ibid., S. 74.

43 C. Wright Mills: »The Structure of Power in American Society«, *British Journal of Sociology*, 60, 1 (März 1958). Siehe auch Mills: *The Power Elite*, Oxford University Press 1956.

44 John Porter: *The Vertical Mosaic*, University of Toronto Press 1965.

45 Lipset: *Political Man*, op. cit.

46 Lowie, op. cit., S. 180–182.

47 Allen: *Rites de Passage*, op. cit.

48 Ibid.

49 Siehe Denise Paulme (Hrsg.): *Women of Tropical Africa*, University of California Press 1964, S. I.
50 Betty Friedan: *The Feminine Mystique*, W. W. Norton, New York 1963 (*Der Weiblichkeitswahn*, Rowohlt, Reinbek 1966).
51 Kenneth L. Little: »The Role of the Secret Society in Cultural Specialization«, *American Anthropologist*, 51, I (März 1949), S. 204–205.
52 F. W. Butt-Thompson: *West African Secret Societies*, Witherby, London 1929, S. 72.
53 Jean Sharp: »Widows Are Often Successful Running for Political Office«: *Montreal Star* (22. Dezember 1964).
54 William R. S. Russell, persönliche Mitteilung.
55 Vernon Serl, persönliche Mitteilung.
56 A. S. Attekar: *The Position of Women in Hindu Civilization*, Motilal Banarsidas, Benares 1956, S. 22.
57 Eine kurze Diskussion der Ansicht Webers über die biologische Natur des Charismas und seines Verhältnisses zu humanen Dominanzmodellen findet sich bei Tiger und Fox: »Zoological Perspective in Social Science«, in op. cit.
58 Mead und Kaplan (Hrsg.), op. cit., S. 73. »Meistens ist eine juristische Tätigkeit der professionelle Hintergrund der Parlamentarier, doch lediglich 3,5 Prozent der Juristen des Landes sind Frauen.«
59 Mead: *Continuities in Cultural Evolution*, op. cit., S. 30–37.
60 In der kleinen Stadt Tweed/Ontario stand ein weiblicher »Amtmann« an der Spitze eines rein weiblichen Rates – das einzige bekannte Beispiel dieses Phänomens in Nordamerika. Die Verhältnisse schienen einige Jahre vernünftig geordnet zu sein. Bei einem Wahlkampf im Jahre 1967 traten einige Männer für eine strikt »sexuelle« Wahlliste ein, und einer wurde gewählt.
61 George DeVos: »Conflict, Dominance and Exploitation in Human Systems of Social Segregation: Some Theoretical Perspectives from the Study of Personality in Culture«, in Anthony de Reuck und Julie Knight (Hrsg.), op. cit. Zur Diskussion der rassischen Analogie siehe auch die Kapitel I bis III von Andrew Sinclair, op. cit.
62 Man denkt an den amerikanischen Witz: Ein Weißer kommt in den Himmel und verhandelt um ein Zusammentreffen mit Gottvater. Nach verschiedenen Mühen trifft er Gott. Es stellt sich heraus, daß Gott eine Negerin ist und somit zwei unwahrscheinliche Charakteristika für die dominanteste Figur überhaupt in sich vereinigt. Die Analogie kann natürlich nicht zu weit geführt werden; Schwarze haben in rein schwarzen Gemeinwesen gelebt, in denen auch eine expressive Ausbeutung zwischen Klassen oder Kasten vorkam. Frauen können in Gemeinwesen nicht von den Männern getrennt leben, und bis jetzt gibt es keine überzeugenden Fälle von Gemeinwesen, in denen letztlich die Frauen dominieren. Die verwirrende Beständigkeit des Amazonenmythos weist darauf hin, daß symbolische Bedürfnisse und/oder Ängste fortbestehen. Und selbst die armen mythischen Amazonen konnten nicht wirklich Frauen sein – sie mußten erst eine Brust entfernen, um richtig mit dem Bogen schießen zu können.
63 Siehe Christopher Lasch: »The Trouble with Black Power«, 10, 4: *New York Review of Books* (29. Februar 1968).

64 Harold Lasswell: *Psychopathology and Politics*, Viking Press, New York 1960, S. 178.
65 Eisenstadt: From Generation to Generation, op. cit.
66 Magnus Hirschfeld: *The Sexual History of the World War*, Panurge Press, New York 1934, S. 110–117.
67 James Cramer: *The World's Police*, Cassell, London 1964, S. 23.
68 Ibid., S. 220.
69 Ibid., S. 218.
70 Ibid., S. 253.
71 Ibid., S. 273.
72 »Slow March of the Matriarchy«, *Guardian* (Leitartikel) (3. November 1966).
73 George F. Murdock: »Comparative Data on the Division of Labour by Sex«, *Social Forces*, 15, 4 (1937). Vergleiche dazu Gladstones Bemerkung im britischen Unterhaus (3. Mai 1871): »Ich sehe kaum jemals in den Händen einer Frau eine Arbeit, die in den Händen eines Mannes natürlicher wäre, doch ständig sehe ich in den Händen eines Mannes die Arbeit, die in den Händen einer Frau nützlicher und ökonomischer sein könnte.« Davon ausgehend, daß Frauen traditionell für eine Arbeit weniger Geld erhalten als ein ebenso geschickter Mann, wollte Gladstone wahrscheinlich eine Reihe männlicher Aufgaben »feminisieren«.
74 Tiger und Fox: »Zoological Perspective in Social Science«, in op. cit., S. 80.
75 Kummer beschreibt einen Fall, in dem ein ausgewachsenes Weibchen die dominante Rolle in einem Trupp übernahm, der sich nur eines jungen und unerfahrenen Männchens rühmen konnte. Vielleicht wird durch diese Ausnahme die allgemeine Regel bestätigt, daß ein Weibchen nur dann die Rolle der Führerschaft übernehmen kann, wenn ein deutliches Zeichen männlicher Unfähigkeit oder Schwäche vorliegt. Siehe Hans Kummer: »Tripartite Relations in Hamadryas Baboons«, in Altmann, op. cit. Es wäre interessant, die Politik von Sklavengesellschaften unter diesen Gesichtspunkten zu untersuchen.
76 Ein typischer Witz – und Witze verraten oft Spannungspunkte – über die sogenannte weibliche Logik ist jener über die Frau, die ihrem Mann zwei Krawatten kaufte. Er verschwand, um eine anzulegen. Als er zurückkam, klagte sein Weib: »Die andere gefällt dir wohl nicht.«
77 Parsons und Bales: *Family, Socialization, and Interaction Process*, op. cit., S. VII–VIII.
78 Eine vollständige Diskussion des Begriffspaares instrumental und expressiv unter einem weiteren Gesichtspunkt findet sich bei Laurence Kohlberg: »A Cognitive Developmental Analysis of Children's Sex-Role Concepts and Attitudes«, in Maccoby (Hrsg.): *Readings in Social Psychology*, op. cit.
79 Talcott Parsons: »The American Family: Its Relation to Personality and to the Social Structure«, in Parsons und Bales, op. cit., S. 23.
80 Ibid., S. 16.
81 Harry F. Harlow und Margaret K. Harlow: »A Study of Animal Affection«, in C. H. Southwick (Hrsg.): *Primate Social Behaviour*, D. Van Nostrand, Princeton, N. J., 1963.
82 Mead: *Continuities in Cultural Evolution*, op. cit., S. 97.

83 Robert Briffault: »The Origins of Love«, in V. F. Calverton (Hrsg.): *The Making of Man*, Modern Library, New York 1931, S. 504.
84 Margaret Mead: »Cultural Determinants of Sexual Behaviour«, in W. C. Young (Hrsg.): *Sex and Internal Secretions*, Band 2 (3. Auflage), Ballière, Tindall & Cox, London 1961, S. 1461.
85 Junichiro Itani: »Paternal Care in the Wild Japanese Monkey, *Macaca* fuscata«, in C. H. Southwick (Hrsg.), op. cit., S. 94–95.
86 Eearl Latham: »The Group Basis of Politics: Notes for a Theory«, *American Political Science Review*, 46 (Juni 1952).

5. Kapitel

1 George Murdock: »Comparative Data on the Division of Labour by Sex«, in op. cit.
2 Zu den wichtigsten unter ihnen gehören Marion J. Levy jr.: *The Structures of Society*, op. cit., S. 330; George Murdock: *Social Structure*, op. cit., S. 7; Margarete Mead: »Cultural Determinants of Sexual Behaviour«, in op. cit., S. 1451; Oswald Hall: »Gender and the Division of Labour«, in *Implications of Traditional Divisions Between Men's Work and Women's Work in Our Society*, Department of Labour of Canada, Ottawa 1964, S. 18–22; Talcott Parsons, in Parsons und Bales (Hrsg.): *Family, Socialization and Intervention Process*, op. cit., S. 22–25; Lowie: *Primitive Society*, op. cit., S. 72; Roy G. D'Andrade: »Sex Differences and Cultural Institutions«, in Maccoby et. al.: *Readings in Social Psychology*, op. cit.; E. E. Evans-Pritchard: *The Position of Women in Primitive Societies*, Faber & Faber, London 1965; S. 49–55. Evans-Pritchard beschreibt auch das allgemeine Phänomen der männlichen Dominanz, die relative Seltenheit der Matrilinealität und einige der Schwierigkeiten, die sich aus der Emanzipation der englischen Frau ergeben. In einer allgemeinen Darlegung sagt er: »Es fällt mir schwer zu glauben, daß sich die relativen Positionen der Geschlechter in absehbarer Zukunft beachtlich oder dauerhaft ändern werden. Die primitiven und unkultivierten Gesellschaften und die historischen Gesellschaften Europas und Asiens zeigen fast jede denkbare Möglichkeit von Institutionen, aber in allen sind, ungeachtet der sozialen Struktur, immer die Männer im Übergewicht, und dies vielleicht um so deutlicher, je höher die Zivilisation steht ... Die Fakten scheinen ... darauf hinzuweisen, daß starke biologische, psychologische und soziologische Faktoren im Spiel sind und daß die Beziehung zwischen den Geschlechtern durch soziale Veränderungen nur modifiziert, doch nicht radikal geändert werden kann ...« (S. 54–55).
3 Oswald Hall: »Gender and the Division of Labour«, in op. cit., S. 19–20.
4 W. S. Laughlin: »The Importance of Hunting in Human Evolution«. Der Aufsatz wurde anläßlich der »Man the Hunter Conference« an der University of Chicago, April 1966, vorgelegt.
5 Niko Tinbergen: »On Aims and Methods of Ethology«, *Zeitschrift für Tierpsychologie*, 20, 4 (1963), S. 417–423. Siehe auch Tinbergens Aufsatz »The Search for Roots of Human Behaviour« (unveröffentlichtes Manuskript), Oxford 1965.

6 Bruce A. Hertig: »Acclimatization of Women During Work in Hot Environments«, *Federation Proceedings*, 22, 3 (Mai–Juni 1963), S. 810–813.
7 G. A. Harrison, J. S. Weiner, J. M. Tanner und N. A. Barnicot: *Human Biology*, Clarendon Press, Oxford 1964, S. 323–338.
8 John Money: »Psychosexual Differentiation«, in John Money (Hrsg.): *Sex Research: New Developments*, Holt, Rinehart & Winston, New York 1965, S. 15–20; Hamburg und Lunde, op. cit.
9 William H. Masters und Virginia E. Johnson: »The Sexual Response Cycles of the Human Male and Female: Comparative Anatomy and Physiology«, in Frank Beach (Hrsg.): *Sex and Behavior*, John Wiley, New York 1965.
10 Money, op. cit., S. 12–15.
11 Harry F. Harlow und Margaret K. Harlow: »The Effect of Rearing Conditions on Behavior«, in Money (Hrsg.), op. cit.
12 Money, op. cit., S. X.
13 Julian H. Steward: »Hunting as a Factor in the Evolution of Social Structures«; der Aufsatz wurde anläßlich der »Man the Hunter Conference« an der University of Chicago, April 1966, vorgelegt.
14 David R. Pilbeam: »Man's Earliest Ancestors«, in op. cit., S. 52.
15 Siehe den Aufsatz von Richard B. Lee, vorgelegt anläßlich der »Man the Hunter Conference« an der University of Chicago, April 1966: »What Hunters Do For a Living: Or, How to Make Out on Scarce Resources«; der Aufsatz enthält einschlägige Daten über die Zeitpläne und Nahrungsquellen von Sammlern und Jägern. Lee bemerkt, daß noch vorhandene Sammler und Jäger hauptsächlich deshalb bestehen konnten, weil sie in unbequemen und fast siedlungsfeindlichen Umgebungen leben. Ähnlich argumentiert Desmond Morris (persönliche Mitteilung), der darauf hinweist, daß der im evolutionären Sinne moderne urbane Mensch der wirklich natürliche Mensch ist und daß der »primitive« Mensch weit entlegener Orte irgendwie abwegig ist. Das kann nur teilweise überzeugen; es fehlt die Berücksichtigung der relativen Neuheit von urbanen Modellen. Vermutlich weiß man noch nicht, welche genetischen Implikationen im urbanen Leben enthalten sind.
16 Für diese Teilfrage bin ich Prof. J. S. Weiner zu Dank verpflichtet. Die detaillierten Untersuchungen von Prof. Weiner über Temperaturkontrolle und andere physiologische Prozesse führten ihn zu der Ansicht, daß die Männer der Spezies Mensch auf eine hohe Output-Aktivität unter tropischen Bedingungen spezialisiert sind. Siehe auch Hertig und Sargent, op. cit.
17 P. Chombart de Lauwe, Einleitung zu: *Images of Women in Society International Social Science Journal*, 14, I, UNESCO, Paris, S. 17.
18 Evans-Pritchard, op. cit., S. 46–47.
19 Lowie: *Primitive Society*, op. cit., S. 285–292. Eine interessante Erläuterung der episodischen Natur männlicher sexueller Reaktion gibt Money: »Mehr als die Frau fühlt sich der Mann in seinem erotischen Streben ziemlich unterschiedslos von einem Liebesobjekt zum anderen hingezogen, besonders für einige Zeit, außer wenn er sich vielleicht gerade hoffnungslos verliebt hat. Das Weib ist beständiger einem einzigen romantischen Objekt oder Konzept verhaftet – op. cit., S. 17.
20 Lowie, op. cit., S. 291.

21 Ibid., S. 380.
22 Ibid., S. 300.
23 Robert F. Murphy: »Social Structure and Sex Antagonism«, *Southwestern Journal of Anthropology*, 15, I (Frühjahr 1959), S. 89–90.
24 Ibid., S. 96.
25 Eisenstadt: *From Generation to Generation*, op. cit., S. 24.
26 Whiting, Kluckhohn und Anthony: »The Function of Male Initiation Ceremonies at Puberty«, in Maccoby et. al., op. cit.
27 Young: *Initiation Ceremonies*, op. cit.
28 F. W. Young: »The Function of Male Initiation Ceremonies«: *American Journal of Sociology*, 67, 4 (Januar 1962), S. 391.
29 Sehr bestimmt und deutlich wurde das Verhältnis zwischen geschlechtlicher und natürlicher Auslese natürlich erstmals von Charles Darwin in *The Descent of Man and Selection in Relation to Sex* (John Murray, London, 1871 (1. Auflage) und 1894 (2. Auflage) geschildert. Eine weitere Arbeit, deren Bedeutung für das Verständnis der historischen Entwicklung menschlicher Jagdmodelle unverdienterweise ignoriert wurde, ist Carveth Reads *The Origin of Man*, Cambridge University Press 1925. Sie enthält viele Vorschläge und Analysen, die sich in der Zeit zwischen dem Erscheinen des Buches und der Gegenwart hätten fruchtbar überprüfen lassen, wäre die ganze Angelegenheit der Evolution und ihrer Wirkung auf die Gesellschaft nicht zunächst durch Mißtrauen und später durch Indifferenz oder Antipathie verdunkelt worden. Reads vorausschauende Vorwegnahme der ethologischen Theorie, die einen Teil dieser Untersuchung darstellt, ist ganz erstaunlich. Obgleich es wahr ist, daß eine Wissenschaft, die ungern ihre Gründer vergißt, viele Risiken eingeht, stimmt es ebenfalls, daß eine Wissenschaft, die ihre Gründer zu bereitwillig vergißt, die Neuartigkeit ihrer Belange und Ergebnisse im Eifer übermäßiger und abgeleiteter Aktivität überschätzt.
30 Norman Dennis, Fernando Henriques und Clifford Slaughter: *Coal Is Our Life: An Analysis of a Yorkshire Mining Community*, Eyre & Spottiswoode, London 1956. Die Seitenzahlen beziehen sich auf dieses Buch.
31 Diese Darstellung beruht auf einem anspruchsvollen vorläufigen Bericht von James C. Faris: *Cat Harbour: A Newfoundland Fishing Settlement*, Institute of Social and Economic Research, St. John's, Newfoundland, 1966. Der Bericht ist deshalb vorläufig, weil er noch nicht in der letztlich zu veröffentlichenden Form vorliegt; er trägt noch den Charakter der Doktorarbeit (an der Cambridge University), auf der er weitgehend aufbaut – übrigens einen Charakter der Bescheidenheit. Die Angaben beziehen sich auf diesen Band.
32 Faris, op. cit., S. 95–97.
33 David G. Mandelbaum: »The Plains Cree«, *Anthropological Papers*, 37, 2, American Museum of Natural History, New York 1940. Alle Angaben über die Cree beziehen sich auf diese Arbeit.
34 Hier sei an meine Äußerung zu Anfang dieses Kapitels erinnert, daß männliche Bindungen das Rückgrat des Gemeinwesens sind. Besonders deutlich wird das, wenn kollektives Jagen wichtiger als individuelles Jagen ist. Die allgemeine Bedeutung der Kriegergruppen unter den Indianern der Great Plains kommentiert Lowie wie folgt: »Da das Überleben des Volkes von der erfolgreichen Jagd abhängen konnte, erließen die Anführer

des Unternehmens Befehle, denen unbedingt gehorcht werden mußte, bei strenger Strafe durch eine Art Polizei« (S. 14). »Obgleich in einigen militärischen Gesellschaften Frauen als Hilfstruppen dienten, fehlten *natürlich* (kursiv von mir) militärische und polizeiliche Züge bei weiblichen Gesellschaften (S. 104). Siehe Robert Lowie: *Indians of the Plains*, Anthropological Handbook Number One, McGraw-Hill for American Museum of Natural History, New York 1954.

35 Kyril Tidmarsh: »Right to do the Hardest Work«, *The Times* (16. Februar 1967). Eine detaillierte Skizze über die Erfolge und Fehlschläge bei den Bemühungen der sowjetischen Regierung um eine Gleichstellung von männlicher und weiblicher Arbeitskraft gibt Norton T. Dodge: *Women in the Soviet Economy*, John Hopkins Press 1966. Eine Skizze über die Haltung der Regierung vermittelt Vera Bilshai: *The Status of Women in the Soviet Union*, Foreign Languages Publishing House, Moskau 1959.

36 »Equal-wage Bill is Voted in House«, *New York Times* (Western edition) 24. Mai 1963.

37 Elizabeth Faulkner Baker: *Technology and Women's Work*, Columbia University Press 1964, S. 426–427.

38 Edward Gross: »Plus Ca Change ... The Sexual Structure of Occupations Over Time«; der American Sociological Association San Francisco vorgelegte Arbeit (1967).

39 British Information Services: *Notes on Some Prices in Britain*, London 1967, S. 22.

40 Baker, op. cit., S. 429–430.

41 Robert A. LeVine: »Sex Roles and Economic Change in Africa«, *Ethnology*, 5, 2 (April 1966), S. 186–189.

42 Ein neueres Beispiel: »Norwegische Politiker unterstützen zur Zeit aktiv eine Kampagne, aufgrund derer – sollte sie erfolgreich sein – eine ganze Reihe von Männern aus dem politischen Leben gedrängt werden soll, um mehr Frauen auf lokaler und nationaler Ebene in dieses mit einzubeziehen. Im Durchschnitt sind weniger als 10 Prozent der gewählten Abgeordneten Frauen. Im Storting (Parlament) sind von 150 Abgeordneten 14 Frauen. In Gemeinde- und Stadträten sind 900 Frauen und 14 000 Männer als Abgeordnete vertreten« ... »Women Wanted in Norway's Politics«, *The Times* (23. Februar 1967).

43 Maccoby, et. al.: *Readings in Social Psychology*, op. cit., S. 40. Einschlägige Fragen bezüglich dieses und verwandten Materials behandeln Rita James Simon, Shirley Merritt Clark und Kathleen Galway: »The Woman Ph. D.: A Recent Profile«: *Social Problems*, 15, 2 (Herbst 1967).

44 Siehe zum Beispiel Mead und Kaplan (Hrsg.): *American Women*, op. cit.; Women's Bureau, Department of Labour: *Women in the Labour Force in Nine Countries of Europe*, Government of Canada, Ottawa 1962; Viola Klein: *Working Wives*, Institute of Personnel Management, London o. J.; Department of Labour of Canada: *Women at Work in Canada*, Ottawa 1958; *Women and Top Jobs: An Interim Report*, Political and Economic Planning, London 1967.

45 Siehe den wichtigen Kommentar eines Investmentmaklers zur weiblichen Einstellung gegenüber dem Kapitalmanagement; es wird auf eine klare männlich-weibliche Dichotomie hingewiesen: Albert Schwabacher jr.: »The Repository of Wealth«, in S. M. Farber und R. H. L. Wilson (Hrsg.): *The*

Potential of Women, McGraw-Hill, New York 1963, S. 241. Diese Ausführungen geben dem offensichtlichen Widerstand der Effektenbörse gegen die Zulassung weiblicher Mitglieder einige Aussicht auf Erfolg; die Londoner Effektenbörse hat kürzlich dem anhaltenden Druck nachgegeben und sich bereit erklärt, weibliche Mitglieder zuzulassen, doch nur unter der Bedingung, daß diese während der Geschäftszeit keinen Zugang zum Börsensaal erhalten – eine auch an der New Yorker Börse geltende Bedingung – »Effektenbörse läßt Frauen zu«, *The Times* (18. Januar 1967). Eine der formellen Entschuldigungen für diese seltsame Bedingung ist, daß Mitglieder der Effektenbörse während des hektischen Handels fluchen könnten, wessen sie sich in der Gegenwart von Frauen vermutlich enthalten müßten. Solche galanten und ähnliche Gründe mag es durchaus geben, doch ist es wahrscheinlicher, daß der Geschäftssaal einer jeden Effektenbörse in Wahrheit die Arena eines raffinierten räuberischen Verhaltens ist, das auf einem allgemeinen kooperativen Modell beruht, und daß diese Mischung von Räuberei und kooperativer professioneller Gutartigkeit – so fürchten die Männer – durch die Teilnahme von Frauen wesentlich verändert werden könnte. Wenn diese Annahme der Männer stimmt, so wäre zweifellos das letzte Argument der Frauen dieses: Wenn das System und seine Wirkweise vom Ausschluß der Frauen abhängig ist, so ist es angesichts der gegenwärtigen Vorstellung von der Gleichzeit der Geschlechter ein unannehmbares System. Die ganze Angelegenheit spiegelt recht deutlich die zugrunde liegende Dynamik einiger Grundzüge der männlichen Bindung wider, die durch die weibliche Forderung nach Anschluß bedroht wird; vielleicht wird das Ganze dadurch verschlimmert, daß Börsenmakler Personen von einem gewissen Status sind – das Verhältnis zwischen Status und männlicher unisexueller Organisation wurde bereits diskutiert.

46 Siehe A. Kortlandt und M. Kooij: »Protohominid Behaviour in Primates«, *Symposia of the Zoological Society of London*, Nr. 10 (1963), S. 61–68.

47 Vernon Reynolds: »Open Groups in Human Evolution«, in op. cit.

48 In einem Überblick über die diesbezügliche euro-amerikanische Literatur erwähnt Nelson Polsby keine weiblichen Kommunalpolitiker. Siehe N. W. Polsby: *Community Power and Political Theory*, Yale University Press, 1963. Schon vor langer Zeit beklagte Jane Addams, Trägerin des Friedensnobelpreises, daß es den Frauen nicht gelinge, in städtischen Behörden, Landtagen usw. zu Macht zu gelangen, obgleich »eine Stadt in vieler Hinsicht eine große Geschäftsorganisation, in anderer Hinsicht jedoch ein vergrößerter Haushalt« sei; deshalb sollten Frauen zu Rate gezogen werden. Ähnliche Forderungen stellte sie bezüglich der Einwanderer in amerikanischen Städten. In den zivilen Regierungen fand sie Überreste von Militarismus (S. 31) und glaubte, daß in dem Maße, wie die kriegerischen Tugenden verblaßten, »als Ersatz für Kampfesideale jene der Arbeit« treten würden (S. 224) – Jane Addams: *Newer Ideals of Peace*, Macmillan, New York 1907.

49 S. W. Washburn: »Conflict in Primate Society«, in op. cit., S. 11–13.

50 Was für »Seminare« müssen das in den Höhlen der Dordogne und Spaniens gewesen sein, die ihre Diagramme und Bilder auf die Wände malten und sie mit fortschreitendem Unterricht wieder übermalten! Zwei Diskussionen über die Faktoren der Größe und Dynamik im Verhalten

von seminarähnlichen Gruppen finden sich bei Roger Holmes: *The University Seminar and the Primal Horde,* London School of Economics and Political Science (unveröffentlichtes Manuskript), 1966, und T. T. Paterson: »Ritual in Industrial Societies, a Discussion of Ritualizations in Animals and Man«, *Royal Society Philosophical Transactions,* Reihe B, Biological Sciences Nr. 772, Band 25, S. 247–526 (Dezember 1966).

51 Parsons und Bales (Hrsg.) op. cit. – Frank Young sagt in *Initiation Ceremonies:* »Männliche Solidarität wird als körperschaftliche Solidarität neu definiert, so wie ... weibliche Solidarität ... als familiäre Solidarität neu definiert wird« (S. 141); Youngs generelle Feststellung ist, daß Frauen meist keine Verbindungen von gemeinschaftsorientierter Art bilden, daß Initiationszeremonien bei Frauen viel seltener als bei Männern stattfinden und daß im Falle weiblicher Initiationen diese weit mehr individuell und familienorientiert sind. Young erklärt seine Entdeckung im Rahmen soziologischer, dramaturgischer Begriffe von sozialer Ordnung und lehnt eine psychogene Erklärung ab (hauptsächlich die von Whiting), die viel gemäßigter als die hier von mir vorgeschlagene ist. Immerhin gibt es bezüglich der Einschätzung von Daten wichtige Konvergenzen, trotz der Divergenzen in der Erklärung ihrer Kausalität.

52 S. L. Washburn: »Conflict in Primate Society«, in op. cit., S. 11.

53 N. G. Blurton-Jones: »Some Aspects of the Social Behaviour of Children in Nursery School«, in Desmond Morris (Hrsg.): *Primate Ethology,* op. cit., S. 363.

54 Robert R. Sears, et. al.: *Patterns of Child Rearing,* Row, Peterson, Evanston, Ill., 1957, S. 402–405.

55 Ironischerweise ist der einzige Sport, in dem Frauen den Männern überlegen sind, das Langstreckenschwimmen – eine für ein terrestrisches Säugetier genau unangemessene Fähigkeit. Andere Sportarten, bei denen das Laufen, Werfen, Springen, Schlagen usw. eine Rolle spielen, bringen einige entwickelte menschliche Fähigkeiten und unser ständiges Interesse an ihnen wohl direkter zum Ausdruck.

56 Wegen des Erfolges geschlechtsumwandelnder Operationen gab es eine Reihe von Fällen, in denen einst-männliche, fast-männliche oder einfach betrügende Teilnehmer in weibliche Sportwettbewerbe eindrangen. Dies führte zu der Forderung, bei wichtigen Wettkämpfen alle Frauen physisch zu untersuchen. Sich einer solchen Untersuchung zu unterziehen, hatten sich einige Frauen mit der Begründung geweigert, daß dadurch auf unwürdige Weise die Privatsphäre verletzt und gegen den Geist des sportlichen Wettkampfs verstoßen würde. Eine weitere Version des allgemeinen Interesses an der Beziehung zwischen der biologischen und der verhaltensmäßigen Definition des Geschlechtes war die Folge. Eine gute Diskussion bieten John L. Hampson und Joan G. Hampson: »The Ontogenesis of Sexual Behaviour in Man«, in W. C. Young (Hrsg.), op. cit., S. 1404–1418. Aufgrund ihrer Studie über die menschliche Zwitterbildung schlagen sie vor: »Anstelle der von Freud vorgeschlagenen Theorie einer angeborenen konstitutionellen psychischen Bisexualität ... müssen wir das Konzept einer psychischen Geschlechtsneutralität beim Menschen zum Zeitpunkt der Geburt vertreten« (S. 1406). Es ist nicht klar, ob man über das Verhalten normal geschlechtlicher Personen durch das Studium des Hermaphroditismus mehr erfährt, als wenn man die Ontogenese norma-

len Verhaltens untersucht. Von einer winzigen Gruppe von Andersartigen Schlüsse auf eine sehr große Gruppe ziehen zu wollen, ist eine gewagte Sache, obgleich es ein Verfahren sein mag, das unersetzliche Einsichten und Perspektiven eröffnet.

57 J. C. Trotter: *Boxing*, Routledge, London 1901, S. 97.

58 Siehe Norbert Elias und Eric Dunning: »Dynamics of Group Sports with Special Reference to Football«, *British Journal of Sociology*, 16, 4, (Dezember 1966).

59 Siehe zum Beispiel W. J. Sollas: *Ancient Hunters and Their Modern Representatives*, Macmillan, London 1924, S. 399–427; Bridget Allchin: *The Stone-Tipped Arrow*, Phoenix House, London 1966, S. 83; A. und G. Sieveking: *The Caves of France and Northern Spain*, Studio Vista, London 1962, S. 22–33.

60 Der frühe Soziologe W. I. Thomas war der Auffassung, daß die Suche nach der Gefahr »instinktiv« sei: »Es konnte einfach kein Organismus entwickelt werden, der von offensivem und defensivem Streben nach Nahrung und Leben abhängig ist und zugleich ohne Interesse für das sein soll, was wir eine gefährliche oder prekäre Situation nennen. Ein Typus ohne dieses Interesse wäre unvollständig gewesen und im Laufe der Entwicklung verschwunden« – W. I. Thomas: »The Gaming Interest«, *American Journal of Sociology* (1906), S. 750–756.

61 Eine kanadische Journalistin hat die Summe der Hauptsendezeiten berechnet, die im kanadischen Fernsehen dem Sport eingeräumt werden (einschließlich der 10 Minuten Sportnachrichten im Anschluß an die siebenminütigen allgemeinen Nachrichten). Sie versichert: »Als Angehörige des Geschlechts, das angeblich zu fünfzig Prozent in diesem Medium vertreten ist, meine ich, die TV-Programmgestalter sollten wissen, daß die von ihnen zusammengestellten Sendungen männliches Schmierentheater sind« – Barbara Moon: »For the Sake of Argument«, *Maclean's Magazine* (5. Oktober 1963).

62 Zitiert ebenda.

63 In *The Uses of Literacy*, Penguin Books, Harmondsworth 1957, beschreibt Hoggart den Football-Tagesausflug in Omnibussen als ein Charakteristikum des Lebens der Arbeiterklasse (S. 146–148). Siehe auch seine Beschreibung der Einstellung der Männer aus der Arbeiterklasse zum Sport und ihres diesbezüglichen Verhaltens (S. 108–110).

64 Werner Cohn: »Social Stratification and the Charismatic«, *The Midwest Sociologist*, 21, 1 (Dezember 1958).

65 Ich bin Robin Fox dankbar dafür, daß er mich auf die Bedeutung des Spielens um Geld in vielen Kulturen aufmerksam gemacht hat. Wir hoffen, die Daten über dieses Phänomen sammeln und in einer späteren Publikation vorlegen zu können. Nach einer amerikanischen Untersuchung sind die beiden favorisierten Tätigkeiten von Bruderschaftsorganisationen: erstens: Empfänge für neue oder in Pension gehende Offiziere und zweitens: Spielgesellschaften; damit mögen die Hauptinteressen der Mitglieder angedeutet sein. Siehe den Bericht des Committee on Lodge Activities, National Fraternal Congress, zitiert in Gist, op. cit., S. 168–169.

66 Pat Nash: *Homeless Men at Home* (unveröffentlichtes Manuskript), 1965, S. 53.

6. Kapitel

1 Siehe Noel P. Gist: »Secret Societies: A Cultural Study of Fraternalism in the United States«, *The University of Missouri Studies*, 15, 4 (1. Oktober 1940), S. 133; K. L. Little: *The Mende of Sierra Leone*, Routledge & Kegan Paul, London 1951, S. 254; Camilla H. Wedgewood: »The Nature and Functions of Secret Societies«, *Oceania* (Juli 1930), S. 135; Murphy: »Social Structure and Sex Antagonism«, in op. cit., S. 90; Hutton Webster: *Primitive Secret Societies*, Macmillan, New York 1932, S. 1–21.

2 Wolff (Übers. und Hrsg.): *The Sociology of Georg Simmel*, op. cit., S. 330 bis 376. Siehe auch Nicholas J. Spykman: *The Social Theory of Georg Simmel*, Atherton Press, New York 1966 (Neuauflage der Publikation von 1925), als gute Zusammenfassung und Diskussion von Simmels Werk.

3 Arkon Daraul: *Secret Societies Yesterday and Today*, Muller, London 1961, S. 9–11.

4 Siehe zum Beispiel Webster, op. cit.; F. W. Butt-Thompson: *West African Secret Societies*, Witherby, London 1929; Charles W. Heckethorn: *The Secret Societies of All Ages and Countries*, George Redway, London 1897; Mervyn L. Wynne: *Triad and Tabut: A Survey of the Origin and Diffusion of Chinese and Mohammedan Secret Societies in the Malay Peninsula, A. D. 1800–1935*, Government Printing Office, Singapur 1941; W. P. Morgan: *Triad Societies in Hong Kong*, Government Press, Hongkong 1960; E. J. Hobsbawn: *Primitive Rebels: Studies in Archaic Forms of Social Movement in the 19th und 20th Centuries*, Manchester University Press 1959; Harry B. Hawthorn: »A Test of Simmel on the Secret Society: The Doukhobors of British Columbia«, *American Journal of Sociology*, 62, I (Juli 1956); R. F. Fortune: *Omaha Secret Societies*, Columbia University Contributions to Anthropology, 14, Columbia University Press 1932; N. P. Gist: »Secret Societies; a Cultural Study of Fraternalism in the United States«, in op. cit.; Kenneth Little: »The Role of Voluntary Associations in West African Urbanization«, *American Anthropologist*, 59, 4 (August 1957); Wedgewood: »The Nature and Function of Secret Societies«, in op. cit.; Walter Z. Laquer: *Young Germany: A History of the German Youth Movement*, Routledge & Kegan Paul, London 1962; Peter Kropotkin: *Mutual Aid: A Factor of Evolution*, Heinemann, London 1902; Stanford Lyman: »Chinese Secret Societies in the Occident: Notes and Suggestions for Research in the Sociology of Secrecy«, *Canadian Review of Sociology and Anthropology*, I, 2 (1965).

5 Herman Schmalenbach: »The Sociological Category of Communion«, in Parsons, Shils, Naegele und Pitt (Hrsg.): *Theories of Society*, Band I, The Free Press of Glencoe, Glencoe, Ill., 1962.

6 Kropotkin, op. cit.

7 Carveth Read, op. cit.

8 Siehe zum Beispiel Mirra Kamorovsky: »The Voluntary Associations of Urban Dwellers«, *American Sociological Review*, 11, 6 (Dezember 1964); John C. Scott jr.: »Membership and Participation in Voluntary Associations«, *American Sociological Review*, 22, 3 (Juni 1957); Kenneth Little: »The Role of Voluntary Organizations in West African Urbanization«, in op. cit.; Basil G. Zimmer und Amos H. Hawley, »The Significance of

Membership in Associations«, *American Journal of Sociology*, 65, 2 (September 1959).
9 E. G. Murray Hausnecht: *The Joiners: A Sociological Description of Voluntary Association Membership in the United States*, Bedminster Press, New York 1962; Howard E. Freeman, Edwin Novak und Leo G. Reeder: »Correlates of Membership in Voluntary Associations«, *American Sociological Review*, 22, 5 (Oktober 1957); Anthony M. Orum: »A Reappraisal of the Social and Political Participation of Negroes«, *American Journal of Sociology*, 72, 1 (Juli 1966); William M. Evan: »Dimensions of Participation in Voluntary Associations«, *Social Forces*, 36, 2 (Dezember 1957).
10 David Horton Smith : »A Psychological Model of Individual Participation in Formal Voluntary Associations«, *American Journal of Sociology*, 72, 3 (November 1966).
11 Francis L. K. Hsu: *Clan, Caste and Club*, D. Van Nostrand, Princeton, N. J., 1963; siehe 7. Kapitel.
12 Hawthorn: »A Test of Simmel on the Secret Society«, in op. cit.
13 Simmel, op. cit., S. 357.
14 Heckethorn, op. cit., S. 4–5.
15 Kenneth L. Little: »The Role of the Secret Society in Cultural Specialization«, *American Anthropologist*, 51, I (Januar–März 1949). »Im politischen Bereich üben die Poro einen überragenden Einfluß aus, sowohl direkt als auch indirekt« (S. 204).
16 Simmel, op. cit., S. 347.
17 Hawthorn: »A Test of Simmel on the Secret Society«, op. cit.
18 Simmel, op. cit., S. 330–344.
19 Robert Murphy: »Social Structure and Sex Antagonism«, in op. cit., S. 89.
20 Lorenz: *Das sogenannte Böse*, op. cit., S. 239–308, besonders S. 290.
21 David E. Davis: »An Inquiry into the Phylogeny of Gangs«, in Eugene L. Bliss (Hrsg.): Roots of Behavior, Harper, New York 1962, S. 316–320.
22 Washburn: »Conflict in Primate Society«, in op. cit., S. 12.
23 M. R. A. Chance: »Conflict in Animals and Man«, in op. cit., S. 32–33.
24 M. R. A. Chance: »Attention Structure as the Basis of Primate Rank Orders«, in op. cit., 1967.
25 Siehe Graham Wallas: *Human Nature in Politics*, Constable, London 1908.
26 Cohn, op. cit.
27 Ibid.
28 Siehe John Finlay Scott: »The Role of the College Sorority in Endogamy«, *American Sociological Review*, 30, 4 (August 1965). Eine kurze allgemeine Diskussion dieser Frage vom Gesichtspunkt eines Genetikers aus findet sich bei Theodosius Dobzhansky: *Mankind Evolving: The Evolution of the Human Species*, Yale University Press (Paperback-Ausgabe), 1962, S. 231–252.
29 Tiger und Fox: »The Zoological Perspective in Social Science«, in op. cit., S. 77–78.
30 Max Weber: *Wirtschaft und Gesellschaft*, 4. Aufl., 1956, S. 8.
31 Tiger und Fox: »The Zoological Perspective in Social Science«, in op. cit., S. 78.
32 Cohen: *The Transition from Childhood to Adolescence*, op. cit., S. 110 bis 113.
33 Zitat aus Heckethorn, op. cit., S. 132.

34 Johannes Falkenburg: *Kin and Totem: Group Relations of Australian Aborigines in the Port Keats District,* Oslo University Press 1962, S. 165 bis 168.
35 Norman Cohn: *Warrant for Genocide,* Eyre und Spottiswoode, London 1967.
36 Über die Reaktion auf Geheimbünde gibt es eine umfangreiche Literatur. Zum Beispiel Una Birch: *Secret Societies and the French Revolution,* Bodley Head, London 1911; William F. Brainerd: *Masonic Lecture,* John Marsh, New London 1825; *Encyclopaedia Britannica,* 11. Auflage, Band 23, Cambridge 1911, S. 886; Gershon Legman, H. C. Leam, T. Wright, G. Witt, Sir A. Tennant und Sir W. Dugdale: *The Guilt of the Templars,* Basic Books, New York 1966; Emerson H. Loucke: *The Ku Klux Klan in Pennsylvania,* Telegraph Press, New York 1935; William Edward Smith: *Christianity and Secret Societies,* Meador Publishing Company, Boston, Mass., 1936; Charles E. Woodhouse und J. J. Tobias: »Primordial Ties and Political Process in Pre-Revolutionary Russia: The Case of the Jewish Bund«, *Comparative Studies in Society and History,* 8, 3 (April 1966); Norman Lewis: »The Honored Society«, *New Yorker* (8. Februar 1964); Hereward Senior: *Orangeism in Ireland and Britain, 1795–1836,* Routledge & Kegan Paul, London 1966; Henri Le Caron: *Twenty-five Years in the Secret Service,* Heinemann, London 1892.
37 W. L. Blythe: Vorwort zu Wynne, op. cit., S. XIX–XXI.
38 Carl Glick und Hong Shenk Hwa: *Swords of Silence: Chinese Secret Societies – Past and Present,* MacGraw-Hill, New York 1947, S. 9.
39 Von Stanford Lyman, op. cit., stammt ein gründlicher Überblick über die Aktivität politischer Geheimbünde in Asien.
40 Hobsbawn, op. cit.
41 Henri Pirenne: *Early Democracies in the Low Countries,* Harper Torchbooks, New York 1963, S. 20–26.
42 Siehe Webster, op. cit., S. 74–80.
43 Ibid., S. 106.
44 Ibid., S. 104.
45 Siehe Lewis, op. cit.
46 Webster, op. cit., S. 121.
47 »Der Geheimbund ... kann seinen Mitgliedern nicht erlauben, das distinguierte und emphatische Bewußtsein zu verlieren, daß sie einem *Bund* angehören. Im Vergleich mit anderen Assoziationen ist es hier die Leidenschaft für Geheimhaltung – immer gefühlt und immer bewahrt –, die die Gruppe formt, von der sie abhängig ist, und die eine Bedeutung hat, die selbst den Inhalten überlegen ist. Dem Geheimbund ermangelt es völlig an einem organischen Wachstum, instinktiver Expansion ... und jedem naiven tatsächlichen Gefühl der Zusammengehörigkeit und dem Gefühl, eine Einheit zu bilden« – Simmel, op. cit., S. 363.
48 Einen guten und prägnanten Überblick über politische und ökonomische Modelle von einigen jagenden Völkern gibt der Anhang zu Elman R. Service: *The Hunters,* Prentrice-Hall, Englewood Cliffs, N. J., 1966.
49 Zur Diskussion dieser Ideen vom Gesichtspunkt eines Biologen aus, siehe J. Merritt Emlen: »Natural Selection and Human Behavior«, *Journal of Theoretical Biology,* 12 (1966), S. 410–418. Emlen argumentiert, daß es für die Behauptung, Initiationsverhalten sei biologisch im Modell ange-

legt, eine starke genetische Grundlage gebe, und daß die große Neuheit nicht-jagender menschlicher Organisationen die Erforscher der Humanevolution zwinge, mögliche adaptive Züge von Jagdorganisationen, z. B. Auswahlprozesse ähnlich wie bei Initiationen, im gegenwärtigen Verhalten als noch immer wirksam anzusehen.

50 Robin Fox und ich werden uns in einer späteren Publikation mit der Verteidigung und den Implikationen dieser Behauptung beschäftigen. Es kann auch einen entgegengesetzten Prozeß des Suchens nach Gleichheit geben, der zwar dem Cohnschen Begriff des »Charismas« ähnlich, aber nicht mit ihm identisch ist. Es scheint viel mehr Beweismaterial für hierarchisches als für nicht- oder antihierarchisches Verhalten zu geben, doch diese interessante Frage muß noch wesentlich genauer untersucht werden, als ich es hier tun möchte. Ob die Neigung zur Bildung von Hierarchien artspezifisch ist oder nicht – und so kühn ist die Forderung nicht, etwas als gegeben anzunehmen, was über Genetik und selektiven Vorteil bekannt ist –, es scheint vernünftig anzunehmen, daß die Menschen geneigt sind, sich voneinander zu unterscheiden, und das heißt nicht mehr, als daß sie bezüglich sozialer Beziehungen so fühlen und symbolisieren, wie sie es hinsichtlich manch anderer Aspekte ihrer Umwelt tun. In diesem Zusammenhang mag meine Diskussion der Initiation als einer quasi-biologischen Verhaltensweise jenen gegenüber durchaus begründet erscheinen, die auf symbolische Kenntnisse Wert legen, um menschliches Verhalten verstehen zu können.

51 Cohen, op. cit., S. 12.

52 Materialien über Pubertät finden sich bei Harrison Weiner, Tanner und Barnicott, op. cit., S. 321–366.

53 Es wird einige geben, die aus verschiedenen Gründen kulturell benachteiligte Personen vorziehen. Das reiche weiße Mädchen und ihr armer Negerchauffeur aus Richard Wrights *Native Son* sind ein Beispiel dafür; viele der Geschichten von William Faulkner kreisen um eine ähnliche absichtliche Verletzung sozio-sexueller Normen. Dieses Phänomen scheint in enger Beziehung zu Cohns »charismatischem« Prozeß zu stehen und kann als ein stillschweigender Kommentar zu der zwingenden Strenge des Schichtungssystems zu jeder Zeit und in jedem Gemeinwesen gesehen werden. Ein wichtiger Zug christlicher Ethik ist der Glaube, daß es die Schwachen, Armen, Kranken und Ausgestoßenen sind, denen die Christen zuerst Loyalität schulden. Und dies ist wiederum ein charismatischer Prozeß. Wenn sich die Kirchen – wie so oft – den Reichen und Mächtigen anschließen statt den Armen und Schwachen, so klagen die theologischen Puristen oder Idealisten enttäuscht über die Partizipation der Kirchen am säkularen Prozeß sozialer Schichtung.

54 Robert Ardrey: *African Genesis: A Personal Investigation into the Animal Origins and Nature of Man*, Collins, London 1961, S. 330–331.

55 Corinna Adam: »Duels and Jobs for the Boys«, *New Statesman* (18. Juni 1965), S. 952. Noch immer muß man im Duell eine Schramme hinnehmen, um die Mitgliedschaft gültig zu machen, obgleich es jetzt nur eine winzige Schramme zu sein braucht, die nichtsdestoweniger ihren symbolischen Wert behält.

56 Dies stützt sich auf eine Untersuchung von Studentenverbindungen bzw. Bruderschaften an der University of British Columbia, die nach anderer

Information nicht untypisch für die nordamerikanischen Institutionen zu sein scheint, mit der Ausnahme, daß das Bruderschaftssystem bei den Studenten weniger streng und etwas unbedeutender ist, als in den meisten anderen ähnlichen Institutionen, wo Bruderschaften erlaubt sind. Ein neuer Präsident der Universität wollte die Bruderschaften aus ihren nahe dem Campus gelegenen Gebäuden entfernen, weil der Grund anderweitig benötigt wurde, doch einflußreiche Männer der Stadt Vancouver verhinderten diesen Umzug mit Hilfe des University Board of Governors, das hauptsächlich aus Geschäftsleuten zusammengesetzt ist. Nebenbei gesagt, wird das Wort »*ding*« auch als Synonym für Penis verwendet.

57 Stanford Lyman danke ich für Information und Diskussion in »Sachen Bruderschaft«.

58 Webster, op. cit., S. 35–36.

59 Rupert Wilkinson: *The Prefects: British Leadership and the Public School Tradition*, Oxford University Press 1964, S. 32–38. Wilkinson macht die interessante Feststellung, daß es in der Labour-Party mehr internen Streit gibt als bei den Konservativen, weil weniger Mitglieder der Labour-Party der unerbittlichen Notwendigkeit ausgeliefert waren, Autorität akzeptieren zu müssen, wie sie Schüler an den exklusiven Internatsschulen sehr schnell kennenlernen. In der Internatsschule »konnte man die Liebe zum Gemeinwesen mit der Unterwerfung unter das Seniorenamt identifizieren«. Vermutlich ist dies eine allgemeine oder angestrebte Funktion von Prozessen nach Art der Initiationen und ein notwendiger begleitender Umstand der Test-Auswahl-Funktion. Normalerweise wählen Gruppen keine jungen Mitglieder aus, die gegen den Willen des Gruppenführers opponieren werden. Das ist unzweifelhaft mit ein Hauptgrund für die konservative Einstellung männlicher Gruppen, von denen Webster berichtet, daß in ihnen Initiationen besonders wichtig sind. Op. cit., S. 60.

60 Eine gründliche Diskussion darüber stammt von Harold Garfinkle: »Conditions of Successful Degradation Ceremonies«, *American Journal of Sociology*, 61, 5 (März 1956).

61 F. W. Young: *Initiation Ceremonies*, op. cit., S. 18–41.

62 Siehe Fernando Henriques: *Prostitution and Society*, Band 2, MacKibbon & Kee, London 1963, S. 146.

63 Margaret Mead: »Cultural Determinants of Sexual Behaviour«, in Young (Hrsg.), op. cit., S. 1464–1465.

64 Cohen, op. cit., S. 121–122.

65 Allen, op. cit.

66 Cohen, op. cit., S. 47–60.

67 Siehe David A. Hamburg und Donald T. Lunde: »Sex Hormones in the Development of Sex Differences in Human Behaviour«, in Eleanor E. Maccoby (Hrsg.), op. cit., zur Diskussion möglicher allgemeiner Auswirkungen von spezifischen physiologischen Ereignissen.

68 Roy G. D'Andrade: »Sex Differences and Cultural Institutions«, in ibid., S. 196.

69 Frank W. Young: *Initiation Ceremonies: A Cross-Cultural Study of Status Dramatization*, Bobbs-Merill, New York 1965.

70 F. W. Young, persönliche Mitteilung.

71 Die Jungen in Goldings erstaunlichem Roman *Lord of the Flies* unterscheiden bei sich selbst zwischen den Jägern, die getötet haben – in

diesem Fall die »Bestie« –, und jenen, die nicht getötet haben. Golding trifft diese Unterscheidung über das rein Technische hinaus. Sie ist mit der generellen Konzeption von Mensch und Gesellschaft verbunden, wie sie in diesem Buch zum Ausdruck kommt. Im nächsten Kapitel über die Aggression werde ich dieses Buch detaillierter diskutieren, weil es so viele der Prozesse, mit denen ich mich hier befasse, eindringlich symbolisiert.

72 Raymond Dart: »The Minimal Bone-Breccia Content of Makapansgat and the Australopithicine Predatory Habit«, *American Anthropologist*, 60, 5 (Oktober 1958).

73 Hamburg und Lunde, op. cit., S. 21.

7. Kapitel

1 Robert A. Hinde: »The Nature of Aggression«, *New Society*, 9, 231 (2. März 1967).

2 Lorenz: *Das sogenannte Böse*, op. cit., S. 288–290.

3 Ibid., S. 325–326. Siehe auch Hindes Kritik am »Energiemodell der Motivation« von Lorenz: »Obgleich Modelle dieser Art in bestimmten Zusammenhängen (vor allem vielleicht für Psychoanalytiker) von einigem Wert waren, werden sie von der Mehrheit der Verhaltensforscher nicht anerkannt. Teilweise deshalb, weil so oft verhaltensmäßige Energie mit physischer Energie verwechselt wird ... Wichtiger vielleicht ist, daß Energiemodelle besagen: das Verhalten endet, weil Energie durch Aktion statt durch die Situation verbraucht wird, die sie in der Stimulus-Situation erzeugt.« – Robert Hinde: »The Nature of Aggression«, in op. cit., S. 303.

4 Faber & Faber, London 1954 (Herr der Fliegen, Berlin, Frankfurt a. M. 1956).

5 In einem Interview sagte Golding, der Aufbau des Romans sei sehr sorgfältig geplant und die Unisexualität der Charaktere absichtlich gewählt worden, weil dies seinem Zweck entsprach – nämlich dem, die Natur des Mannes in ihrer symbolischen Isolierung zu sehen. Siehe William Goldings Kommentar zu Frank Kermode: »The Meaning of It All«: *Books and Bookmen*, 5 (Oktober 1959), S. 9.

6 Ibid., S. 9.

7 William Golding, persönliche Mitteilung.

8 Peter Brook: »Filming a Masterpiece«, *Observer Weekend Review* (26. Juli 1964).

9 Siehe Carl Niemeyer: »The Coral Island Revisited«, *College English*, 22 (Januar 1961), S. 241–245.

10 Siehe W. H. Price, et. al.: *Lancet*, I (1966), S. 565. Siehe auch J. P. Welch, et. al.: »Psychopathy, Mental Deficiency, Aggressiveness and the XYY Syndrome«, *Nature*, 214 (29. April 1967).

11 Siehe Dennis Wrong: »The Over-Socialized Conception of Man in Modern Sociology«, *American Sociological Review*, 26, 2 (April 1961).

12 Hall: »Aggression in Monkey and Ape Societies«, in op. cit., S. 51.

13 Erik Erikson, persönliche Mitteilung.

14 Nicholas Johnson: »What do Children Learn From War Comics«, *New Society* (7. Juli 1966), S. 7–12.

15 Lévi-Strauss, op. cit., S. 61.
16 Richard Means: »Why Worry About Nature?«, *Saturday Review* (2. Dezember 1967).
17 Elias Canetti: *Crowds and Power*, Gollancz, London 1962; E. H. Gombrich: »Ritualized Gesture and Expression in Art«, *Royal Society Philosophical Transactions*, Reihe B, Biological Sciences Nr. 772, 25 (Dezember 1966).
18 Edward T. Hall: *The Hidden Dimension*, Doubleday, New York 1965; Robert Sommer: »Studies in Personal Space«, *Sociometry*, 22 (1959).
19 R. H. S. Crossman: »War Crimes«, *New Statesman* (3. Mai 1963).
20 Eine ausgezeichnete Analyse der Newark-Tumulte gibt Tom Hayden: *Riot in Newark*, Random House, New York 1967.
21 Edgar Z. Friedenberg: »A Violent Country«, *New York Review of Books* (20. Oktober 1966), S. 3.
22 Der British Broadcasting Corporation und dem Produzenten Anthony Isaacs danke ich für die Genehmigung, aus diesem Interview zu zitieren.
23 »Canadians Return to Vimy Ridge«, *The Times* (10. April 1967).
24 Lorenz: »Ritualized Fighting«, in Carthy und Ebling (Hrsg.), op. cit., S. 45.
25 Zur Diskussion über die Beziehung zwischen dem Vietnamkrieg und dem Krieg gegen die Armut siehe Martha Gellhorn: »A Tale of Two Wars«, *Guardian* (14. April 1967). Interessant ist auch, daß ein Regierungsprogramm, das gegen Armut, menschliches Leid, Unzufriedenheit usw. gerichtet ist, als »Krieg« bezeichnet wird. Wahrscheinlich dachte man ursprünglich ganz richtig, daß eine solche Bezeichnung begeistertere Resonanz bei Gesetzgeber und Volk finden würde als eine weniger militante Bezeichnung.
26 Alfred de Vigny: *The Military Condition* (Übersetzung von M. Barnett), Oxford University Press 1964, S. 116.
27 »U. S. Sets Out to Destroy North Vietnam Air Force«, *New York International Herald Tribune and Washington Post* (4. Januar 1967).
28 Eli Ginzburg. et. al.: *Breakdown and Recovery* (Band 2 von *The Ineffective Soldier*, 3 Bde.), Columbia University Press 1959, S. 54.
29 Ibid., S. 53. Doch »wenn aus der gleichen Gegend stammende Männer an einem Gefecht mit hohen Verlusten teilnehmen, kann die Wirkung auf ihre Heimatgemeinden verheerend sein.«
30 Edward A. Shils und Morris Janowitz: »Cohesion and Desintegration in the Wehrmacht in World War II«, *Public Opinion Quarterly*, 12 (1948).
31 Ein interessantes Beispiel dazu ist die Entdeckung von Davis, daß U. S. College-Studenten ihren persönlichen Status und ihr Erfolgspotential nicht im Rahmen der Gesamtbevölkerung beurteilen, sondern direkt nach ihrer Position in ihrer unmittelbaren College-Umgebung: »... Erfolg wird nach der relativen Stellung in der sozialen Gruppe, nicht der Gesamtbevölkerung, beurteilt.« – James A. Davis: »The Campus as a Frog Pond: An Application of the Theory of Relative Deprivation to Career Decisions of College Men«, *American Journal of Sociology*, 72, 1 (Juli 1966).
32 Margaret Mead: »Cultural Determinants of Sexual Behaviour«, in Young, op. cit., S. 1451.
33 Margaret Mead: *Continuities in Cultural Evolution*, op. cit., S. 96–97.

34 Robert R. Sears, et. al.: *Patterns of Child Rearing*, Row, Peterson & Co., Evanston, Ill., 1957, S. 252–259.
35 Carveth Read, op. cit., umreißt eine frühe Position, die für die heutigen Untersuchungen wichtig bleibt.
36 Margaret Mead, Einleitung zu *Male and Female*, Penguin Books, Harmondsworth 1962, S. 23.
37 Berkowitz nennt dies »die Wettkampftendenz«. Siehe seinen sehr brauchbaren Artikel: »The Concept of Aggressive Drive: Some Additional Considerations«, in L. Berkowitz (Hrsg.): *Advances in Experimental Social* Psychology, Band 2, Academic Press, New York 1965.
38 Raymond Dart: »The Minimal Bone-Breccia Content of Makapansgat and the Australopithicine Predatory Habit«, *American Anthropologist*, 60, 5 (Oktober 1958).
39 Alex Comfort, persönliche Mitteilung.
40 Persönliche Mitteilung.
41 Siehe den Artikel von John Pfeiffer: »When Homo Erectus Tamed Fire, He Tamed Himself«, *New York Times Magazine* (11. Dezember 1966). Pfeiffer danke ich für die Beobachtungen bezüglich Steaks, Salaten und Sozio-Sexualität.
42 Read, op. cit., S. 60–61.
43 Lorenz: *Das sogenannte Böse*, op. cit., S. 326–329.
44 Siehe Samuel Stouffer, et. al.: *The American Soldier*, Band 1, Princeton University Press 1949, S. 364–379.
45 Stanislav Andreski: *Elements of Comparative Sociology*, Weidenfeld & Nicolson, London 1964, S. 125.
46 Friedenberg, op. cit., S. 3. Anfang 1967 ließen Pariser Polizisten all den Beatniks, die sie verhafteten, die Haare schneiden. Die männliche Reaktion auf langes Haar sowie die sexuelle Bedeutung des Haares überhaupt ist interessant. Kein Zweifel, die holländischen Matrosen oder französischen Polizisten hatten keineswegs die Absicht, gegenüber dem Samson, d. h. den pazifistischen Beatniks, die Delilah zu spielen. Doch man kommt nicht darum herum, sich über die Bedeutung des Phänomens Gedanken zu machen, vor allem angesichts der weitverbreiteten Praxis, daß Rekruten von »totalen Institutionen« kahlgeschoren werden.
47 Chance: »Social Behaviour and Primate Evolution«, in op. cit.
48 Siehe auch Anthony Storr: »The Psychology of Aggression«, *New Society* (11. Oktober 1962). Eine vollständige Darstellung gibt Storrs *Human Aggression*, Allen Lane, The Penguin Press 1968.
49 Siehe Norbert Elias und Eric Dunning: »Dynamics of Group Sports with Special Reference to Football«, in op. cit., S. 394–395.

8. Kapitel

1 Siehe L. Berkowitz: »The Concept of Aggressive Drive: Some Additional Considerations«, in L. Berkowitz (Hrsg.): *Advances in Experimental Social Psychology*, Band 2, Academic Press, New York 1965.
2 Ein interessanter Aufsatz über das Verhältnis zwischen Drama und Ethologie stammt von Irving Wardle: »Evolutionary Stage«, *New Society* (Mai 1967).

3 Siehe den aufschlußreichen Aufsatz von Georg Orwell: »Boys' Weeklies«, *Inside the Whale*, Secker & Warburg, London 1940.

4 Nach Ex-U. S.-Senatorin Mrs. Maurine Neuberger (persönliche Mitteilung) war die Verwicklung der USA in den Vietnamkrieg ein Haupthindernis für Frauen, die ein politisches Amt anstrebten. Ein Prozeß wachsenden Vertrauens und die Zunahme weiblicher politischer Aktivisten wurde gestoppt, ja aufgehoben, und zwar durch das Dilemma dieses Krieges und das offensichtliche Gefühl der Frauen, daß es für sie hier nichts zu tun gibt und daß sie den Krieg nicht verstehen. In der Post, die Senatoren von weiblichen Wählern erhalten, ist kaum von diesem Krieg die Rede; wohl aber gilt ihm das Hauptinteresse der männlichen Briefschreiber.

5 Niko Tinbergen, »On War and Peace in Animals and Man«, *Science*, 160 (28. Juni 1968), S. 1415.

6 Reinhard Bendix: *Max Weber: An Intellecutal Portrait*, Heinemann, London 1960, S. 433.

7 Desmond Morris (persönliche Mitteilung) betrachtet die Konversation als menschliches Äquivalent zum pflegenden Verhalten (Lausen) bei anderen Primaten. Die Kneipe eignet sich vorzüglich zur Pflege des Gespräches; die Preise sind variabel genug, so daß die meisten Mitglieder des Gemeinwesens je nach Wunsch ihre Zeit in ihnen verbringen können; die Aufteilung der englischen Pubs in Salon und öffentliche Bar – weit entfernt davon, die starren englischen sozialen Klassenunterschiede auch nur andeuten zu wollen (obgleich dies offensichtlich doch geschieht) – zeigt die Bedeutung der Pubs für das Gemeinwesen. Daher ist es eigentlich Angelegenheit der Regierungspolitik, einen Ort zu schaffen, wo Bar-Bierpreise amtlich kontrolliert werden und für die große Mehrheit der Leute erschwinglich sind.

8 Angesichts solcher ökonomischer Schwierigkeiten entschloß sich der Oxford- und Cambridge-Club in London, die Mitgliedschaft den Graduierten aller englischen Universitäten zu öffnen. Frauen jedoch, sogar »Oxbridge«-Frauen, können sich in diesem Haus nicht mit »Oxbridge«-Männern treffen; dafür wurden andere Möglichkeiten geschaffen. In diesem Fall scheint das Geschlecht wichtiger als der Status zu sein.

9 Elizabeth Bott vom Tavistock-Institute danke ich für diesen Hinweis.

10 Zu einer typisch provozierenden Idee, daß nämlich die Sexrollen ineinander aufgehen, daß der »männliche Mann« zur Witzfigur und der Allround-Mann zum Kulturhelden wird, siehe Marshall McLuhan und George Leonard: »The Future of Sex«, *Look* (25. Juli 1967). Hauptgründe für diese Änderung seien der Wandel der Massenmedien, der Verfall des gedruckten Wortes und jenes Modus der Wahrnehmung, der auf das gedruckte Wort ausgerichtet war, sowie die Entstehung greifbarer elektronischer Wahrnehmungsweisen, die vom jeweiligen Gesamtzusammenhang abhängig sind. Zur Bestätigung dieser Behauptung sind noch viel mehr Daten und Analysen erforderlich, die alle Kulturen einbeziehen müssen.

11 Harold Wilson bestimmte 1967, daß Militärs und Diplomaten künftig relativ seltener automatisch Ehrungen erhalten sollen. Dafür sollen mehr Geschäftsleute ausgezeichnet werden, vor allem jene, die im Export und einigen anderen öffentlichen Angelegenheiten Hervorragendes leisten.

Dies kann von einigermaßen langfristiger Auswirkung sein, obgleich es interessant wäre zu sehen, was geschieht, wenn Großbritannien wieder einmal in militärische und bedrohliche diplomatische Abenteuer verstrickt würde.

12 Robin Fox, op. cit., 1968.

13 Alfred C. Kinsey, et. al.: *Sexual Behaviour in the Human Female*, op. cit. (*Das sexuelle Verhalten der Frau*, Berlin und Frankfurt 1967, S. 367.)

Bibliographie

Diese Bibliographie enthält alle im Buch angeführten Veröffentlichungen, außerdem eine Auswahl wichtiger Bücher und Aufsätze, die zwar nicht erwähnt wurden, aber in bezug auf meine Thematik von Interesse sind.

1. Bücher

ADDAMS, JANE: Newer Ideals of Peace, Macmillan, New York 1907.

ALLAND, ALEXANDER, JR: Evolution and Human Behavior, American Museum of Natural History, Garden City, New York 1967.

ALLCHIN, BRIDGET: The Stone-Tipped Arrow, Phoenix House, London 1966.

ALLEN, MICHAEL: Rites de Passage, Melbourne University Press (im Druck).

ALTMANN, STUART (Hrsg.): Social Communication among Primates, University of Chicago Press 1965.

ANDRESKI, STANISLAV: Elements of Comparative Sociology, Weidenfeld and Nicolson, London 1964.

ARDREY, ROBERT: The Territorial Imperative: A Personal Inquiry into the Animal Origins of Property and Nations, Atheneum Press, New York 1966.

ARDREY, ROBERT: African Genesis: A Personal Investigation into the Animal Origins and Nature of Man, Collins, London 1961.

ARIÈS, PHILLIPPE: Centuries of Childhood, Jonathan Cape, London, 1962.

ATTEKAR, A. S.: The Position of Women in Hindu Civilization, Motilal Banarsidas, Benares 1956.

BAILEY, D. S.: Homosexuality and the Western Christian Traditions, Longmans, Green, London 1955.

BANDURA, ALBERT, und RICHARD H. WALTERS: Adolescent Aggression: A Study of the Influence of Child Training Practices and Family Interrelationships, Ronald Press, New York 1959.

BANTON, MICHAEL (Hrsg.): Darwinism and the Study of Society, Tavistock Publications, London 1961.

BARNETT, S. A. (Hrsg.): A Century of Darwin, Heinemann, London 1958.

BEACH, FRANK (Hrsg.): Sex and Behaviour, John Wiley, New York 1965.

BELL, EARL H., und JOHN SIRJAMAKI: Instructor's Manual to Accompany Social Foundations of Human Behaviour (2. Aufl.), Harper & Row, New York 1965.

BENDIX, REINHARD: Max Weber: An Intellecutal Portrait, Heinemann, London 1960.

BENEDEK, THÉRÈSE: Psychosexual Function in Women, Ronald Press, New York 1952.

BENNETT, JONATHAN: Rationality: An Essay Towards an Analysis, Routledge & Kegan Paul, London 1964.

BERKOWITZ, L. (Hrsg.): Advances in Experimental Social Psychology, Band 2, Academic Press, New York 1965.

BILSHAI, VERA: The Status of Women in the Soviet Union, Foreign Languages Publishing House, Moskau 1959.

BIRCH, UNA: Secret Societies and the French Revolution, Bodley Head, London 1911.
BIRDWHISTELL, RAY L.: Introduction to Kinesis: An Annotation Systems for Analysis of Body Motion and Gesture, University of Louisville o. J.
BLISS, EUGENE L. (Hrsg.): Roots of Behavior, Harper & Bros., New York 1962.
BREUIL, ABBÉ: Cave Drawings, Katalog für eine Ausstellung von Zeichnungen von Abbé Breuil, Arts Council, London 1954.
BURROW, J. W.: Evolution and Society: A Study in Victorian Social Theory, Cambridge University Press 1966.
BUTT-THOMPSON, F. W.: West African Secret Societies, Witherby, London 1929.
BUTZER, KARL W.: Environment and Archaeology: An Introduction to Pleistocene Geography, Methuen, London 1965.
CALVERTON, V. F. (Hrsg.): The Making of Man, Modern Library, New York 1931.
CANETTI, ELIAS: Crowds and Power, Gollancz, London 1962.
CARTHY, J. D., und F. J. EBLING (Hrsg.): The Natural History of Aggression, Academic Press (for the Institute of Biology), London 1964.
CLARK, WALTER LEGROS: History of the Primates, British Museum (Natural History), London 1960.
COHEN, YEHUDI A.: The Transition from Childhood to Adolescence, Aldine Books, Chicago 1964.
COHN, NORMAN: Warrant for Genocide, Eyre & Spottiswoode, London 1967.
COMTE, AUGUST: Cours de Philosophie Positive (5. Auflage), Paris 1893.
CRAMER, JAMES: The World's Police, Cassell, London 1964.
DARAUL, ARKON: Secret Societies Yesterday and Today, Muller, London 1961.
DARWIN, CHARLES: The Descent of Man and Selection in Relation to Sex, John Murray, London 1871 (1. Auflage); 1894 (2. Auflage).
DENNIS, NORMAN, FERNANDO HENRIQUES und CLIFFORD SLAUGHTER: Coal Is Our Life: An Analysis of a Yorkshire Mining Community, Eyre & Spottiswoode, London 1956.
DE VIGNY, ALFRED: The Military Condition (übersetzt von M. Barnett), Oxford University Press 1964.
DEVORE, IRVEN (Hrsg.): Primate Behaviour: Field Studies of Monkeys and Apes, Holt, Rinehart & Winston, New York 1965.
DEVORE, PAUL (Hrsg.): The Origin of Man, Aldine Books, Chicago 1968.
DEVORE, PAUL L. (Hsrg.): The Origins of Man, Wenner-Gren Foundation, New York 1965.
DOBZHANSKY, THEODOSIUS: Mankind Evolving: The Evolution of the Human Species (Paperback-Ausgabe), Yale University Press 1962.
DODGE, NORTON T.: Women in the Soviet Economy, Johns Hopkins Press 1966.
DUVERGER, MAURICE: The Political Role of Women, UNESCO, Paris 1955.
EISENSTADT, S. M.: From Generation to Generation, Free Press of Glencoe, Glencoe, Ill., 1955.
EVANS-PRITCHARD, E. E.: The Position of Women in Primitive Societies, Faber & Faber, London 1965.
FALKENBURG, JOHANNES: Kin and Totem: Group Relations of Australian Aborigines in the Port Keats District, Oslo University Press 1962.

FARBER, LESLIE H.: The Ways of the Will: Essays Towards a Psychology and Psychopathology of Will, Constable, London 1966.
FARBER, S. M., und R. H. WILSON (Hrsg.): The Potential of Women, McGraw-Hill, New York 1963.
FARIS, JAMES C.: Cat Harbour: A Newfoundland Fishing Settlement, Institute of Social and Economic Research, St John's, Newfoundland 1966.
FAULKNER-BAKER, ELIZABETH: Technology and Women's Work, Columbia University Press 1964.
FLETCHER, RONALD: Instinct in Man: In the Light of Recent Work in Comparative Psychology, Allen & Unwin, London 1957.
FORD, C. S., und FRANK BEACH: Patterns of Sexual Behaviour, Harper & Bros., New York 1951.
FREEMAN, LILLIAN: The Undergrowth of Literature, Thomas Nelson, London 1967.
FREUD, SIGMUND: Drei Abhandlungen zur Sexualtheorie, Gesammelte Werke, Band 5, S. 29–145, Frankfurt 1968 (4. Aufl.).
FRIEDAN, BETTY: The Feminine Mystique, W. W. Norton, New York 1963. (Der Weiblichkeitswahn, Reinbek 1966)
FRYRER, PETER: Mrs. Grundy: Studies in English Prudery, Dennis Dobson, London 1963.
GARAUDY, ROGER: Femmes du XXe Siècle: Semaine de la Pensée Marxiste, Presses Universitaires de France 1965.
GEBHARD, PAUL H., J. H. GAGNON, W. B. POMEROY und C. V. CHRISTENSON: Sex Offenders: An Analysis of Types, Heinemann, London 1965.
GILLEN, JOHN (Hrsg.): For a Science of Social Man: Convergences in Anthropology, Psychology, and Sociology, Macmillan, New York 1954.
GINSBURG, MORRIS: ›Introduction to the Ninth Edition‹, The Psychology of Society, Methuen, London 1964.
GINZBURG, ELI, et al.: Breakdown and Recovery (Band 2 von The Ineffective Soldier: 3 Bde.), Columbia University Press 1959.
GINZBURG, ELI, et al.: Life Styles of Educated Women, Columbia University Press 1966.
GINZBURG, LOUIS: Students, Scholars and Saints, Jewish Publications Society of America, Philadelphia 1928.
GLICK, CARL, und HONG SHENK HWA: Swords of Silence: Chinese Secret Societies – Past and Present, McGraw-Hill, New York 1947.
GLUCKMAN, MAX (Hrsg.): Closed Systems and Open Minds: The Limits of Naivety in Social Anthropology, Oliver & Boyd, Edinburgh 1964.
GLUCKMAN, MAX (Hrsg.): Essays on the Ritual of Social Relations, Manchester University Press 1962.
GOLDING, WILLIAM, Lord of the Flies, Faber & Faber, London 1954 (Herr der Fliegen, Berlin, Frankfurt a. M. 1956).
GOLDSCHMIDT, WALTER: Comparative Functionalism: An Essay in Anthropological Theory, University of California Press 1966.
GOODE, W. J.: World Revolution and Family Patterns, Free Press of Glencoe, Ill., 1963.
GORER, GEOFFREY: Hot Strip Tease and Other Notes on American Culture, Cresset Press, London 1937.
GRIMES, ALAN P.: The Puritan Ethic and Woman Suffrage, Oxford University Press 1967.

GRINDER, ROBERT E. (Hrsg.): Studies in Adolescence, Macmillan, New York 1963.
GROSS, LLEWELLYN (Hrsg.): Symposium in Sociological Theory, Row, Peterson, Evanston, Ill., 1959.
HALL, E. T.: The Hidden Dimension, Doubleday, New York 1966.
HARRISON, G. A., J. S. WEINER, J. M. TANNER und N. A. BARNICOT: Human Biology, Clarendon Press, Oxford 1964.
HAUSNECHT, E. G. MURRAY: The Joiners: A Sociological Description of Voluntary Association Membership in the United States, Bedminster Press, New York 1962.
HAYDEN, TOM: Riot in Newark, Random House, New York 1967.
HEAPE, WALTER: Sex Antagonism, Constable, London 1913.
HECKETHORN, CHARLES W.: The Secret Societies of All Ages and Countries, George Redway, London 1897.
HEDIGER, H.: Studies of the Psychology and Behaviour of Captive Animals in Zoos and Circuses, Butterworth, London 1955.
HENRIQUES, FERNANDO: Prostitution and Society, Band 2, MacGibbon & Kee, London 1963.
HIRSCHFELD, MAGNUS: The Sexual History of the World War, Panurge Press, New York 1934.
HIRSCHFELD, MAGNUS: Sexual Anomalies and Perversions, Encyclopedic Press, London 1938.
HOBSBAWN, E. J.: Primitive Rebels: Studies in Archaic Forms of Social Movement in the 19th and 20th Centuries, Manchester University Press 1959.
HOFSTADTER, RICHARD: Social Darwinism in American Thought: 1860–1915, University of Pennsylvania Press 1945.
HOGGART, RICHARD: The Uses of Literacy, Penguin Books, Harmondsworth 1957.
HOLLANDER, E. P.: Leaders, Groups and Influence, Oslo University Press 1964.
HOWELL, F. C., und F. BOURLIÈRE (Hrsg.): African Ecology and Human Evolution, Methuen, London 1964.
HSU, FRANCIS L. K.: Clan, Caste and Club, D. Van Nostrand, Princeton, N. J., 1963.
IMANISHI, KINJI, und S. H. ALTMANN (Hrsg.): Japanese Monkeys, Yerkes Regional Primate Center, Atlanta, Ga., 1965.
JANSON, H. W.: Apes and Ape Lore in the Middle Ages and the Renaissance, Warburg Institute, London 1952.
KAPLAN, JUSTIN (Hrsg.): With Malice Toward Women: A Handbook for Women-Haters Drawn from the Best Minds of All Time, W. H. Allen, London 1953.
KELLER, A. G.: Societal Evolution: A Study of the Evolutionary Basis of Science and Society, Yale University Press 1931.
KELSEN, HANS: Society and Nature, University of Chicago Press 1943.
KINSEY, ALFRED, et al.: Sexual Behaviour in the Human Female, W. B. Saunders, Philadelphia, 1953 (Das sexuelle Verhalten der Frau, Fischer-Taschenbuch 1970).
KIRKPARTICK, CLIFFORD: Nazi Germany: Its Women and Family Life, Bobbs-Merrill, New York 1938.
KLEIN, VIOLA: Working Wives, Institute of Personnel Management, London

1960. (Alva Myrdal und Viola Klein: Die Doppelrolle der Frau in Familie und Beruf, überarb. u. erw. Auflage, Köln 1970).

KROEBER, A. L.: Anthropology, Harcourt, Brace, New York 1948.

KROPOTKIN, PETER: Mutual Aid: A Factor of Evolution, Heinemann, London 1902.

KUHN, THOMAS S.: The Structure of Scientific Revolutions, University of Chicago Press 1962.

LAQUER, WALTER Z.: Young Germany: A History of the German Youth Movement, Routledge & Kegan Paul, London 1962.

LASSWELL, HAROLD: Psychopathology and Politics, Viking Press, New York 1960.

LE CARON, HENRI: Twenty-five Years in the Secret Service, Heinemann, London 1892.

LEGMAN, GERSHON: Love and Death: A Study in Censorship, Breaking Point, New York 1949.

LEGMAN, GERSHON, H. C. LEAM, T. WRIGHT, G. WITT, SIR A. TENNANT und SIR W. DUGDALE: The Guilt of the Templars, Basic Books, New York 1966.

LÉVI-STRAUSS, CLAUDE: The Savage Mind, Weidenfeld and Nicolson, London 1966 (Das wilde Denken, Frankfurt 1968).

LEVY, MARION J., JR: The Structure of Society, Princeton University Press 1951.

LEWIS, ROY: The Evolution Man, Penguin Books, Harmondsworth 1963.

LINTON, R. (Hrsg.): The Science of Man in the World Crisis, Columbia University Press 1945.

LIPSET, SEYMOUR M.: Political Man, Doubleday, New York 1963.

LITTLE, K. L.: The Mende of Sierra Leone, Routledge & Kegan Paul, London 1951.

LORENZ, KONRAD: Das sogenannte Böse. Zur Naturgeschichte der Aggression. Wien 1969.

LOUCKE, EMERSON H.: The Ku Klux Klan in Pennsylvania, Telegraphy Press, New York 1935.

LOWIE, ROBERT: Primitive Society, George Routledge, London 1921.

MACCOBY, E. E., et al. (Hrsg.): Readings in Social Psychology, Holt, Rinehart & Winston, New York 1958.

MAGEE, BRYAN: One in Twenty: A Study of Homosexuality in Men and Women, Secker & Warburg, London 1966.

MALINOWSKI, B.: A Scientific Theory of Culture and Other Essays, University of North Carolina Press 1944.

MEAD, MARGARET: Male and Female, Penguin Books, Harmondsworth 1962 (Mann und Weib, Rowohlt-Taschenbuch).

MEAD, MARGARET: Continuities in Cultural Evolution, Yale University Press 1964.

MEAD, MARGARET, und FRANCES B. KAPLAN (Hrsg.): American Women: The Report of the President's Commission on the Status of Women, Charles Scribner's Sons, New York 1965.

MILLER, E. (Hrsg.): Foundations of Child Psychiatry, Longmans, Green, London 1965.

MILLS, C. WRIGHT: The Power Elite, Oxford University Press 1956.

MONEY, JOHN (Hrsg.): Sex Research: New Developments, Holt, Rinehart & Winston, New York 1965.

MONTAGU, ASHLEY: The Natural Superiority of Women, Allen & Unwin, London 1954.
MONTAGU, ASHLEY: The Biosocial Nature of Man, Grove Press, New York 1956.
MONTAGU, ASHLEY (Hrsg.): Culture and the Evolution of Man, Oxford University Press 1962.
MORGAN, W. P.: Triad Societies in Hong Kong, Government Press, Hongkong 1960.
MORRIS, DESMOND: The Naked Ape, Jonathan Cape, London 1967 (Der nackte Affe, München, Knaur-Taschenbuch).
MORRIS, DESMOND (Hrsg.): Primate Ethology, Weidenfeld & Nicolson, London 1967.
MOWAT, FARLEY: Never Cry Wolf, Secker & Warburg, London 1964.
MURDOCK, GEORGE P.: Social Structure, Macmillan, New York 1949.
MURPHY, GARDNER: Personality: A Biosocial Approach to Origins and Structure, Harper & Bros., New York 1947.
PALLISER, BURY: Historic Devices, Badges and War-Cries, Sampson Low & Marston, London 1870.
PARSONS, TALCOTT: The Social System, Tavistock Publications, London 1952.
PARSONS, T., E. SHILS, K. D. NAEGELE und J. PITT (Hrsg.): Theories of Society Free Press of Glencoe, Glencoe, Ill., 1962.
PARSONS, TALCOTT, und ROBERT F. BALES: Family, Socialization and Interaction Process, Routledge & Kegan Paul, London 1956.
PASTORE, NICHOLAS: The Nature–Nurture Controversy, King's Crown Press, New York 1949.
PAULME, DENISE (Hrsg.): Women of Tropical Africa, University of California Press 1964.
PEARSON, KARL: Side Lights on the Evolution of Man, Eugenics Laboratory Lecture Series, No. XIV, Cambridge University Press 1921.
PEHRSON, ROBERT N.: The Social Organization of Marri Baluch (bearbeitet von Frederick Barth), Viking Fund Publication in Anthropology, Band 43, Wenner-Gren Foundation, New York 1966.
POLSBY, N. W.: Community Power and Political Theory, Yale University Press 1963.
PIRENNE, HENRI: Early Democracies in the Low Countries, Harper Torchbooks, New York 1963.
POPPER, KARL: The Poverty of Historicism, Routledge & Kegan Paul, London 1961.
PORTER, JOHN: The Vertical Mosaic, University of Toronto Press 1965.
PORTMANN, ADOLF: Das Tier als soziales Wesen, Suhrkamp-Sonderausgabe 1969.
READ, CARVETH: The Origin of Man, Cambridge University Press 1925.
ROE, ANN, und GEORGE GAYLORD SIMPSON (Hrsg.): Behaviour and Evolution, Yale University Press 1958.
ROETHLISBERGER, FRITZ, et al.: Management and the Worker, Harvard University Press 1939.
ROHEIM, G.: Psychoanalysis and Anthropology; Culture, Personality and the Unconscious, International Universities Press, New York 1950.
ROSEN, ISMOND (Hrsg.): The Pathology and Treatment of Sexual Deviation, Oxford University Press 1964.

RUITENBECK, H. D. (Hrsg.): The Problem of Homosexuality in Modern Society, E. P. Dutton, New York 1963.
RUSKIN, JOHN: Letters and Advice to Young Girls and Young Ladies, John Wiley, New York 1879.
RUSSEL, BERTRAND: Anti-Suffragist Anxieties, People's Suffrage Federation, London, o. J.
RUSSELL, BERTRAND: Marriage and Morals, Allen & Unwin, London 1929.
SAHLINS, MARSHALL D., und ELMAN R. SERVICE (Hrsg.): Evolution and Culture, University of Michigan Press 1960.
SCHACTER, STANLEY: The Psychology of Affiliation: Experimental Studies of Sources of Gregariousness, Tavistock Publications, London 1961.
SCHAFF, ADAM: A Philosophy of Man, Lawrence & Wishart, London 1963.
SCHAPERA, I.: Government and Politics in Tribal Societies, Watts, London 1965.
SCHILLER, C. H. (Übers. u. Hrsg.): Instinctive Behaviour: The Development of a Modern Concept, Methuen, London 1957.
SCHOFIELD, MICHAEL: The Sexual Behaviour of Young People, Longmans, Green, London 1965.
SCHORR, ALVIN L.: Slums and Social Insecurity, Thomas Nelson, London 1965.
SEARS, ROBERT R., et al.: Patterns of Child Rearing, Row, Peterson, Evanston, Ill., 1957.
SENIOR, HEREWARD.: Orangeism in Ireland and Britain, 1795–1836, Routledge & Kegan Paul, London 1966.
SERVICE, ELMAN R.: The Hunters, Prentice-Hall, Englewood Cliffs, N. J., 1966.
SHER, JORDON N. (Hrsg.): Theories of the Mind, Free Press of Glencoe, Glencoe, Il., 1962.
SIEVEKING, A. und G.: The Caves of France and Northern Spain, Studio Vista, London 1962.
SINCLAIR, ANDREW: The Emancipation of the American Woman, Harper & Row, New York 1966.
SLIJPER, E. J.:Whales, Hutchinson, London 1962.
SMITH, WILLIAM EDWARD: Christianity and Secret Societies, Meador Publishing, Boston 1936.
SOLLAS, W. J.: Ancient Hunters and Their Modern Representatives, Macmillan, London 1924.
SOMMERHOFF, G.: Analytical Biology, Oxford University Press 1950.
SOROKIN, PITIRIM: Contemporary Sociological Theories, Harper & Bros., New York 1927.
SOUTHWICK, C. H. (Hrsg.): Primate Social Behaviour, D. Van Nostrand, Princeton, N. J., 1963.
SPYKMAN, NICHOLAS J.: The Social Theory of Georg Simmel, Atherton Press, New York, 1966 (1. Auflage 1925).
STEPHENS, WILLIAM N.: The Oedipus Complex: Cross-Cultural Evidence, Free Press of Glencoe, Glencoe, Ill., 1962.
STORR, ANTHONY: Human Aggression, Allen Lane, The Penguin Press, London 1968.
STOUFFER, SAMUEL, et al.: The American Soldier, Band I, Princeton University Press 1949.
TANNER, J. M. (Hrsg.): Human Growth, Pergamon Press, Oxford 1960.
TAX, SOL (Hrsg.): The Evolution of Man, University of Chicago Press 1960.

Tax, Sol (Hrsg.): Horizons of Anthropology, Aldine Books, Chicago 1964.
Thorndike, E. L.: Human Nature and the Social Order, Macmillan, New York 1940.
Tomich, Vera: Education in Yugoslavia and the New Reform, U. S. Departement of Health, Education and Welfare, Washington, D. C., 1963.
Trotter, J. C.: Boxing, George Routledge, London 1901.
Trotter, Wilfred: Instincts of the Herd in Peace and War, Ernest Benn, London 1916.
Wallas, Graham: The Great Society: A Psychological Analysis, Macmillan, London 1914.
Wallas, Graham: Human Nature in Politics, Constable, London 1908.
Washburn, S. L. (Hrsg.): The Social Life of Early Man, Aldine Books, Chicago 1961.
Weber, Max: Wirtschaft und Gesellschaft, 4. Aufl., 1956.
Webster, Hutton: Primitive Secret Societies, Macmillan, New York 1932.
Wilkins, Leslie T.: Social Deviance, Prentice-Hall, Englewood Cliffs, N. J., 1965.
Wilkinson, Rupert: The Prefects: British Leadership and the Public School Tradition, Oxford University Press 1964.
Willmott, Peter: Adolescent Boys of East London, Routledge & Kegan Paul, London 1966.
Wolff, Kurt H. (Übers. u. Hrsg.): The Sociology of Georg Simmel, Collier-Macmillan, London 1964 (Free Press) Paperback-Ausgabe).
Wynne, Mervyn L.: Triad and Tabut: A Survey of the Origin and Diffussion of Chinese and Mohammedan Secret Societies in the Malay Peninsula, A. D. 1800–1935, Government Printing Office, Singapur 1941.
Wynne-Edwards, V. C.: Animal Dispersion in Relation to Social Behaviour, Hafner, New York 1962.
Young, Frank: Initiation Ceremonies: A Cross-Cultural Study of Status Dramatization, Bobbs-Merrill, New York 1965.
Young, W. C. (Hrsg.): Sex and Internal Secretions, Band 2 (3. Auflage), Baillière, Tindall & Cox, London 1961.
Zuckerman, Solly: The Social Life of Monkeys and Apes, Kegan Paul, London 1932.

2. Artikel in Zeitschriften; veröffentlichte und unveröffentlichte Aufsätze, Vorträge und Vorlesungen

Aberle, David F., Urie Bronfenbrenner, Eckhard H. Hess, Daniel R. Miller, David M. Schneider und James N. Spuhler: ›The Incest Taboo and the Mating Patterns of Animals‹, American Anthropologist, **65** 2 (April 1963).
Adam, Corinna: ›Gretel's Old Look‹, New Statesman (21. Februar 1964).
Adam, Corinna: ›Duels and Jobs for the Boys‹, New Statesman (18. Juni 1965).
Ambrose, J. Anthony: ›The Study of Human Social Organization: A Review of Current Concepts and Approaches‹, Symposia of the Zoological Society, Nr. 14, London.
Andreski, Iris: ›The Baby as Dictator‹, New Society (15. Dezember 1966).

AVERKIEVA, YU. P.: On the Earliest Forms of Inheritance, vorgelegt beim Sechsten Weltkongreß für Soziologie, Evian, September 1966: Nauka-Verlag, Moskau 1966.

BARRY, HERBERT, MARGARET K. BACON und IRVIN L. CHILD: ›A Cross-Cultural Survey of Some Sex Differences in Socialization‹, Journal of Abnormal and Sexual Psychology, **55**, 3 (November 1957).

BARTH, F.: ›Anthropological Modes and Social Reality‹ (The Second Royal Society Nuffield Lecture), Proceedings of the Royal Society **165**, 998 (Juli 1966).

BATES, MARSTON: ›On Being Man‹, The American Scholar, **36**, 1 (Winter 1966–1967).

BEACH, FRANK: ›The Snark was a Boojum‹, American Psychologist, **5**, (1950), S. 113–127.

BEST, ROBIN: ›Against High Density‹, New Society (24. November 1966).

BINFORD, LEWIS R., und SALLY R. BINFORD: ›A Preliminary Analysis of Functional Variability in the Mousterian of Levallois Facies‹, American Anthropologist, **68**, 2 (April 1966).

BOCK, E. WILBER: ›The Female Clergy: A Case of Professional Marginality‹, Journal of Sociology, **72**, 5 (März 1967).

BOCK, KENNETH E.: ›The Comparative Method of Anthropology‹, Comparative Studies in Society and History, **8**, 3 (April 1966).

BRAINERD, WILLIAM F.: ›Masonic Lecture‹, John March, New London, 1825; Encyclopaedia Britannica (11. Auflage), Band 23, Cambridge 1911.

BROOK, PETER: ›Filming a Masterpiece‹, Observer Weekend Review (26. Juli 1964).

BROWN, NONA B.: ›Inquiry into the Feminine Mind‹, New York Times Magazine (12. April 1964).

BUXTON, JEAN: ›Animal Identity and Human Peril: Some Mandari Images‹, Man, 3, 1 (März 1968).

CARNEIRO, ROBERT L., und STEPHEN F. TOBIAS: ›The Application of Scale Analysis to the Study of Cultural Evolution‹, Transactions of the New York Academy of Sciences (Reihe II), Band 26, Nr. 2 (Dezember 1963).

CARRICK, ROBERT: ›Ecological Significance of Territory in the Australian Magpie‹, unveröffentlichtes Manuskript, 1965.

CHANCE, M. R. A.: ›Attention Structure as the Basis of Primate Rank Orders‹, Man, **2**, 4 (November 1967).

CHANCE, M. R. A., und ALAN MEAD: ›Social Behaviour and Primate Evolution‹, Symposia, Band 7, Society for Experimental Biology, London 1953.

CHIANG, MICKEY: ›Use of Tools by Wild Macaque Monkeys in Singapore‹, Nature, **214** (17. Juni 1967).

CLARK, J. DESMOND: ›Acheulian Occupation Sites in the Middle East and Africa: A Study in Cultural Variability‹, American Anthropologist, **68**, 2, Teil 2 (April 1966).

COHN, WERNER: ›Social Stratification and the Charismatic‹ Midwestern Sociologist, **21**, 1 (Dezember 1958).

COHN, WERNER: ›Social Status and the Ambivalence Hypothesis: Some Critical Notes and a Suggestion‹, American Sociological Review, **25**, 4 (August 1960).

COSER, LEWIS A.: ›Political Functions of Eunuchism‹, American Sociological Review, **29**, 6 (Dezember 1964).

COUNT, EARL W.: ›Comment on Steps toward a Unified Anthropology‹, Current Anthropology, **8**, 1–2 (Februar–April 1967).
COUNT, EARL W.: ›The Biological Basis of Human Sociality‹, American Anthropologist, **60**, 6 (Dezember 1958).
COWGILL, URSULA M.: ›The Season of Birth in Man‹, Man **1**, 2 (Juni 1960).
CROOK, JOHN HURRELL: ›Cooperation in Primates‹, Eugenics Review, **58**, 2 (Juni 1966).
CROOK, JOHN HURRELL: ›Evolutionary Change in Primate Societies‹, Science Journal (Juni 1967).
CROOK, J. H., und J. S. GARTLAN: ›Evolution of Primate Societies‹, Nature, **210** (18. Juni 1966).
CROSSMAN, R. H. S.: ›War Crime‹, New Statesman (3. Mai 1963).
DARLING, F. FRASER: ›Social Life in Ungulates‹, in Structure et Physiologie des Sociétés Animales, Colloques Internationaux du Centre Nationale de la Recherche Scientifique, Paris 1952.
DART, RAYMOND: ›The Minimal Bone-Breccia Content of Makapansgat and the Australopithicine Predatory Habit‹, American Anthropologist, **60**, 5 (Oktober 1958).
DAVIS, JAMES A.: ›The Campus as a Frog Pond: An Application of the Theory of Relative Deprivation to Career Decisions of College Men′, American Journal of Sociology, **72**, 1 (Juli 1966).
DE LAUWE, P. CHOMBART: ›Introduction‹, Images of Women in Society: International Social Science Journal, **14**, I, UNESCO, Paris.
EDGERTON, ROBERT E.: ›Pokot Intersexuality: An East African Example of Resolutions of Sexual Incongruity‹, American Anthropologist, **66**, 6 (Dezember 1964).
EIBL-EIBESFELDT, IRENÄUS: ›The Fighthing Behaviour of Animals‹, Scientific American (Dezember 1961).
EISENBERG, JOHN F., und ROBERT E. KEUHN: ›The Behaviour of Ateles Geoffroyi and Related Species‹, Smithsonian Miscellaneous Collections, **151**, 8 (1966).
EISENBERG, JOHN F.: ›The Social Organization of Mammals‹, Handbuch der Zoologie, **10**, 7 (Mai 1964).
ELIAS, NORBERT, und ERIC DUNNING: ›Dynamics of Group Sports with Special Reference to Football‹, British Journal of Sociology, **17**, 4 (Dezember 1966).
EMLEN, J. MERRITT: ›Natural Selection and Human Behaviour‹, Journal of Theoretical Biology, **12**, (1966).
ERIKSON, ERIK: ›Sex Differences in the Play Configurations of Pre-Adolescents‹, American Journal of Orthopsychiatry, **21**, 4 (Oktober 1951).
ERWIN, ROBERT: ›Civilization as a Phase of World History‹, American Historical Reciew, **71**, 4 (Juli 1966).
EVAN, WILLIAM M.: ›Dimensions of Participation in Voluntary Associations‹, Social Forces, **36**, 2 (Dezember 1957).
FLETCHER, COLIN: ›Beat and Gangs on Merseyside‹, New Society (Februar 1964).
FORD, CLELLAN S.: ›A Comparative Study of Human Reproduction‹, in Yale University Publications in Anthropology, Band 3, Yale Unicersity Press 1945.
FORTUNE, R. F.: ›Omaha Secret Societies‹, in Columbia University Contributions to Anthropology, Band 14, Columbia University Press 1932.
FOX, ROBIN: ›The Evolution of Human Sexual Behaviour‹, New York Times Magazine (24. März 1968).

Fox, Robin: ›In the Beginning: Aspects of Hominid Behavioural Evolution‹ (London School of Economics and Political Science, Malinowski Memorial Lecture, 1967), Man **2**, 3 (September 1967).

Fox, Robin: ›Incest, Inhibition and Hominid Evolution‹, vorgelegt beim Wenner-Gren-Symposium, Burg Wartenstein (August 1968).

Frazer, J. G.: ›Observations in Central Australian Totemism‹, Journal of the Royal Anthropological Institute (n. s.), **1**, 3–4 (Februar–Mai 1899).

Freeman, Derek: ›Social Anthropology and the Scientific Study of Human Behaviour‹, Man, **1**, 3 (September 1966), S. 330–342.

Freeman, Howard E., Edwin Novak und Leo G. Reeder: ›Correlates of Membership in Voluntary Associations‹, American Sociological Review, **22**, 5 (Oktober 1957).

Friedenberg, Edgar Z.: ›A Violent Country‹, New York Review of Books (20. Oktober 1966).

Garfinkle, Harold: ›Conditions of Successful Degradation Ceremonies‹, American Journal of Sociology, **61**, 5 (März 1956).

Geertz, Clifford: ›The Impact and Concept of Culture on the Concept of Man‹, Bulletin of the Atomic Scientists (April 1966).

Geist, Valerius: ›Working with the Mountain Sheep‹, Animals (Juli 1967).

Gellhorn, Martha: ›A Tale of Two Wars‹, Guardian (14. April 1967).

Gellner, Ernest: ›Nature and Society in Social Anthropology‹, Philosophy of Science, **30**, 3 (Juli 1963).

Ghiselin, M. T.: ›On Semantic Pitfalls of Biological Adaptation‹, Philosophy of Science, **33**, 1–2 (März–Juni 1966).

Gideon, Helen: ›A Baby is Born in the Punjap›, American Anthropologist, **64**, 6 (Dezember 1962).

Gist, Noel P.: ›Secret Societies: A Cultural Study of Fraternalism in the United States‹, University of Missouri Studies, **15**, 4 (1. Oktober 1940).

Goldman, Ronald: ›Cultural Influences on the Sex Ratio in the Incidence of Stuttering‹, American Anthropologist, **69**, 1 (Februar 1967).

Gombrich, E. H.: ›Ritualized Gesture and Expression in Art‹, Royal Society Philosophical Transactions, Reihe B, Biological Sciences 772, 25 (Dezember 1966).

Graham, Michael: ›Crowds and the Like in Vertebrates‹, Human Relations, **17**, 4 (1964).

Greenman, E. F.: ›The Extraorganic‹, American Anthropologist, **50**, 2 (April bis Juni 1948).

Gross, Edward: ›Plus Ca Change ... The Sexual Structure of Occupations Over Time', vorgelegt beim American Sociological Association Meeting, San Francisco 1967.

Hall, Oswald: ›Gender and the Division of Labour‹, in Implications of Traditional Divisions Between Men's Work and Women's Work in Our Society, Department of Labour of Canada, Ottawa 1964.

Hallowell, A. Irving: ›Personality Structure and the Evolution of Man‹, American Anthropologist, **52**, 2 (April–Juni 1950).

Hamburg, David A.: ›Evolution of Emotional Responses: Evidence from Recent Research on Nonhuman Primates‹, Science and Psychoanalysis, **12**, (1968).

Harlow, H. F., und M. H. Harlow: ›Affection in Primates‹, Discovery, **27**, 1 (Januar 1966).

HARTIGAN, RICHARD S.: ›Augustine on War and Killing‹, Journal of History of Ideas, **27**, 2 (April–Juni 1966).
HASSARD, KATHY: ›Spirit of Feminism Political Lack Today‹, Vancouver Sun (2. Oktober 1963).
HAWTHORN, HARRY B.: ›A Test of Simmel an the Secret Society: The Doukhobors of British Columbia‹, American Journal of Sociology, **62**, I (Juli 1956).
HERTIG, BRUCE A.: ›Acclimatization of Women during Work in Hot Environments‹, Federation Proceedings, **22**, 3 (Mai–Juni 1963).
HILL, JAMES N.: ›A Prehistoric Community in Eastern Arizona‹, Southwestern Journal of Anthropology, **22**, I (Frühjahr 1966).
HINDE, ROBERT A.: ›The Nature of Aggression‹, New Society, **9**, 231 (2. März 1967).
HOLLOWAY, RALPH L. JR.: ›Tools and Teeth: Some Speculations Regarding Canine Reduction‹, American Anthropologist, **69**, 1 (Februar 1967).
HOLMES, ROGER: ›Freud and Social Class‹, British Journal of Sociology, **16**, 1 (März 1965).
HOLMES, ROGERS: ›The University Seminar and the Primal Horde‹, unveröffentlichtes Manuskript, London School of Economics and Political Science, London 1966.
HONIGMANN, JOHN J.: ›Cultural Dynamics of Sex‹, Psychiatry, **10**, 1 (Februar 1947).
HUNT, THELMA: ›Australian Women‹, Australian Quarterly, **35**, 1 (März 1963), S. 79–84.
INGRAM, G. I. C.: ›Displacement Activity in Human Behaviour‹, American Anthropologist, **62**, 6 (Dezember 1960).
JOHNSON, NICHOLAS: ›What do Children Learn from War Comics‹, New Society (7. Juli 1966).
JOURARD, SIDNEY: ›Privacy: The Psychological Need‹, New Society (25. Mai 1967).
KAMOROVSKY, MIRRA: ›The Voluntary Associations of Urban Dwellers‹, American Sociological Review, **11**, 6 (Dezember 1964).
KERMODE, FRANK: ›The Meaning of It All‹, Books and Bookmen, **5** (Oktober 1959).
KORTLANDT, A., und M. KOOIJ: ›Protohominid Behaviour in Primates‹, Symposia of the Zoological Society of London, Nr. 10 (1963).
KORTLANDT, A.: ›Comment on the Essential Morphological Basis for Human Culture‹, Current Anthropology, **6** *(1965)*.
LANDAU, JACOB M.: ›Prolegomena to a Study of Secret Societies in Modern Egypt‹, Middle Eastern Studies, **1**, 2 (Januar 1965).
LANE, MARK: ›The Eternal Feminine‹, Privatdruck, 1922.
LASCH, CHRISTOPHER: ›The Trouble with Black Power›, New York Review of Books, **10**, 4 (29. Februar 1968).
LATHAM, EARL: ›The Group Basis of Politics: Notes for a Theory‹, American Political Science Review, **46** (Juni 1952).
LAUGHLIN, W. S.: ›The Importance of Hunting in Human Evolution‹, vorgelegt bei der Man the Hunter Conference, University of Chicago, April 1966.
LEACH, EDMUND: ›Don't Say Boo to a Goose‹, New York Review of Books (15. Dezember 1966).

LEE, RICHARD B.: ›What »Hunters« Do for a Living: Or, How to Make Out on Scarce Resources‹, vorgelegt bei der Man the Hunter Conference, University of Chicago, April 1966.
LEVINE, ROBERT E.: ›Sex Roles and Economic Change in Africa‹, Ethnology, **5**, 2 (April 1966).
LEVINE, SEYMOUR: ›Sex Differences in the Brain‹, Scientific American, **214**, 4 (April 1966).
LÉVI-STRAUSS, CLAUDE: ›The Scope of Anthropology‹, Current Anthropology, **7**, 2 (April 1966).
LEWIS, NORMAN: ›The Honored Society‹, New Yorker (8. Februar 1964).
LEWIS, OSCAR: ›Husbands and Wives in a Mexican Village: A Study of Role Conflict‹, American Anthropologist, **51**, 3 (Juli–September 1949).
LITTLE, KENNETH: ›The Role of Voluntary Associations in West African Urbanization›, American Anthropologist, **59**, 4 (August 1957).
LITTLE, KENNETH L.: ›The Role of the Secret Society in Cultural Specialization‹, American Anthropologist, **51**, 1 (Januar–März 1949).
LIVINGSTONE, FRANK B.: ›Reconstructing Man's Pliocene Pongid Ancestors‹, American Anthropologist, **64**, 2 (April 1962).
LOMAS, PETER: ›Childbirth Ritual‹, New Society (31. Dezember 1964).
LORENZ, KONRAD: ›The Evolution of Behaviour‹, Scientific American (Dezember 1958).
LUNDBERG, G. A.: ›The Natural Science Tradition in Sociology‹, American Journal of Sociology, **61**, 3 (November 1955).
LYMAN, STANFORD: ›Chinese Secret Societies in the Occident: Notes and Suggestions for Research in the Sociology of Secrecy‹, Canadian Review of Sociology and Anthropology, **1**, 2 (1965).
MCBRIDE, GLEN: ›The Conflict of Crowding‹, Discovery, **27**, 4 (April 1966).
MCCLELLAND, W. C.: ›Women's Weeklies‹, New Society (31. Dezember 1964).
MCCONNELL, JAMES V.: ›A Tape Recorder Theory of Memory‹, Worm Runner's Digest, **7**, 2 (September 1965).
MCKINNON, ALASTAIR: ›God, Humanity and Sexual Polarity‹, Hibbert Journal (Juli 1954).
MCLUHAN, MARSHALL, und GEORGE LEONARD: ›The Future of Sex‹, Look (25. Juli 1967).
MCNEIL, JOHN S., und MARTIN B. GIFFEN: ‹Military Retirement: The Retirement Syndrome›, American Journal of Psychology, **123**, 7 (Januar 1967).
MANDELBAUM, DAVID G.: ›The Plains Cree‹, Anthropological Papers, **37**, 2 American Museum of Natural History, New York 1940.
MEAD, MARGARET: ›The Mountain Arapesh‹, Anthropological Papers, **36**, 3, American Museum of Natural History, New York 1938.
MEANS, RICHARD: ›Why Worry About Nature?‹, Saturday Review (2. Dezember 1967).
MEANS, RICHARD: ›Sociology, Biology and the Analysis of Social Problems‹, Social Problems, **15**, 2 (Herbst 1967).
MEDAWAR, P. B.: ›Onwards from Spencer‹, Encounter (September 1963).
MILES, WALTER R.: ›Chimpanzee Behaviour: Removal of Foreign Body from Companion's Eye‹, vorgelegt bei der 100. Jahressitzung der National Academy of Sciences in Washington, D. C., Mai 1963.
MILLS, C. WRIGHT: ›The Structure of Power in American Society‹, British Journal of Sociology, **60**, 1 (März 1958).

MINTZ, GERALDINE R.: ›Some Observations on the Function of Women Sociologists at Sociology Conventions‹, American Sociologist, **2**, 3 (August 1967).
MITTWOCH, URSULA: ›Sex Differentiation in Mammals‹, Nature, **214** (Mai 1967).
MOON, BARBARA: ›For the Sake of Argument‹, Maclean's Magazine (5. Oktober 1963).
MUMFORD, LEWIS: ›Speculations on Prehistory‹, American Scholar, **36**, I (Winter 1966–1967).
MURDOCK, GEORGE P.: ›Comparative Data on the Division of Labour by Sex‹, Social Forces, **15**, 4 (1937).
MURPHY, ROBERT F.: ›Social Structure and Sex Antagonism‹, Southwestern Journal of Anthropology, **15**, 1 (Frühjahr 1959).
MURPHY, ROBERT F.: Bericht über Denise Paulme (Hrsg.), Femmes D'Afrique Noire, in American Anthropologist, **64**, 5 (Oktober 1962).
NAPIER, JOHN: ›The Antiquity of Human Walking‹, Scientific American, **216**, 4 (April 1967).
NASH, PAT: Homeless Men at Home, unveröffentlichtes Manuskript, Columbia University, New York 1965.
NIEMEYER, CARL: ›The Coral Island Revisited‹, College English, **22** (Januar 1961).
NORBECK, EDWARD, DONALD E. WALKER, und MIMI COHEN: ›The Interpretation of Data: Puberty Rites‹, American Anthropologist, **64**, 3 (Juni 1962).
OAKLEY, KENNETH P.: ›The Problem of Man's Antiquity: An Historical Survey‹, Bulletin of the British Museum (Natural History) Geology, **9**, 5 (1964).
ORIANS, GORDON: ›Natural Selection and Ecological Theory‹, American Naturalist, **96**, 890.
ORUM, ANTHONY M.: ›A Reappraisal of the Social and Political Participation of Negroes‹, American Journal of Sociology, **72**, 1 (Juli 1966).
ORWELL, GEORGE: ›Boys' Weeklies‹, Inside the Whale, Secker & Warburg, 1940.
PARSONS, TALCOTT: ›Evolutionary Universals in Society‹, American Sociological Review, **29**, 3 (Juni 1964).
PATERSON, T. T.: ›Ritual in Industrial Societies, A Discussion of Ritualizations in Animals and Man‹, Royal Society Philosophical Transactions, Reihe B, Biological Sciences Nr. 772, **25** (Dezember 1966).
PERLMAN, MELVIN L.: ›The Changing Status and Role of Women in Toro (Western Uganda)‹, Cahiers d'Études Africaines, **6**, 4 (1966).
PFEIFFER, JOHN: ›When Homo Erectus Tamed Fire, He Tamed Himself‹, New York Times Magazine (11. Dezember 1966).
PIAGET, JEAN: ›Biology and Cognition‹, Diogenes, Nr. 54 (Sommer 1966).
PIAGET, JEAN: ›Le Probleme des Mechanismes Commune dans les Sciences de l'Homme‹, Transactions of the Sixth World Congress of Sociology, Band 1, International Sociological Association, Genf 1966.
PILBEAM, DAVID R.: ›Man's Earliest Ancestors‹, Science Journal, **3**, 2 (Februar 1967).
POPOVICH, MIHAILO: ›What the American Sociologists Think About their Science and its Problems‹, American Sociologist, **2** (Mai 1966).
POUSSAINT, ALVIN F.: ›The Stresses of White Female Workers in the Civil Rights Movement in the South‹, American Journal of Psychiatry, **123**, 4 (Oktober 1966).

PRINGLE, JOHN DOUGLAS: ›The British Commune: Thoughts on the Public School‹, Encounter, **16**, 2 (Februar 1961).

RAINEY, FROELICH G.: ›The Whale Hunters of Tigara‹, Anthropological Papers, **42**, 2, American Museum of Natural History, New York 1911.

REYNOLDS, VERNON: ›Kinship and the Family in Monkeys, Apes and Man‹, Man, **3**, 2 (Juni 1968).

REYNOLDS, VERNON: ›Open Groups in Hominid Evolution‹, Man, **1**, 4 (Dezember 1966).

ROSS, AILEEN D.: ›Control and Leadership in Women's Groups; An Analysis of Philanthropic Money-Raising Activity‹, Social Forces, **37**, 2 (Dezember 1958).

SCOTT, JOHN C., JR.: ›Membership and Participation in Voluntary Associations‹, American Sociological Review, **22**, 3 (Juni 1957.)

SCOTT, JOHN FINLAY: ›The Role of the College Sorority in Endogamy‹, American Sociological Review, **30**, 4 (August 1965).

SHARP, JEAN: ›Widows Are Often Successful Running for Political Office‹, Montreal Star (22. Dezember 1964).

SHILS, EDWARD A., und MORRIS JANOWITZ: ›Cohesion and Disintegration in the Wehrmacht in World War II‹, Public Opinion Quarterly, **12** (1948).

SIMONS, E. L.: ›Fossil Evidence Relating to the Early Evolution of Primate Behaviour‹, Annals of the New York Academy of Sciences, 102, Artikel 2 (Dezember 1962).

SIMONS, E. L.: ›In Search of the Missing Link‹, Discovery, **1**, 2 (Frühjahr 1966).

SIMONS, E. L.: ›Some Fallacies in the Study of Hominid Phylogeny‹, Science, **141**, 3584 (6. September 1963).

SIMONS, E. L.: ›New Fossil Apes for Egypt and the Initial Differentiation of the Huminoides‹, Nature, **205** (1965).

SIMON, RITA JAMES, SHIRLEY MERRITT CLARK, und KATHLEEN GALWAY: ›The Woman Ph. D.: A Recent Profile‹, Social Problems, **15**, 2 (Herbst 1967).

SIMPSON, GEORGE GAYLORD: ›The Biological Nature of Man‹, Science, **132**, 3721 (22. April 1966).

SLATER, PHILIP E.: ›On Social Regression‹, American Sociological Review, **28**, 3 (Juni 1963).

SMITH, DAVID HORTON: ›A Psychological Model of Individual Participation in Formal Voluntary Associations‹, American Journal of Sociology, **72**, 3 (November 1966).

SOMMER, ROBERT: ›Studies in Personal Space‹, Sociometry, **22** (1959).

STEA, DAVID: ›Territoriality, The Interior Aspect: Space, Territory and Human Movements‹, Landscape (Herbst 1965).

STEWARD, JULIAN H.: ›Hunting as a Factor in the Evolution of Social Structures‹, vorgelegt bei der Man the Hunter Conference, University of Chicago, April 1966.

STORR, ANTHONY: ›The Psychology of Aggression‹, New Society (11. Oktober 1962).

SUTHERLAND, H., und IAIN STEWARD: ›A Critical Analysis of Premenstrual Syndome‹, Lancet, **7397** (5. Juni 1965).

TALMON, YONINA: ›Sex Role Differentiation in an Equalitarian Society‹, in T. E. Lasswell, J. H. Burne und S. H. Aronson (Hrsg.), Life in Society, Scott, Foreman, Chicago 1965.

TANNER, J. M.: ›Galtonian Eugenics and the Study of Growth: The Relation of Body Size, Intelligence Tests Score, and Social Circumstances in Children and Adults‹, Eugenics Review, Nr. 38, 3 (September 1966).

TAYLOR, SUSAN D.: M. WILTON, und R. OSNOS: ›The Wives of Drug Addicts‹, American Journal of Psychiatry, **123**, 5 (November 1966).

THOMAS, W. I.: ›The Gaming Interest‹, American Journal of Sociology (1966).

TIDMARSH, KYRIL: ›Right to do the Hardest Work‹, The Times (16. Februar 1967).

TIGER, LIONEL: ›Diplomats, Monkeys and the New Biology‹, International Journal (Winter 1967).

TIGER, LIONEL: ›A Program for the Study of the Biological Aspects of Human Male Association Patterns‹, unveröffentlichtes Manuskript, vorgelegt bei einer Sitzung der Association for the Study of Animal Behaviour, Oxford, Juli 1965.

TIGER, LIONEL, und ROBIN FOX: ›The Zoological Perspective in Social Science‹, Man, **1** (n.s.), 1 (März 1966).

TINBERGEN, NIKO: ›On Aims and Methods of Ethology‹, Zeitschrift für Tierpsychologie, **20**, 4 (1963).

TINBERGEN, NIKO: ›The Search for Roots of Human Behaviour‹, unveröffentlichtes Manuskript, University of Oxford 1965.

TINBERGEN, NIKO: ›On War and Peace in Animals and Man‹, Science, **160** (28. Juni 1968).

TOBIAS, P. U.: ›New Discoveries in Tanganyika: Their Bearing on Hominid Evolution‹, Current Anthropology, **6**, 4 Oktober 1965).

TRIGGER, BRUCE G.: ›Engels on the Part Played by Labour in the Transition from Ape to Man: An Anticipation of Contemporary Anthropological Theory‹ Canadian Review of Sociology and Anthropology, **4**, 3.

TUNSTALL, JEREMY: ›Trawling: A Murderous Trade‹, New Society (8. Februar 1968).

VALLEE, F. G.: ›Kabloona and Eskimo in the Central Keewatin‹, Development of Northern Affairs, Ottawa 1962.

VARLEY, MARGARET, und DAVID SYMMES: ›The Hierarchy of Dominance in a Group of Macaques‹, Behaviour, **27**, 1–2 (1966).

VON KOENINGSWALD, G. H. R.: ›Early Man: Facts and Fantasy‹ (Huxley Memorial Lecture, 1964), Journal of the Royal Anthropological Institute, **194**, 2 (1964).

WARDLE, IRVING: ›Evolutionary Stage‹, New Society (Mai 1967).

WASHBURN S. L., PHYLLIS C. JAY, und JANE B. LANCASTER: ›Field Studies of Old World Monkeys and Apes‹, Science, **15**, 370 (1966).

WATANABE, HITOSHI: ›The Ainu: A Study of Ecology and the System to Social Solidarity Between Man and Nature in Relation to Group Structure‹, Journal of the Faculty of Science, Universität Tokio, Sektion 5, **11**, 6 (30. Juli 1964).

WEDGEWOOD, CAMILLA H.: ›The Nature and Functions of Secret Societies‹, Oceania (Juli 1930).

WELCH, J. P., et al.: ›Psychopathy, Mental Deficiency, Aggressiveness and the XYY Syndrome‹, Nature, **214** (29. April 1967).

WOODHOUSE, CHARLES E., und H. J. TOBIAS: ›Primordial Ties and Political Process in Pre-Revolutionary Russia: The Case of the Jewish Bund‹, Comparative Studies in Society and History, **8**, 3 (April 1966).

Wrong, Dennis: ›The Over-Socialized Conception of Man in Modern Sociology‹, American Sociological Review, **26**, 2 (April 1961).
Young, F. W.: ›The Function of Male Initiation Ceremonies›, American Journal of Sociology, **68**, 4 (Januar 1962).
Young, F. W., und Albert A. Bacdayan: ›Menstrual Taboos and Social Rigidity‹, Ethonology, **4**, 2 (April 1965).
Zimmer, Basil G., und Amos H. Hawley: ›The Significance of Membership in Associations‹, American Journal of Sociology, **65**, 2 (September 1959).
Zuckerman, Solly: ›Myths and Methods in Anatomy‹, Journal of the Royal College of Surgeons, Edinburgh, **11**, (1966), S. 87–114.

3. Amtliche Berichte

Children and Their Primary Schools, Department of Education and Science, H.M.S.O., London 1967.
Labour in Britain – Survey of Women's Employment, Survey of British and Commonwealth Affairs, 2, Nr. 11 (24. Mai 1968).
Women in the Labour Force in Nine Countries of Europe, Women's Bureau, Department of Labour, Government of Canada, Ottawa 1962.
Women and Top Jobs: An Interim Report, P.E.P., London 1967.
Women at Work in Canada, Gouvernment of Canada, Department of Labour of Canada, Ottawa 1958.

4. Zeitungsartikel

›Doing Away with Grades in Toronto‹, The Times Educational Supplement (13. Januar 1967).
›Stock Exchange May Admit Women‹, The Times (18. Januar 1967).
›Canadians return to Vimy Ridge‹, The Times (10. April 1967).
›Women wanted in Norway's Politics‹, The Times (23. Februar 1967).
›Slow March of the Matriarchy‹, Guardian (Leitartikel) (3. November 1966).
›U.S. Sets Out to Destroy North Vietnam Air Force‹, New York International Herald Tribune and Washington Post (4. Januar 1967).
›Equal-wage Bill is Voted in House‹, New York Times (Western edition) (24. Mai 1963).
›»No« to Vote for Women in Zurich‹, Guardian (21. November 1966).

3726

22,-